武汉大学规划教材建设项目资助出版

高等学校力学系列规划教材

材料力学（第2版）

武汉大学材料力学课程组　编著

WUHAN UNIVERSITY PRESS
武汉大学出版社

图书在版编目(CIP)数据

材料力学 / 武汉大学材料力学课程组编著. -- 2 版. -- 武汉 : 武汉大学出版社, 2025.8. -- 高等学校力学系列规划教材. -- ISBN 978-7-307-25106-9

Ⅰ.TB301

中国国家版本馆 CIP 数据核字第 2025NG2046 号

责任编辑:王 荣　　责任校对:汪欣怡　　整体设计:韩闻锦

出版发行: **武汉大学出版社** (430072 武昌 珞珈山)

(电子邮箱: cbs22@ whu.edu.cn 网址: www.wdp. com.cn)

印刷:武汉中科兴业印务有限公司

开本:787×1092 1/16 印张:17.75 字数:402 千字 插页:1

版次:2002 年 1 月第 1 版 2025 年 8 月第 2 版

2025 年 8 月第 2 版第 1 次印刷

ISBN 978-7-307-25106-9 定价:53.00 元

第2版前言

材料力学作为力学、土木工程、水利工程、机械工程等工科专业的核心基础课程，在工程教育中具有重要地位。武汉大学多个工科专业长期采用邓训、徐远杰主编的《材料力学》(武汉大学出版社，2002年)作为主要教材。随着“新工科”建设的深入推进和工程技术的快速发展，现有教材在内容体系、工程案例和前沿技术等方面已显不足，亟须进行系统性的修订与更新，以适应新时代工科人才培养需求。

基于多年教研积淀，武汉大学材料力学课程组对原教材进行了全面修订。本次修订以服务新时代工科人才培养为宗旨，着力构建清晰的逻辑体系，优化章节编排，提升可读性与自学便利性。教材编写中贯彻“以学生为中心、以学为中心”的理念，内容编排由浅入深，注重理论与工程实践相结合，采用启发式教学方法，引导学生探究思考，提升学习兴趣。

本次修订重点如下：

(1) 进一步优化内容体系，更新了部分习题；

(2) 重构章节逻辑框架，对部分章节顺序进行了适当调整；

(3) 对全书语言表达进行了系统性改进；

(4) 按照最新国家相关规范编写力学符号，与目前主流教材一致；

(5) 重新绘制了插图，使之更清晰、悦目。

教材修订形成的教学逻辑体系已在教学实践中有效应用。在本课程教学中积极融合现代教育技术，拓展线上学习资源，支持线上线下融合学习及混合式教学、翻转课堂等新模式。通过分析学生学习方式，精准匹配慕课视频、教材阅读与课堂教学，优化教学策略。教学中合理分解内容：易理解部分由学生依托教材自学；课堂则聚焦重难点精讲，结合工程应用实例引导学生思考与讨论，深化知识理解与应用能力，显著提升教学效率。

参与本次教材修订的有王雁然、黄国友、黄群、郧月琴、聂向珍、陈留凤、乐运国等。全书由王雁然与黄国友负责统稿。

限于修订者的水平，书中可能存在疏漏和不当之处，敬请广大师生和读者批评指正。

修订者

2025年5月

第1版前言

随着科学技术的飞速发展和新材料、新结构、新方法及新工艺的不断问世，以及我国高等学校专业结构的重大调整，面向信息时代，工科力学系列课程的改革已势在必行。

从1995年湖北省"工科力学系列课程教学内容和体系改革研究"立项以来，我们针对土木水利类四门主要专业基础课（理论力学、材料力学、结构力学和弹性力学）进行综合调研。总结历次教材改革的经验和教训，按专业的力学要求，从体系到内容进行了调整和充实，克服重复脱节，淘汰陈旧内容，在确保国家教育部批准执行的基本要求的基础上，增加新的内容和计算机应用，配合CAI（计算机辅助教学）等现代化教学手段和方法，按照循序渐进的认识规律，将教材内容优化组合，组建《工科力学教程》三个模块：作为必修的基础教材模块，供不同专业选修的专题教材模块，以及供个人选修的选修教材模块。编出后在校内水利水电、建筑工程专业试用，取得了可贵的经验和预期的效果。

这次出版的本系列教材，考虑到现实状况，仍使用理论力学、材料力学、结构力学等当前通用名称。它们是在试用教材的基础上，参照近年新的教学计划，按照提高起点、保证基础、压缩篇幅、精选内容、系列考虑和增强后劲的精神，作了必要的修改。随着教学改革的逐步深入，我们今后将不断进行充实和提高。

本系列课程教材编写者：

《理论力学》，徐昭光（第一、二、三章），欧珠光（第七、八章），边翠英（第四、五、六章），韩立朝（第九、十、十一、十二章和附录）；

《材料力学》，邓训（第二、十、十三章），徐远杰（第六、十一章和附录Ⅰ），张青梅（第一、五章和附录Ⅰ），彭华（第四、八章），乐运国（第三、七、九、十二章）；

《结构力学》，章监才（第六、七、八章），何文娟（第一、九章），曾又林（第二、三章），刘礼华（第四章），周剑波（第五章），袁文阳（第十章）。

本书得到了我校工程力学、材料力学和结构力学等教研室全体教师的支持和帮助，特别是胡性侃教授、王文安教授、彭立生教授等在审阅过程中提出了许多宝贵意见，在此表示衷心的感谢。

本书中不妥之处，热忱欢迎批评指正。

章监才　邓训　徐昭光

2000年9月

目　录

第 1 章

绪　　论

1.1　材料力学的任务

人们在认识自然、适应自然的活动中，经常要建造各种各样的建筑物和制造各种各样的机械。任何一座建筑物或一种机械，都是由很多的零部件按一定的规律组合而成的，这些零部件统称为构件。

材料力学所研究的主要构件从几何上多抽象为杆件，杆件的几何特征是长度远大于横向尺寸(图 1-1)。垂直于长度方向的截面称为横截面，横截面形心的连线称为轴线。轴线为直线的杆称为直杆；轴线为曲线的杆称为曲杆；横截面沿轴线变化的杆件称为变截面杆；横截面沿轴线不变化的直杆称为等直杆。等直杆是最简单也是最常见的杆件，它是材料力学的主要研究对象。

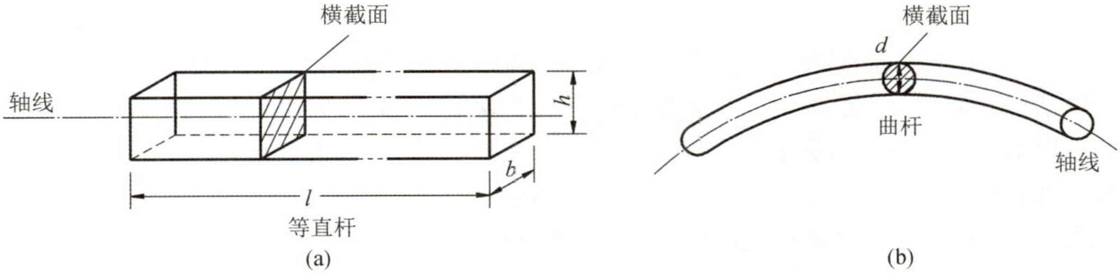

图 1-1　杆件

当建筑物或机械承受到外因的作用(或其他外在因素的影响)时，组成该建筑物或机械的各杆件都必须能够正常地工作，这样才能保证整个建筑物或机械的正常工作。杆件要能正常工作，必须同时满足以下三个方面的要求：

(1) 足够的强度，即杆件具有抵抗破坏(断裂或失效)的能力。

(2) 足够的刚度，即杆件具有抵抗变形的能力。

(3) 足够的稳定性，即杆件具有维持原有平衡形式的能力。

这三方面的要求统称为构件的承载能力。一般来说，在设计每一杆件时，应同时考虑以上三个方面的要求；但对某些具体的杆件来说，有时只需考虑其中的某一方面的要求，当这一主要方面的要求满足了，其他两个次要方面的要求也就会自动地得到满足。

当设计的杆件能满足上述三方面的要求时，就可认为设计是安全的，杆件能够正常工作。但过分地强调安全可能造成浪费，而片面地追求经济也可能会使杆件设计不安全，这样就会产生安全和经济矛盾，也正是由于这种矛盾的不断出现和不断解决，才促使材料力学向前发展。

为了能既安全又经济地设计杆件，除了要有合理的理论计算方法外，还要掌握材料力学的实验技术。固然，有的材料的力学性能可以从有关手册中查到，但是在某些特定情况下还必须自己测定；另外，对于现有理论不足以解决的某些形式复杂的杆件设计问题，有时也可依靠试验的方法来解决。

综上所述，材料力学的任务就是在满足强度、刚度和稳定性要求的前提下，为设计既安全又经济的杆件，提供必要的理论基础、计算方法和实验技术。

1.2　变形固体及其基本假定

从上节得知，材料力学研究的主要问题是杆件的强度、刚度和稳定性，而制成杆件的固体在外因的作用下会发生变形，故称为变形固体。

变形固体在外因除去后能立刻恢复其原有形状和尺寸大小的特性，称为弹性。固体在引起变形的外因除去后，能完全恢复原形而没有任何剩余变形，称为完全弹性，具有这种弹性性质的变形固体称为完全弹性体。

为了研究方便，在材料力学中有必要根据固体材料的实际性质，对变形固体作如下假定：

（1）连续性假定。假定组成固体的物质毫无空隙地充满固体的整个体积。

根据这一假定，应力、应变、位移等才可能是连续的，因而我们可以用坐标的连续函数来表示它们的变化规律。实际上，一切物质都是由微粒组成的，严格来说，不符合连续性假定，但只要微粒的尺寸与物体的尺寸相比很小，关于物体连续性假定就不会引起显著的误差。此外，对于有明显裂纹的材料，就不能看成连续的。这种材料制成的杆件将由断裂力学来研究。

（2）均匀性假定。假定固体的力学性能在各处都是相同的。

根据这一假定，从固体内的任何部位所取出的微小立方体都具有与固体完全相同的力学性能；同样地，通过测试大尺寸试件所获得的力学性能，也可用于固体的任何部位。

对于实际材料，其基本组成部分的力学性能，往往存在不同程度的差异。就混凝土构件而言，石块、砂子和水泥是固结在一起的，它们的性质是很不同的，但只要每一种材料的颗粒远小于混凝土构件且在构件内均匀分布，混凝土构件就可当作均匀的。

（3）各向同性假定。假定固体沿各个方向的力学性能是相同的。

根据这一假定，物体的弹性常数才不随方向而改变。均匀的非晶体材料，一般是各向同性的，如塑胶、玻璃和浇筑均匀的混凝土等都是各向同性材料。在金属构件中，每个金属晶粒在不同的方向有不同的性质，但由于一般物体的体积远大于单个晶粒的体积，无数晶粒在物体内错综交叠地排列着，材料在各个方向的力学性能必然趋向一致。故可将金属等多晶体材料认为是各向同性材料。

符合连续、均匀、各向同性假定的完全弹性体，就称为理想弹性体。

(4) 小变形假定。假定在外因的作用下，固体所产生的位移和变形是微小的。

根据这一假定，固体受力以后，其内任一点的位移都远远小于固体的原始尺寸(图 1-2(a))，因而在研究固体的内力时，可不计变形对平衡条件的影响，这样在满足工程精度的前提下可以使计算过程大大简化。但要注意，在工程实际中，也会遇到一些柔性杆件，它们在外因作用下所发生的变形很大(图 1-2(b))，在这种情况下，就不能采用小变形假设了。

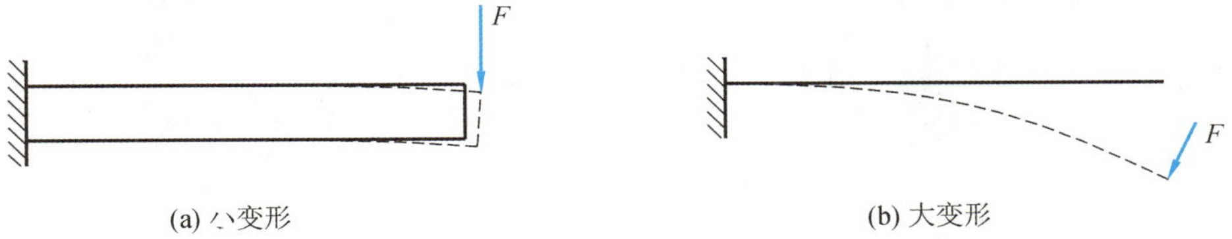

图 1-2　杆件的变形

综上所述，在材料力学中，以连续、均匀、各向同性的可变形固体作为杆件材料的力学模型，在此基础上所建立的理论分析与计算结果，在大多数情况下是符合工程计算精度的要求的。

1.3　外力、内力、截面法和应力

1.3.1　外力

外力是指其他物体对研究对象的作用力，包括载荷和约束反力。作用于构件上的外力，按其作用方式，可分为表面力和体积力。作用在构件表面的外力，称为表面力。作用在构件各质点上的外力，称为体积力。

按照表面力在构件表面的分布情况，可分为分布力和集中力。连续分布在构件表面某一范围的力，称为分布力。分布力连续作用在物体表面的较大面积上，它可分为均匀分布或非均匀分布两种。例如，屋面上的积雪和桥面上的人群，都可看作均匀分布载荷；水坝迎水面上所受的水压力和挡土墙背面上所受的土压力，都可看作非均匀分布载荷，通常用集度来度量其大小，在国际单位制中常用的单位是 N/m^2 或 kN/m^2。在杆件的设计计算时，需将这些面分布载荷(也叫面分布力)简化为分布在杆件轴线上的分布力，叫作线分布力。线分布力的集度在国际单位制中常用的单位是 N/m 或 kN/m。如果分布力的作用面积远小于构件的表面面积，或沿杆件轴线的分布范围远小于杆件长度，则可将分布力简化为作用于一点处的力，称为集中力，常用的单位是 N 或 kN。

1.3.2　内力和截面法

当物体不受外因作用时，杆件内部质点之间存在相互作用力。当杆件受到外因作用时，各部分的相对位置发生变化，从而引起上述相互作用力发生改变，其改变量称为内力。材料力学研究的内力是指截面间相互作用力的改变量。

为了显示和确定杆件的内力，可假想地用一截面在需求内力处将杆件截成两部分(图 1-3(a))，取其中任一部分为脱离体，由于杆件整体平衡，任一部分也必然处于平衡状态，故可由脱离体的平衡方程求得内力。如取右部分为脱离体(图 1-3(b))，则左部分对右部分的作用力可用截面内力来代替，这种通过假想截开暴露内力，再由平衡方程求得内力的方法称为截面法。

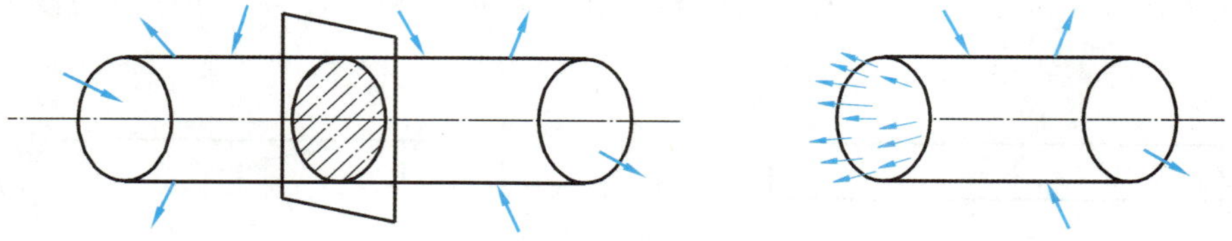

(a) (b)

图 1-3 用截面法求内力

截面法可归纳为三个步骤：

(1) 假想截开。在需求内力处将杆件截开，使其一分为二。

(2) 取脱离体。取任一部分为脱离体，在截开截面处用内力代替去掉部分对脱离体的作用。

(3) 建立平衡方程。对脱离体建立静力学平衡方程，求得截面内力。

截面法是求杆件内力常用的基本方法，它贯穿于整个材料力学中，在后面的学习中我们还要经常应用它。

1.3.3 应力

要了解杆件在载荷作用下的强度，不但要知道当载荷达到一定限度时杆件可能沿哪个截面破坏，还要知道在该截面上的哪一点沿哪个方向开始破坏。故仅仅知道杆件截面上的内力还是不够的，必须进一步引入有关应力的概念。

若在截面上围绕一点 M 划分出一小面积 ΔA(图 1-4)，因内力是连续地作用在整个截面上的，在此小面积上也会作用着截面上总内力的一部分 ΔF，我们把 ΔF 和 ΔA 的比值称为在小面积 ΔA 上的平均应力，用 p_{m} 表示，即

$$p_{\mathrm{m}} = \frac{\Delta F}{\Delta A}$$

这样，应力就表示着内力分布的集度。在实际应用中也常把应力当作作用在单位面积上的内力。在国际单位制中应力的单位是 $\mathrm{N/m^2}$，符号表示为 Pa。

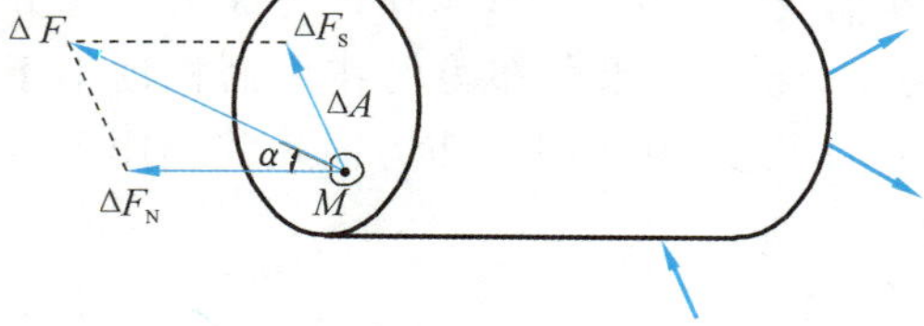

图 1-4 内力和应力

为消除所取面积 ΔA 大小的影响，可令

ΔA 逐渐向点 M 缩小，取极限，则得点 M 的实际应力为

$$p = \lim_{\Delta A \to 0} \frac{\Delta F}{\Delta A} = \frac{\mathrm{d}F}{\mathrm{d}A} \tag{1-1}$$

对式(1-1)中的微面积 $\mathrm{d}A$，需结合物理意义来理解。我们不过是将微面积取得足够小(它比工程上所用的量度小得多，但还远大于物质分子的大小)，这样既可用微分关系来分析应力，又不会影响构造的真实概念。

若将力 ΔF 分解为垂直于截面的分力 ΔF_{N}(法向分力)和平行于截面的分力 ΔF_{s}(切向分力)，则可得

$$\sigma_{\mathrm{m}} = \frac{\Delta F_{\mathrm{N}}}{\Delta A}, \quad \tau_{\mathrm{m}} = \frac{\Delta F_{\mathrm{s}}}{\Delta A}$$

和

$$\sigma = \lim_{\Delta A \to 0} \frac{\Delta F_{\mathrm{N}}}{\Delta A} = \frac{\mathrm{d}F_{\mathrm{N}}}{\mathrm{d}A}, \quad \tau = \lim_{\Delta A \to 0} \frac{\Delta F_{\mathrm{s}}}{\Delta A} = \frac{\mathrm{d}F_{\mathrm{s}}}{\mathrm{d}A} \tag{1-2}$$

我们称 p 为截面上点 M 的总应力，σ 为点 M 的正应力，τ 为点 M 的切应力。显然，它们之间有如下关系

$$\sigma = p\cos\alpha, \quad \tau = p\sin\alpha$$

$$p = \sqrt{\sigma^2 + \tau^2}$$

同理还可看出，发生在杆件中的正应力要使杆件中的质点沿着截面的法线方向接近或分开，切应力则要使杆件中的一些质点沿着截面的切线方向对另一些质点作相对移动。

因通过一给定点 M 可作无穷多个截面，同是 M 点，不同截面上的应力是不相同的，故描述给定点处的应力时，不仅要说明其大小、方向，还要说明其所在的截面。

1.4 位移、变形和应变

物体发生变形后，在物体上的各点、各条线和各个面都可能发生空间位置的改变，称为位移(或变位)。

从物体的某一点的原位置到其新位置所连直线的距离，称为该点的线位移。物体上的某一直线段或某一平面在物体变形时所旋转的角度，称为该线或该面的角位移。例如图 1-5 中所示左端固定、右端自由的杆，受到集中载荷 F 作用后，变形成为图中虚线所示形状，这时杆端点 A 的线位移为$\overline{AA_1}$，杆端平面的角位移为 θ。

若在物体变形以前，先在物体上沿某一方向描绘一长为 s 的线段 AB(图 1-6)，则在物体受力变形以后，该线段的长度将有所改变，通常把其改变量 Δs 称为线段 AB 的线变形。若变形后线段 AB 的长度增加了，则称 Δs 为伸长变形；若线段 AB 的长度减少了，则称 Δs 为缩短变形。线段长度的伸长(或缩短)Δs 与初始长度 s 的比值，即每单位长度的伸长(或缩短)，用 ε_{m} 表示：

$$\varepsilon_{\mathrm{m}} = \frac{\Delta s}{s} \tag{1-3}$$

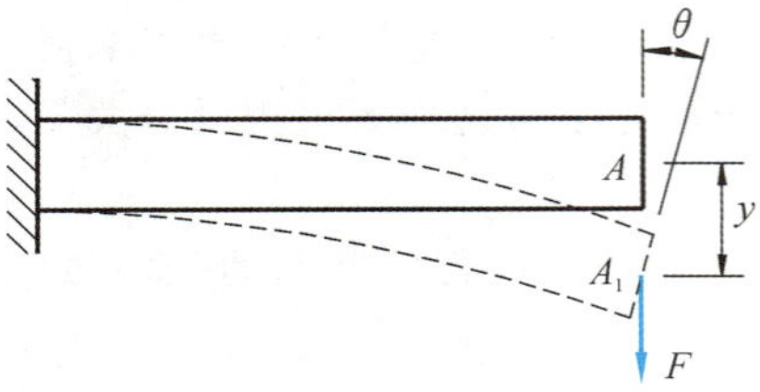

图 1-5 线位移和角位移

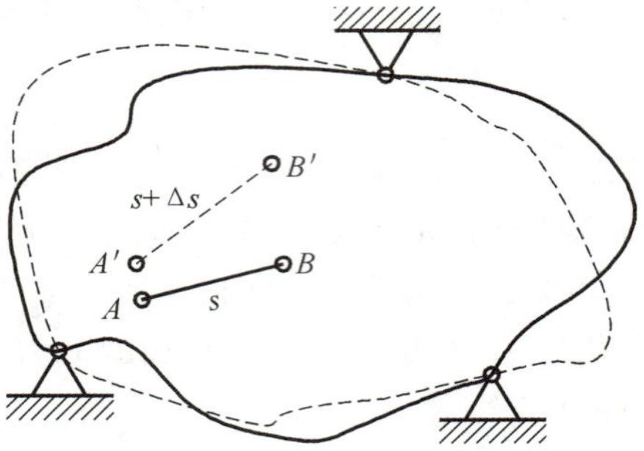

图 1-6 线变形

若将线段 AB 的长度 s 取得更短，使点 B 向点 A 趋近，取极限，即得

$$\varepsilon_{AB} = \lim_{s \to 0} \frac{\Delta s}{s} \tag{1-4}$$

通常将 ε_{AB} 称为在点 A 沿 AB 方向的线应变。一般地，在变形物体上同一点的不同方向，其线应变也不同。例如，沿 x、y、z 各轴方向的线应变可分别用 ε_x、ε_y 和 ε_z 表示。

又若在物体变形以前，先在物体上描绘由二直线 OC 和 OD 所构成的直角 COD（图 1-7），则在物体受力变形以后，此直角的大小将有所改变，例如改变成角 $\angle C'O'D'$，通常把这种改变称为角变形。若使线段 OC、OD 缩短，使 C、D 两点都向点 O 趋近，并仍保持 COD 为直角，则取极限时，直角 COD 与角 $C'O'D'$ 之差为

$$\gamma_{COD} = \lim_{\substack{OC \to 0 \\ OD \to 0}} (\angle COD - \angle C'O'D') \tag{1-5}$$

式中，γ_{COD} 称为在 COD 平面上点 O 的角应变。在坐标平面中，角应变用 γ_{yz}、γ_{xz} 和 γ_{xy} 表示。

物体的变形是几何性质的问题。为了研究整个物体的变形，可设想将整个物体划分为许多微小的正六面体或单元体（图 1-8）。显然，当整个物体变形时，它所包含的所有微小单元体也将随着变形，而每一单元体的变形总不外乎是各棱边长度的改变和各棱边间（或各平面间）角度的改变两种。故不论实际物体的变形怎么复杂，我们都可把它看作两种基本变形——线变形和角变形的综合。

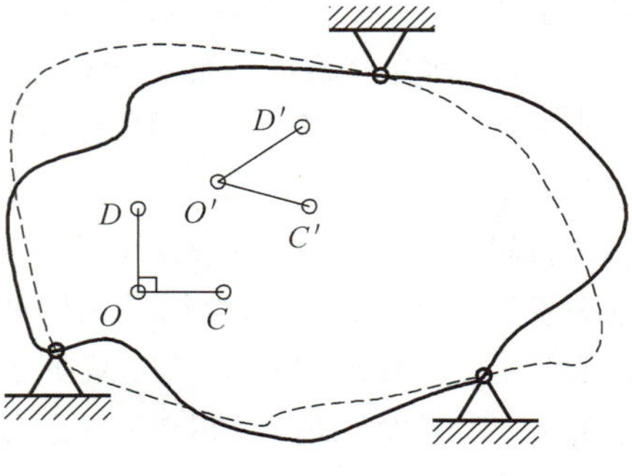

图 1-7 角变形图

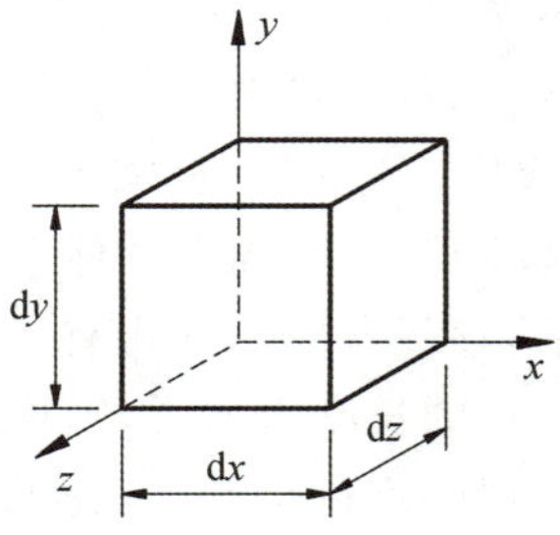

图 1-8 单元体

注意：线应变 ε 和角应变 γ 都是没有量纲的量。γ 是用弧度(rad)来表示的。

1.5 杆件变形的基本形式

工程实际中的杆件可能受到各式各样的外力作用，故杆件的变形也可能是各种各样的，但根据任一空间力向截面形心简化和在轴线上投影可以看出，杆件变形总不外乎是以下四种基本变形中的一种或其中任意几种的组合。

（1）拉伸或压缩：杆的这种基本变形是由合力作用线与杆轴线重合的外力所引起的（图 1-9(a)、(b)）。

（2）剪切：杆的这种基本变形是由一对相距很近、方向相反的横向外力所引起的（图 1-9(c)）。

（3）扭转：杆的这种基本变形是由一对转向相反、作用在垂直于杆轴线的二平面内的力偶所引起的（图 1-9(c)）。

（4）弯曲：杆的这种基本变形是由一对转向相反、作用在杆的纵向对称平面内的力偶所引起的（图 1-9(e)）。

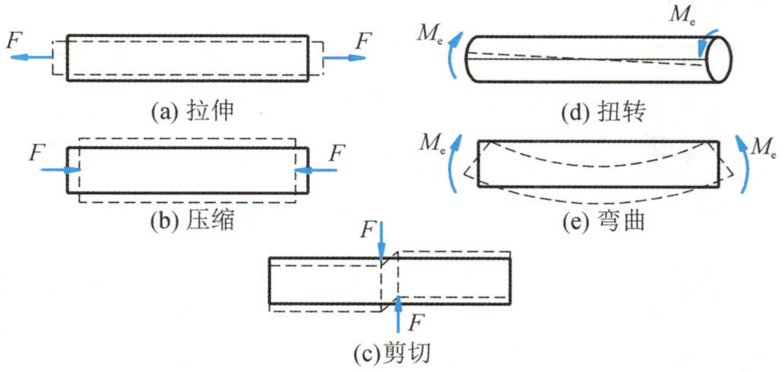

图 1-9 杆件变形的基本形式

在图 1-10 中列举了杆发生组合变形的两个例子。如图 1-10(a)所示的立柱，在偏心压力 F 的作用下会同时发生压缩变形和弯曲变形；如图 1-10(b)所示的曲柄轴，在力 F 的作用下，轴 AB 会同时发生扭转变形和弯曲变形。

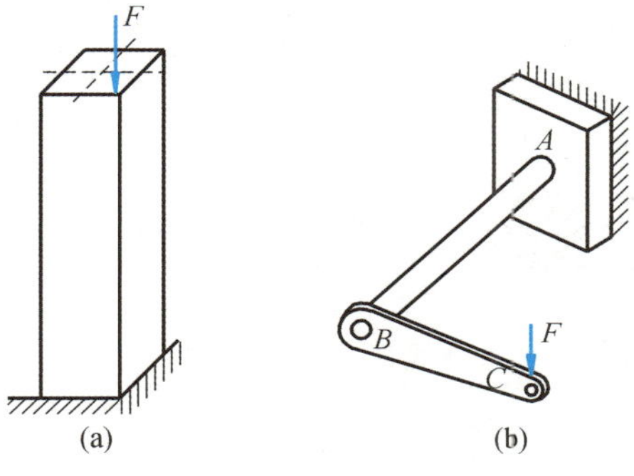

图 1-10 杆件发生组合变形的例子

第 2 章

轴向拉伸、压缩与剪切

2.1 轴向拉伸与压缩的概念

在工程实际中，很多构件会受到轴向拉伸或压缩作用。例如图 2-1(a)所示的桁架中的各杆件，图 2-1(b)所示的起重机构架的各杆和用以起吊重物的钢索，图 2-1(c)所示的钢筋混凝土电杆上支承架空电缆的横担结构的 AB 杆和 BC 杆。此外，连接汽缸的螺栓、活塞连杆及千斤顶的螺杆等都是轴向拉压杆。

这些杆件的受力特点是：杆件的两端部只作用有大小相等、方向相反、合力作用线与杆轴线重合的二力。如图 2-1(d)所示，拉力 F_1 将使杆 AB 产生轴向拉伸变形，类似杆 AB 的杆称为轴向拉杆，压力 F_2 将使杆 BC 产生轴向压缩变形，类似杆 BC 的杆称为轴向压杆。

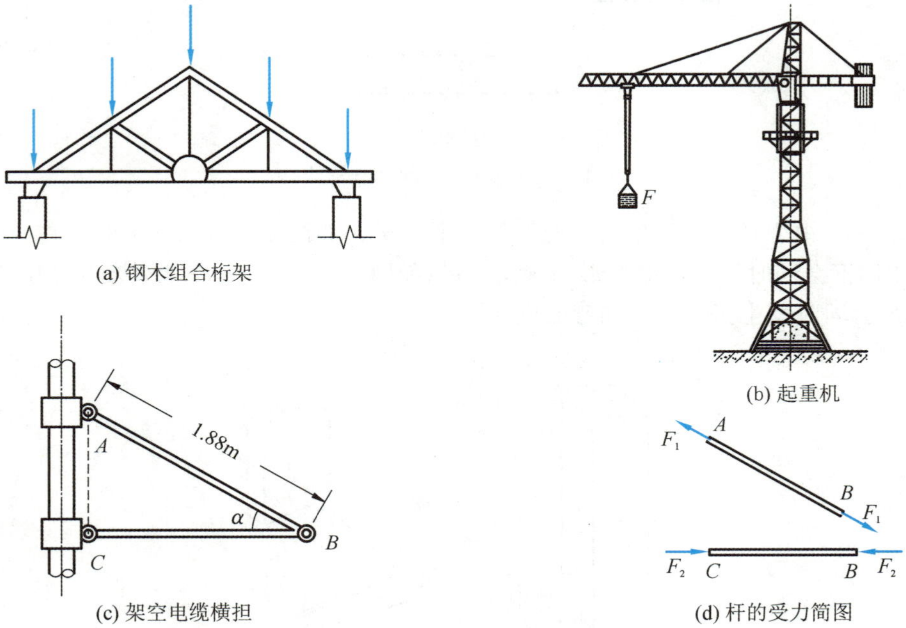

(a) 钢木组合桁架

(b) 起重机

(c) 架空电缆横担

(d) 杆的受力简图

图 2-1 工程实际中的轴向受拉(压)杆

2.2 轴向拉伸与压缩杆的内力

2.2.1 轴力

工程中在设计或校核杆件时，必须首先求出杆件的内力。以图 2-2(a)所示的等直圆杆为例，研究杆在轴向外力的作用下，其横截面上的内力情况。

为了显示杆中存在的内力和计算其大小，可采用截面法。如图 2-2(a)所示，假想地用一截面 m—m 将杆截开并分为Ⅰ、Ⅱ两部分。取其中的任一部分(例如Ⅰ)为脱离体，并将另一部分(例如Ⅱ)对脱离体的作用用内力的合力 F_N 来代替(图 2-2(b))，由脱离体的平衡条件：

$$\sum F_x = 0, \quad F_N - F = 0$$

求得内力 $F_N = F$。

同样地，若以部分Ⅱ为脱离体(图 2-2(c))，也可求得代表部分Ⅰ对部分Ⅱ作用的内力 F'_N，且 F'_N 与 F_N 等值而反向，符合牛顿第三定律。因内力 F_N 的作用线通过杆横截面的形心，与杆轴线重合，故称为轴力(normal force)。在国际单位制中常用的单位是 N 或 kN。

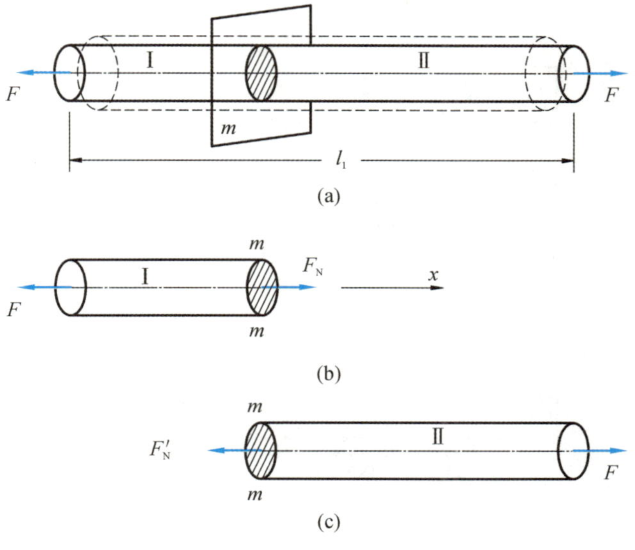

图 2-2 用截面法求杆的内力

为了区别拉伸和压缩，并使同一截面的内力符号一致，我们对轴力 F_N 的符号作如下的规定：轴力的指向离开所作用的截面时为正号的轴力，称为拉力；指向朝向所作用的截面时为负号的轴力，称为压力。

2.2.2 轴力图

当杆受到多个轴向外力作用时，在杆不同部分的横截面上的轴力将不相同。为了形象地表示杆内轴力随横截面位置而变化的情况，可根据在各横截面上算得的轴力作出轴力图。通常是按选定的比例尺，用平行于杆轴线的坐标表示横截面的位置，用垂直于杆轴线的坐标表示横截面上的轴力，从而绘出表示轴力与截面位置关系的图线，即为轴力图。

下面举例说明轴力的计算及轴力图的作法。

例题 2.1　变截面杆受力情况如图 2-3 所示，试求杆各段轴力并作轴力图。

解：(1) 先求约束反力。固定端只有水平反力，设为 F_A(图 2-3(a))，由整个杆平衡条件，有

$$\sum F_x = 0,\quad -F_A + 5 - 3 + 2 = 0,\quad F_A = 5 - 3 + 2 = 4\text{kN}$$

(2) 求杆各段轴力。力作用点为分段的交界点，该杆被分成 AB、BD 和 DE 三段。

在 AB 段内用任一横截面 1—1 将杆截开后，研究左段杆的平衡。在截面上假设轴力 F_{N1} 为拉力(图 2-3(b))。由平衡方程求得轴力为

$$F_{N1} = F_A = 4\text{kN}$$

结果为正，说明原假设拉力是正确的。

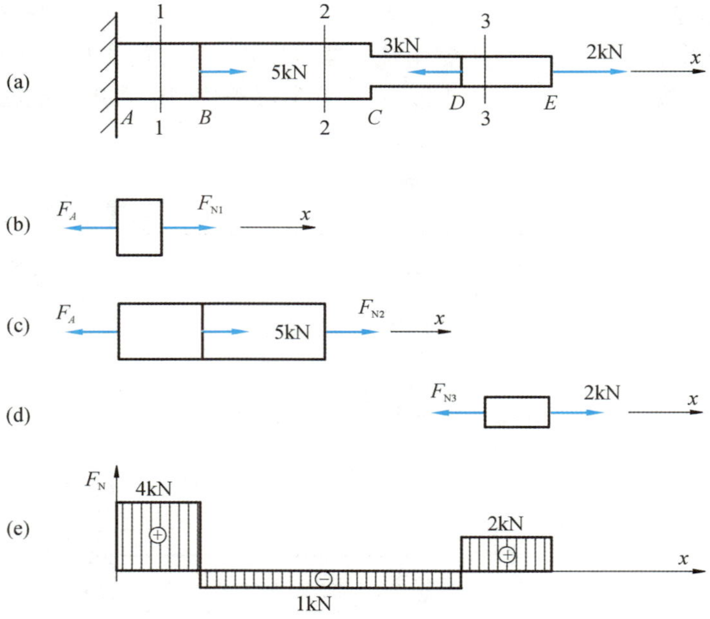

图 2-3　例题 2.1 图

在 BC 段和 CD 段，其横截面面积虽有改变，但平衡方程式与截面大小无关，故只取一段如 BC 段来求解。用任一横截面 2—2 将杆截开可求得段内任一横截面上的轴力(图 2-3(c))为

$$F_{N2} = F_A - 5 = -1\text{kN}$$

结果为负，说明实际方向与原假设相反，即为压力。

在 DE 段，用任一截面 3—3 将杆截开，研究右段杆的平衡，因为该段杆的外力较少，计算简便，假设轴力 F_{N3} 为拉力(图 2-3(d))。由 $\sum F_x = 0$，可得 $F_{N3} = 2\text{kN}$。

(3) 作轴力图。取一直角坐标系,以与杆轴平行的坐标轴 x 表示截面位置,对齐原题图下方画出坐标轴。然后,选定比例尺,纵坐标 F_N 表示各段轴力大小。根据各截面轴力的大小和正负号画出杆轴力图,如图 2-3(e)所示。

由轴力图可看出,最大轴力 $F_{Nmax}=4kN$,发生在 AB 段内。

2.3 轴向拉伸与压缩杆的应力

在工程设计中,用截面法求出轴向受拉(压)杆横截面上的轴力 F_N 以后,还不能判断杆在外力作用下是否会因强度不足而破坏。例如,有两根材料相同而粗细不同的拉杆,在相同的轴向拉力 F 作用下,两杆横截面上的轴力是相同的,即都是 $F_N=F$,但细杆可能被拉断,粗杆却不会被拉断。因为轴力只是杆横截面上分布内力系的合力,而要判断拉杆是否会被拉断,更重要的是必须知道分布内力的集度,即应力的数值的大小。细杆的横截面面积小,故应力比粗杆的应力大,因而细杆先被破坏。

2.3.1 拉(压)杆横截面上的应力

在拉(压)杆的横截面上,与轴力 F_N 相对应的只能是垂直于截面的正应力 σ。由于还不知道应力在横截面上的分布规律,只能从变形入手,观察杆件受力后表面上的变形现象,作出关于变形分布规律的假设,然后据以推导出应力的计算公式。下面,我们就用这种方法来建立轴向受拉(压)杆横截面上正应力的计算公式。

为了观察轴向受拉杆的变形现象,取如图 2-4(a)所示的等直杆。在未加力之前,先在杆的外表面上描画出一些表示杆横截面的横向线 ab、cd,以及平行于杆轴线的纵向线 ef、gh。然后在杆两端施加轴向拉力 F,杆发生变形,在杆的外表面上可观察到如下现象:

(1) 横向线 ab、cd 变成了 $a'b'$、$c'd'$,仍保持为直线,且垂直于变形之后的杆轴线;

(2) 纵向线 ef、gh 变成了 $e'f'$、$g'h'$,仍平行于变形之后的杆轴线。

根据以上现象,可作出一重要假设:杆在变形以前的横截面,在变形以后仍保持为平面且仍与杆轴线垂直。通常把这个假设称为平面假设。

根据平面假设,可把杆看作由许多等截面的纵向"纤维"组成,当杆受拉时,这些纤维的伸长均相等。因材料是均匀的,各纵向纤维的性质相同,因而其受力也一样,故杆横截面上的内力一定是均匀分布的。由此可知,在杆横截面上各点处有相同的内力分布集度或相同的正应力 σ(图 2-4(b)、(c))。于是,根据静力学求合力的概念可得

$$F_N=\int dF_N=\int_A \sigma dA=\sigma\int_A dA=\sigma A=F$$

则轴向受拉杆横截面上正应力的计算公式

$$\sigma=\frac{F_N}{A} \quad 或 \quad \sigma=\frac{F}{A} \tag{2-1}$$

式中,F_N 为轴力;A 为杆的横截面面积;F 为拉力。

对于轴向受压杆,式(2-1)同样适用。由于 2.1 节中已规定了轴力的正负号,由式(2-1)

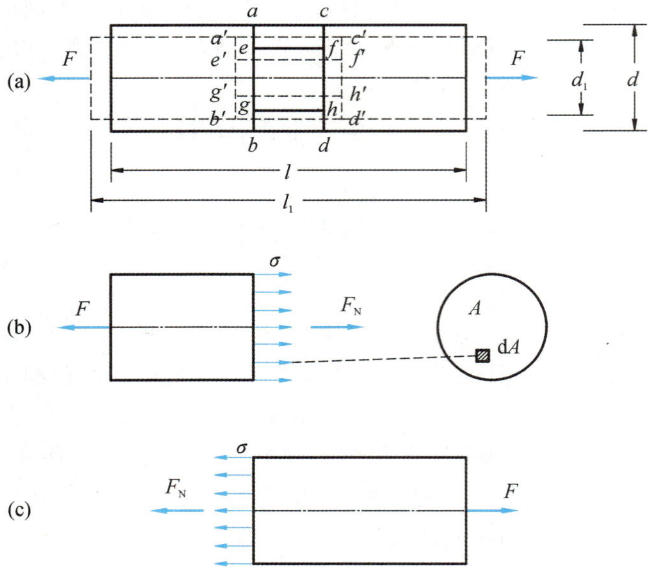

图 2-4　等直杆的拉伸与横截面上应力

可知，正应力的正负号与轴力的正负号是一致的，即拉应力为正，压应力为负。

式(2-1)是根据正应力在杆横截面上各点处均匀分布这一假设推导得出的。应该指出的是，这一假设实际上只在杆上距外力作用点稍远的横截面上才是正确的，而在外力作用点附近的应力情况则比较复杂。考虑到工程中杆端外力一般总是通过各种不同的连接方式传递到杆上的，根据圣维南(Saint-Venant)原理：力作用于杆端方式的不同，只会使与杆端距离不大于杆的横向尺寸的范围内受到影响。在受拉(压)杆的应力计算中，都以式(2-1)为准。

除此以外，工程中由于结构或工艺上的要求，经常会遇到一些截面尺寸有急剧变化的杆件，例如有螺栓孔的钢板、带有螺纹的拉杆等。在这类杆件的截面尺寸骤变处，将出现局部的应力骤增现象，称为应力集中。如图 2-5(a)所示，含有小圆孔并在表面画有矩形网格的板条模型，当沿其轴线施加拉力 F 时，由拉伸后的板条(图 2-5(b))可观察到：在截面 $m—m$ 上，靠近小孔边处网格变形最大，离孔边稍远处网格变形就迅速下降并趋于均匀。这充分表明在截面 $m—m$ 上的应力分布不再是均匀的，如图 2-5(c)所示，在靠近小孔的边缘处应力骤然增大为 $\sigma_{\max}$，而离孔边稍远处应力就迅速下降并趋于均匀。

在工程中，应力集中的程度，常用同一截面上局部最大应力 $\sigma_{\max}$ 与其视作均匀分布的名义应力 σ_n 的比值来表示：

$$K=\frac{\sigma_{\max}}{\sigma_n} \tag{2-2}$$

式中，K 称为理论应力集中因数，是一个大于 1 的因数。

由塑性材料制成的杆件，在静载荷的作用下通常不考虑应力集中的影响，但对于脆性材料制成的杆件，则应加以考虑。

当拉(压)等直杆上受几个轴向外力作用时，可由轴力图求得其最大轴力 $F_{N\max}$，代入式(2-1)就可得杆内的最大正应力：

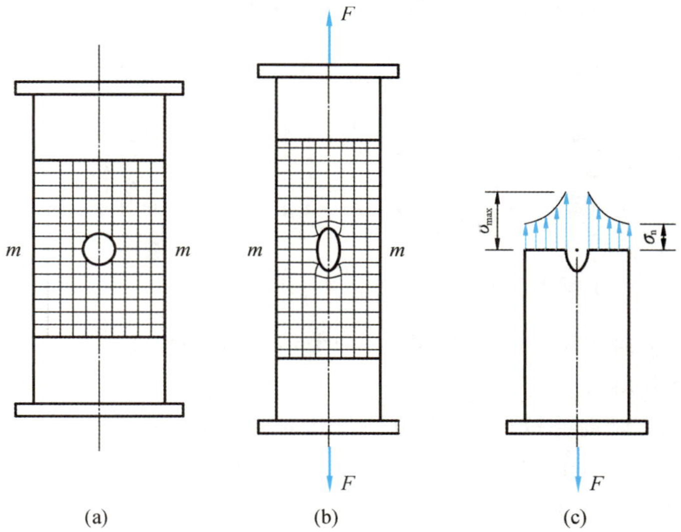

图 2-5 应力集中现象

$$\sigma_{max}=\frac{F_{Nmax}}{A} \tag{2-3}$$

式中，F_{Nmax}为危险截面上的轴力，A 为危险截面面积，其最大作用应力 σ_{max}是危险截面上工作的正应力。

例题 2.2 一钢杆，横截面面积为 $500mm^2$，所承受轴向外力如图 2-6(a)所示。试作出轴力图、确定 F_{Nmax}值，并计算各段横截面上的正应力。

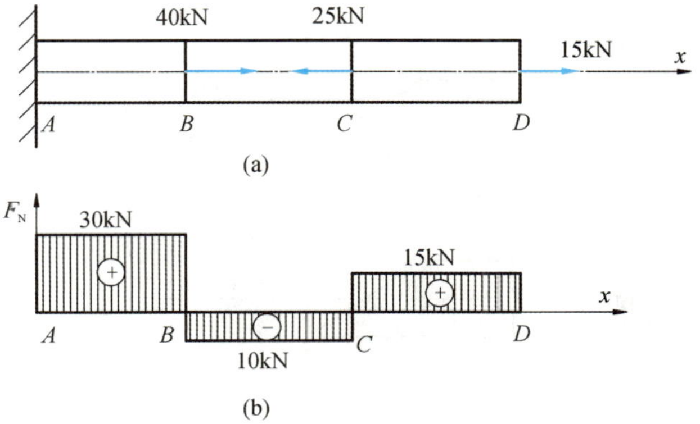

图 2-6 例题 2.2 图

解：(1)利用截面法，可求得各段杆横截面上的轴力如下：

AB 段：$F_N^{AB}=15-25+40=+30kN$

BC 段：$F_N^{BC}=+30-40=-10kN$

CD 段：$F_N^{CD}=+15kN$

由此可作出轴力图，如图 2-6(b)所示，其 $F_{Nmax}=30kN$。

(2) 利用式(2-1)可计算各段杆横截面上的正应力：

AB 段： $\sigma_{AB}=\dfrac{F_N^{AB}}{A}=\dfrac{+30\times10^3}{500\times10^{-6}}\times10^{-6}=+60\text{MPa}$

BC 段： $\sigma_{BC}=\dfrac{F_N^{BC}}{A}=\dfrac{-10\times10^3}{500\times10^{-6}}\times10^{-6}=-20\text{MPa}$

CD 段： $\sigma_{CD}=\dfrac{F_N^{CD}}{A}=\dfrac{+15\times10^3}{500\times10^{-6}}\times10^{-6}=+30\text{MPa}$

2.3.2 拉(压)杆斜截面上的应力

为了全面了解轴向受拉(压)杆中各处的应力情况，在研究了其横截面上的应力以后，还有必要进一步研究其斜截面上的应力。

图 2-7(a)表示一轴向受拉杆，假设用一与其横截面 $m—k$ 成 α 角的斜截面 $m—n$(简称为 α 截面)将其分成 Ⅰ、Ⅱ 两部分，并取部分 Ⅰ 为脱离体(图 2-7(c))，由静力学平衡方程 $\sum F_x=0$，可求得 α 截面上的内力

$$F_\alpha=F$$

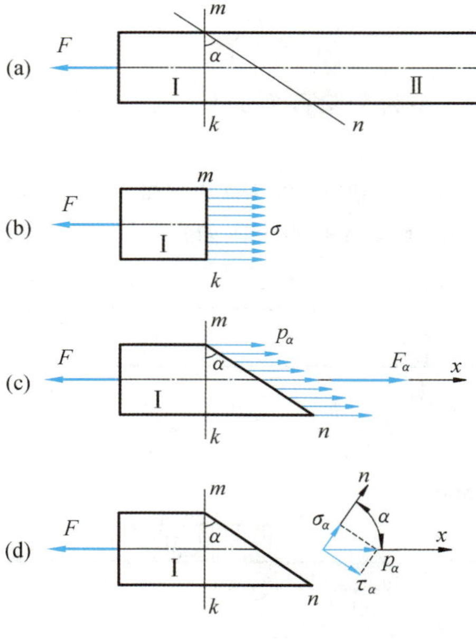

图 2-7 轴向受拉杆斜截面上的应力

由此可得 α 截面上的全应力为 p_α(图 2-7(c))为

$$p_\alpha=\frac{F_\alpha}{A_\alpha}=\frac{F}{A}\cos\alpha=\sigma\cos\alpha$$

其中，A_α 和 A 分别表示 α 截面 $m—n$ 与横截面 $m—k$ 的面积，$\sigma=\dfrac{F}{A}$ 为横截面 $m—k$ 上的正应力(图 2-7(b))。

将总应力 p_α 沿 α 截面法线方向和切线方向进行分解(图 2-7(d))，得 α 截面上的正应力

σ_α 和切应力 τ_α 分别为

$$\sigma_\alpha = p_\alpha \cos\alpha = \sigma\cos^2\alpha \tag{2-4}$$

$$\tau_\alpha = p_\alpha \sin\alpha = \sigma\sin\alpha\cos\alpha = \frac{\sigma}{2}\sin 2\alpha \tag{2-5}$$

式(2-4)、式(2-5)表达出轴向受拉杆斜截面上一点处的 σ_α 和 τ_α 的数值随斜截面位置(以 α 角表示)而变化的规律。同样,它们也适用于轴向受压杆。关于角度 α 和应力 σ_α、τ_α 的正负号规定如下:

(1) α 角以自横截面的外法线量起,到所求斜截面的外法线为止,以逆时针为正,顺时针为负;

(2) 正应力 σ_α 仍以拉应力为正,压应力为负;

(3) 切应力 τ_α 以它对所研究的脱离体内任一点(例如 C)的力矩的转向是顺时针转时为正,逆时针转时为负(图 2-8)。

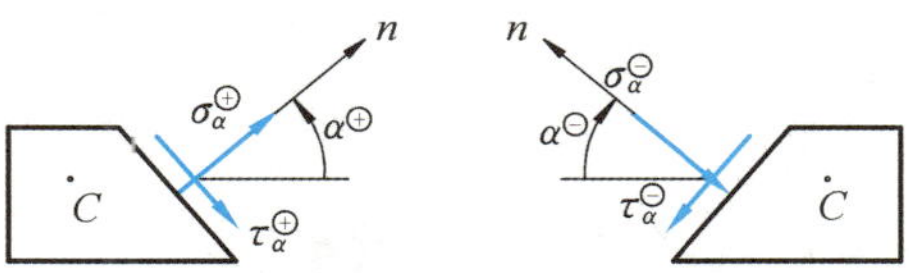

图 2-8 α、σ_α、τ_α 的正负号规定

由式(2-4)和式(2-5)可知:在轴向受拉(压)杆的横截面上,只有正应力;在与杆轴线平行的纵截面上,既不存在正应力,也不存在切应力;在所有的斜截面上既有正应力,又有切应力;当 α 在 0°～90°之间变动时,最大正应力 σ_{max} 产生在 $\alpha=0°$ 的横截面上且等于 σ,即 $\sigma_{max}=\sigma$,而最大切应力产生在 $\alpha=45°$ 的斜截面上,其数值等于最大正应力的一半,即 $\tau_{max}=\sigma/2$。由此可见,根据材料抗拉能力和抗剪能力的强弱,轴向受拉(压)杆在轴力较大时,可能沿横截面发生拉断破坏,也可能沿 45°斜截面发生剪断破坏。

2.4 轴向拉伸与压缩杆的变形

2.4.1 轴向受拉(压)杆的变形

轴向受拉杆的主要变形是沿轴向伸长、横向缩短,如图 2-9 所示。

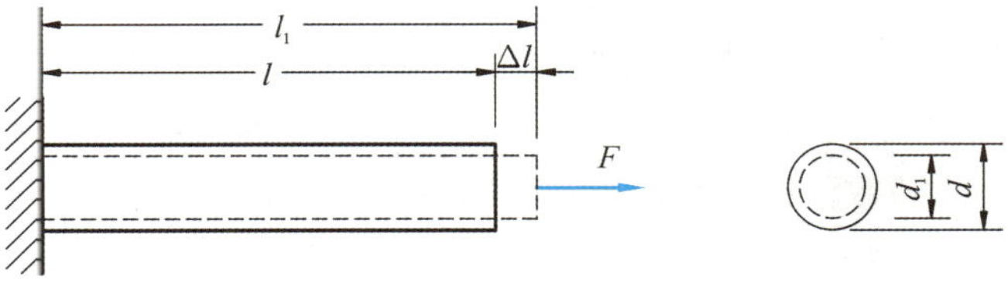

图 2-9 等直杆的变形

至于轴向受压杆,其主要变形为沿轴向缩短、横向伸长。下面以轴向受拉杆的变形情况为例,介绍一些基本概念。

设有一原长为 l 的等直杆,受到一对轴向拉力 F 的作用而伸长后,其长度增大为 l_1,如图 2-9 所示,则杆的轴向伸长为

$$\Delta l = l_1 - l \tag{a}$$

Δl 只反映出杆的总伸长量，而无法表明杆的变形程度。由于受拉等直杆在整个长度内伸长是均匀的，为了反映杆的变形程度，可求出每单位长度杆的轴向伸长，即轴向线应变为

$$\varepsilon = \frac{\Delta l}{l} \tag{2-6}$$

从式(a)可知 Δl 为正值，故轴向受拉杆的轴向线应变 ε 也为正值；反之，受压杆沿轴向缩短，Δl 为负值，其轴向线应变 ε 也为负值。

受拉杆在轴向变形的同时还产生横向变形。设杆的原始横向尺寸为 d，受力变形后缩小为 d_1(图 2-9)，故其横向变形为

$$\Delta d = d_1 - d \tag{b}$$

在杆长度内均匀变形情况下，其横向线应变为

$$\varepsilon' = \frac{\Delta d}{d} \tag{c}$$

从式(b)可知，受拉杆的 Δd 为负值，故 ε' 也为负值，它与轴向线应变的符号相反。

上面介绍的这些基本概念同样适用于轴向受压杆，但受压杆的轴向线应变 ε 为负值，而横向线应变 ε' 则为正值。

2.4.2　拉(压)胡克定律

由工程中常用材料(如低碳钢、合金钢等)所制成的轴向受拉(压)杆，已经过一系列的实践证明：当杆所受的外力不超过某一限度时，杆的伸长(缩短)Δl 与杆所受的外力 F、杆的原长 l 以及杆的横截面面积 A 之间有如下的比例关系：

$$\Delta l \propto \frac{Fl}{A}$$

引进比例常数 E，则有

$$\Delta l = \frac{Fl}{EA} \tag{2-7a}$$

由于 $F=F_N$，故上式又可写成

$$\Delta l = \frac{F_N l}{EA} \tag{2-7b}$$

式(2-7)所表达的关系式，是英国科学家胡克(R. Hooke)在 1678 年提出的，故称为胡克定律。式中的比例常数 E 称为弹性模量，它表示材料在拉伸(或压缩)时抵抗弹性变形的能力，国际单位为 Pa。E 的数值随材料而异，是通过试验测定的。

式(2-7)中的 EA 称为杆的抗拉(压)刚度，显然对于长度 l 相等、轴力 F_N 相同的受拉(压)杆，其抗拉(压)刚度 EA 越大，则所发生的伸长(缩短)变形 Δl 越小。

若将式(2-7)改写为 $\frac{\Delta l}{l}=\frac{1}{E}\frac{F_N}{A}$，并将正应力 $\sigma=\frac{F_N}{A}$ 及轴向线应变 $\varepsilon=\frac{\Delta l}{l}$ 代入，则可得出胡克定律的另一表达形式为

$$\varepsilon = \frac{\sigma}{E} \quad 或 \quad \sigma = E\varepsilon \tag{2-8}$$

故胡克定律也可简述为：当杆内应力不超过材料的比例极限(即正应力 σ 与线应变 ε 成

正比的最高极限应力，详见 2.5 节)时，应力与应变成正比。

2.4.3　横向变形系数

试验结果还表明，当受拉(压)杆内的应力不超过材料的比例极限时，横向线应变 ε' 与轴向线应变 ε 之比的绝对值为一常数，即

$$\nu = \left|\frac{\varepsilon'}{\varepsilon}\right| \quad 或 \quad \varepsilon' = -\nu\varepsilon \tag{2-9}$$

通常把 ν 称为横向变形系数或泊松(S. D. Poisson)比。显然，ν 是一无量纲的量，其数值也随材料而异，需要通过试验测定。对于常规、传统的各向同性材料，一般有 $0<\nu<0.5$。

弹性模量 E 和泊松比 ν 都是表示材料弹性性质的常数。表 2-1 给出了一些常用材料的 E 和 ν 的约值。

表 2-1　常用材料弹性模量及泊松比的约值

材料名称	牌号	E(GPa)①	ν
低碳钢	Q235	200～210	0.24～0.28
低合金钢	16Mn	200	0.25～0.30
灰口铸铁		60～162	0.23～0.27
铝合金	LY12	72	0.33
铜合金		100～110	0.31～0.36
混凝土	C30～C45	18～38	0.16～0.20
木材	(顺纹)	9～12	—

注：① $1\text{GPa}=10^9\text{Pa}$。

需要指出的是，人们在对天然材料的研究以及对新材料的设计过程中，已发现有一些特殊材料(非各向同性)的泊松比会小于零，这就意味着，纵向伸长时，横向会发生膨胀，这类材料称为负泊松比材料。本教材只讨论泊松比为正值的情形。

例题 2.3　用低碳钢试件做拉伸试验(图 2-10)。当拉力达到 20kN 时，试件中间部分 A、B 两点间距离由 50mm 变为 50.01mm。试求此试件的相对伸长、在试件中产生的最大正应力和最大切应力。已知低碳钢的 $E=2.1\times10^5\text{MPa}$。

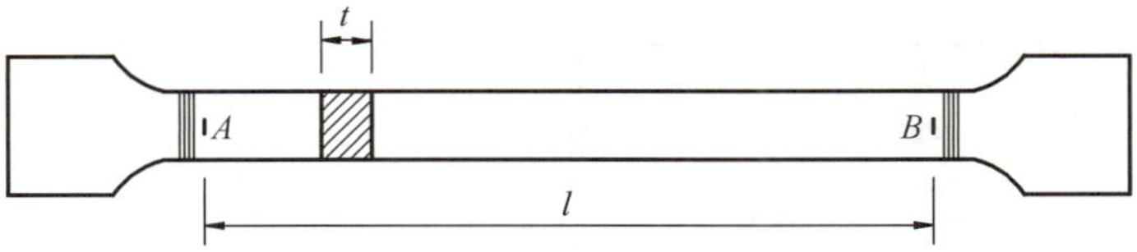

图 2-10　例题 2.3 图

解：在拉力 $F=20\text{kN}$ 时，试件上 A、B 两点间一段的绝对伸长为

$$\Delta l = 50.01 - 50 = 0.01\text{mm}$$

轴向线应变为

$$\varepsilon = \frac{\Delta l}{l} = \frac{0.01}{50} = 0.0002$$

轴向拉伸时，最大正应力发生在试件的横截面上，将 E 和 ε 代入公式 $\sigma = E\varepsilon$ 可得

$$\sigma_{max} = E\varepsilon = 2.1 \times 10^5 \times 0.0002 = 42\text{MPa}$$

轴向拉伸时，最大切应力发生在试件中 $\alpha = 45°$ 的斜截面上，其值等于最大正应力的一半，即

$$\tau_{max} = \frac{\sigma_{max}}{2} = \frac{42}{2} = 21\text{MPa}$$

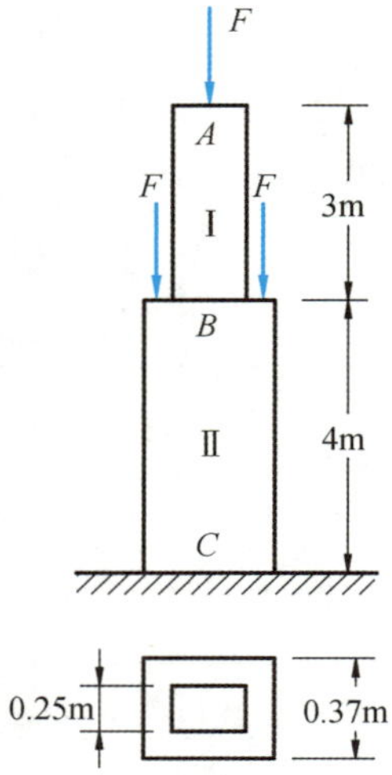

图 2-11　例题 2.4 图

例题 2.4　有一横截面为正方形的阶梯形砖柱，由上下Ⅰ、Ⅱ两段组成。其各段的长度、横截面尺寸和受力情况如图 2-11 所示。已知材料的弹性模量 $E = 0.03 \times 10^5 \text{MPa}$，外力 $F = 50\text{kN}$。试求砖柱顶面的位移。

解：假设砖柱的基础没有沉陷，则砖柱顶面 A 下降的位移等于全柱的缩短量 Δl。由于砖柱上、下两段的截面尺寸和轴力都不相等，故应用式(2-7)分段计算，即

$$\Delta l = \Delta l_1 + \Delta l_2 = \frac{F_{N1} l_1}{EA_1} + \frac{F_{N2} l_2}{EA_2}$$

$$= \frac{(-50 \times 10^3) \times 3}{(0.03 \times 10^5 \times 10^6) \times (0.25)^2} + \frac{(-150 \times 10^3) \times 4}{(0.03 \times 10^5 \times 10^6) \times (0.37)^2}$$

$$= -0.00226\text{m} = -2.26\text{mm}(\text{向下})$$

例题 2.5　在图 2-12 所示的结构中，AB 杆为圆形钢杆，直径 $d = 34\text{mm}$；BC 杆为正方形木杆，边长 $a = 170\text{mm}$；两杆在 B 点铰接。已知钢的弹性模量 $E_1 = 210\text{GPa}$，木材顺纹的弹性模量 $E_2 = 10\text{GPa}$。当结构在 B 点作用载荷 $F = 40\text{kN}$ 时，试求杆 AB 与 BC 的内力、变形、线应变和 B 点的水平位移与铅直位移。

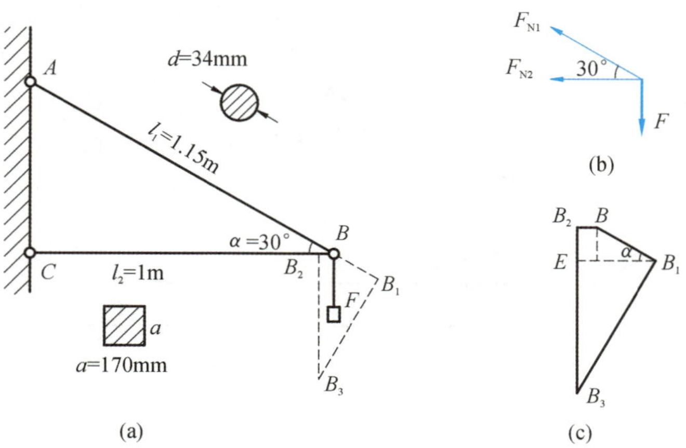

图 2-12　例题 2.5 图

解：(1) 取出节点 B 为脱离体，并以 F_{N1}、F_{N2} 分别表示 AB 及 BC 二杆的内力(图 2-12

(b))。根据静力平衡条件，由 $\sum F_y = 0$，可得

$$F_{N1} = \frac{F}{\sin 30^\circ} = \frac{40}{0.5} = 80\text{kN}\ (\text{拉力})$$

由 $\sum F_x = 0$，可得

$$F_{N2} = -F_{N1}\cos 30^\circ = -69.3\text{kN}\ (\text{压力})$$

(2) 利用式(2-7)求 AB 与 BC 的变形：

$$\Delta l_1 = \frac{F_{N1} l_1}{E_1 A_1} = \frac{80\times 10^3 \times 1.15}{210\times 10^9 \times \frac{\pi}{4} \times (34\times 10^{-3})^2} = 0.48\times 10^{-3}\ \text{m} = 0.48\text{mm}$$

$$\Delta l_2 = \frac{F_{N2} l_2}{E_2 A_2} = \frac{-69.3\times 10^3 \times 1}{10\times 10^9 \times (170\times 10^{-3})^2} = -0.24\times 10^{-3}\ \text{m} = -0.24\text{mm}$$

(3) 利用式(2-6)求 AB 与 BC 杆的轴向线应变：

$$\varepsilon_1 = \frac{\Delta l_1}{l_1} = \frac{0.48}{1150} = 0.000417 = 4.17\times 10^{-4}$$

$$\varepsilon_2 = \frac{\Delta l_2}{l_2} = -\frac{0.24}{1000} = -0.00024 = -2.4\times 10^{-4}$$

(4) 由变形的几何条件求 B 点的位移：

根据结构的实际组成情况，AB 与 BC 二杆变形后仍应连接在一起。若杆 AB 在变形后使 B 点移到 B_1 点，杆 BC 变形后使 B 点移到 B_2 点，则在二杆变形后仍能保持 B 点连接的几何条件应是：先以点 A 为圆心，AB_1 长为半径画一圆弧，再以点 C 为圆心，CB_2 长为半径画一圆弧，这两圆弧的交点即为 B 点位移后的位置。由于二杆的变形都很小，根据小变形假设，可近似地用垂直线来代替圆弧线，即可自 B_1 点作 AB_1 的垂直线，自 B_2 点作 CB_2 的垂直线，并认为它们的交点 B_3 即为 B 点位移后的位置，将表示此变形几何关系的图形放大，如图 2-12(c)所示，不难看出：

水平位移：　　$\overline{BB_2} = 0.24\text{mm}$

铅直位移：

$$\begin{aligned}\overline{B_2B_3} &= \overline{B_2E} + \overline{EB_3} = \overline{BB_1}\sin\alpha + \frac{\overline{B_1E}}{\tan\alpha} \\ &= \Delta l_1 \sin 30^\circ + \frac{\Delta l_2 + \Delta l_1 \cos 30^\circ}{\tan 30^\circ} \\ &= 0.48\times 0.5 + \frac{0.24 + 0.48\times 0.866}{0.577} \\ &= 0.240 + 1.136 = 1.376\text{mm}\end{aligned}$$

2.5　材料在拉伸和压缩时的力学性能

2.5.1　材料的力学性能概述

在工程建设中，我们对杆件进行设计或者校核时，不仅要知道杆件的截面尺寸和内力大

小，还必须知道材料本身的力学性能。材料的力学性能是指在外力的作用下，材料在变形和破坏的过程中所表现出来的性能，它由实验来测定。一般在实验室内所做的材料拉伸或压缩试验，是在室温（或称常温）静载荷条件下按相应的国家标准进行的。

2.5.2 低碳钢拉伸时的应力应变曲线

低碳钢是工程中广泛使用的材料，其含碳量一般在 0.3%以下。低碳钢在拉伸试验中所表现出来的变形与所受载荷之间的关系最典型。

根据国家颁布的测试规范《金属材料 拉伸实验 第 1 部分：室温试验方法》（GB/T 228.1—2021），在做拉伸试验时，应将材料做成标准试件，使其几何形状和受力条件都能符合轴向拉伸的要求。图 2-13 表示一般金属材料试件的形式。在试验以前，要在试件中部的等截面直杆部分用与试件轴线垂直的二细线（或圆环线）标出一工作段，并称其长度为标距 l。为便于比较不同粗细试件的工作段在拉断后的变形程度，通常将圆截面标准试件的标距 l 与横截面直径 d 的比例规定为

$$l=10d \quad 或 \quad l=5d$$

将矩形截面标准试件的标距 l 与横截面面积 A 的比例规定为

$$l=11.3\sqrt{A} \quad 或 \quad l=5.65\sqrt{A}$$

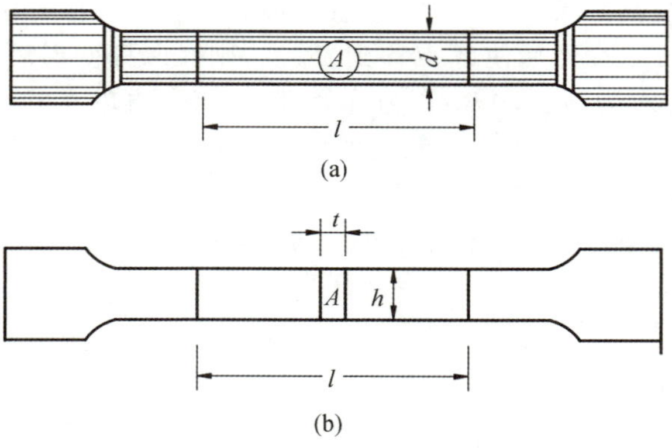

图 2-13 试件

进行轴向拉伸试验时，将试件两端牢牢地夹在试验机的上、下夹头中（图 2-14），然后缓慢加载，使其发生拉伸变形，直至最后拉断。在试验过程中，拉力 F 与工作段的伸长 Δl 的关系曲线可由万能试验机自动绘出来（图 2-15）。习惯上把这种曲线图称为试件的拉伸图。为了消除试件尺寸的影响，将试件拉伸图中的纵坐标（即载荷 F）除以试件的原有截面面积 A 求得试件中的正应力 $\sigma=\dfrac{F}{A}$，将横坐标（即伸长量 Δl）除以标距 l 求得试件的轴向线应变 $\varepsilon=\dfrac{\Delta l}{l}$；从而得到材料的应力-应变曲线（图 2-16）。

从低碳钢的应力-应变曲线可以看到，在整个拉伸试验过程中，与拉伸图中所示的Ⅰ、Ⅱ、Ⅲ、Ⅳ四个阶段相对应，应力与应变之间的关系也大致可分为如下四个阶段：

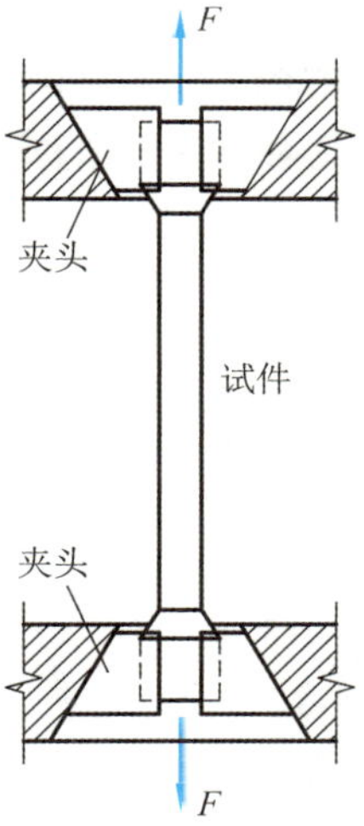

图 2-14 试件安装

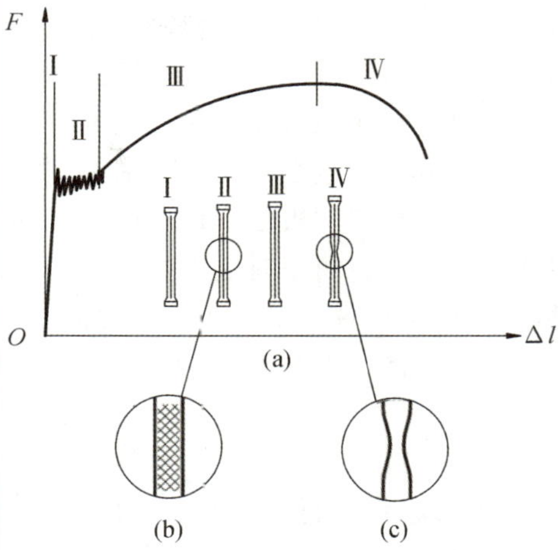

图 2-15 低碳钢试件的拉伸图

1. 弹性阶段

在加载的最初阶段，即由点 O 到点 B(图 2-16)，试件的变形是完全弹性的，全部卸除载荷后，试件将恢复到原有的形状和大小。这一阶段称为弹性阶段，将相应于弹性阶段最高点 B 的应力称为材料的弹性极限(elastic limit)，用符号 σ_e 表示。弹性阶段中 OA 段为一倾斜的直线，这表示应力 σ 与应变 ε 为线性关系，将直线阶段最高点 A 的应力称为材料的比例极限(proportional limit)，用符号 σ_p 表示。

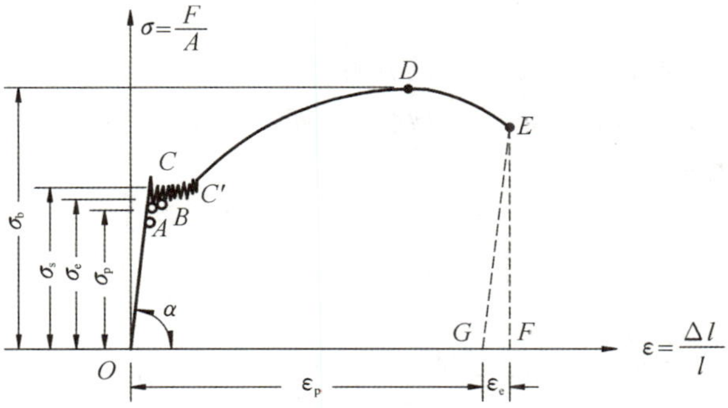

图 2-16 钢材的 σ-ε 图

材料的弹性变形一般很小，比例极限和弹性极限的数值也非常接近，故有时也将它们混同起来统称为弹性极限。在工程实际中一般并不需要测定材料的比例极限和弹性极限。

2. 屈服极限

当载荷继续增加，使应力接近点 C 所示的应力值时(图 2-16)，应变的增加将比应力的增长快一些，且在过点 C 以后一直到点 C' 时，应力几乎保持不变而应变却继续不断地迅速增加，这种现象称为材料的屈服(或流动)。这时，在试件表面上将会出现大约与试件的轴线成45°方向的条纹(图 2-15(b)),它们是因试件显著变形时在材料的微小晶粒之间发生了相互滑移所引起的,通常称为滑移线(或剪切线)。我们把与点 C 相对应的应力称为材料的屈服应力(yield stress)(或屈服极限),并用符号 σ_s 表示,故这一阶段(即 CC' 段)称为屈服阶段(或流动阶段)。材料在屈服阶段内所产生的变形,在外力卸载后不能消失,称其为残余变形或塑性变形。材料能产生塑性变形的这种特性称为塑性。试验证明,低碳钢在屈服阶段内所产生的应变可达到在比例极限所产生的应变的 10~15 倍。

考虑到低强度钢材在屈服时会发生较大的塑性变形,使构件不能正常地工作,故在进行构件设计时,一般应将构件的最大工作应力限制在屈服极限 σ_s 以内。σ_s 是衡量钢材强度的一个重要指标。对于低碳钢来说,σ_s 值至少为 240MPa。

3. 强化阶段

经过屈服阶段以后,钢材因塑性变形使其内部的晶体结构得到了调整,抵抗能力有所增强,故如图 2-16 中 $C'D$ 段曲线所示,应力又逐渐升高,这个阶段称为强化阶段。与曲线最高点 D 相对应的应力是材料在被拉断前所能承受的最大应力,称为材料的强度极限(strength limit),用符号 σ_b 表示,它也是衡量材料强度的一个指标。对于低碳钢来说,σ_b 值约为 400MPa。

4. 颈缩阶段

当应力超过强度极限 σ_b 以后,试件的变形开始集中在某一小段内,使此小段的横截面面积显著地缩小,出现如图 2-15(c)所示的颈缩现象。由于这时试件的横截面面积缩小得非常迅速,使施加于试件的拉力不但加不上去,反而会自动地降下来一些,一直到试件被拉断,如图 2-16 中 DE 段曲线所示。这一阶段称为颈缩阶段(或局部变形阶段)。试件断裂后,其弹性变形就消失了(与这种弹性变形相应的弹性应变 ε_e 如图 2-16 中的线段 FG 所示),只剩下塑性变形(与这种塑性变形相应的塑性应变 ε_p,如图 2-16 中线段 OG 所示)。在图 2-16 中的直线 EG 与 AO 接近平行。

显然,根据低碳钢的应力-应变曲线可确定低碳钢的一些主要力学性质,例如,屈服极限 σ_s、强度极限 σ_b 是衡量其强度的两个重要指标,而塑性应变 ε_p 是衡量其塑性的一个重要指标。

作为衡量材料塑性的重要指标 ε_p,其值常用百分数表示,称为伸长率(或延伸率),并用符号 δ 表示,即

$$\delta = \varepsilon_p \times 100\% = \frac{l_1 - l}{l} \times 100\% = \frac{\Delta l}{l} \times 100\% \tag{2-10}$$

式中,l_1 是试件断裂和弹性变形消失后工作段的总长度;Δl 是试件断裂和弹性变形消失后工作段的总伸长。

在工程实际中,通常将发生显著塑性变形($\delta \geqslant 5\%$)以后才断裂的材料称为塑性材料,而将在没有发生显著变形以前($\delta < 5\%$)就断裂的材料称为脆性材料。例如低碳钢,其 δ 为 20%~30%,就是一种典型的塑性材料。

衡量材料塑性的另一指标是断面收缩率,即

$$\psi=\frac{A-A_1}{A}\times 100\% \tag{2-11}$$

式中，A_1 是试件断裂和弹性变形消失后在断口处的横截面面积。

由应力-应变曲线中直线段 OA 的斜率还可确定材料的弹性模量 E，即

$$E=\frac{\sigma}{\varepsilon}=\tan\alpha$$

根据在 OA 段测定的横向应变与轴向应变比值的绝对值，求得反映材料弹性性能的另一指标——泊松比。

例题 2.6 对低碳钢圆截面试件(图 2-13(a))进行拉伸试验。已知试件圆截面的直径 $d=10\text{mm}$，工作段的长度(标距)$l=100\text{mm}$，当加拉力至 $F=10\text{kN}$ 时量得试件工作段的伸长 $\Delta l=0.0607\text{mm}$，低碳钢的比例极限 $\sigma_p=200\text{MPa}$，试求此时钢试件横截面上的正应力 σ，工作段的应变 ε 以及低碳钢的弹性模量 E 各为多少？

解：钢试件的横截面面积

$$A=\frac{\pi d^2}{4}=\frac{\pi\times(10\times10^{-3})^2}{4}=78.5\times10^{-6}\text{m}^2$$

将其代入式(2-1)求得试件横截面上的正应力

$$\sigma=\frac{F_N}{A}=\frac{F}{A}=\frac{10\times10^3}{78.5\times10^{-6}}=127.4\times10^6\text{N/m}^2=127.4\text{MPa}$$

由式(2-6)可求得工作段的应变

$$\varepsilon=\frac{\Delta l}{l}=\frac{0.0607}{100}=6.07\times10^{-4}$$

因为上面得到的正应力 σ 小于低碳钢的比例极限 $\sigma_p=200\text{MPa}$，因此可将 σ、ε 代入式(2-8)，求得低碳钢的弹性模量

$$E=\frac{\sigma}{\varepsilon}=\frac{127.4\times10^6}{6.07\times10^{-4}}\times10^{-9}=210\text{GPa}$$

例题 2.7 如将上例中钢试件的拉力增大到 15kN，问试件工作段的伸长 Δl 是多少？

解：首先计算这是钢试件横截面上的正应力

$$\sigma=\frac{F_N}{A}=\frac{15\times10^3}{78.5\times10^{-6}}=191.1\times10^6\text{N/m}^2=191.1\text{MPa}$$

它小于低碳钢的比例极限 $\sigma_p=200\text{MPa}$，说明试件这时仍处于弹性阶段，因此可以用式(2-7)来求工作段的伸长，即

$$\Delta l=\frac{F_N l}{EA}=\frac{15\times10^3\times100\times10^{-3}}{210\times10^9\times78.5\times10^{-6}}=9.1\times10^{-5}\text{m}=0.091\text{mm}$$

2.5.3 钢材的冷作硬化

如果对钢试件预先施加轴向拉力，使其进入强化阶段(图 2-17 中的点 K)，随即缓慢卸载，则在卸载时的应力与应变之间，将保持直线关系如图 2-17 中的 KO' 所示，且 KO' 与弹性阶段内的直线 OA 接近平行，卸载时应力应变之间遵循直线关系的规律称为材料的卸载定

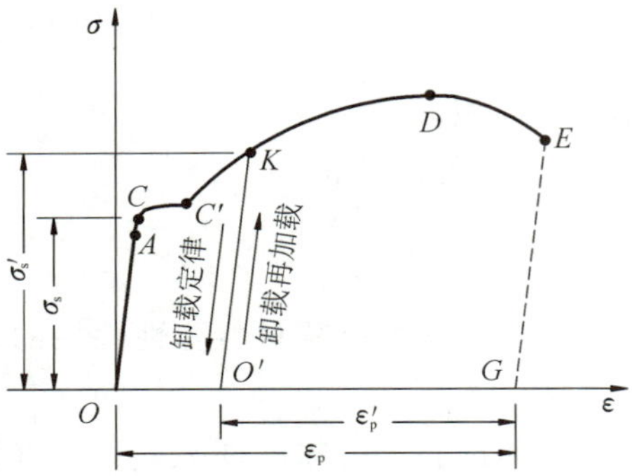

图 2-17　冷作硬化

律。图中的 OO' 表示钢材在卸载后所残留下的塑性应变。若在卸载后又重新加载，则应力-应变曲线将沿 $O'K$ 上升，且在到达点 K 后转向原曲线 KDE，最后到达点 E，这意味着其比例极限、屈服极限有所提高（即由原来的点 A、点 C 所对应的 σ_p、σ_s 都提高到点 K 所对应的 σ_s'），但其塑性应变将减少（即由原来的 $\varepsilon_p=OG$ 减少为 $\varepsilon_p'=O'G$）。通常把钢材的这种特性称为冷硬（或冷作硬化）。

利用钢材的冷作硬化特性，我们可通过在常温情况下将钢筋预先拉长一定数量的办法来提高钢筋的屈服极限，这种办法称为冷拉（或冷拔）。实践证明，按照规定的办法冷拉钢筋，一般可节约钢材 10%～20%。但钢筋经过冷拉以后，其强度虽有所提高，塑性却减少了，这对承受冲击和振动载荷是非常不利的。故在工程实际中，凡是承受冲击或振动载荷作用的结构部位，一般不使用冷拉钢筋。另外，钢筋在冷拉后并不能提高它的抗压强度，故在工程结构的受压部位，一般也不使用冷拉钢筋。

2.5.4　其他材料在拉伸时的力学性能

对其他工程材料，也可通过应力-应变曲线了解它们的力学性质。例如在图 2-18 中绘出了几种塑性材料在拉伸时的应力-应变曲线。将图 2-18 中的曲线与图 2-16 中的低碳钢应力-应变曲线比较，可以看出，除 16 锰钢与低碳钢的应力-应变曲线相似外，铝合金和塑料都没有明显的屈服阶段，但其弹性阶段、强化阶段和颈缩阶段仍比较明显；锰钒钢则只有弹性阶段和强化阶段，没有屈服阶段和颈缩阶段。对没有明显屈服阶段的工程材料，一般规定以产生 0.2%的塑性应变所对应的应力值作为名义屈服极限，并用符号 $\sigma_{p0.2}$ 表示。图 2-19 给出了确定名义屈服极限的方法：在 ε 轴上取 $\varepsilon_p=0.2\%$ 的一点，过此点作与 σ-ε 图上直线部分平行的直线，它交曲线于 C 点，C 点的纵坐标就代表 $\sigma_{p0.2}$。

从图 2-18 还可以看出，锰钒钢、16 锰钢、铝合金和塑料都与低碳钢有一共同的特点，即表示材料变形能力的伸长率 δ 都较大，在 10%以上，有的甚至超过 30%。

在图 2-20 中绘出了铸铁在拉伸时的应力-应变曲线。可以看出，作为脆性材料典型代表的铸铁，在拉伸断裂以前所能发生的变形是很小的，为 0.4%。一般，脆性材料在受拉过程中没有屈服阶段，也不会发生颈缩现象。故通常是以其在断裂时的强度极限 σ_b 作为拉伸强度极限。

从铸铁的应力-应变图还可以看出，即使应力很小时也无明显的直线段，但在一定的应力范围内（例如规定试件产生不超过 0.1%的相对变形时所需的应力值范围内），我们可近似地用割线 OA（图 2-20）代替原来的曲线，并认为在这一阶段中，材料的弹性模量是常数，可应用胡克定律。铸铁的弹性模量 E 为 60～162GPa，泊松比 ν 为 0.23～0.27。

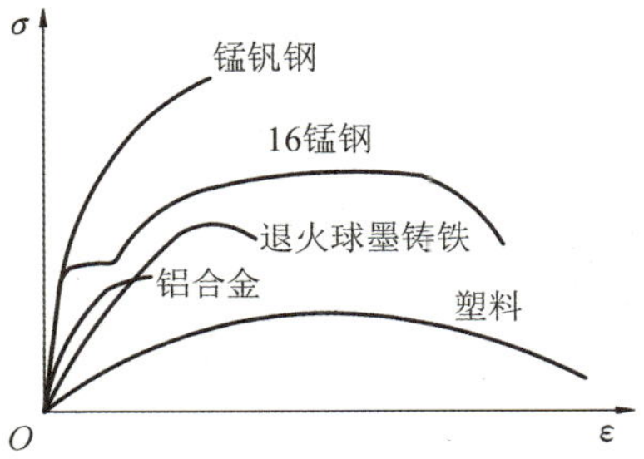

图 2-18 几种塑性材料的 σ-ε 图

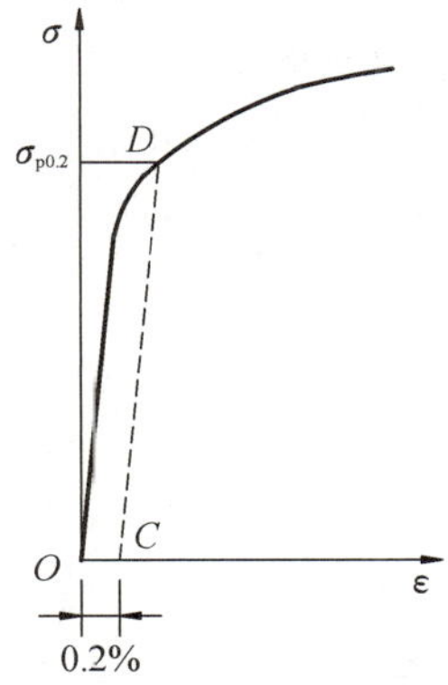

图 2-19 名义屈服极限 $\sigma_{p0.2}$ 求法

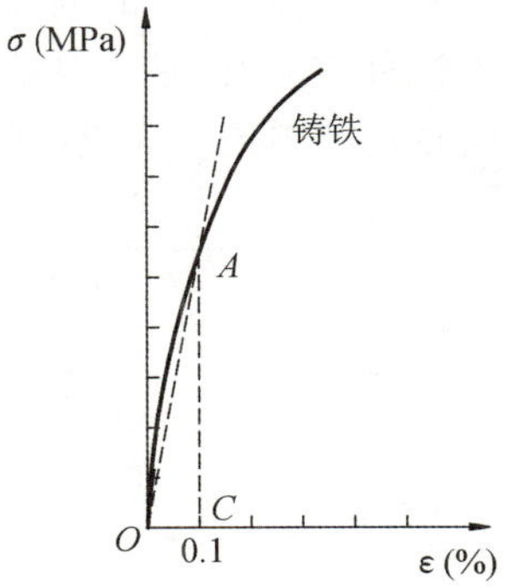

图 2-20 铸铁的 σ-ε 图

2.5.5 材料在压缩时的力学性能

1. 钢材的压缩试验

钢材的压缩试件通常做成圆柱体，其高度为直径的 1.5～3 倍(图 2-21)。试验时将试件放在试验机的两个压座之间，施加轴向压力。

由试验绘出的压力 F 与轴向变形 Δl 之间的关系曲线称为试件的压缩图。与在拉伸试验中一样，如使 $\sigma=F/A$、$\varepsilon=\Delta l/l$，也可将压缩图改画为钢材在压缩时的应力-应变曲线。图 2-22中的实线即为低碳钢在压缩时的应力-应变曲线。为了比较低碳钢在拉伸与压缩时的力学性质，在图 2-22 中还用虚线绘出了低碳钢在拉伸时的应力-应变曲线。从这两条曲线可以看出，在屈服阶段以前，它们基本上是重合的，这说明低碳钢在压缩时的比例极限、屈服极限和弹性模量都与拉伸时的相等；但超过屈服极限以后，由于低碳钢试件在压缩时被压成鼓形(图 2-21)，受压面积越来越大，不可能产生断裂，也无法测定材料的压缩强度极限。故一般来说，钢材的力学性能主要是用拉伸试验来确定的。

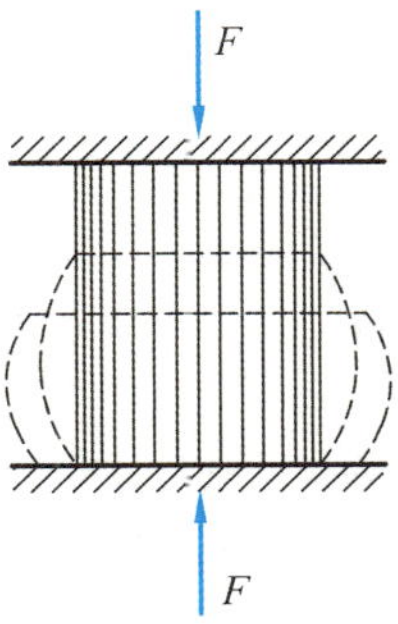

图 2-21 钢试件受压时的变形图

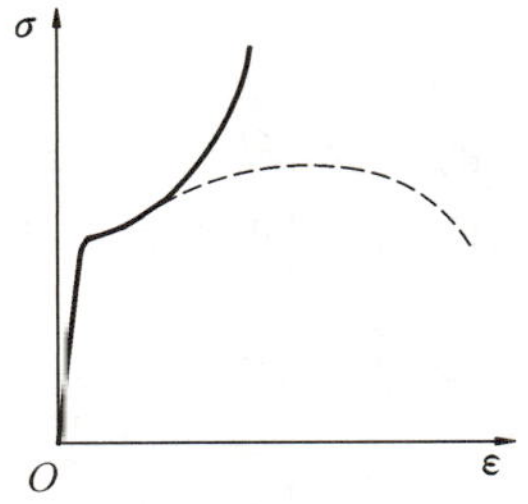

图 2-22 低碳钢受压和受拉时的 σ-ε 图

2. 铸铁的压缩试验

作为脆性材料典型代表的铸铁在受压时的应力-应变曲线如图 2-23(a)所示。试验证明，铸铁试件在压缩变形很小时即会突然破裂，因此只能求得其强度极限 σ_b。铸铁的抗压性能较好，它在受压时的强度极限比受拉时的要高 4～5 倍。由于破坏面间摩擦力的影响，铸铁试件破坏时，是沿与试件轴线成35°～45°角的斜面上发生剪断破坏(图 2-23(b))，这表明铸铁的抗剪能力比其抗压能力差，故只适合用作受压构件。

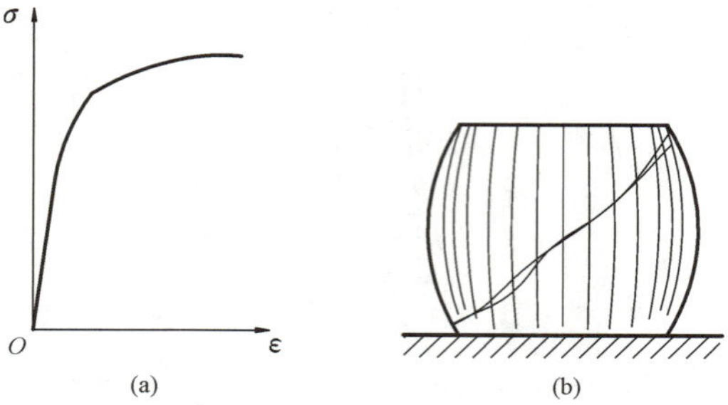

图 2-23　铸铁的压缩

2.6　许用应力、安全系数与强度条件

2.6.1　许用应力与安全系数

通过上述试验可知，脆性材料制成的杆件受拉(或受压)时，当正应力达到强度极限 σ_b 时会突然断裂；塑性材料制成的杆件受拉(或受压)时，当正应力达到屈服极限 σ_s 时，会出现显著的塑性变形。构件出现断裂或显著的塑性变形，都不能再正常工作，工程上把断裂和出现塑性变形称为强度失效，此时所对应的正应力称为极限应力，用 σ_u 表示。对于塑性材料，通常是取屈服极限 σ_s 作为 σ_u；对无明显屈服阶段的塑性材料，则用 $\sigma_{p0.2}$ 作为 σ_u。对于脆性材料，由于它直到断裂为止，都不会产生明显的塑性变形，因此取强度极限 σ_b 作为 σ_u。

为保证杆件在载荷作用下不致因强度不足而破坏，且有一定的安全储备，则其最大工作应力的容许值，必须低于材料的极限应力。在工程中规定最大工作应力容许值为极限应力的若干分之一，称为许用应力，用[σ]表示，且

$$[\sigma]=\frac{\sigma_u}{n}$$

式中，n 为大于 1 的因数，称为安全系数。

不同材料以不同的强度指标作为极限应力，其安全系数 n 也不同。对钢材类塑性材料，其许用应力为

$$[\sigma]=\frac{\sigma_s}{n_s} \quad 或 \quad [\sigma]=\frac{\sigma_{p0.2}}{n_s} \tag{2-12}$$

对铸铁、岩石、混凝土类脆性材料，其许用应力为

$$[\sigma]=\frac{\sigma_b}{n_b} \tag{2-13}$$

式中，n_s 为相应于屈服时的安全系数；n_b 为相应于脆性断裂(强度极限)时的安全系数。由

此可见，对许用应力数值的规定，实质上是如何确定适当的安全系数的问题，它是反映杆件具有安全储备大小的一个系数。各种材料在不同工作条件下的安全系数或许用应力，可从相应的设计规范或设计手册中查到。

2.6.2 轴向拉(压)杆的强度条件

根据以上分析，为了保证杆件能正常地工作，必须使其最大工作应力 σ_{max} 不超过材料在拉伸(压缩)时的许用应力 $[\sigma]$，即拉(压)杆的强度条件为

$$\sigma_{max} \leqslant [\sigma] \tag{2-14}$$

对于等直杆，上式可写为

$$\sigma_{max} = \frac{F_{Nmax}}{A} \leqslant [\sigma] \tag{2-15}$$

根据以上强度条件，针对不同的情况，可进行下述三种类型的强度计算：

1. 强度校核

在已知拉(压)杆的材料、尺寸(即已知 $[\sigma]$ 和 A)和所承受载荷(即间接地知道 F_{Nmax})的情况下，可用式(2-15)检查或校核杆的强度是否满足要求，这是强度计算中最常见的一种。

2. 截面设计

在根据已知载荷算得内力和确定所用的材料(即已知 F_{Nmax} 和 $[\sigma]$)以后，根据强度条件为杆选择横截面的面积或尺寸，为此可将式(2-15)改写为

$$A \geqslant \frac{F_{Nmax}}{[\sigma]}$$

根据计算出来的 A 值选用截面的形状和尺寸时，也容许采用的 A 值稍小于其计算值，但仍应以计算应力不超过许用应力 $[\sigma]$ 的 5% 为限。

3. 确定载荷

若已知杆的尺寸和材料(即已知 A 和 $[\sigma]$)，则可由式(2-15)确定容许杆所承受的最大轴力，并从而计算出容许它承担的最大载荷。此时式(2-15)应改写为

$$F_{Nmax} \leqslant A[\sigma]$$

例题 2.8 如图 2-24(a)所示的三角形托架，其杆 AB 是由两根等边角钢所组成。已知载荷 $F=75\text{kN}$，三号钢的许用应力 $[\sigma]=160\text{MPa}$，试选择等边角钢的型号。

解：(1) 计算杆 AB 的轴力。取节点 B 为脱离体如图 2-24(b)所示，列出其静力学平衡方程

$$\sum F_x = 0: \qquad F_N^{AB} = F_N^{CB} \cos 45^\circ \tag{1}$$

$$\sum F_y = 0: \qquad F_N^{CB} \sin 45^\circ = F \tag{2}$$

解方程组(1)、(2)得到

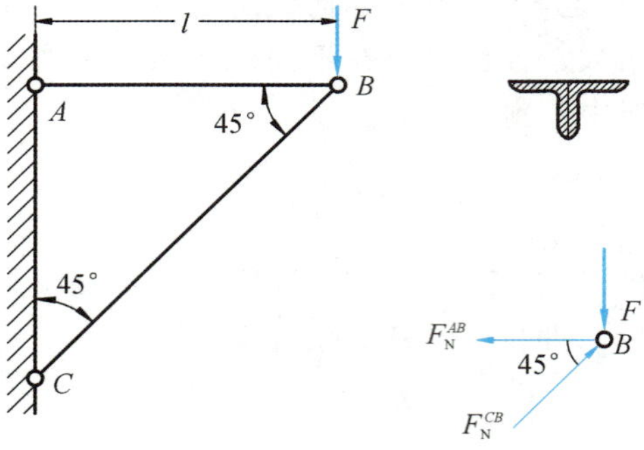

(a) (b)

图 2-24 例题 2.8 图

$$F_N^{CB}=\sqrt{2}F=\sqrt{2}\times 75=106.1\text{kN}$$

$$F_N^{AB}=F=75\text{kN}$$

(2) 根据强度条件确定杆 AB 的截面大小。由式(2-15)可知，

$$A\geqslant\frac{F_{\text{Nmax}}}{[\sigma]}=\frac{75\times 10^3}{160\times 10^6}=0.4687\times 10^{-3}\text{m}^2=468.7\ \text{mm}^2$$

(3) 根据所需截面大小选择等边角钢型号。

由附录 B 型钢规格表查得边厚为 3mm 的 4 号等边角钢的横截面面积为 2.359cm^2，即 235.9mm^2。采用两个这样的角钢，其总横截面面积为 $235.9\times 2=471.8\text{mm}^2$，大于 $A=468.7\text{mm}^2$，便能满足设计要求。

例题 2.9 如图 2-25(a)所示的起重机，其杆 BC 由钢丝绳 AB 拉住。已知钢丝绳的直径 $d=24\text{mm}$，许用拉应力为 $[\sigma_t]=40\text{MPa}$。试求容许该起重机吊起的最大载荷 F。

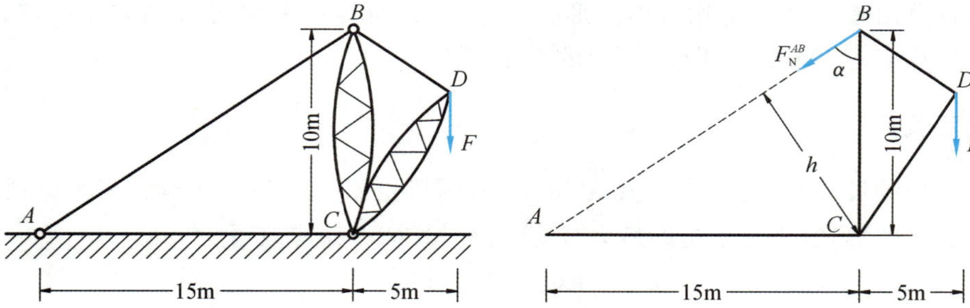

(a) (b)

图 2-25 例题 2.9 图

解:(1) 计算钢丝绳 AB 能承受的最大轴力。运用截面法以假想截面将钢丝绳 AB 截断，并取脱离体如图 2-25(b)所示。由式(2-15)可算得

$$F_N^{AB}=A[\sigma]=\frac{\pi\times 0.024^2}{4}\times 40\times 10^6=18.086\times 10^3\text{N}=18.086\text{kN}$$

(2) 根据几何关系确定点 C 到 AB 的垂距 h。

$$\overline{AB}=\sqrt{\overline{BC}^2+\overline{AC}^2}=\sqrt{10^2+15^2}=18.1\text{m}$$

$$h=\overline{BC}\sin\alpha=\overline{BC}\times\frac{\overline{AC}}{\overline{AB}}=10\times\frac{15}{18.1}=8.3\text{m}$$

（3）由平衡条件 $\sum M_C=0$ 可列出静力学平衡方程：

$$F\times 5=F_N^{AB}\times h$$

将已求得的 F_N^{AB} 与 h 值代入，即可求得起重机的容许载荷：

$$F=\frac{F_N^{AB}\cdot h}{5}=\frac{18.086\times 10^3\times 8.3}{5}=30.024\times 10^3\text{N}=30.024\text{kN}$$

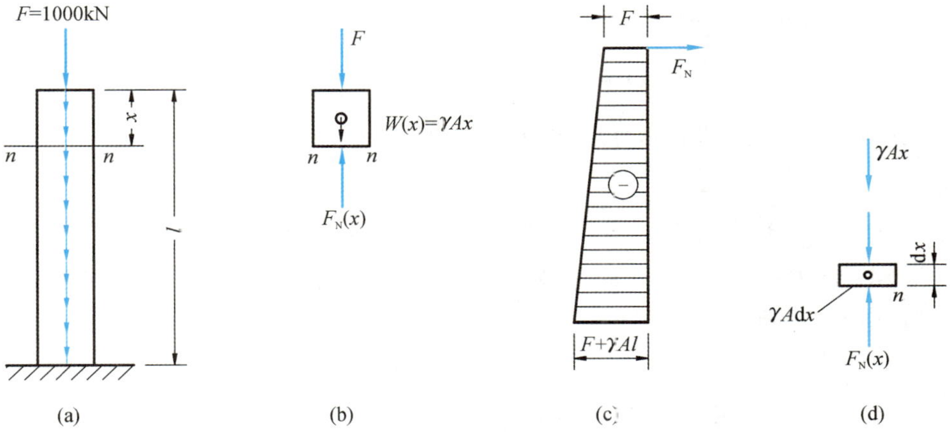

图 2-26　例题 2.10 图

例题 2.10　图 2-26(a)是一根等直杆，其长度为 l，横截面面积为 A，材料单位体积重量为 γ，弹性模量为 E，许用应力 $[\sigma]$，在其顶部作用有轴向载荷 F。试求杆的自重对强度的影响和杆的缩短量。

解：求解时，应考虑到杆是受轴向载荷 F 及其自重的共同作用，杆的自重可看作沿杆高均匀分布的载荷(图 2-26(a))。

（1）计算轴力。在距杆顶面的距离为 x 处，用一个假想横截面 $n—n$ 截出脱离体如图 2-26(b)所示，则在 $n—n$ 截面上的轴力为

$$F_N(x)=-[F+W(x)]=-(F+\gamma Ax)$$

式中，$W(x)=-\gamma Ax$ 为 $n—n$ 截面以上高度为 x 的一段杆的重量。因材料单位体积的重量 γ 和等直柱的横截面面积 A 都是常量，故上式中的 $W(x)$ 沿柱高按直线变化，且当 $x=0$ 时，$W(x)=0$，即在柱的顶面上不受自重作用，当 $x=l$ 时，$W=\gamma Al$，即在柱的底面上要承受柱的全部重量。故杆在自重单独作用下的轴力图构成三角形。当同时考虑外载荷 F 及自重 $W(x)$ 作用时，杆的轴力图则如图 2-26(c)所示，最大轴力 $F_{N\max}$ 出现在柱的底面上，其值为 $F_{N\max}=-(F+\gamma Al)$。

将此 $F_{N\max}$ 代入式(2-15)可得杆的强度条件为

$$\sigma_{\max}=\frac{F_{N\max}}{A}=\frac{F}{A}+\gamma l\leqslant[\sigma]$$

故可解得

$$A \geqslant \frac{F}{[\sigma]-\gamma l} \tag{2-16}$$

将式(2-16)与由式(2-15)改写的 $A \geqslant \frac{F}{[\sigma]}$ 进行比较，可见在计算受拉(压)的等直杆时，考虑自重作用的影响，相当于从材料的许用应力 $[\sigma]$ 里减去 γl。显然，若杆的 $\gamma l/[\sigma]$ 值远小于 1，则可不考虑自重的影响。反之，若杆很长，针对材料容重较大而强度低的杆，则必须考虑其自重影响。

(2) 求杆的缩短量时，必须从长度为 $\mathrm{d}x$ 的微段(图 2-26(d))出发，略去微段自重 $\gamma A\mathrm{d}x$ 后，根据胡克定律，此微段变形为

$$\mathrm{d}(\Delta l)=\frac{F_{\mathrm{N}}(x)\mathrm{d}x}{EA}=\frac{(F+\gamma Ax)\mathrm{d}x}{EA}$$

将上式对整个杆长 l 进行积分后，可求出杆的缩短量为

$$\Delta l=\int_0^l \frac{(F+\gamma Ax)\mathrm{d}x}{EA}=\frac{Fl}{EA}+\frac{Wl}{2EA}=\frac{\left(F+\frac{W}{2}\right)l}{EA}$$

式中，$W=\gamma Al$ 为杆的自重。由此可见，等直杆因自重而引起的变形等于将杆重的一半作用在杆顶端所引起的变形。

2.7　简单拉伸与压缩超静定问题的解法

2.7.1　超静定问题的解法

在前面几节中所介绍的拉伸和压缩问题，只需根据力的平衡条件列出静力学平衡方程即可解得要求的支座反力和轴力，这类问题称为静定问题。

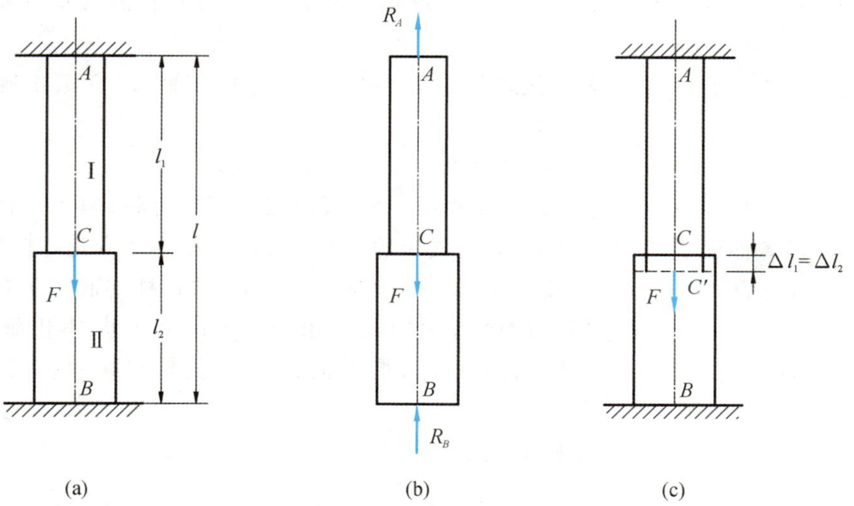

图 2-27　两端固定超静定杆

在工程实际中，我们也会遇到如图 2-27(a)所示的上下两端都是固定端的杆件。对于维持平衡来说，杆 AB 有一固定端就足够了，故我们常把另一固定端(例如固定端 B)称为杆的多余约束。当在杆的截面 C 的中心作用一指向朝下的集中载荷 F 时(图 2-27(b))，可以看出，在杆上、下固定端处将分别产生约束反力 R_A 和 R_B，且杆的上段 AC 将受到拉伸，下段 CB 将受到压缩，根据整个杆的静力平衡，只能列出一个独立的静力学平衡方程，即

$$R_A + R_B - F = 0 \tag{1}$$

显然，由一个方程不能解出两个独立的未知反力 R_A 和 R_B。我们把这种仅由静力学平衡方程不能求出所有未知力的问题称为静不定问题或超静定问题。

为了求解上述问题，必须设法建立一个补充方程，这就需要分析杆件的变形情况。因杆的上、下两端都是固定端，当杆受力变形时，其上、下端截面 A 和 B 不会沿杆轴线方向发生相对线位移，即杆的上、下两段会分别发生伸长变形 Δl_1 和缩短变形 Δl_2，但杆的总长度 l 不会改变(图 2-27(c))，故有

$$\Delta l_1 - \Delta l_2 = 0 \tag{a}$$

通常把这种关系式称为由变形协调条件建立的变形几何关系式。

在胡克定律有效的情况下，又可建立力与变形的物理关系式

$$\Delta l_1 = \frac{R_A l_1}{EA} \tag{b}$$

$$\Delta l_2 = \frac{R_B l_2}{EA} \tag{c}$$

将式(b)、式(c)代入式(a)，即可得到补充方程

$$\frac{R_A l_1}{EA} - \frac{R_B l_2}{EA} = 0 \quad 或 \quad \frac{R_A}{R_B} = \frac{l_2}{l_1} \tag{2}$$

解方程组(1)和(2)，即可求出杆的支座反力为

$$R_A = F\frac{l_2}{l}, \quad R_B = F\frac{l_1}{l}$$

根据外力 F、R_A、R_B，不难求出杆的轴力 $F_{N1} = R_A = F\dfrac{l_2}{l}$ 和 $F_{N2} = -R_B = -F\dfrac{l_1}{l}$。

通常，把超静定问题中与多余约束相应的支座反力或内力称为多余未知力，而把多余未知力的数目称为超静定次数，例如上述问题中有一个多余未知力，故其超静定次数为 1，并称为一次超静定问题。

由上例还可看出，求解超静定问题的关键步骤如下：

(1) 根据静力平衡条件列出所有独立的静力学平衡方程；

(2) 根据变形协调条件建立足够的补充方程；

(3) 列出变形与为力之间关系的物理方程；

(4) 联立以上方程求解。

由许多杆组成的超静定结构称为超静定杆系结构，其解法与上相同。

例题 2.11 如图 2-28(a)所示的超静定杆系结构，是由三根等直杆 1、2、3 在点 A 铰接所构成。已知杆 2、杆 3 的长度、横截面面积及材料的弹性模量均相同，即 $l_2 = l_3$，$A_2 = A_3$，$E_2 = E_3$；杆 1 的长度为 l_1，横截面面积为 A_1，材料的弹性模量为 E_1。试求在点 A 悬挂重量

为 F 的重物时各杆中的轴力。

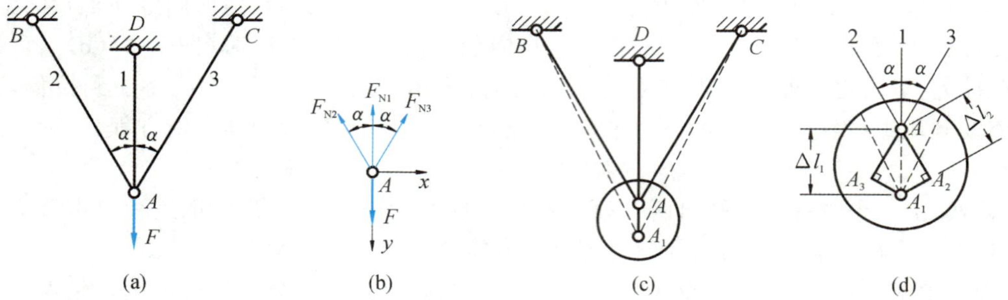

图 2-28　例题 2.11 图

解:(1) 由静力平衡条件列出静力学平衡方程,令 F_{N1}、F_{N2}、F_{N3} 分别代表杆 1、杆 2、杆 3 的轴向拉力,取节点 A 为脱离体(图 2-28(b)),并列出其静力学平衡方程,即

$$\sum F_x = 0: \qquad F_{N3}\sin\alpha - F_{N2}\sin\alpha = 0$$

可得

$$F_{N2} = F_{N3} \tag{1}$$

$$\sum F_y = 0: \qquad F_{N1} + F_{N2}\cos\alpha + F_{N3}\cos\alpha - F = 0$$

可得

$$F_{N1} + 2F_{N2}\cos\alpha = F \tag{2}$$

因问题中的未知力有三个,故还需建立一个补充方程。

(2) 由变形协调条件建立补充方程:由图 2-28(c)、(d)可以看出,杆 1、杆 2、杆 3 的下端在受力前是铰接于点 A 的,当结构受力变形后,它们的下端仍应由铰连接在一起,但铰接点的位置将由铅直方向移动到点 A_1,使三杆都发生伸长变形。令杆 1 的伸长为 $\overline{AA_1} = \Delta l_1$,杆 2、杆 3 的伸长为 $\overline{AA_2} = \overline{AA_3} = \Delta l_2 = \Delta l_3$,杆 2、杆 3 两斜杆的倾角 α 的改变可忽略不计,则如图 2-28(d)所示,根据变形协调条件可建立变形几何关系式:

$$\Delta l_2 = \Delta l_3 = \Delta l_1 \cos\alpha \tag{a}$$

在胡克定律有效的情况下,三杆各自的伸长为

$$\Delta l_1 = \frac{F_{N1} l_1}{E_1 A_1} = \frac{F_{N1}}{C_1}, \quad \Delta l_2 = \frac{F_{N2} l_2}{E_2 A_2} = \frac{F_{N2}}{C_2}, \quad \Delta l_3 = \frac{F_{N3} l_3}{E_3 A_3} = \frac{F_{N3}}{C_3} \tag{b}$$

其中,$C = \dfrac{EA}{l}$,称为杆件的相对刚度。

将式(b)代入式(a)即得到补充方程

$$\frac{F_{N2}}{C_2} = \frac{F_{N1}}{C_1}\cos\alpha \tag{3}$$

(3) 解方程组(1)、(2)、(3)并整理后可得

$$\begin{cases} F_{N1} = \dfrac{FC_1}{C_1 + 2C_2\cos^2\alpha} \\ F_{N2} = \dfrac{FC_2\cos\alpha}{C_1 + 2C_2\cos^2\alpha} \end{cases} \tag{2-17}$$

点 A 的铅直位移为

$$\delta = \overline{AA_1} = \Delta l_1 = \frac{F_{N1}}{C_1} = \frac{F}{C_1 + 2C_2 \cos^2\alpha}$$

所求结果均为正值，说明假设三杆的轴力均为拉力是正确的。

上面的算例表明，超静定结构的反力和内力不仅与外力有关，还与结构中各部分构件的相对刚度有关。

2.7.2 装配应力

如前所述，杆系结构是由一根以上的杆组装而成的。在工程实际中，由于制造的疏忽，可能使某些杆的尺寸具有微小的误差。若用这种杆件组装的杆系结构是静定结构，如图2-29所示(图中实线表示杆的设计长度，虚线表示制造长度)，则杆所具有的长度误差只会使杆系结构的几何形状略有改变，不会在各杆中引起附加的应力。但若用这种杆组装的杆系结构是如图 2-30 所示的超静定结构，则任一杆所具有的尺寸误差都会使结构在各杆中引起附加的应力。例如，当杆 1 的长度制造得不准确，比其应有的长度$\overline{AD}$短了 δ_0 时，则在将杆系结构勉强装配好以后，其各杆会处于图中虚线所示的状态，并使铰接点 A 改变到 A' 位置，即结构还没有受到外载荷作用，杆 1 就因发生了伸长变形而有了拉应力，同时杆 2 和杆 3 则因发生了缩短变形而有了压应力，这样的应力属于附加应力或初应力。因这种附加应力是存在制造误差的杆在勉强拼装时所产生的，所以也称其为装配应力。

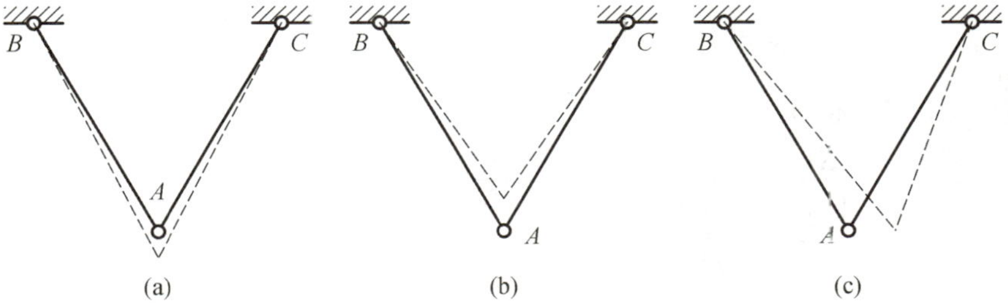

图 2-29 静定结构

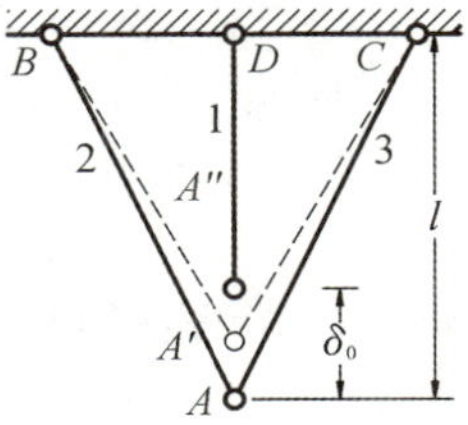

图 2-30 超静定结构

结构受力前存在的内附的应力也称为预应力。预应力在工程中的运用非常广泛，例如，在抗压强度高而抗拉强度低的脆性材料如岩体、混凝土等制造的结构中，广泛利用施加预压应力技术，克服材料抗拉能力较差的弱点，制成各种预应力结构构件，从而使工程结构的工作条件得到很大改善，并取得很好的经济效益。

例题 2.12 如图 2-31(a)所示的杆系结构，装配时发现杆 1 较原设计长度 l 短了 δ_0，经用力才将三杆铰接于点 A。①若杆 2、杆 3 的材料和截面积都相同，长度为 $l_2 = l_3 = l/\cos\alpha$，试导出计算三杆内初应力的计算式。②若三杆都是钢杆，钢的弹性模量 $E = 0.2 \times 10^6$ MPa，各杆的横截面面积也都相同，且知 $\delta_0 / l = 1/1000$，$\alpha = 30°$，试计算三杆内的初应力数值。

解：(1) 用力将三杆的下端铰接在点 A_1 以后，在杆 1 中将发生轴向拉力 F_{N1}，在杆 2、杆 3 中将发生轴向压力 F_{N2}、F_{N3}，根据节点的静力平衡条件(图 2-31(b))：

$$\sum F_x = 0: \qquad -F_{N2}\sin\alpha + F_{N3}\sin\alpha = 0$$

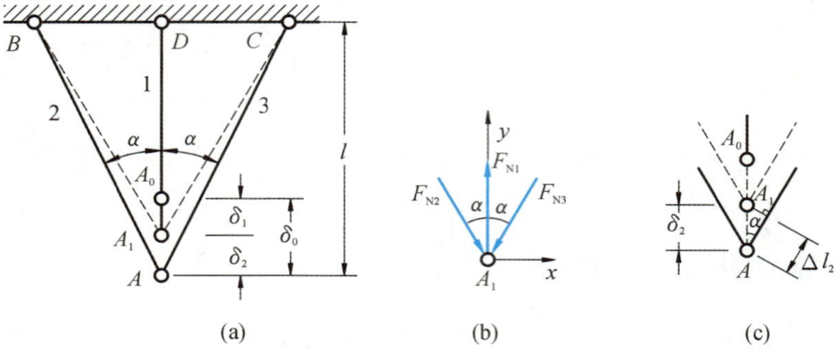

图 2-31　例题 2.12 图

可得

$$F_{N2} = F_{N3} \tag{1}$$

$\sum F_y = 0$:
$$-F_{N2}\cos\alpha - F_{N3}\cos\alpha + F_{N1} = 0$$

可得

$$F_{N1} = 2F_{N2}\cos\alpha \tag{2}$$

(2) 从图 2-31(a)可知,结构变形协调方程为

$$\delta_1 + \delta_2 = \delta_0 \tag{3}$$

在胡克定律有效的情况下,杆 1 的伸长为 Δl_1,则

$$\delta_1 = \Delta l_1 = \frac{F_{N1} l}{E_1 A_1} \tag{4}$$

杆 2、杆 3 的缩短为 Δl_2(图 2-31(c)),则

$$\delta_2 = \frac{\Delta l_2}{\cos\alpha} = \frac{F_{N2} l_2}{E_2 A_2 \cos\alpha} = \frac{F_{N2} l}{E_2 A_2 \cos^2\alpha} \tag{5}$$

将式(4)和式(5)代入式(3)即可得补充方程

$$\frac{F_{N1} l}{E_1 A_1} + \frac{F_{N2} l}{E_2 A_2 \cos^2\alpha} = \delta_0 \tag{6}$$

(3) 解方程组(1)、(2)、(6),并加整理后可得

$$F_{N1} = \left(\frac{\delta_0}{l}\right) \frac{2E_2 A_2 \cos^3\alpha}{1 + 2\dfrac{E_2 A_2}{E_1 A_1}\cos^3\alpha} \quad \text{(拉伸)}$$

$$F_{N2} = F_{N3} = \left(\frac{\delta_0}{l}\right) \frac{E_2 A_2 \cos^2\alpha}{1 + 2\dfrac{E_2 A_2}{E_1 A_1}\cos^3\alpha} \quad \text{(压缩)}$$

(4) 各杆内的初应力为

$$\sigma_1 = \frac{F_{N1}}{A_1}, \quad \sigma_2 = \sigma_3 = \frac{F_{N2}}{A_2}$$

代入数据可得各杆内初应力的数值为

$$\sigma_1 = \frac{F_{N1}}{A_1} = \frac{1}{1000} \times \frac{A_2}{A_1} \times \frac{2 \times 0.2 \times 10^6 \times \cos^3 30^\circ}{1 + 2\dfrac{0.2 \times 10^6 A_2}{0.2 \times 10^6 A_1}\cos^3 30^\circ}$$

$$=\frac{0.4\times0.65\times10^3}{1+2\times0.65}=113.04\text{MPa}$$

$$\sigma_2=\sigma_3=-\frac{F_{N2}}{A_2}=-\frac{1}{1000}\times\frac{A_2}{A_2}\times\frac{0.2\times10^6\times\cos^2 30°}{1+2\dfrac{0.2\times10^6 A_2}{0.2\times10^6 A_1}\cos^3 30°}$$

$$=-\frac{0.2\times0.75\times10^3}{1+2\times0.65}=-65.22\text{MPa}$$

2.7.3 温度应力

我们知道，自然界中普遍存在物体热胀冷缩的现象。在工程实际中，由于工作环境温度的改变或季节的更替等原因，结构构件也常会处于温度发生变化的工作状态下。此时，若构件能随着温度的改变而自由地膨胀或收缩，温度的改变对构件的内力不会发生影响。但若构件由于所受的外在约束，以及各部分间的相互约束，使其在温度改变时不能自由地膨胀或收缩时，在构件中就会产生应力，即所谓温度应力（变温应力）。

如图 2-32(a)所示，连通高温高压锅炉汽包与热动机的蒸汽管道，因其刚度远小于锅炉汽包与热动机（汽轮机）的刚度，故可将其视为如图 2-32(b)所示的两端固定的杆件。当管道中温度升高 Δt 时，杆要发生伸长变形，但因杆的两端为固定端，杆的长度不能改变，这种变形受到限制，就会在杆的两端引起反力，并在杆内引起变温应力(图 2-32(b))。由静力学平衡方程可得

$$R_A=R_B \tag{1}$$

这无法确定约束反力的值，必须补充一个变形协调方程。在求解此超静定问题时，可这样设想：若杆只有一端如 A 端为固定端(图 2-32(c))，则温度升高 Δt 后，杆将能自由地伸长 Δl_t，但实际上杆的 B 端也为固定端，使杆的长度不能自由地伸长，这就相当于在杆 B 端处的反力 R_B 又将 Δl_t 顶了回去(图 2-32(d))。即

$$\Delta l_t-\Delta l=0 \tag{a}$$

这就是变形协调方程。

在胡克定律有效的条件下有

$$\Delta l_t=\alpha\Delta t l \tag{b}$$

$$\Delta l=\frac{F_N l}{EA} \tag{c}$$

式中，α 为材料的线膨胀系数。

将式(b)和式(c)代入式(a)，并加整理后即可得补充方程

$$F_N=\alpha\Delta t EA \tag{2}$$

由方程(1)与方程(2)可知两端固定杆因温度改变 Δt 而产生的杆端反力与杆中轴力为

$$R_A=R_B=F_N=\alpha\Delta t EA$$

从而变温应力为

$$\sigma_t=\frac{F_N}{A}=\alpha\Delta t E \tag{2-18}$$

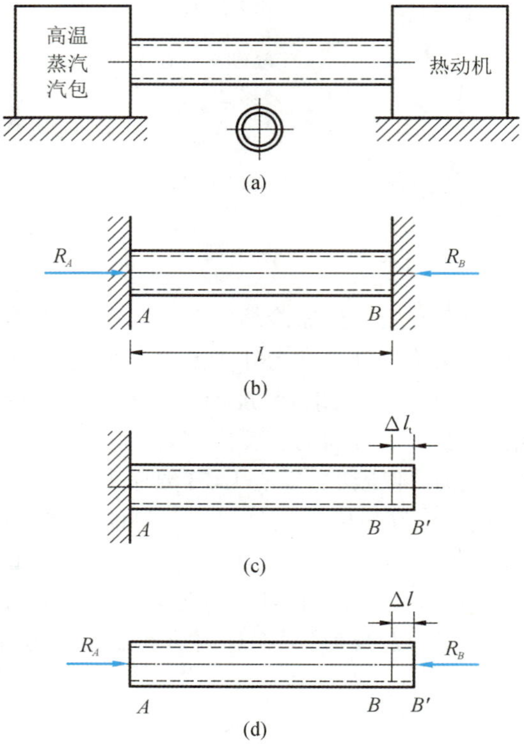

图 2-32　温度应力

结果为正，说明当初认为“温度升高时在杆中引起的温度内力为轴向压力（从而温度应力是压应力）”这个结论是正确的。这也可说明当温度降低（即 Δt 为负）时，在杆中引起的变温应力为拉应力。

对于钢材，$\alpha=12.5\times10^{-6}/℃$，$E=0.2\times10^{6}\,\text{MPa}$。将它们代入式(2-18)可得

$$\sigma_t = 12.5\times10^{-6}\times0.2\times10^{6}\times\Delta t = 2.5\Delta t\ (\text{MPa})$$

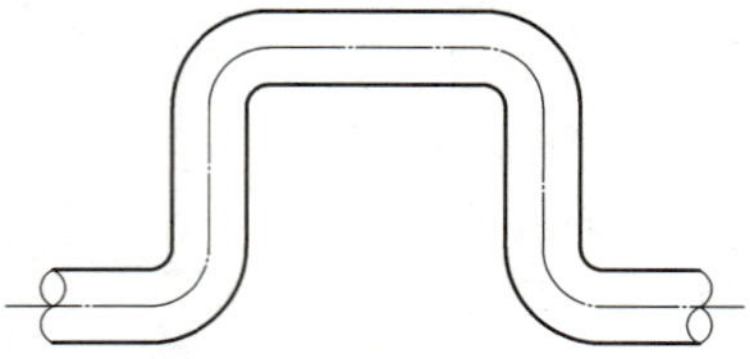

图 2-33　伸缩节

由此可见，当温度的变化 Δt 较大时，在构件中可引起较大的变温应力，故计算和考虑变温应力的影响并采取适当的措施是工程实际中不可忽视的工作。例如，为了避免在上述管道中引起过高的温度应力，可在管道中加入如图 2-33 所示的伸缩节，以减弱对胀缩的限制。再如在铁路钢轨的接头处保留一定的间隙，在混凝土公路路面之间设置伸缩缝也是同样的道理。

综合上述，解决拉压超静定问题的方法，主要通过三个方面的综合研究：①由平衡条件写出静力学平衡关系式；②建立杆件之间的变形协调关系式；③列出力与变形之间的物理关系（胡克定律）式。这种综合考虑静力学、几何、物理三方面的方法，对于求解各种超静定问题都是适用的。

2.8 连接件的实用计算

2.8.1 连接件的连接形式及其破坏

在工程中，组成结构或机械的杆件或零件，经常会遇到用连接件将各部分相互连接在一起的情况，这样做的原因是多方面的。如图 2-34 所示连接中，销轴、键块、螺栓、铆钉、焊缝和榫齿等都称为连接件。在工程结构中，虽然各种连接件本身的尺寸与体积都比较小，但构件连接处的受力变形往往较复杂，它对于保证整个结构的牢固与安全起着重要的作用。

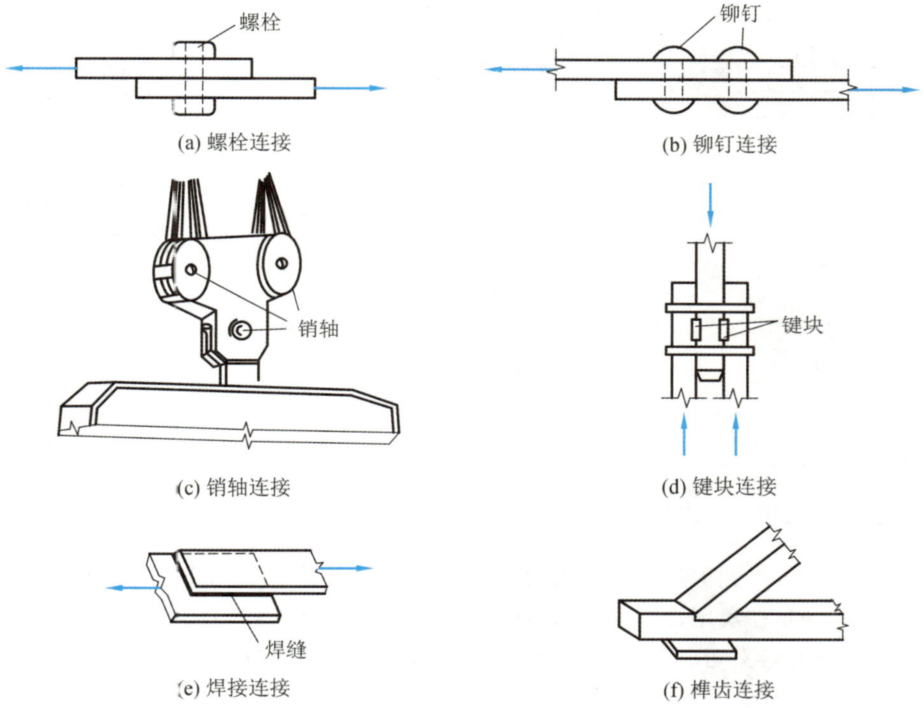

图 2-34 连接的种类

下面以钢结构中两块钢板的螺栓连接为例，说明连接件的变形及连接可能发生的几种破坏情况。如图 2-35(a)所示，当钢板受到轴力 F_N 的作用时，由两块钢板传给螺栓上的是与螺栓轴线垂直、大小相等、方向相反、彼此相距极近的两组力(每组力的合力 F 大小都等于 F_N)，在它们的作用下，螺栓将在截面 $m—m$ 处有内力(剪力)$F_s=F$ 作用，从而引起剪切变形，最后甚至沿作用力的方向被剪断而破坏。为了阐明这一点，可以设想在紧靠 $m—m$ 截面取出一矩形薄层来观察，就会看到在这两组力作用下，上、下两平面发生错动，原来的矩形歪斜成为平行四边形，直角发生了改变。如图 2-35(b)所示，这种变形形式称为剪切变形。显然截面 $m—m$ 是一个剪切面。若将螺栓沿剪切面 $m—m$ 截开并取出如图 2-35(c)所示的脱离体，则在剪切面 $m—m$ 上必然存在与力 F 大小相等、方向相反的剪力 F_s(它由分布在该截面上每点处的切应力 τ 组成），才能使这个脱离体维持静力平衡。如果使轴力 F_N 逐渐增大，则当受剪切面的切应力达到材料的剪切强度极限时，螺栓就会沿着剪切面发生剪断破坏。

螺栓在主要承受剪切的同时，还伴随局部受挤压现象，如图 2-35(b)、(d)所示，在钢板和螺栓相互传递作用力 F 时，螺栓的半个圆柱面同钢板的圆孔表面相挤压，在接触表面上因承受压力 F 而发生局部压缩变形。如果 F 过大，就会使材料的表面压溃而失效。这种局部受压而破坏的现象称为挤压破坏。

由上述螺栓连接的受力变形情况可以看出，连接件（如螺栓、铆钉、销轴或键块等）尺寸都较小，它们的受力变形都比较复杂。因此，在工程设计中，通常采用经简化的实用计算方法。下面以螺栓连接为例，分别讨论剪切与挤压的实用计算。

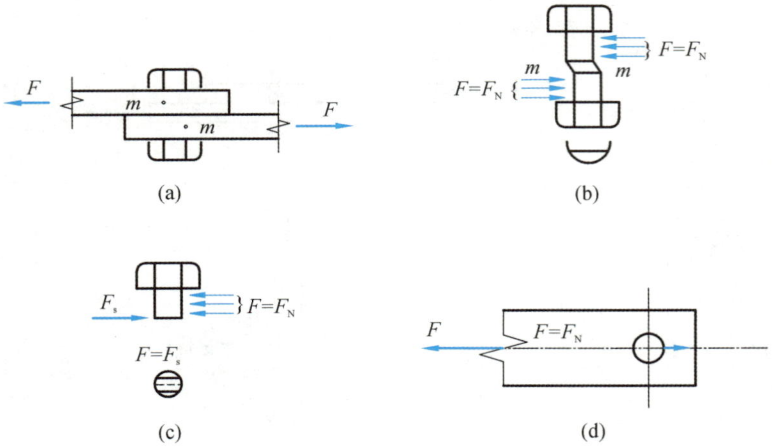

图 2-35　连接图

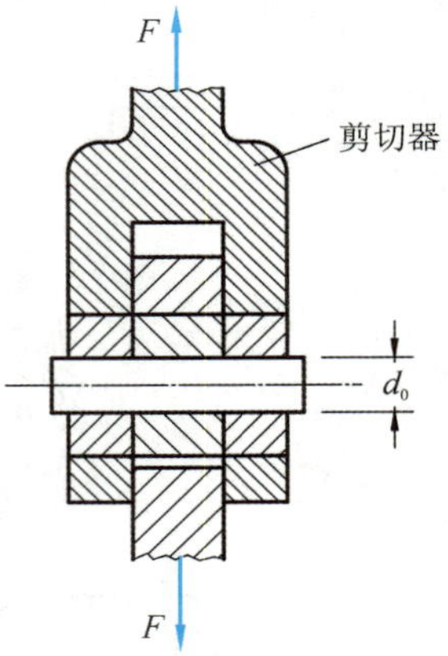

图 2-36　直接剪切试验装置

2.8.2　剪切的实用计算

利用截面法，可得到剪切面上的内力，如图 2-35(c)所示的剪力 F_s。剪切面上切应力的分布是比较复杂的，在实用计算中，假设剪切面$m—m$上各点处的切应力 τ 是均匀分布的，于是求得剪切面上的名义切应力（实际上它是剪切面上的平均切应力）：

$$\tau = \frac{F_s}{A_s} \tag{2-19}$$

式中，F_s 为剪切面上的剪力(shear force)，A_s 为剪切面的面积（只有一个剪切面的称为单剪，有两个剪切面的称为双剪）。然后通过直接剪切试验（图 2-36），并按式(2-19)计算得到剪切破坏时材料的抗剪强度极限 τ_u，用它除以安全系数，就得到材料的许用切应力$[\tau]$。于是，剪切的强度条件为

$$\tau = \frac{F_s}{A_s} \leqslant [\tau] \tag{2-20}$$

材料的许用切应力$[\tau]$可以从有关设计手册中查到。

2.8.3　挤压的实用计算

在图 2-37(a)所示的螺栓连接中，其钢板与螺栓相互接触的侧面上，彼此间发生局部压

紧的现象，称为挤压。显然，当挤压力过大时，可能会引起螺栓被压扁或者钢板在孔缘处被压皱，从而导致连接松动而失效，如图 2-37(b)所示。因此，对连接件进行挤压强度计算也是必要的。

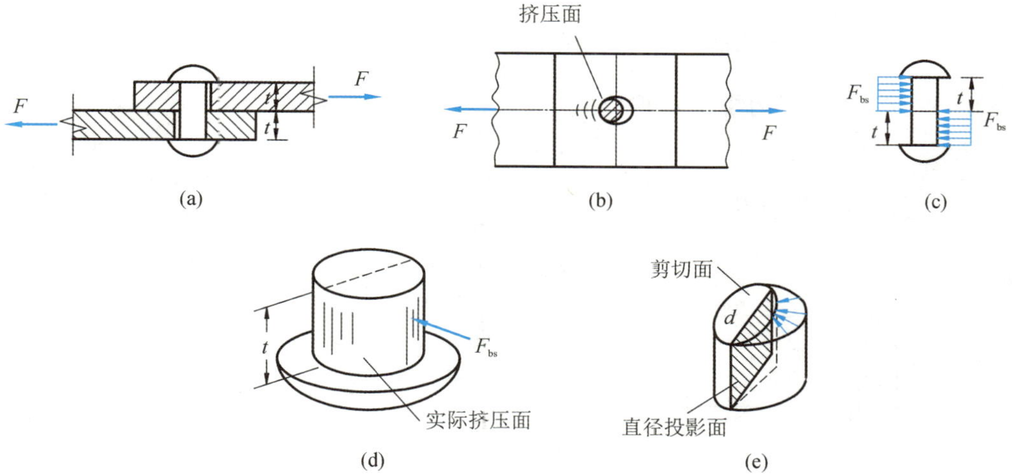

图 2-37 挤压应力

在挤压实用计算中，假设挤压应力(bearing stresses)在有效挤压面上均匀分布，则

$$\sigma_{bs}=\frac{F_{bs}}{A_{bs}} \tag{2-21}$$

式中，σ_{bs}为挤压应力；F_{bs}为接触面所传递载荷的合力(图 2-37(c)、(d))，即挤压力；A_{bs}为有效挤压面积。当接触面为圆柱面(例如螺栓、铆钉、销轴与钢构件的接触面)时，其有效挤压面面积 A_{bs}为实际接触面在直径平面上的投影面积，如图 2-37(e)所示。当连接件与被连接件的接触面为平面(例如键块连接中键与轮毂间的接触面)时，挤压面面积 A_{bs}就是实际接触面的面积。由理论分析精确计算求得，圆柱状接触面上的理论挤压力沿圆柱面的分布情况如图 2-37(e)所示，而按式(2-21)算得的名义挤压应力与圆柱状接触面中点处的最大理论挤压应力值相当接近。这表明式(2-21)是偏于安全且实用的。

通过直剪试验，并按式(2-21)求得材料的抗挤压强度极限 σ_u，将它除以安全系数，就得到材料的许用挤压应力$[\sigma_{bs}]$。于是，挤压强度条件为

$$\sigma_{bs}=\frac{F_{bs}}{A_{bs}}\leqslant[\sigma_{bs}] \tag{2-22}$$

我们还应注意，挤压应力是在连接件与被连接构件之间互相作用的。因此，当二者材料不同时应注意校核其中许用挤压应力较低的材料的挤压强度。对于低碳钢类塑性材料，许用挤压应力和许用拉伸应力之间大致具有下列关系：

$$[\sigma_{bs}]=(1.7\sim2.0)[\sigma] \tag{2-23}$$

例题 2.13 图 2-38(a)、(b)表示一承受轴向力 F 的铆钉接头。每块钢板厚度 $t=8\text{mm}$，用 6 个铆钉连接，铆钉的直径 $d=16\text{mm}$，已知铆钉的许用切应力 $[\tau]=140\text{MPa}$，许用挤压应力 $[\sigma_{bs}]=330\text{MPa}$，钢板的许用应力 $[\sigma]=170\text{MPa}$。试求该铆接头的许用载荷 F 的大小。

解：(1) 由图 2-38(a)、(b)看出，在铆钉连接上，每个铆钉只有一个剪切面，属于单剪。因此，在每个铆钉上容许承担的剪力由式(2-20)算得

$$F_s = \frac{\pi d^2}{4}[\tau]$$

$$= \frac{\pi \times (16 \times 10^{-3})^2}{4} \times 140 \times 10^6 = 28134\text{N} = 28.134\text{kN}$$

每个铆钉容许承受的挤压力可以由式(2-22)计算得到

$$F_{bs} = dt[\sigma_{bs}] = 16 \times 10^{-3} \times 8 \times 10^{-3} \times 330 \times 10^6 = 42240\text{N} = 42.24\text{kN}$$

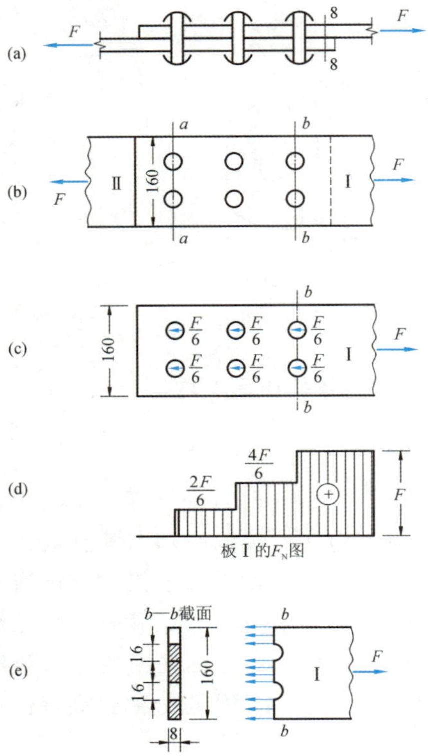

图 2-38　例题 2.13 图(长度单位：mm)

比较以上的计算结果，可以知道在这个接头中，铆钉的抗剪能力低于其承压的能力。因此，这个连接的许用载荷应由铆钉的许用剪力 F_s 来确定。假设 6 个铆钉的受力情况一样，则连接的许用载荷为

$$F = 6F_s = 6 \times 28.14 = 168.84\text{kN}$$

(2) 还应该对钢板在削弱截面处是否会被拉断进行校核。取钢板Ⅰ为脱离体，画出它的受力图和轴力图，分别如图 2-38(c)、(d)所示。由钢板Ⅰ的轴力图可以看出危险截面在钢板Ⅰ的截面 b—b 处(或钢板Ⅱ的截面 a—a 处)。因为作用在 b—b 截面上的轴力为 F_N，而截面的净面积(图 2-38(e))为

$$A_j = (160 - 2 \times 16) \times 8 \times 10^{-6} = 1.024 \times 10^{-3}\text{m}^2$$

所以净截面 b—b 上的正应力为

$$\sigma = \frac{F_N}{A_j} = \frac{168.8 \times 10^3}{1.024 \times 10^{-3}}$$

$$= 1.648 \times 10^8\text{Pa}$$

$$= 164.8\text{MPa} < [\sigma] = 170\text{MPa}$$

因此，该接头的许用载荷为 168.8kN。

这个连接计算给我们提出了一个结构设计中很重要的问题，就是对于结构可能出现的破坏形式的分析必须具有全面的观点：①铆钉可能被剪断；②钢板或铆钉可能在互相接触处发生挤压破坏；③钢板可能在某一削弱截面被拉断。为此，必须同时满足剪切、挤压和拉伸强度要求，才能使接头安全工作；否则，由于某一方面的疏忽，就可能给结构留下隐患，以致造成严重的事故。

习　题

题 2-1　试作图示各杆的轴力图。

题 2-2　试求题 2-1 图(b)中各杆在指定截面上的正应力。假设各横截面面积为 $A_1 =$

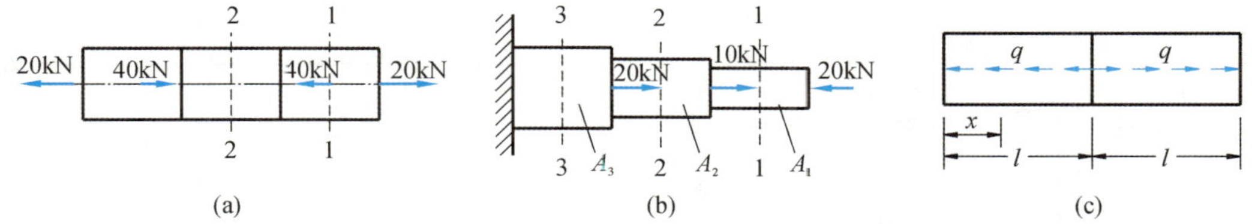

题 2-1 图

$200mm^2$，$A_2=300mm^2$，$A_3=400mm^2$。

题 2-3 图示一承受轴向拉力 $F=10kN$ 的等直杆，已知杆的横截面面积 $A=100mm^2$。试求在 $\alpha=0^\circ$、30°、45°、60°、90° 时各斜截面上的正应力和切应力。

题 2-4 图示一等直杆，其横截面面积为 A，材料的弹性模量为 E，受力情况如图所示。试作杆的轴力图，并求杆下端点 D 的位移。

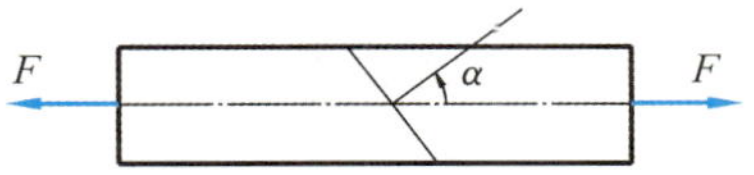

题 2-3 图

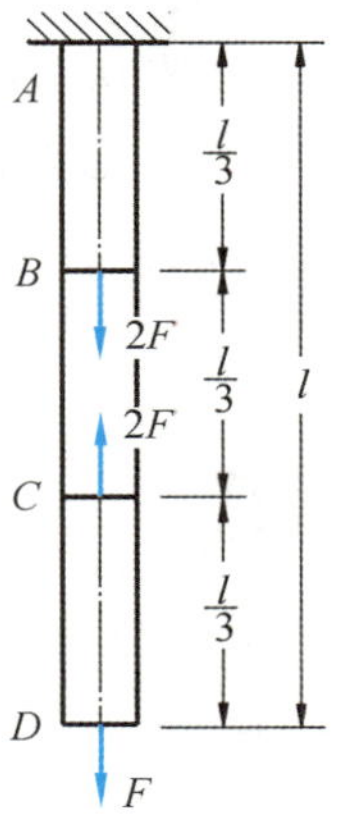

题 2-4 图

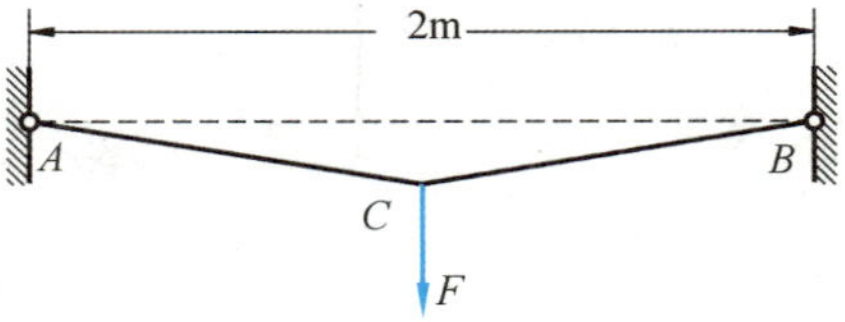

题 2-5 图

题 2-5 有一两端固定的水平钢丝如图中虚线所示。已知钢丝横截面的直径 $d=1mm$，当在钢丝中点 C 悬挂一集中载荷 F 后，钢丝产生的应变达到 0.09%，钢丝的弹性模量 $E=0.2\times10^6MPa$，试问此时：

(1) 钢丝内的应力为多大？

(2) 钢丝在点 C 处下降的距离为多少？

(3) 载荷 F 是多大？

题 2-6 图示一横截面为矩形的变截面杆，厚度为 t，高度由 b_1 变到 b_2。若已知杆的弹性模量为 E，试导出由轴向力 F 使杆产生的伸长 Δl 的表达式。

题 2-7 图示一三角形托架。已知：杆 AC 是圆截面钢杆，许用应力 $[\sigma]=170MPa$；杆 BC 是正方形截面木杆，许用压应力 $[\sigma_c]=12MPa$；载荷 $F=60kN$。试选择钢杆的圆截面直径 d 和木杆的正方形截面边长 a。

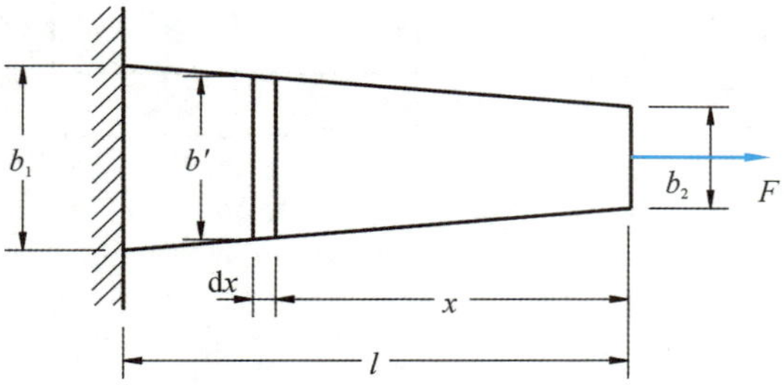

题 2-6 图

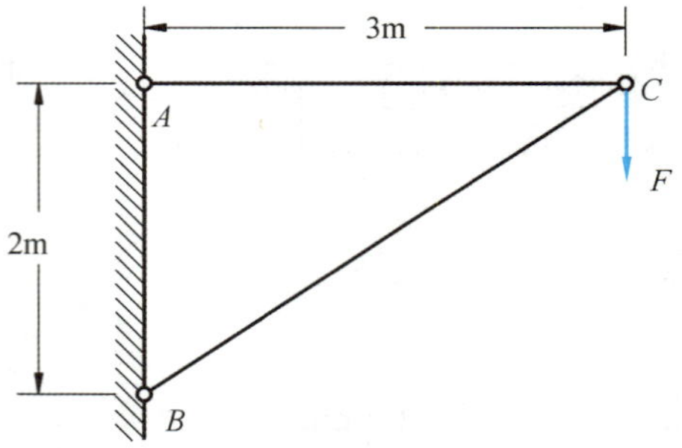

题 2-7 图

题 2-8　图示一钢桁架，所有各杆都是由二等边角钢组成。已知角钢的材料为钢 Q235，其许用应力 $[\sigma]=170\text{MPa}$，试为杆 AC 和杆 CD 选择所需角钢的型号。

题 2-9　如图所示的简易起重设备，其杆 AB 是由两根不等边角钢 L63×40×4 所组成。已知角钢的材料为钢 Q235，许用应力为 $[\sigma]=170\text{MPa}$，每一角钢的截面面积为 4.058cm^2。当用此起重设备提起 $W=15\text{kN}$ 的载荷时，杆 AB 是否安全？

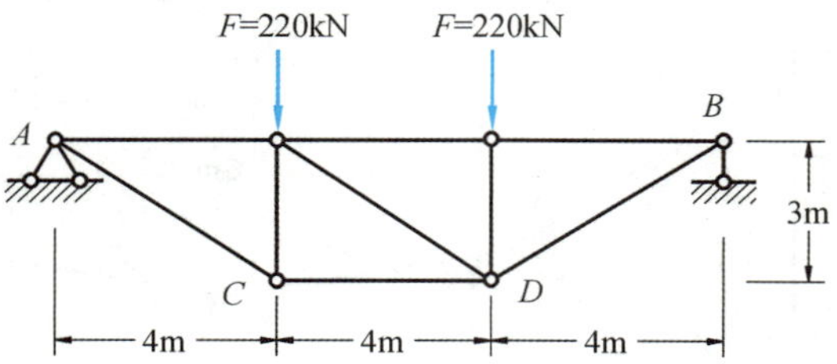

题 2-8 图

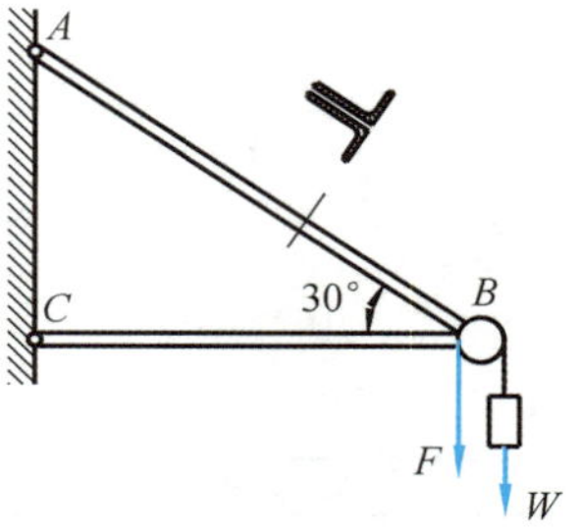

题 2-9 图

题 2-10　一起重机吊索承受载荷后，从原长 13.500m 拉长到 13.507m，$E=200\text{GPa}$，求：

(1) 这时吊索的应变为多少？

(2) 如果吊索为钢，需多大应力才能产生这一应变？

(3) 如果吊索的横截面面积为 $4\times10^{-4}\text{m}^2$，吊索的吊重为多少？

题 2-11　长度 $l=0.5\text{m}$，直径 $d=1\text{mm}$ 的几种金属丝，当受到 10N 的拉力时，分别伸长 Δl（见下表），若材料应力、应变关系均呈线性关系。试分别绘出这些材料的线性应力、应变关系图，并确定它们的弹性模量 E。

题 2-11 表

材料	金	银	钢	铁	铅
伸长 Δl(mm)	0.079	0.09	0.032	0.064	0.38

题 2-12　已知一试件，直径 $d_0=10\text{mm}$，$l_0=50\text{mm}$，拉伸试验到屈服阶段所得到的载荷及伸长记录如下表所示。试件断裂后，从 50mm 改变为 $l_1=58.3\text{mm}$，颈缩处直径 $d_1=$

6.2mm。

(1) 试精确作出试件在屈服阶段前的应力、应变曲线，并在图上确定材料的比例极限 σ_p，屈服极限 σ_s 和弹性模量 E。

(2) 求材料的延伸率和断面收缩率。

题 2-12 表

F_s(kN)	0	4.07	9.5	17.6	25.7	29.8	32.5	35.2	36.6	37.9	39.3	39.5
$\Delta l(10^{-6}\text{m})$	0	7.5	25.0	50.0	75.0	90.0	108	128	150	183	220	295

题 2-13　一钢试件，$E=200\text{GPa}$，比例极限 $\sigma_p=200\text{MPa}$，直径 $d=10\text{mm}$。其标距 $l_0=100\text{mm}$ 之内用放大 500 倍的引伸仪测量变形。求：

(1) 当引伸仪上的读数为伸长 25mm 时，试件的相对变形、应力及所受载荷各为多少？

(2) 当引伸仪读数为 60mm 时，应力等于多少？

题 2-13 图

题 2-14　平板拉伸试件，宽度 $b=29.8\text{mm}$，厚度 $h=4.1\text{mm}$，在拉伸试验时，每增加3kN 拉力，利用电阻丝测得沿轴线方向产生应变 $\varepsilon_1=120\times10^{-6}$，横向应变 $\varepsilon_2=-38\times10^{-6}$。求试件材料的弹性模量 E 及泊松比 ν。

题 2-15　横截面尺寸为 75mm×75mm 的短木柱，承受轴向压力。欲使木柱任意截面的正应力不超过 2.4MPa，切应力不超过 0.77MPa，求其最大载荷 F。

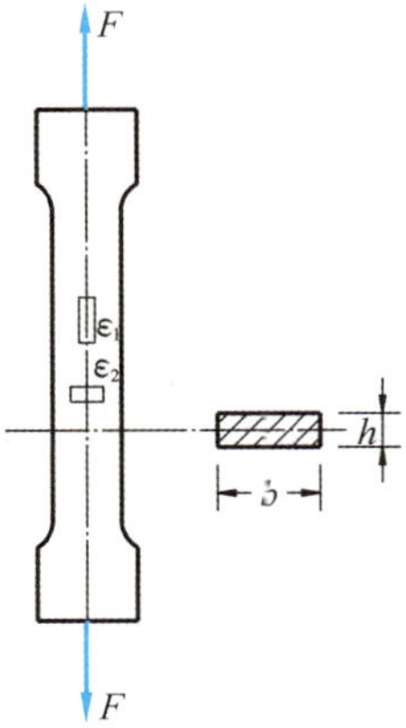

题 2-14 图

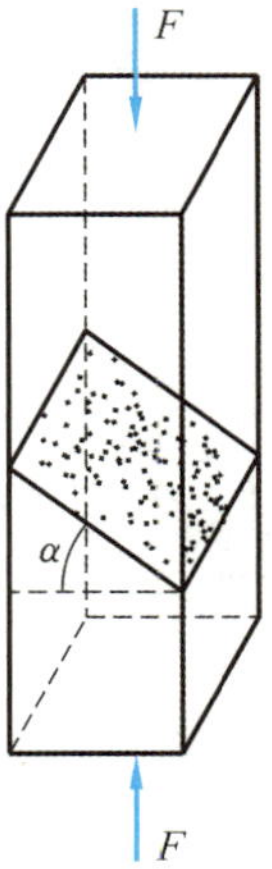

题 2-15 图

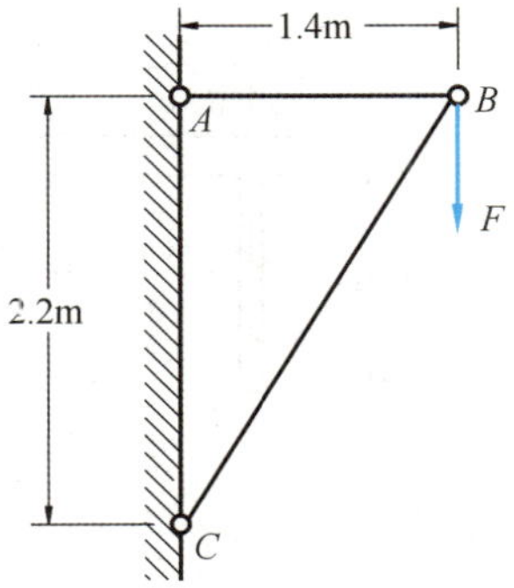

题 2-16 图

题 2-16　图示二杆所组成的杆系，AB 为钢杆，其截面面积 $A_1=600\text{mm}^2$，钢的许用应力 $[\sigma]=140\text{MPa}$。BC 为木杆，截面面积 $A_2=30\times10^3\text{mm}^2$，其许用拉应力 $[\sigma_t]=8\text{MPa}$，许用压应力 $[\sigma_c]=3.5\text{MPa}$。求最大许可载荷 F。

题 2-17　图示结构中梁 AB 为刚体。杆 1 及杆 2 由同一材料做成，$[\sigma]=160\text{MPa}$，$F=40\text{kN}$，$E=200\text{GPa}$。

(1) 求两杆所需的截面积。

(2) 如要求刚性梁 AB 只作向下平移，不做转动，此两杆的截面积应为多少？

(提示：从既要保证两杆强度，又要保证规定的两杆变形条件考虑。)

题 2-18　图示结构的刚性梁吊在同一材料的二根钢杆上，其 $[\sigma]=160\text{MPa}$，制造误差 $\delta=0.1\text{mm}$，$E=200\text{GPa}$，如面积 $A_1:A_2=2:1$，试选择此二杆的截面面积。

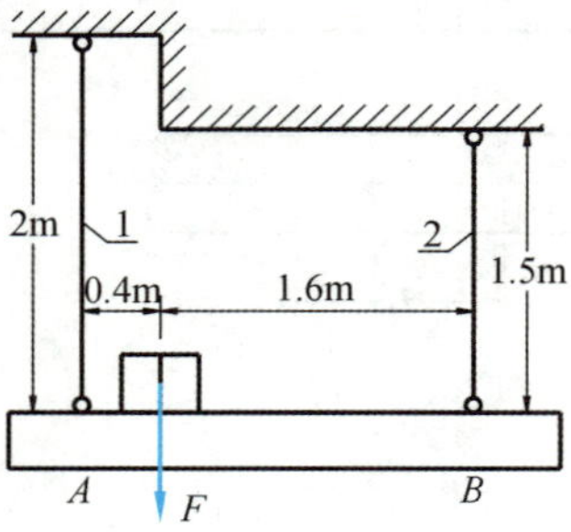

题 2-17 图

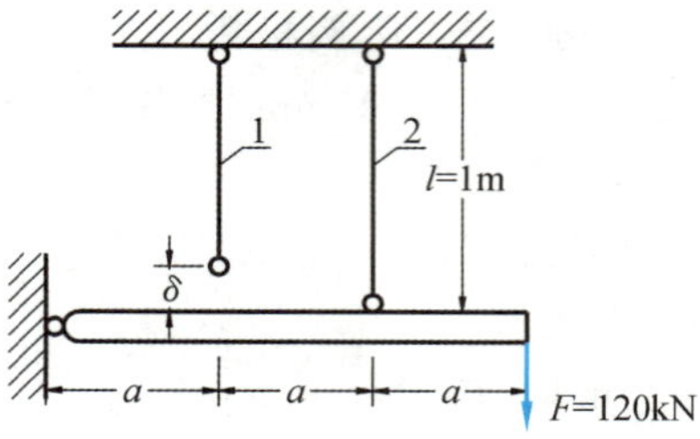

题 2-18 图

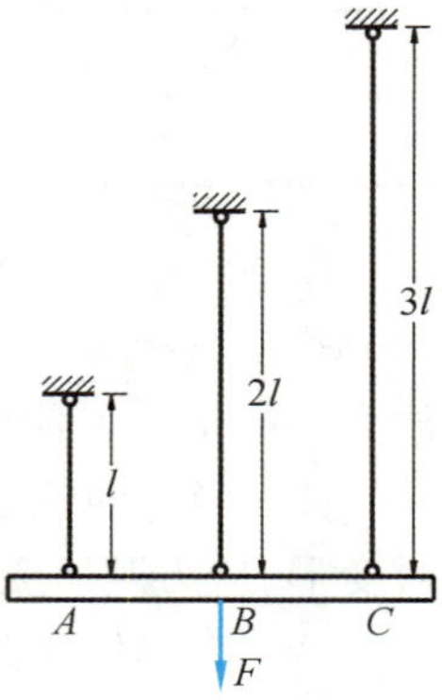

题 2-19 图

题 2-19　刚性梁 ABC，由材料相同、横截面面积相等的三根直杆支持，其结构和受力如图所示，试分析三杆的受力分配比(图中 $AB=BC$)。

题 2-20　刚性梁 ABC 由材料相同、截面积相等的三根立柱支承，其结构和受力如图所示，如使刚性梁保持水平，求：

(1) 加力点的位置 x。

(2) 此时各立柱中的轴力。

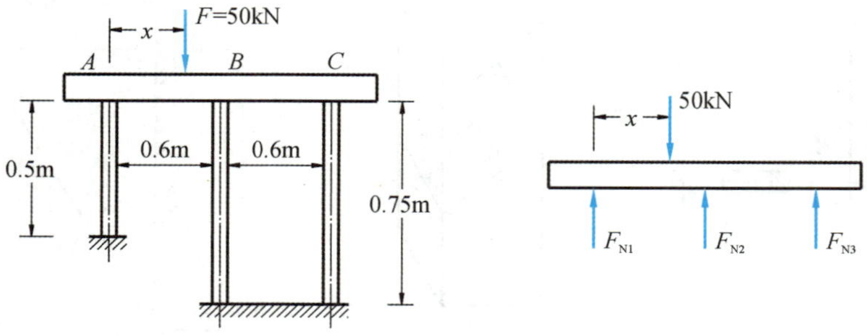

题 2-20 图

题 2-21　在图示结构中，AB 为一刚杆，BD 和 CE 为二钢链杆。已知杆 BD 的横截面面积 $A_1=400\text{mm}^2$，杆 CE 的横截面面积 $A_2=200\text{mm}^2$，钢材的许用应力 $[\sigma]=170\text{MPa}$。若在刚杆 AB 上作用有均布载荷，试校核钢杆 BD 和 CE 的强度。

题 2-22　在图示结构中，刚杆 AB 由链杆 AD、CE 和 BF 所支承。已知三链杆的横截面面积均为 A，许用应力均为 $[\sigma]$，试求此结构的许用载荷 F 的大小。

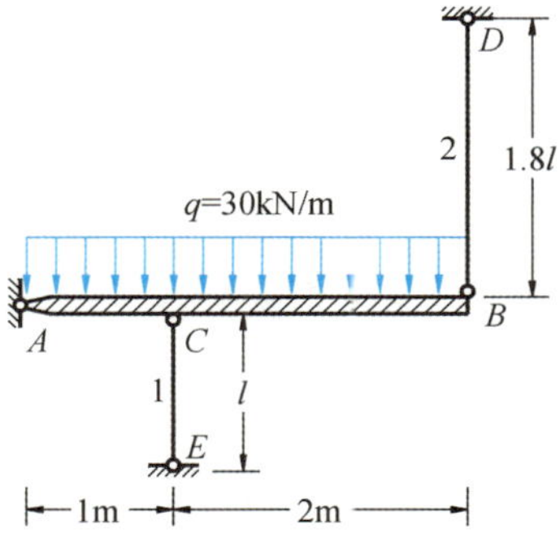

题 2-21 图

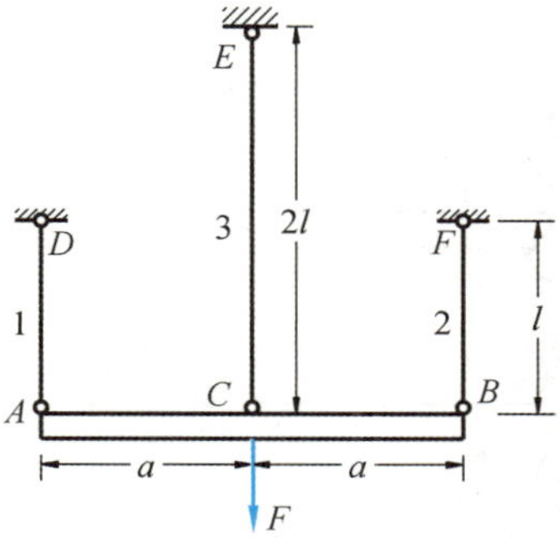

题 2-22 图

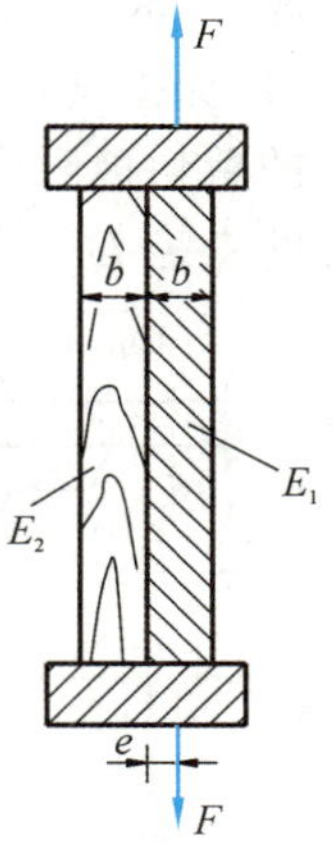

题 2-23 图

题 2-23 将材料不同但形状尺寸相同的二杆，并联地固接在位于杆两端的刚性板上，如图所示。已知材料的弹性模量 $E_1>E_2$。若要使二杆都发生均匀拉伸，试求拉力 F 应有的偏心距 e。

题 2-24 有一阶梯形钢杆，两段的横截面面积分别为 $A_1=1000\text{mm}^2$，$A_2=500\text{mm}^2$。在 $t_1=5℃$ 时将杆的两端固定，试求当温度升高至 $t_2=25℃$ 时，在杆各段中引起的温度应力。已知钢材的线膨胀系数 $\alpha=12.5\times10^{-6}/℃$，$E=200\text{GPa}$。

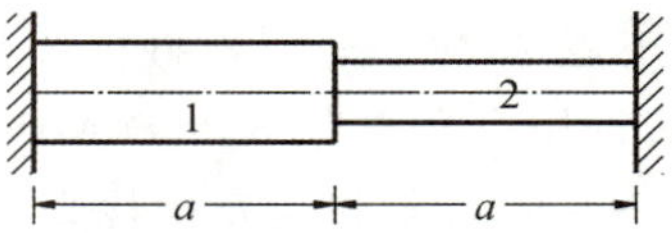

题 2-24 图

题 2-25 铁路轨道上的钢轨是在温度为 13℃时焊接起来的。若由于太阳的暴晒使钢轨的温度升高到 43℃，求在轨道中将产生多大的温度应力。已知钢材的线膨胀系数 $\alpha=12\times10^{-6}/℃$，弹性模量 $E=200\text{GPa}$。

题 2-26 矩形截面木拉杆的接头如图所示。已知轴向拉力 $F=50\text{kN}$，截面宽度 $b=250\text{mm}$，木材的顺纹许用挤压应力 $[\sigma_{bs}]=10\text{MPa}$，顺纹许用切应力 $[\tau]=1\text{MPa}$。试求接头处所需的尺寸 l 和 a。

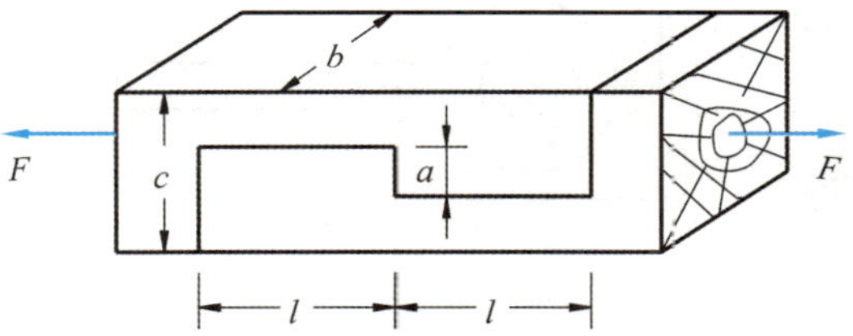

题 2-26 图

题 2-27 图示金属结构是由两块截面为 180mm×10mm 的钢板组成，用 7 个铆钉连接着。铆钉的 $d=20\text{mm}$，板用 35 号钢，铆钉用 Q235 钢。试校核该连接的强度。已知：35 号钢的 $\sigma_s=315\text{MPa}$；Q235 钢的 $\sigma_s=240\text{MPa}$；$[\tau]=0.7[\sigma]$；$[\sigma_{bs}]=1.7[\sigma]$；安全系数 $n_s=1.4$。

题 2-28　可倾式压力机为防止过载采用了压环式保险器(见图)。过载时,保险器先被剪断,以保护其他主要零件。设环式保险器以剪切的形式破坏,且剪切面的高度 $\delta=20\text{mm}$,材料的剪切极限应力 $\tau_u=200\text{MPa}$,压力机的最大许可压力 $F=630\text{kN}$。试确定保险器剪切部分的直径 D。

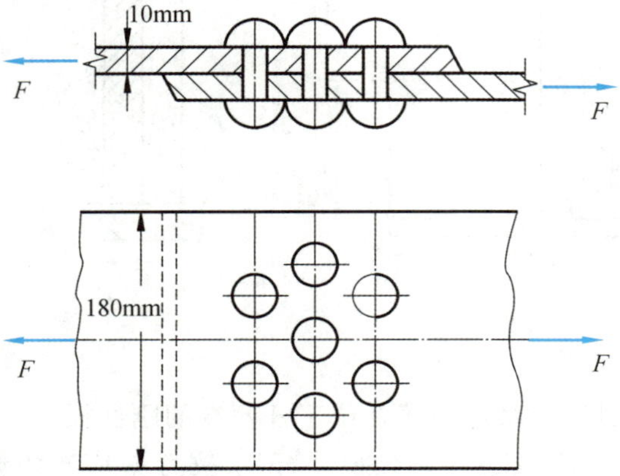

题 2-27 图

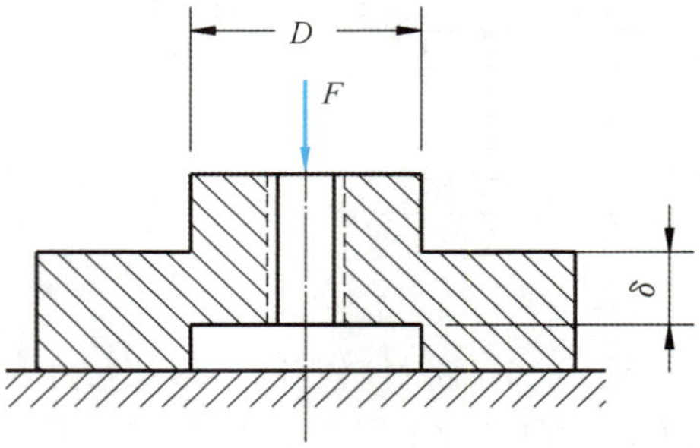

题 2-28 图

题 2-29　一螺栓将拉杆与厚度为 8mm 的两块盖板相连接,如图所示。各零件材料相同,许用应力均为$[\sigma]=80\text{MPa}$,$[\tau]=60\text{MPa}$,$[\sigma_{bs}]=160\text{MPa}$。若拉杆的厚度 $\delta=15\text{mm}$,拉力 $F=120\text{kN}$,试确定螺栓直径 d 及拉杆宽度 b。

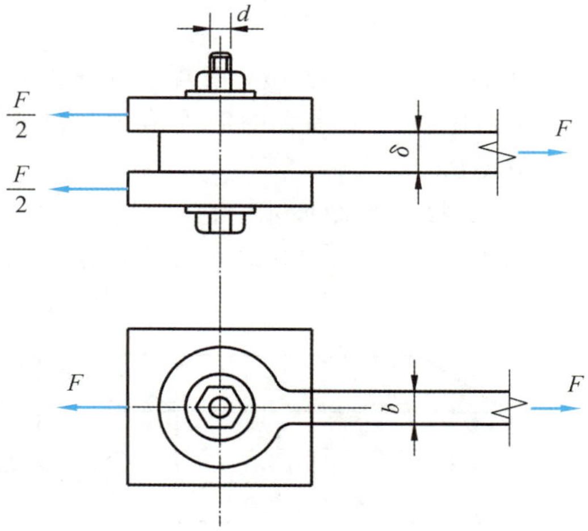

题 2-29 图

第 3 章

平面图形的几何性质

3.1 概　　述

3.1.1 研究平面图形几何性质的意义

材料力学中研究的构件，其横截面是各种形式的平面图形，如矩形、圆形、T 形、工字形等。我们计算杆件在外力作用下的应力和变形时，要用到与杆横截面的形状、尺寸有关的几何量。例如在轴向拉(压)杆的正应力公式和剪切的名义切应力公式中，遇到了横截面面积 A，以后还会遇到极惯性矩 I_P、抗扭截面系数 W_P、静矩 S、惯性矩 I 和抗弯截面系数 W 等。它们都是与构件横截面的形状和尺寸有关的几何量。我们把这些几何量统称为平面图形的几何性质。构件的承载能力与平面图形的几何性质具有密切的关系，因此有必要掌握这些几何量的计算。

3.1.2 定义

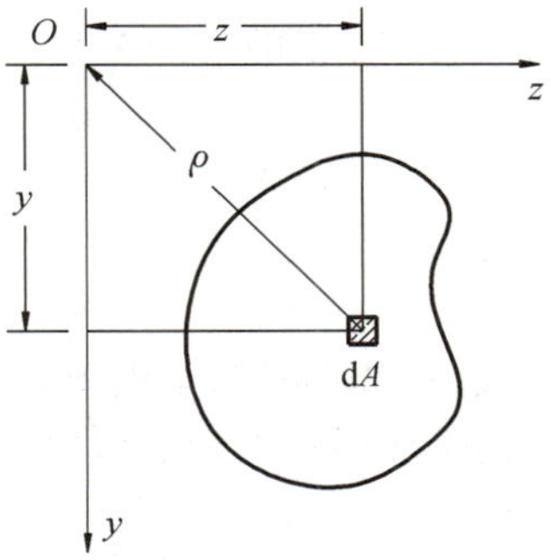

图 3-1 平面图形

图 3-1 表示杆件横截面面积为 A 的任意平面图形，y 轴和 z 轴为图形所在平面内的直角坐标轴，若在坐标为 (y,z) 处取一微面积 $\mathrm{d}A$，则此平面图形的一些几何性质可用数学式定义如下。

(1) 静矩：

$$\begin{cases} S_y = \int_A z\,\mathrm{d}A \\ S_z = \int_A y\,\mathrm{d}A \end{cases} \tag{3-1}$$

(2) 惯性矩：

$$\begin{cases} I_z = \int_A y^2\,\mathrm{d}A \\ I_y = \int_A z^2\,\mathrm{d}A \end{cases} \tag{3-2}$$

(3) 惯性积：

$$I_{yz} = \int_A yz\,\mathrm{d}A \tag{3-3}$$

（4）极惯性矩：

$$I_P=\int_A \rho^2 \mathrm{d}A \tag{3-4}$$

上述积分是遍及整个图形面积 A。下面对平面图形的这些几何性质，分别作一些介绍。

3.2　静矩和形心位置

3.2.1　静矩和形心位置

由式(3-1)定义的静矩 $S_y=\int_A z\mathrm{d}A$ 及 $S_z=\int_A y\mathrm{d}A$ 可知，平面图形的静矩是对一定的轴而言的，同一平面图形对不同的轴的静矩一般是不同的。静矩的值可能为正、负或零。其量纲是长度的三次方。图 3-2 为一任意形状的平面图形，设要求其形心 C 的位置 $(\bar{y},\bar{z})$。

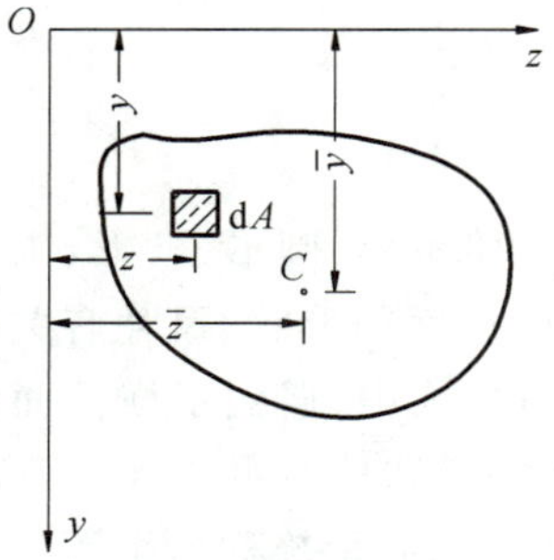

图 3-2　任意平面图形形心计算

设有一等厚度的均质薄板，薄板中间面的形状如图 3-2所示的平面图形，面积为 A。由理论力学的知识知，在图示坐标系中，匀质薄板的重心坐标 $\bar{y}$ 和 $\bar{z}$ 分别为

$$\bar{z}=\frac{\int_A z\mathrm{d}A}{A},\quad \bar{y}=\frac{\int_A y\mathrm{d}A}{A} \tag{3-5}$$

而均质薄板的重心坐标与其形心坐标相同。故上式也是计算平面图形的形心坐标的公式。

式(3-5)中的 $\int_A z\mathrm{d}A$ 和 $\int_A y\mathrm{d}A$ 即为平面图形的静矩 S_y 和 S_z，故式(3-5)也可写为

$$\bar{z}=\frac{S_y}{A},\quad \bar{y}=\frac{S_z}{A} \tag{3-6a}$$

或

$$S_y=A\bar{z},\quad S_z=A\bar{y} \tag{3-6b}$$

式(3-6b)表明，平面图形对某轴的静矩，等于平面图形的面积与其形心到该轴距离的乘积。当平面图形的形心位置已知时，采用式(3-6b)计算静矩是比较方便的。

由式(3-6b)也知，若某轴通过平面图形的形心（$\bar{z}=0$ 或 $\bar{y}=0$），则平面图形对此轴的静矩为零；反之，若平面图形对某轴的静矩为零，则该轴一定是通过图形形心的形心轴。

3.2.2　组合图形的静矩、形心位置的确定

若平面图形是由几个简单图形（例如矩形、圆形或三角形）组成，则根据静矩的定义，可将积分分成几个部分：

$$\begin{cases} S_y=\int_A z\mathrm{d}A=\int_{A_1} z\mathrm{d}A+\int_{A_2} z\mathrm{d}A+\cdots+\int_{A_n} z\mathrm{d}A=A_1\bar{z}_1+A_2\bar{z}_2+\cdots+A_n\bar{z}_n=\sum A_i\bar{z}_i \\ S_z=\int_A y\mathrm{d}A=\int_{A_1} y\mathrm{d}A+\int_{A_2} y\mathrm{d}A+\cdots+\int_{A_n} y\mathrm{d}A=A_1\bar{y}_1+A_2\bar{y}_2+\cdots+A_n\bar{y}_n=\sum A_i\bar{y}_i \end{cases} \tag{3-7a}$$

即组合图形对某一轴的静矩等于各组成部分对同一轴的静矩的代数和。式(3-7a)中的 A_i 和 $\bar{y}_i$、$\bar{z}_i$ 分别表示任一组成部分的面积及其形心坐标。

将式(3-7a)代入式(3-6a),则得到组合图形的形心坐标计算式

$$\bar{z}=\frac{\sum_{i=1}^{n}A_i\bar{z}_i}{\sum_{i=1}^{n}A_i},\quad \bar{y}=\frac{\sum_{i=1}^{n}A_i\bar{y}_i}{\sum_{i=1}^{n}A_i} \tag{3-7b}$$

例题 3.1 图 3-3 中的曲线 OB 为一抛物线,其方程为 $y=\frac{b}{a^2}z^2$。试求面积 OAB 的形心坐标 $\bar{z}$ 和 $\bar{y}$。

解:取与 y 轴平行、宽度为 dz 的狭长条(图中阴影线部分)为微面积,故 $dA=ydz$,微面积 dA 的形心坐标为 z 和 $\frac{y}{2}$,由式(3-5)可求得面积 OAB 的形心坐标为

$$\begin{cases}\bar{z}=\dfrac{\int_A z\,dA}{A}=\dfrac{\int_A z\,dA}{\int_A dA}=\dfrac{\int_0^a zy\,dz}{\int_0^a y\,dz}=\dfrac{\int_0^a z\frac{b}{a^2}z^2\,dz}{\int_0^a \frac{b}{a^2}z^2\,dz}=\dfrac{3}{4}a\\[2ex] \bar{y}=\dfrac{\int_A \frac{y}{2}\,dA}{A}=\dfrac{\int_A \frac{y}{2}\,dA}{\int_A dA}=\dfrac{\int_0^a \frac{y}{2}y\,dz}{\int_0^a y\,dz}=\dfrac{\int_0^a \frac{b^2}{2a^4}z^4\,dz}{\int_0^a \frac{b}{a^2}z^2\,dz}=\dfrac{3}{10}b\end{cases}$$

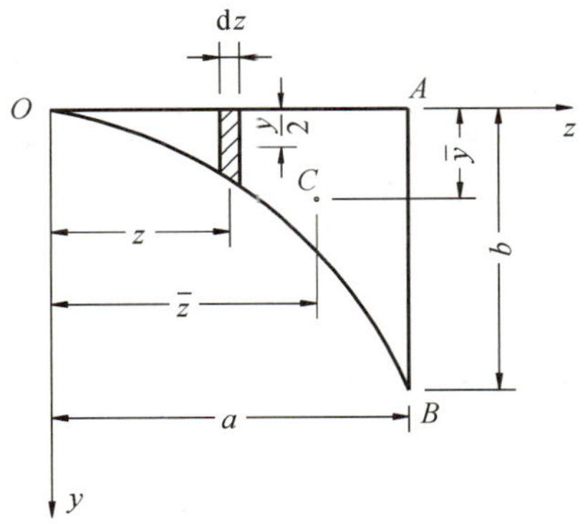

图 3-3 例题 3.1 图

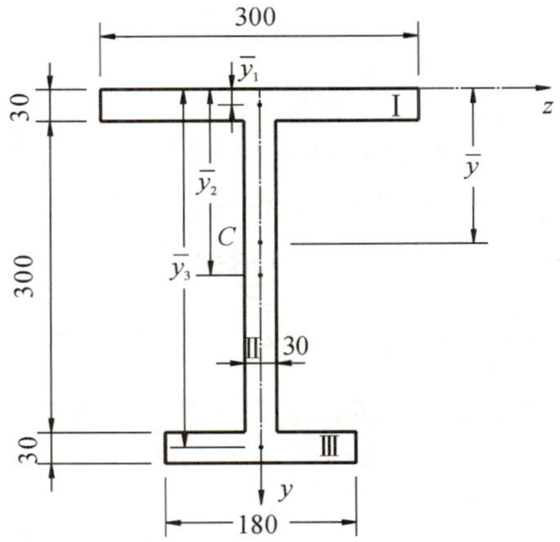

图 3-4 例题 3.2 图(单位:mm)

例题 3.2 试确定如图 3-4 所示的平面图形形心 C 的位置。

解:(1) 建立图示坐标系:y 轴为对称轴,z 轴与上边缘重合。图形的形心 C 必在对称轴 y 上,故 $\bar{z}=0$。

(2) 求 $\bar{y}$。将图形分为三个矩形,各矩形的面积 A_i 及形心坐标 $\bar{y}_i$ 分别为

矩形Ⅰ: $A_1=9000\text{mm}^2$, $\bar{y}_1=15\text{mm}$

矩形Ⅱ: $A_2=9000\text{mm}^2$, $\bar{y}_2=180\text{mm}$

矩形Ⅲ：　　　　　$A_3=5400\text{mm}^2$，　$\overline{y}_3=345\text{mm}$

将其代入式(3-7(b))，求得整个图形形心坐标 $\overline{y}$：

$$\overline{y}=\frac{A_1\overline{y}_1+A_2\overline{y}_2+A_3\overline{y}_3}{A_1+A_2+A_2}=154.6\text{mm}$$

3.3　惯性矩、惯性积和极惯性矩

下面通过一些例题说明用式(3-2)、式(3-3)和式(3-4)计算一些简单图形的惯性矩、惯性积和极惯性矩的方法。

例题 3.3　试求图 3-5(a)所示矩形对形心轴 y 及 z 的惯性矩 I_y、I_z 以及惯性积 I_{yz} 和对坐标原点 O 的极惯性矩 I_P。

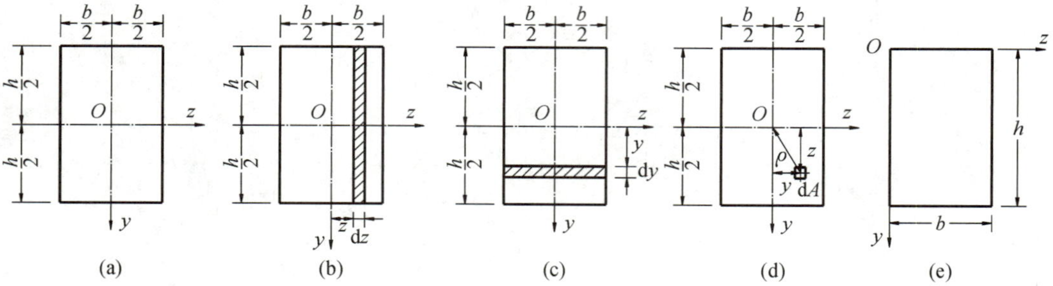

图 3-5　例题 3.3 图

解：(1) 求矩形分别对形心轴 y、z 的惯性矩 I_y 和 I_z。

如图 3-5(b)所示，取与 y 轴平行的狭长条作为微面积，$\mathrm{d}A=h\mathrm{d}z$，代入式(3-2)的第一式，可得

$$I_y=\int_A z^2\mathrm{d}A=\int_{-\frac{b}{2}}^{\frac{b}{2}}z^2h\mathrm{d}z=\frac{hb^3}{12}$$

如图 3-5(c)所示，取与 z 轴平行的狭长条作为微面积 $\mathrm{d}A=b\mathrm{d}y$，代入式(3-2)的第二式，可得

$$I_z=\int_A y^2\mathrm{d}A=\int_{-\frac{h}{2}}^{\frac{h}{2}}y^2b\mathrm{d}y=\frac{bh^3}{12}$$

(2) 求矩形对 y 轴、z 轴的惯性积 I_{yz}。

取如图 3-5(d)中所示的微面积 $\mathrm{d}A=\mathrm{d}y\mathrm{d}z$，代入式(3-3)得

$$I_{yz}=\int_A yz\mathrm{d}A=\int_A yz\mathrm{d}y\mathrm{d}z=\int_{-\frac{h}{2}}^{\frac{h}{2}}\left[\int_{-\frac{b}{2}}^{\frac{b}{2}}z\mathrm{d}z\right]y\mathrm{d}y=0$$

(3) 求矩形对坐标原点 O 的极惯性矩 I_P。

取图 3-5(d)中所示的微面积 $\mathrm{d}A=\mathrm{d}y\mathrm{d}z$，代入式(3-4)得

$$I_P = \int_A \rho^2 dA = \int_A (y^2 + z^2) dA = \int_A y^2 dA + \int_A z^2 dA = I_y + I_z = \frac{bh(h^2 + b^2)}{12}$$

讨论：若 y 轴、z 轴与矩形截面的边缘重合(图 3-5(e))，则矩形对 y 轴、z 轴的惯性矩 I_y、I_z 以及惯性积 I_{yz} 和对坐标原点 O 的极惯性矩 I_P 分别为

$$I_y = \frac{hb^3}{3}, \quad I_z = \frac{bh^3}{3}, \quad I_{yz} = \frac{b^2h^2}{4}, \quad I_P = I_y + I_z = \frac{bh(h^2 + b^2)}{3}$$

由此例及讨论可以看出，有关平面图形的惯性矩、惯性积和极惯性矩具有如下一些特征：

(1) 惯性矩和惯性积都是对一定的轴而言的。同一平面图形对不同的轴，一般有不同的惯性矩和惯性积。同样地，极惯性矩是对一定的点而言的，同一平面图形对不同的点，一般有不同的极惯性矩。

(2) 惯性矩和极惯性矩永远是正值，惯性积的值则可能为正、负或零。

(3) 任何平面图形对通过其形心的对称轴及与此对称轴垂直的轴的惯性积等于零。

(4) 任何平面图形对于直角坐标系原点的极惯性矩，等于该图形对于两条直角坐标轴的惯性矩之和，即

$$I_P = I_y + I_z$$

(5) 惯性矩、惯性积和极惯性矩的量纲是长度的四次方。

例题 3.4 试求如图 3-6 所示圆形对通过圆心的轴 y 和 z 的惯性矩、惯性积。

解：首先求圆形对圆心的极惯性矩 I_P。取图中所示的环形微面积 $dA = 2\pi\rho d\rho$，代入式(3-4)得

$$I_P = \int_A \rho^2 dA = \int_0^R \rho^2 2\pi\rho d\rho = \frac{\pi R^4}{2} = \frac{\pi D^4}{32}$$

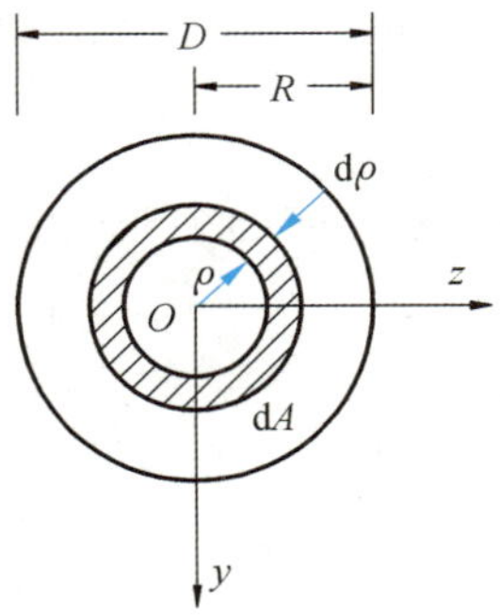

图 3-6 例题 3.4 图

因 $I_P = I_y + I_z$，且圆形对过圆心的任一轴的惯性矩相等，即 $I_y = I_z$，故

$$I_y = I_z = \frac{I_P}{2} = \frac{\pi D^4}{64}$$

因 y 轴、z 轴是圆形的对称轴，显然有

$$I_{yz} = 0$$

在工程实际中，有时为了便于计算，常将惯性矩 I_z 和 I_y 分别写为

$$I_z = i_z^2 A, \quad I_y = i_y^2 A$$

于是得到

$$i_z = \sqrt{\frac{I_z}{A}}, \quad i_y = \sqrt{\frac{I_y}{A}}$$

其中，A 为图形面积，i_z、i_y 分别称为图形对 z 轴和 y 轴的惯性半径(或回转半径)，其量纲是长度。

3.4　平行移轴公式

3.4.1　惯性矩和惯性积的平行移轴公式

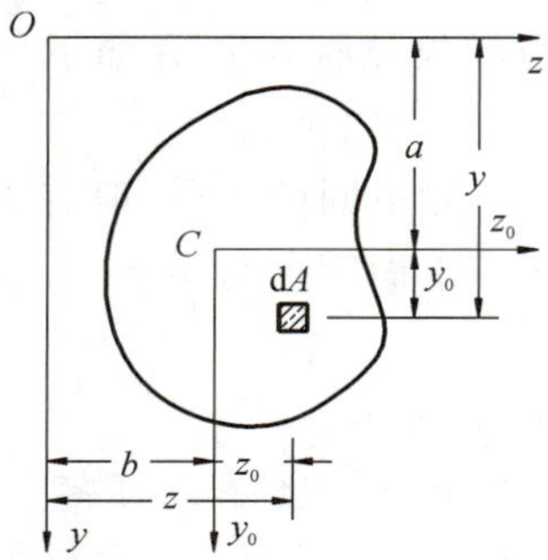

图 3-7　平行移轴公式的推导

设一面积为 A 的任意形状的平面图形，如图 3-7 所示，C 为图形的形心，y_0 轴、z_0 轴是平面图形的形心轴，y 轴、z 轴分别与 y_0 轴、z_0 轴平行，则平面图形对 y_0 轴、z_0 轴的惯性矩 I_{y_0}、I_{z_0}，惯性积 $I_{y_0z_0}$ 与对 y 轴、z 轴的惯性矩 I_y、I_z，惯性积 I_{yz} 之间的关系，可按下述方法求得。

取微面积 dA，其在两坐标系内的坐标 (y,z) 与 (y_0,z_0) 间的关系为

$$y = y_0 + a,\quad z = z_0 + b \tag{a}$$

式中，a、b 是平面图形的形心 C 在 Oyz 坐标系中的坐标值，其绝对值即是两平行轴的间距。则

$$I_z = \int_A y^2\mathrm{d}A = \int_A (y_0 + a)^2\mathrm{d}A = \int_A y_0^2\mathrm{d}A + 2a\int_A y_0\mathrm{d}A + a^2\int_A \mathrm{d}A \tag{b}$$

上式右端的三个积分分别为

$$\int_A y_0^2\mathrm{d}A = I_{z_0},\quad \int_A y_0\mathrm{d}A = S_{z_0},\quad \int_A \mathrm{d}A = A$$

其中，S_{z_0} 为平面图形对其形心轴 z_0 的静矩，z_0 为形心轴，故平面图形对 z_0 轴的静矩 $S_{z_0}=0$。

将以上结果代入式(b)，即得

$$I_z = I_{z_0} + a^2A \tag{3-8a}$$

同理

$$I_y = I_{y_0} + b^2A \tag{3-8b}$$

$$I_{yz} = I_{y_0z_0} + abA \tag{3-9}$$

式(3-8)称为**惯性矩的平行移轴公式**。它表明：平面图形对任一轴的惯性矩，等于平面图形对与该轴平行的形心轴的惯性矩加上平面图形的面积与二轴间距离平方的乘积。

由平行移轴公式可以看出，在所有互相平行的轴中，平面图形对形心轴的惯性矩最小。

式(3-9)称为**惯性积的平行移轴公式**。它表明：平面图形对任何两个互相垂直的轴的惯性积，等于平面图形对平行于该两轴的形心轴的惯性积与图形面积乘以形心在 Oyz 坐标系内的两个坐标值的乘积之和。

利用平行移轴公式，可以根据平面图形对形心轴的惯性矩或惯性积，求出它对与形心轴平行的坐标轴的惯性矩或惯性积，或者进行相反的运算。

3.4.2　组合图形的惯性矩

若一个图形由 n 个简单图形组合而成，根据惯性矩的定义知，组合图形对坐标轴的惯性

矩等于各组成部分对同一坐标轴的惯性矩之和，即

$$I_z = \sum_{i=1}^{n} I_{zi}, \quad I_y = \sum_{i=1}^{n} I_{yi}$$

例题 3.5 试求如图 3-8 所示的平面图形对形心轴 z_0 的惯性矩。

解：(1) 确定平面图形的形心位置。将图形看成由 Ⅰ 和 Ⅱ 两个矩形组成，图形的形心必在对称轴 y 上，z 轴与图形顶边重合，则形心

$$\bar{y} = \frac{A_1\bar{y}_1 + A_2\bar{y}_2}{A_1 + A_2} = \frac{20 \times 60 \times 50 + 20 \times 60 \times 10}{20 \times 60 + 20 \times 60} = 30\text{mm}$$

(2) 计算平面图形对形心轴 z_0 的惯性矩。利用平行移轴公式(式(3-8))，分别计算矩形 Ⅰ、Ⅱ 对 z_0 轴的惯性矩。

矩形 Ⅰ 对 z_0 轴的惯性矩：

$$I_{z_0}^{\mathrm{I}} = I_{z_{01}}^{\mathrm{I}} + a_1^2 A_1 = \frac{20 \times 60^3}{12} + 20^2 \times 1200 = 84 \times 10^4\,\text{mm}^4$$

矩形 Ⅱ 对 z_0 轴的惯性矩：

$$I_{z_0}^{\mathrm{II}} = I_{z_{02}}^{\mathrm{II}} + a_2^2 A_2 = \frac{60 \times 20^3}{12} + 20^2 \times 1200 = 52 \times 10^4\,\text{mm}^4$$

整个平面图形对 z_0 轴的惯性矩：

$$I_{z_0} = I_{z_0}^{I} + I_{z_0}^{II} = 84 \times 10^4 + 52 \times 10^4 = 136 \times 10^4\,\text{mm}^4$$

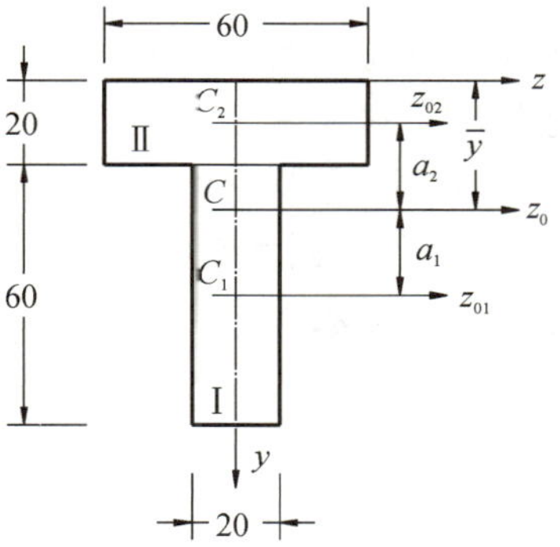

图 3-8 例题 3.5 图(长度单位：mm)

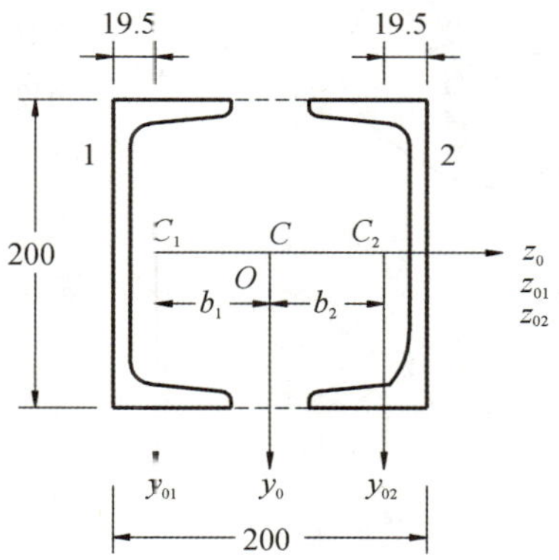

图 3-9 例题 3.6 图(长度单位：mm)

例题 3.6 图 3-9 是用两个 20b 号槽钢截面组成的组合图形。试求此组合图形对对称轴 y_0 和 z_0 的惯性矩。

解：(1) 槽钢截面的几何性质。有关数据可以从附录 B 型钢规格表中查出：

20b 号槽钢截面的形心 C_1、C_2 到本身截面边缘的距离为 19.5mm；

面积 $A_1 = A_2 = 32.83\text{cm}^2 = 3.283 \times 10^3\,\text{mm}^2$；

槽钢截面 1 和 2 分别对自己的形心轴 z_{01}、y_{01}、z_{02}、y_{02} 的惯性矩为

$$I_{z_{01}} = I_{z_{02}} = 1913.7\text{cm}^4 = 19.137 \times 10^6\,\text{mm}^4$$

$$I_{y_{01}} = I_{y_{02}} = 143.6\text{cm}^4 = 1.436 \times 10^6\,\text{mm}^4$$

(2) 求组合截面对 z_0 轴的惯性矩 I_{z_0}。因为 z_0 轴与槽钢截面的形心轴 z_{01}、z_{02} 都重合，故

$$I_{z_0}=I_{z_{01}}+I_{z_{02}}=2\times 19.137\times 10^6=38.274\times 10^6\,\text{mm}^4$$

(3) 求截面对 y_0 轴的惯性矩 I_{y_0}。按平行移轴公式(式(3-8))分别计算槽钢截面1和2对 y_0 轴的惯性矩 $I_{y_0}^1$ 及 $I_{y_0}^2$：

$$I_{y_0}^1=I_{y_{01}}^1+b_1^2A_1=1.436\times 10^6+(100-19.5)^2\times 3.283\times 10^3=22.736\times 10^6\,\text{mm}^4$$

同理：

$$I_{y_0}^2=I_{y_0}^1=22.736\times 10^6\,\text{mm}^4$$

因此，组合图形对 y_0 轴的惯性矩为

$$I_{y_0}=I_{y_0}^1+I_{y_0}^2=2\times 22.736\times 10^6=45.472\times 10^6\,\text{mm}^4$$

3.5 转轴公式

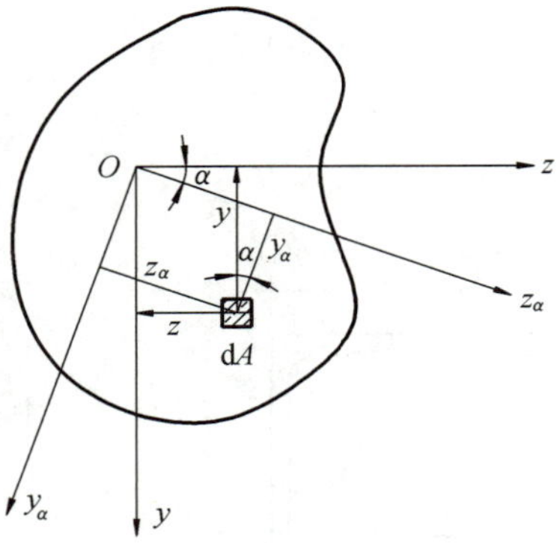

图3-10 转轴公式的推导

图3-10所示为面积为 A 的任意形状的平面图形，若已知其对通过任意点 O 的一对直角坐标轴 y、z 的惯性矩 I_y、I_z 和惯性积 I_{yz}，则当坐标轴 y、z 绕点 O 旋转了一个 α 角(α 角以顺时针方向旋转为正)以后，平面图形对新坐标轴 y_α、z_α 的惯性矩 I_{y_α}、I_{z_α} 和惯性积 $I_{y_\alpha z_\alpha}$，可按下述转轴公式求得。

由图3-10可以看出，任一微面积 $\mathrm{d}A$ 在两个坐标系内的坐标(y_α，z_α)与(y，z)之间的关系为

$$y_\alpha=y\cos\alpha-z\sin\alpha,\quad z_\alpha=y\sin\alpha+z\cos\alpha$$

由式(3-2)得

$$\begin{aligned}I_{z_\alpha}&=\int_A y_\alpha^2\mathrm{d}A=\int_A(y\cos\alpha-z\sin\alpha)^2\mathrm{d}A\\&=\int_A y^2\cos^2\alpha\mathrm{d}A+\int_A z^2\sin^2\alpha\mathrm{d}A-\int_A 2yz\cos\alpha\sin\alpha\mathrm{d}A\\&=I_z\cos^2\alpha+I_y\sin^2\alpha-2I_{yz}\sin\alpha\cos\alpha\end{aligned}$$

将三角公式

$$\begin{cases}\cos^2\alpha=\dfrac{1}{2}(1+\cos2\alpha)\\ \sin^2\alpha=\dfrac{1}{2}(1-\cos2\alpha)\end{cases}$$

及

$$2\sin\alpha\cos\alpha=\sin2\alpha$$

代入上式，即得

$$
\begin{cases}
I_{z_\alpha} = \dfrac{I_z + I_y}{2} + \dfrac{I_z - I_y}{2}\cos 2\alpha - I_{yz}\sin 2\alpha \\
I_{y_\alpha} = \dfrac{I_z + I_y}{2} - \dfrac{I_z - I_y}{2}\cos 2\alpha + I_{yz}\sin 2\alpha
\end{cases}
\tag{3-10}
$$

由式(3-3)得

$$
I_{y_\alpha z_\alpha} = \frac{I_z - I_y}{2}\sin 2\alpha + I_{yz}\cos 2\alpha \tag{3-11}
$$

式(3-10)及式(3-11)称为转轴公式,它们分别表示平面图形的惯性矩和惯性积在坐标轴转动时的变化规律。

若将式(3-10)中的 I_{y_α} 和 I_{z_α} 相加,可得

$$
I_{y_\alpha} + I_{z_\alpha} = I_y + I_z = I_{\mathrm{F}} \tag{3-12}
$$

上式表明,平面图形对通过点 O 的任意两直角坐标轴的惯性矩之和为一常数,且等于它对坐标原点的极惯性矩。

3.6　形心主轴和形心主惯性矩

由式(3-11)可以发现,当 $\alpha=0°$,即两对坐标轴互相重合时,$I_{y_\alpha z_\alpha}=I_{yz}$;当 $\alpha=90°$,即当坐标轴旋转 90°时,$I_{y_\alpha z_\alpha}=-I_{yz}$,平面图形的惯性积改变了其正负号。因惯性积随 α 的连续变化而连续变化,故必定有在某一定方向的一对坐标轴,会使平面图形对其的惯性积为零。通常我们把平面图形对其惯性积等于零的一对坐标轴叫作平面图形的主惯性轴,简称为主轴,平面图形对主轴的惯性矩叫作主惯性矩。通过平面图形的形心的主轴叫作形心主轴。平面图形对形心主轴的惯性矩叫作形心主惯性矩。

在 3.3 节中已经证明,若一对坐标轴中有一条为平面图形的对称轴,平面图形对这对坐标轴的惯性积为零。由此可知,若平面图形有一条对称轴(如图 3-11(b)、(c)所示的 T 形和槽形),则此对称轴与任一和它垂直的轴就构成平面图形的一对主轴,若平面图形有两对称轴(如图 3-11(a)所示的矩形),此两对称轴即为主轴,且为形心主轴;若平面图形没有对称轴(图 3-11(d)、(e)所示的 L 形和 Z 形),则其主轴需通过计算确定。下面介绍确定形心主轴位置(即确定 α_0 角)的方法和计算形心主惯性矩的公式。

确定形心主轴位置的问题属于转轴问题。因平面图形对主轴的惯性积为零,若图 3-11(d)、(e)中的 y_{α_0} 轴和 z_{α_0} 轴为主轴,则将 $\alpha=\alpha_0$ 代入式(3-11),有 $I_{y_{\alpha0} z_{\alpha0}}=0$,即

$$
\begin{aligned}
I_{y_{\alpha0} z_{\alpha0}} &= \frac{I_z - I_y}{2}\sin 2\alpha_0 + I_{yz}\cos 2\alpha_0 = 0 \\
\tan 2\alpha_0 &= -\frac{2I_{yz}}{I_z - I_y}
\end{aligned}
\tag{3-13}
$$

由式(3-13)可见,$2\alpha_0$ 有两个值,相差 180°,即 α_0 有两个值,相差 90°。这表明平面图形有两个互相垂直的主轴。

由式(3-13)及三角公式可得:

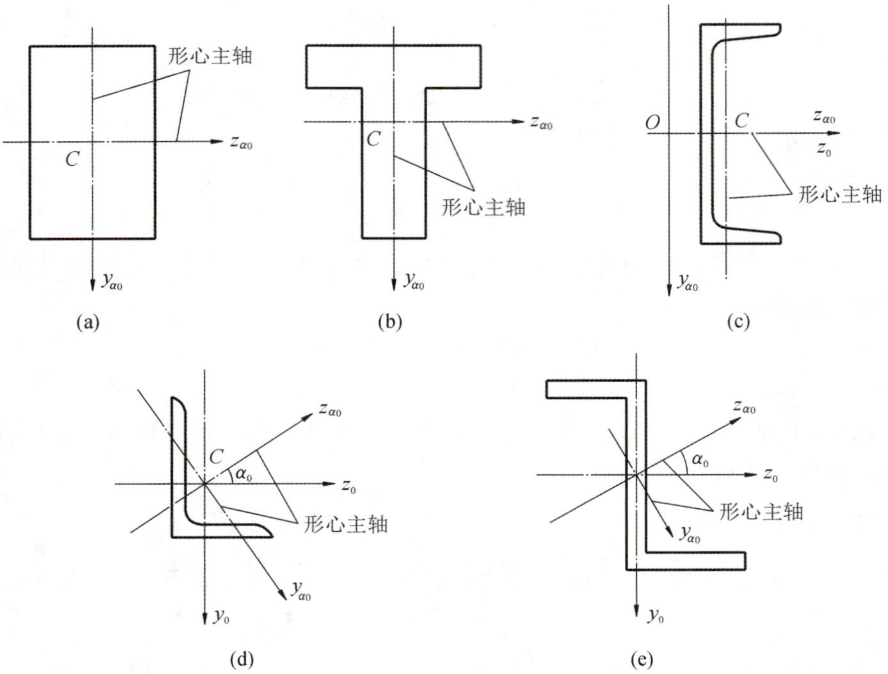

图 3-11　形心主轴

$$\cos 2\alpha_0 = \frac{1}{\sqrt{1+\tan^2 2\alpha_0}} = \frac{I_z - I_y}{\sqrt{(I_z - I_y)^2 + 4I_{yz}^2}}$$

$$\sin 2\alpha_0 = \frac{\tan 2\alpha_0}{\sqrt{1+\tan^2 2\alpha_0}} = \frac{-2I_{yz}}{\sqrt{(I_z - I_y)^2 + 4I_{yz}^2}}$$

将它们代入式(3-10)中,即得平面图形对主轴 $z_{\alpha0}$ 和 $y_{\alpha0}$ 的主惯性矩

$$\begin{cases} I_{z_{\alpha0}} = \dfrac{I_z + I_y}{2} + \dfrac{1}{2}\sqrt{(I_z - I_y)^2 + 4I_{yz}^2} \\ I_{y_{\alpha0}} = \dfrac{I_z + I_y}{2} - \dfrac{1}{2}\sqrt{(I_z - I_y)^2 + 4I_{yz}^2} \end{cases} \tag{3-14}$$

上式表明,我们也可不计算角 α_0,而直接由 I_y、I_z 及 I_{yz} 计算出主惯性矩。

由式(3-10)可知,I_{y_α}、I_{z_α} 是随 α 而变的,若使

$$\frac{dI_{z_\alpha}}{d\alpha} = (I_z - I_y)(-\sin 2\alpha) - 2I_{yz}\cos 2\alpha = 0$$

即

$$\tan 2\alpha = -\frac{2I_{yz}}{I_z - I_y} \tag{3-15}$$

则可以得到 I_{y_α} 或 I_{z_α} 的极值(极大值或极小值)。

比较式(3-13)和式(3-15)可以看出,$\alpha = \alpha_0$,即平面图形对通过一点的所有轴的惯性矩的值中,对主轴的惯性矩是极大值和极小值。

例题 3.7　试求如图 3-12 所示 L 形的形心主惯性矩。

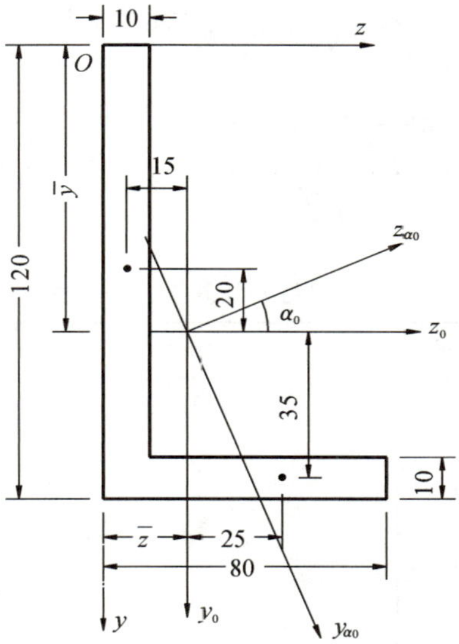

图 3-12 例题 3.7 图(长度单位:mm)

解:(1) 求形心的位置。

选辅助坐标系 Oyz,则

$$\bar{y}=\frac{S_z}{A}=\frac{10\times120\times60+70\times10\times115}{10\times120+10\times70}=80\text{mm}$$

$$\bar{z}=\frac{S_y}{A}=\frac{10\times120\times5+70\times10\times45}{10\times120+10\times70}=20\text{mm}$$

(2) 求图形对与 y 轴、z 轴分别平行的形心轴 y_0、z_0 的惯性矩 I_{y_0}、I_{z_0} 及惯性积 $I_{y_0z_0}$:

$$I_{y_0}=\frac{120\times10^3}{12}+10\times120\times15^2+\frac{10\times70^3}{12}+10\times70\times25^2=1.004\times10^6\text{mm}^4$$

$$I_{z_0}=\frac{10\times120^3}{12}+10\times120\times20^2+\frac{70\times10^3}{12}+10\times70\times35^2=2.784\times10^6\text{mm}^4$$

$$I_{y_0z_0}=10\times120\times(-15)\times(-20)+70\times10\times25\times35=9.73\times10^5\text{mm}^4$$

(3) 求形心主轴的位置。

根据式(3-13)得

$$\tan2\alpha_0=-\frac{2I_{y_0z_0}}{I_{z_0}-I_{y_0}}=\frac{-2\times9.73\times10^5}{2.784\times10^6-1.004\times10^6}=-1.091$$

由三角函数表查得 $2\alpha_0=-47.6°$或 $2\alpha_0=-227.6°$,即 $\alpha_0=-23.8°$或 $\alpha_0=-113.8°$。

(4) 求形心主惯性矩。

由式(3-14)有

$$I_{z_{\alpha0}}=I_{\max}=\frac{I_{z_0}+I_{y_0}}{2}+\frac{\sqrt{(I_{z_0}-I_{y_0})^2+4I_{y_0z_0}^2}}{2}$$

$$=\frac{2.784\times10^6+1.004\times10^6}{2}+\frac{\sqrt{(2.784\times10^6-1.004\times10^6)^2+4\times(9.73\times10^5)^2}}{2}$$

$$=3.214\times10^6\text{mm}^4$$

$$I_{y_{\alpha 0}} = I_{\min} = \frac{I_{z_0} + I_{y_0}}{2} - \frac{\sqrt{(I_{z_0} - I_{y_0})^2 + 4I_{y_0 z_0}^2}}{2} = 5.74 \times 10^5 \mathrm{mm}^4$$

在表 3-1 中列出了工程实际中一些常用平面图形的几何性质，以供参考。表中，A 为平面图形面积；C 为平面图形的形心；y_1、y_2、z_1 为平面图形形心距图形边缘的位置；I_{y_0}、I_{z_0} 为平面图形分别对形心轴 y_0、z_0 的惯性矩。

表 3-1　常用平面图形的几何性质

编号	平面图形	平面图形的几何性质
1	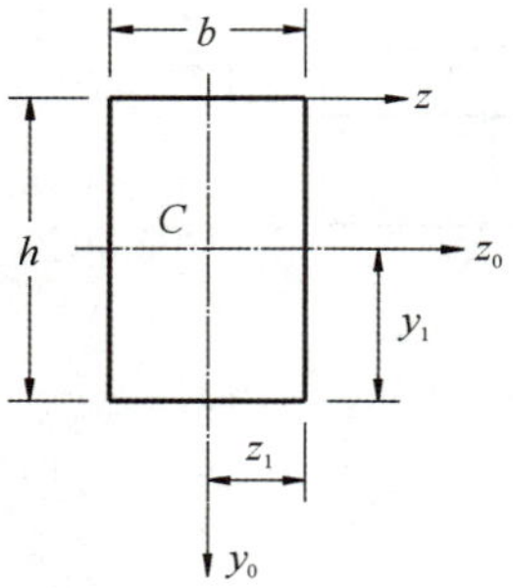	$A=bh$ $y_1=\frac{h}{2}, z_1=\frac{b}{2}$ $I_{y_0}=\frac{hb^3}{12}, I_{z_0}=\frac{bh^3}{12}, I_z=\frac{bh^3}{3}$
2	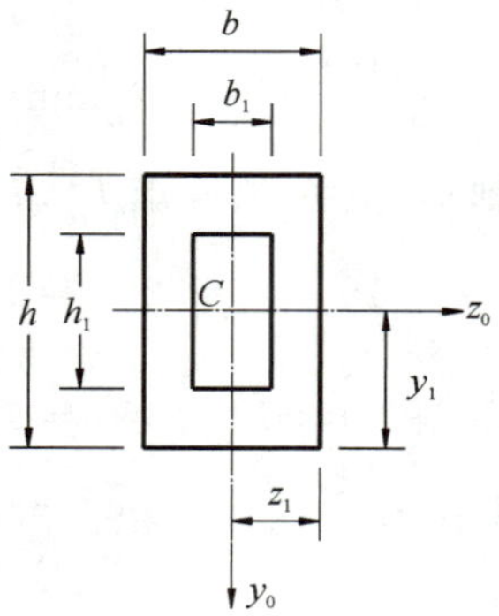	$A=bh-b_1h_1$ $y_1=\frac{h}{2}, z_1=\frac{b}{2}$ $I_{y_0}=\frac{hb^3-h_1b_1^3}{12}, I_{z_0}=\frac{bh^3-b_1h_1^3}{12}$
3	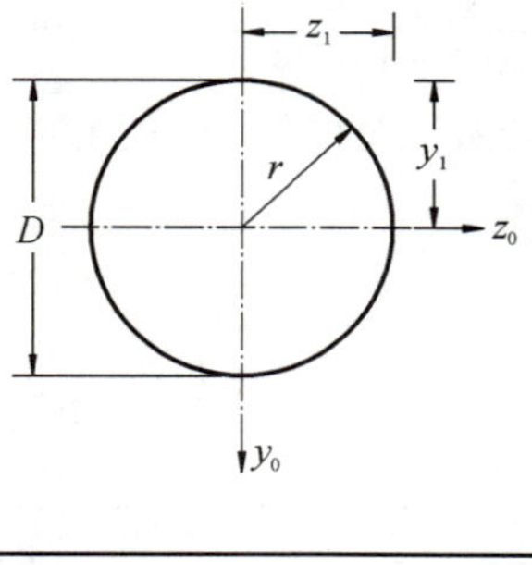	$A=\frac{\pi D^2}{4}=0.785D^2$ 或 $A=\pi r^2=3.14r^2$ $y_1=\frac{D}{2}=r,\quad z_1=\frac{D}{2}=r$ $I_{y_0}=I_{z_0}=\frac{\pi D^4}{64}$

续表

编号	平面图形	平面图形的几何性质
4	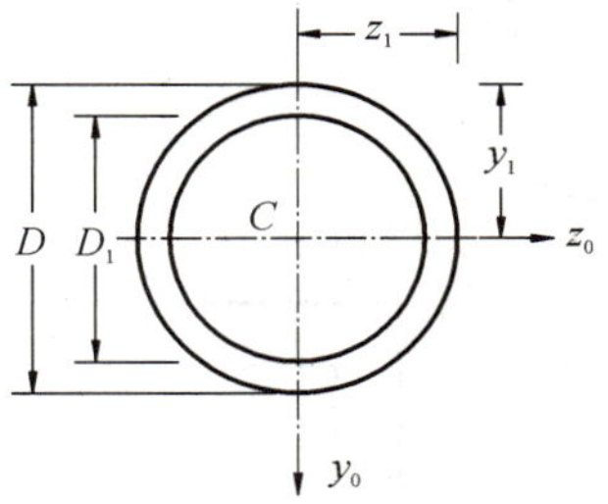	$W_{y_0}=W_{z_0}=\frac{\pi D^4}{32}$ $A=\frac{\pi(D^2-D_1^2)}{4}$ $y_1=\frac{D}{2}$，$z_1=\frac{D}{2}$ $I_{y_0}=I_{z_C}=\frac{\pi(D^4-D_1^4)}{64}$
5	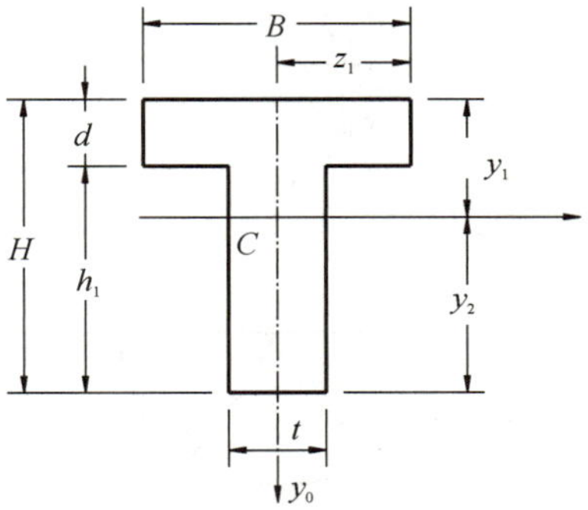	$A=Bd+ht$ $y_1=\frac{1}{2}\cdot\frac{tH^2+d^2(B-t)}{Bd+ht}$ $y_2=H-y_1$ $z_1=\frac{B}{2}$ $I_{z_0}=\frac{1}{3}[ty_2^3+By_1^3-(B-t)(y_1-d)^3]$
6	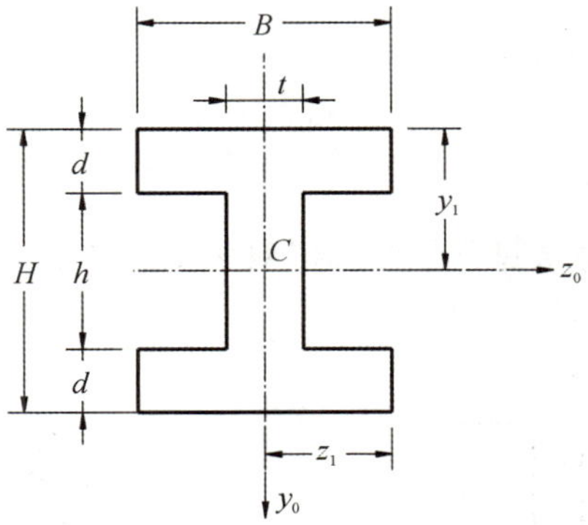	$A=ht+2Bd$ $y_1=\frac{H}{2},z_1=\frac{B}{2}$ $I_{z_0}=\frac{1}{12}[BH^3-(B-t)h^3]$
7	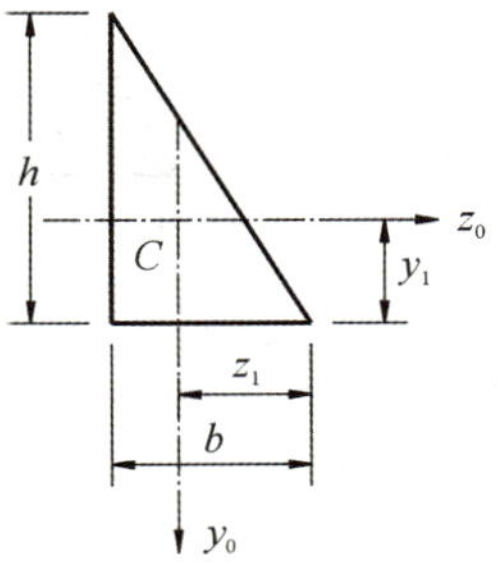	$A=\frac{bh}{2}$ $y_1=\frac{h}{3},z_1=\frac{2b}{3}$ $I_{y_0}=\frac{hb^3}{36},I_{z_0}=\frac{bh^3}{36}$

习　　题

题 3-1　试求图示平面图形的形心位置。

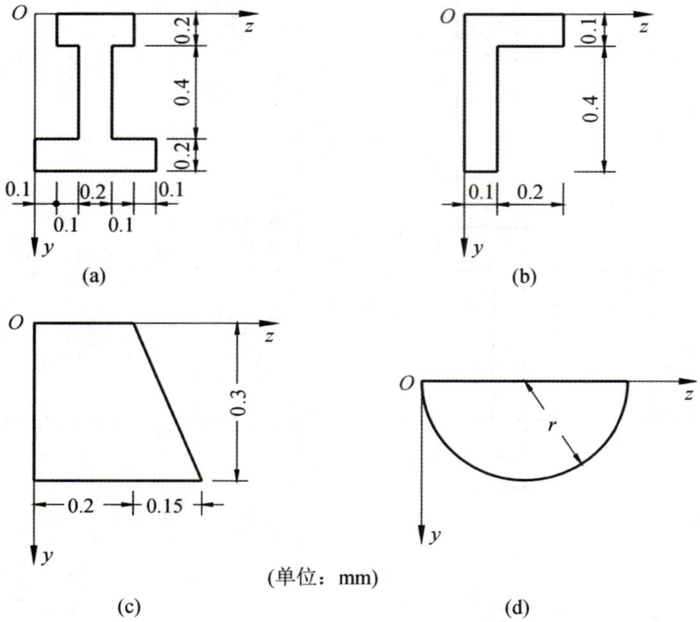

题 3-1 图

题 3-2　试求图示(a)和(b)截面图形对通过其形心的二对称轴及图示(c)对其底边的惯性矩。

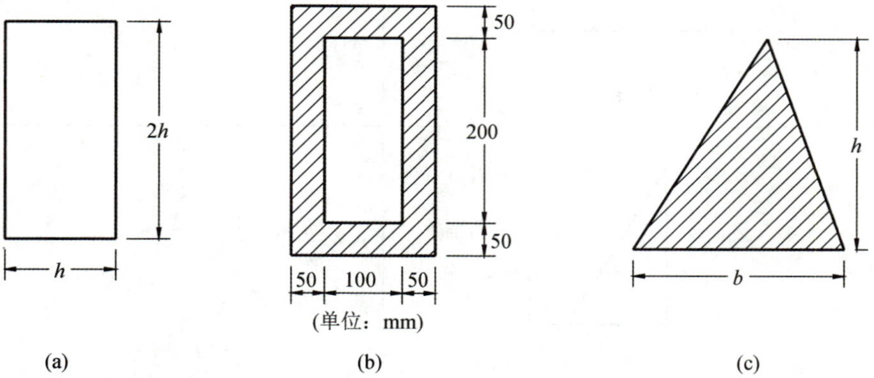

题 3-2 图

题 3-3 试求图示矩形($b=0.15\text{m}, h=0.3\text{m}$)对 z_0 轴的惯性矩。若按照图中虚线所示，将矩形的中间部分(图中阴影所示)移到两边拼成工字形，试求此工字形对 z_0 轴的惯性矩。

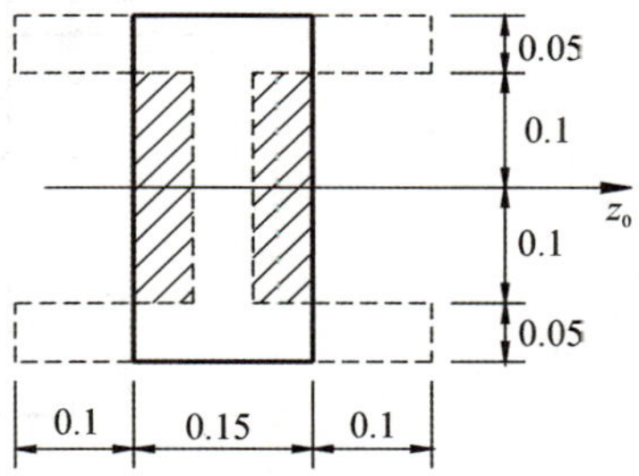

(单位：mm)

题 3-3 图

题 3-4 试求面积为 0.012m^2 的正方形、圆形对各自形心主轴的惯性矩，并与面积为 0.012m^2 的 45c 工字钢的惯性矩进行比较。

题 3-5 试求图示平面图形对其形心轴 y_0 和 z_0 的惯性矩。

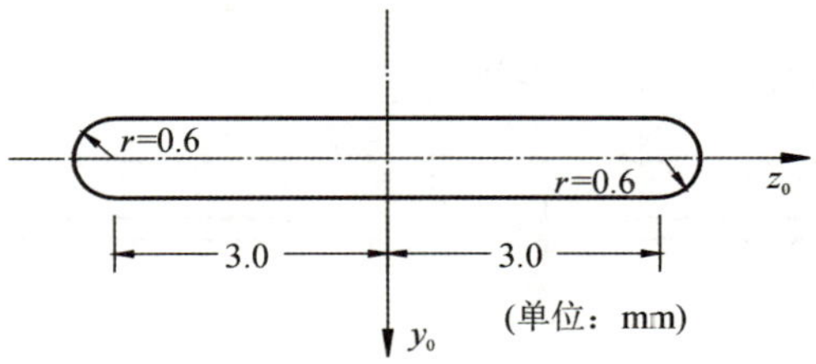

(单位：mm)

题 3-5 图

题 3-6 试求图示图形的形心位置及其对形心轴 z_0 的惯性矩。

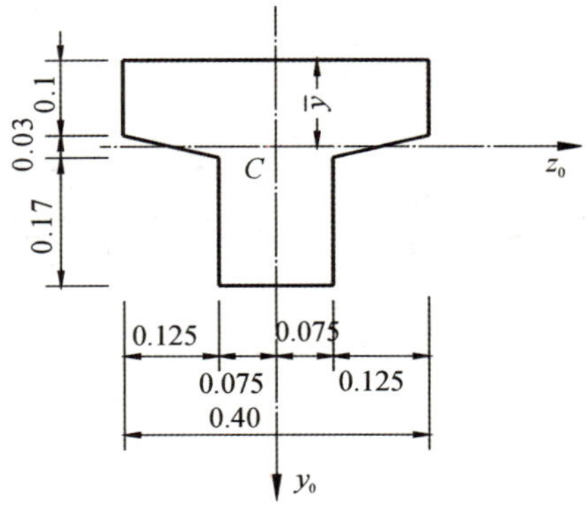

(单位：m)

题 3-6 图

题 3-7 试求图示组合图形的形心轴 z_0 的位置及其对 z_0 轴的惯性矩。

题 3-8 图示由型钢与钢板构成的组合截面，试求：

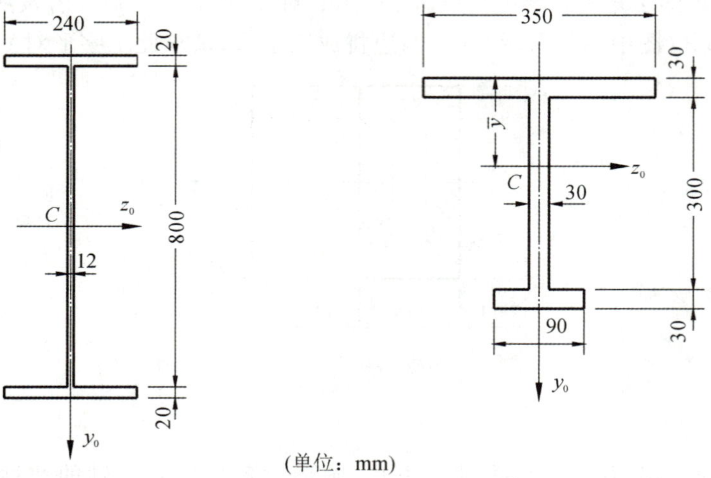

(单位：mm)

(a)　　(b)

题 3-7 图

①形心位置；

②组合截面对水平形心轴 z_0 的惯性矩。

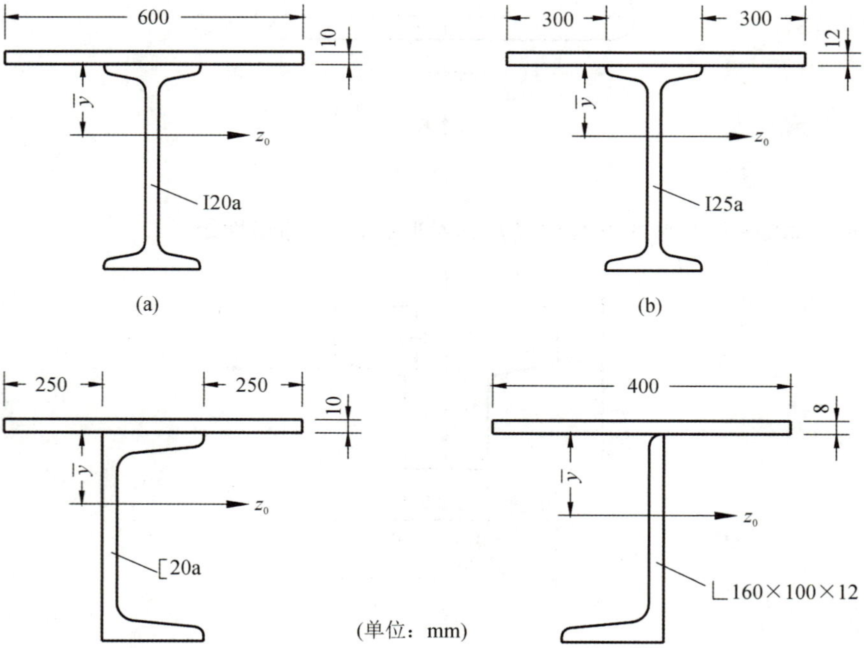

(a)　　(b)

(单位：mm)

(c)　　(d)

题 3-8 图

题 3-9　图示由两个 20a 号槽钢构成的组合截面，若要使 $I_{y_0}=I_{z_0}$，试求间距 a 应有的大小。

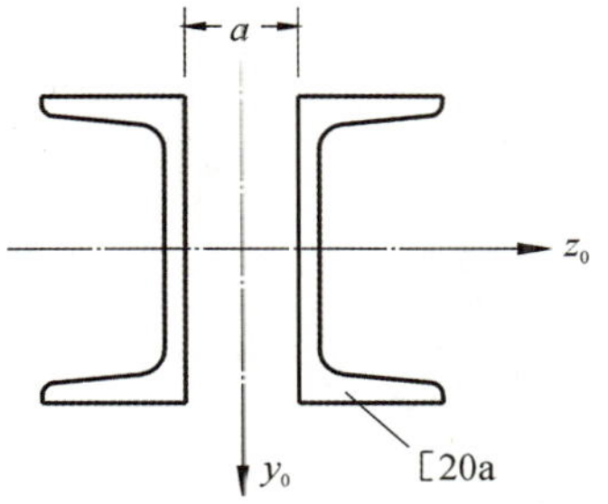

题 3-9 图

题 3-10　试求图示图形的惯性积 I_{yz}。

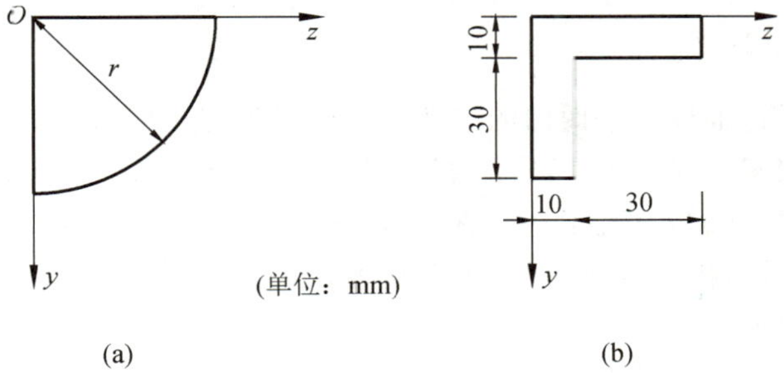

题 3-10 图

题 3-11　试求图示图形的形心主轴位置及其形心主惯性矩。

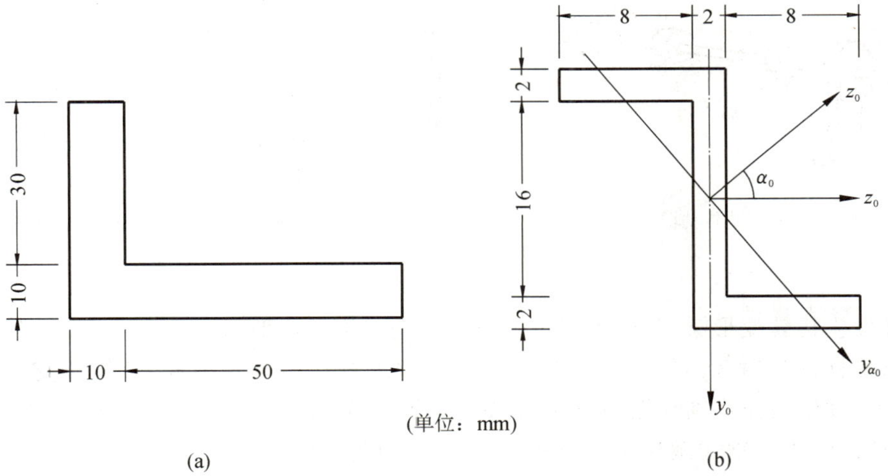

题 3-11 图

第 4 章

扭转

4.1 扭转的概念与实例

直杆受到垂直于杆轴线的平面内的力偶作用会发生扭转变形。在工程实际中以扭转为主要变形的杆也比较多。如图 4-1 所示，机器传动轴、钻杆、水电站机组中的传动轴和发电机的机座等，都是受扭杆的实例。另外，在土建和水利工程建筑物中，也常会遇到受扭的杆件，甚至体积巨大的重力拱坝或重力坝，由于重力、水压力、温度应力等的作用，年深日久，其坝体也会发生扭转变形。

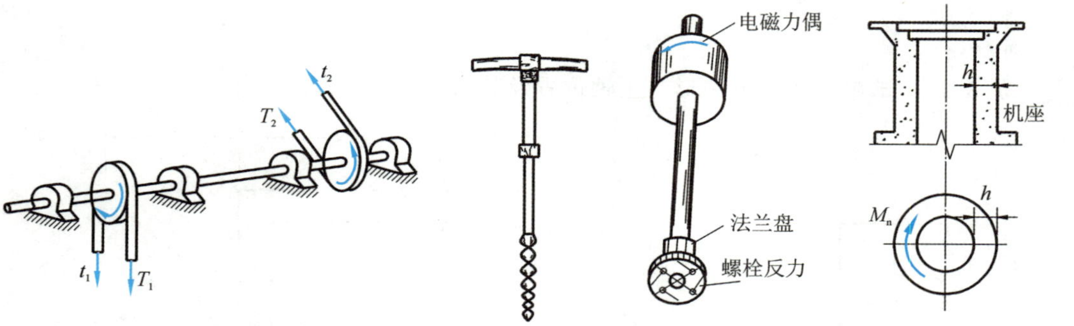

(a) 机器传动轴　(b) 钻杆　(c) 水电站机组中的传动轴　(d) 发电机转子轴

图 4-1　受扭杆的实例

直杆发生扭转变形时，其受力特点是作用在垂直于杆轴平面内的力偶系，与之相对应的变形特点是杆件各横截面绕轴线做相对转动。如果杆件是等直圆杆，其扭转变形如图 4-2(a)所示，杆件横截面绕轴线做相对转动；如果杆件是非圆截面杆，其扭转变形如图 4-2(b)所示，各横截面除了绕轴线做相对转动外，还会发生翘曲变形。

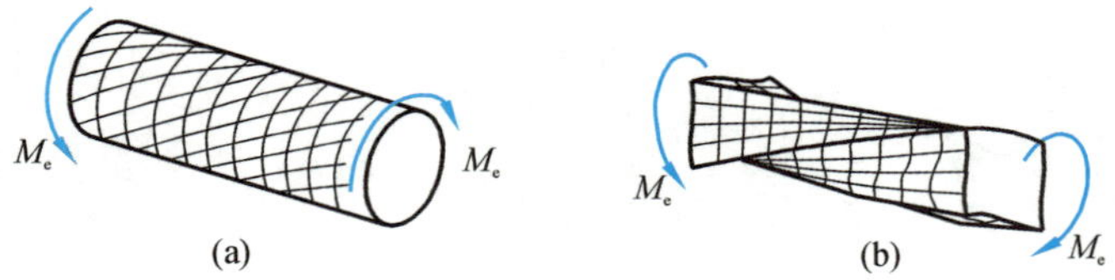

图 4-2　等直杆的扭转

4.2 受扭杆的内力

4.2.1 传动轴的外力偶矩

在工程实际中，机器传动轴在外力偶的作用下发生扭转变形，而作用在机器传动轴上的外力偶矩往往不是直接给出的，需要通过由轴传递的功率和轴的转速来确定。例如，在图 4-3(a)中，动力经主动轮输入，然后由从动轮输出。若已知某轴的转速为 n(r/min)，某一轮所传递的功率为 P(kW)，传递的功以力偶的形式作用于轴上。由动力学可知，t 秒内轮所传递的功，等于外力偶在相同时间内所做的功（假设作用在轴上的外力偶矩为 M_e，t 秒内轴相应地转过的角度为 α，如图 4-3(b)所示），即

$$P \cdot t = M_e \cdot \alpha = M_e \cdot \frac{2\pi n}{60} \cdot t$$

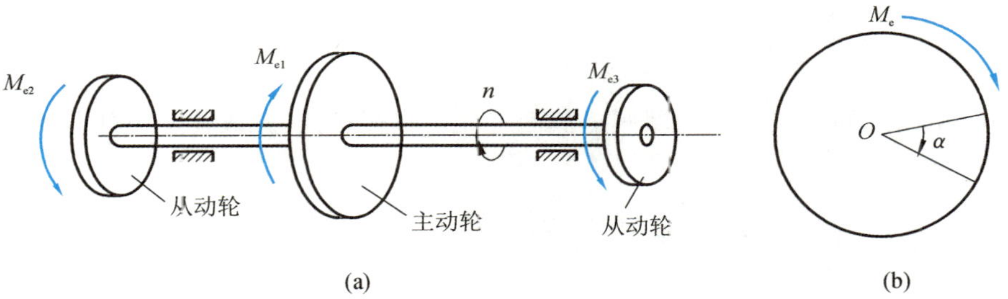

图 4-3 传动轴

由此可求出外力偶矩的计算公式为

$$M_e = 9.55\frac{P}{n} \tag{4-1}$$

式中，外力偶矩 M_e 的单位是 kN·m。

4.2.2 扭矩和扭矩图

当杆受到外力偶作用发生扭转变形时，在杆的横截面上同时会产生相应的内力，我们称它为扭矩(torque)，用 T 表示，在国际单位制中常用的单位是 N·m 或 kN·m。

求受扭杆的内力（扭矩）时，仍可采用截面法。如图 4-4(a)所示的杆，在其两端受一对矩均为 M_e 但转向相反的外力偶作用。若求杆任一横截面 n—n 上的内力，可设想将杆沿截面 n—n 切开为两段，并取其中的一段（例如左段）为脱离体（图 4-4(b)）或右段为脱离体（图 4-4(c)），则根据静力学平衡条件，可由

$$\sum M_x = 0, \quad M_e - T = 0$$

求出横截面上的扭矩

$$T = M_e$$

当一杆同时受到多个外力偶作用时，其各段杆横截面上的扭矩同样可用截面法求得。如图 4-5(a)所示的 AB 杆，同时受到矩为 M_{e1}、M_{e2}、M_{e3}、M_{e4} 的四个外力偶作用，且 $M_{e1}+M_{e2}-M_{e3}+M_{e4}=0$。则杆各段横截面上的扭矩可用截面法求得如下：

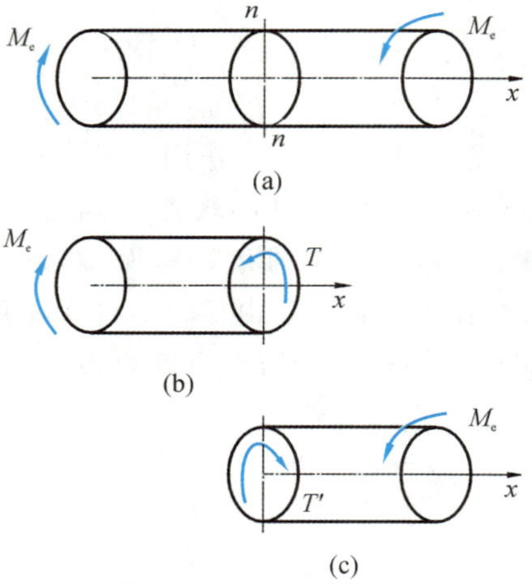

图 4-4　用截面法求受扭杆的内力

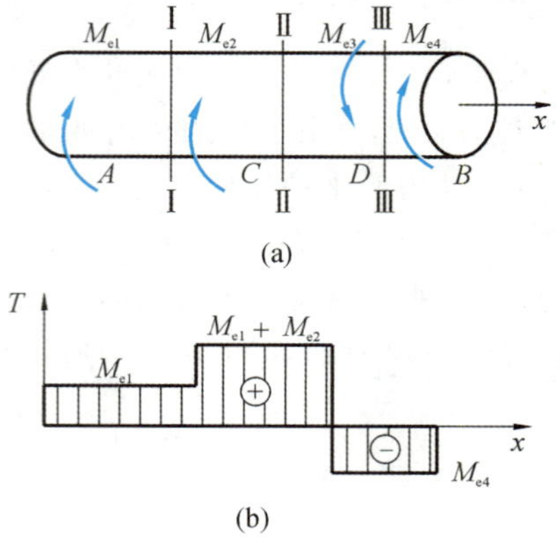

图 4-5　扭矩图

(1) 对 AC 段，可在 AC 段内用假想截面Ⅰ—Ⅰ将杆切开，并取其左边部分为脱离体，则由静力学平衡方程

$$\sum M_x = 0, \quad M_{e1} - T_1 = 0$$

可求得 $T_1 = M_{e1}$。

(2) 同样地，可用截面法求得在 CD、DB 两段横截面上的扭矩分别为

$$T_2 = M_{e1} + M_{e2}$$

$$T_3 = M_{e1} + M_{e2} - M_{e3} = -M_{e4}$$

由上面的计算方法和所得结果不难看出：受扭杆任一横截面上扭矩的大小，即等于在此截面左侧(或右侧)的所有外力偶矩的代数和。

若取杆的右段为脱离体，则在同一横截面上所求得的扭矩，将与上面求得的扭矩在数值上相同但转向相反。为了使从两段杆所求得的同一截面的扭矩有相同的正负号，采用右手螺旋法则将扭矩用矢量表示，若矢量方向背离截面则扭矩为正，反之为负。为形象地表示出扭矩沿杆轴线的变化情况和杆上最大扭矩所在的横截面，可作出杆件的扭矩图。即以平行于杆轴线的方向为横坐标 x，以横截面上的扭矩 T 为纵坐标，绘出扭矩图(图 4-5(b))。

例题 4.1　试作图 4-6(a)所示机器传动轴的扭矩图。已知轴的转速为 $n=300\text{r/min}$，主动轮 1 的功率为 $P_1=500\text{kW}$，三个从动轮 2、3、4 的功率分别为 $P_2=150\text{kW}$、$P_3=150\text{kW}$、$P_4=200\text{kW}$。

解：(1) 外力偶矩计算。根据转速 n、功率 P 计算作用在各轮上的外力偶矩 M_e，由式(4-1)可得

$$M_{e1} = 9.55\frac{P_1}{n} = 9.55 \times \frac{500}{300} = 15.92\text{kN}\cdot\text{m}$$

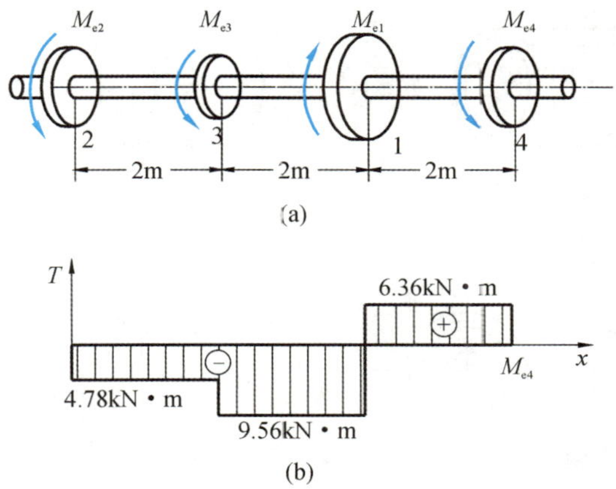

图 4-6 例题 4.1 图

$$M_{e2}=M_{e3}=9.55\frac{P_2}{n}=9.55\times\frac{150}{300}=4.78\text{kN}\cdot\text{m}$$

$$M_{e4}=9.55\frac{P_4}{n}=9.55\times\frac{200}{300}=6.36\text{kN}\cdot\text{m}$$

(2) 扭矩计算。根据作用在各轮上的外力偶矩，利用截面法可算出各段轴内的扭矩。

在从动轮 2、3 两轮间的一段轴上：

$$T_1=-M_{e2}=-4.78\text{kN}\cdot\text{m}$$

在从动轮 3、主动轮 1 两轮间的一段轴上：

$$T_2=-M_{e2}-M_{e3}=-9.56\text{kN}\cdot\text{m}$$

在主动轮 1、从动轮 4 两轮间的一段轴上：

$$T_3=-M_{e2}-M_{e3}+M_{e1}=6.36\text{kN}\cdot\text{m}$$

或

$$T_3=M_{e4}=6.36\text{kN}\cdot\text{m}$$

(3) 作扭矩图。根据上述分析，作扭矩图如图 4-6(b)所示，扭矩绝对值的最大值为

$$|T_{max}|=|T_2|=9.56\text{kN}\cdot\text{m}$$

4.3 薄壁圆筒的扭转

为了研究圆轴扭转时的应力和变形，我们先考察一个比较简单的情况——薄壁圆筒的扭转。

4.3.1 薄壁圆筒扭转时横截面上的应力

取一薄壁圆筒，壁厚 δ 远小于其平均半径 r_0 $\left(\delta\leqslant\frac{r_0}{10}\right)$，受扭前在其表面画上一系列的圆周线和纵向线，从而形成许多小矩形，如图 4-7(a)所示。然后在圆筒两端施加一对大小相

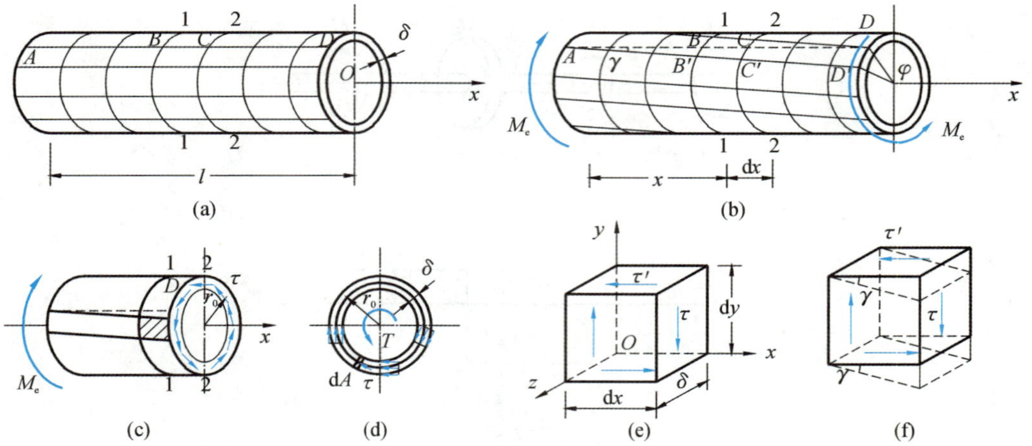

图 4-7　薄壁圆筒的扭转

等、转向相反的外力偶,使其发生扭转变形。当变形很小时,可观察到:

(1) 各圆周线仅绕圆筒轴线发生相对转动,其形状、大小和间距均无改变;

(2) 各纵向线都倾斜了同一角度,在小变形时仍保持为直线;

(3) 圆筒表面的小矩形都歪斜成小平行四边形(图 4-7(b))。

由此可推测:

(1) 圆筒横截面和包含轴线在内的纵截面上都无正应力作用。

(2) 圆筒表面上每个小矩形的直角都改变了相同的角度即切应变 γ,横截面上各点切应力 τ 的方向与圆周相切,这个切应力 τ 与切应变 γ 是相对应的。由于圆筒的极对称性,横截面上各点处的切应力相等。因圆筒壁的厚度 δ 非常小,可认为切应力 τ 是沿壁厚均匀分布的(图 4-7(c)、(d))。由横截面上内力与应力的关系,有

$$\int_A (\tau \mathrm{d}A) r_0 = T$$

得

$$\tau = \frac{T}{2\pi r_0^2 \delta} \tag{4-2}$$

4.3.2　切应力互等定理

用相距为 $\mathrm{d}x$ 的两个横截面 1—1、2—2 和相距为 $\mathrm{d}y$ 的两个径向纵截面从薄壁圆筒中截取出一个微小矩形六面体,如图 4-7(e)所示,显然,在圆筒发生扭转变形后,此小块也将发生如图 4-7(f)中虚线所示的剪切变形,且其切应变为角度 γ。这个切应变是与小块的左、右两边截面上切应力 τ 是相对应的。由对称性可知,在圆环横截面上的各点都有大小相等的切应力 τ(图 4-7(e))。

根据小块的平衡条件可知,作用在小块左、右截面上的切应力应大小相等、方向相反,同时为了平衡由这两个截面上的 τ 所组成的力偶矩,在小块的上、下两个截面上也应有如图 4-7(e)中所示的切应力 τ',对轴 z 取矩,可得

$$(\tau \mathrm{d}y\delta)\mathrm{d}x - (\tau' \mathrm{d}x\delta)\mathrm{d}y = 0$$

即

$$\tau = \tau' \tag{4-3}$$

这就表明，在相互垂直的两个平面上，切应力成对出现且数值相等，两者都垂直于这两个平面的交线，方向则同时指向(或者背离)这一交线。这就是切应力互等定理。

4.3.3 剪切胡克定律

由上面的介绍可知，切应力 τ 与切应变 γ 是互相对应的，下面再看看它们之间存在什么样的关系。由薄壁圆筒的扭转实验可知，对低碳钢等塑性材料来说，在扭转切应力 τ 小于或等于材料的比例极限 τ_p 时，外力偶矩 M_e 与圆筒两端截面间的扭转角 φ 成线性关系(图 4-8(a)、(b))，即

$$M_e \propto \varphi \tag{a}$$

对其他一般的工程材料，也可近似地认为存在这个关系。

前面已经指出，圆筒受扭时，其上所画各矩形小块的切应变即等于各纵向线所发生的倾斜角 γ。从图 4-8(a)还可看出

$$bb' = \gamma l = r_0 \varphi$$

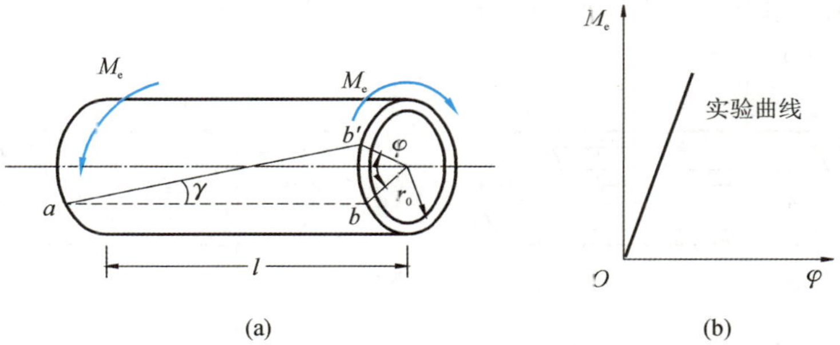

图 4-8 薄壁圆筒试验和 M_e-φ 图

故

$$\gamma = \frac{r_0 \varphi}{l} \tag{b}$$

其中，l 是圆筒两端截面间的距离。

由式(4-2)和式(a)、式(b)可得

$$\tau \propto \gamma \tag{c}$$

引入比例常数 G，即有

$$\tau = G\gamma \tag{4-4}$$

此式即为剪切胡克定律，式中的 G 称为材料的剪切弹性模量，其单位为 Pa。

应当注意的是，剪切胡克定律式(4-4)只在切应力不超过材料的剪切比例极限 τ_p 时才适用。

可以证明，对于各向同性材料，其弹性模量 E、泊松比 ν 和剪切弹性模量 G 存在下列关系

$$G=\frac{E}{2(1+\nu)} \tag{4-5}$$

在三个弹性常数中，只要知道了其中的任意两个，另外一个即可确定。

4.4　圆轴扭转时的应力和变形

4.4.1　横截面上的应力

用截面法和平衡条件只能求出受扭圆轴横截面上的内力(扭矩)，无法求出截面上的应力，因为应力在截面上的分布情况未知。与轴向拉(压)杆横截面上的应力求解过程相同，必须从变形几何关系、物理关系及静力学关系三个方面综合考虑来求解圆轴横截面上的应力公式。

1. 变形的几何关系

为了观察圆轴的扭转变形，先在圆轴表面画上一系列的圆周线和纵向线，从而在其表面形成许多的小矩形，如图 4-9(a)所示；然后在圆轴的两端施加矩为 M_e 的外力偶，可观察到如下现象(图 4-9(b))：

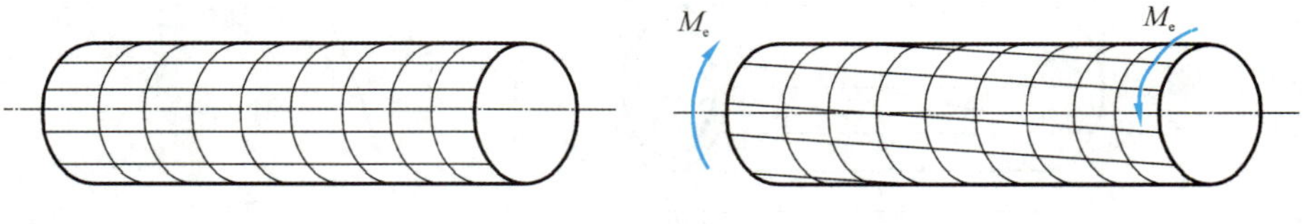

(a)　　(b)

图 4-9　实心圆轴的扭转变形

(1) 各纵向线倾斜了相同的角度 γ 而成为平行的螺旋线，变形很小时近似为一直线；

(2) 横向的各圆周线的大小、形状及它们之间的距离均无改变；

(3) 矩形格子变成平行四边形，直角发生了改变，其改变量为 γ(切应变)。

根据这种变形现象由表及里地作出如下假设：圆轴的横截面，在受扭变形时仍保持为平面，它的形状、大小和间距都不改变，像刚性平面一样绕轴线相对转动。通常把这一假设称为圆轴扭转时的“平面假设”。各横截面在变形前后的间距没有发生改变，可推知横截面上没有正应力作用，只有切应力作用。

为确定任意一点切应变 γ 的变化规律，从受扭圆轴中取出一微段 $\mathrm{d}x$，如图 4-10(a)所示，则在 $\mathrm{d}x$ 微段上的楔形单元体的矩形表面 $abcd$ 变成了平行四边形 $ab'c'd$(图 4-10(b))。直角改变量即切应变 γ 的大小为

$$\gamma\approx\tan\gamma=\frac{bb'}{ab}=\frac{bb'}{\mathrm{d}x} \tag{a}$$

式中，bb' 也是与角 $\mathrm{d}\varphi$ 所对应的半径为 r 的圆弧长，而 $\mathrm{d}\varphi$ 为相距 $\mathrm{d}x$ 的两个横截面的相对扭转角(图 4-10(b))。将 $bb'=r\mathrm{d}\varphi$ 代入式(a)，即得

$$\gamma = \frac{r\mathrm{d}\varphi}{\mathrm{d}x} \tag{b}$$

根据平面假设,同一截面上距圆心为 ρ 的点的切应变(图 4-10(b))为

$$\gamma_\rho = \rho\frac{\mathrm{d}\varphi}{\mathrm{d}x} \tag{c}$$

式中,$\frac{\mathrm{d}\varphi}{\mathrm{d}x}$为相对扭转角沿杆轴线的变化率,对于给定的横截面$\frac{\mathrm{d}\varphi}{\mathrm{d}x}$是常量。式(c)表明,圆轴扭转时,横截面上某点处的切应变与该点到圆心的距离 ρ 成正比,即切应变沿半径线性分布。

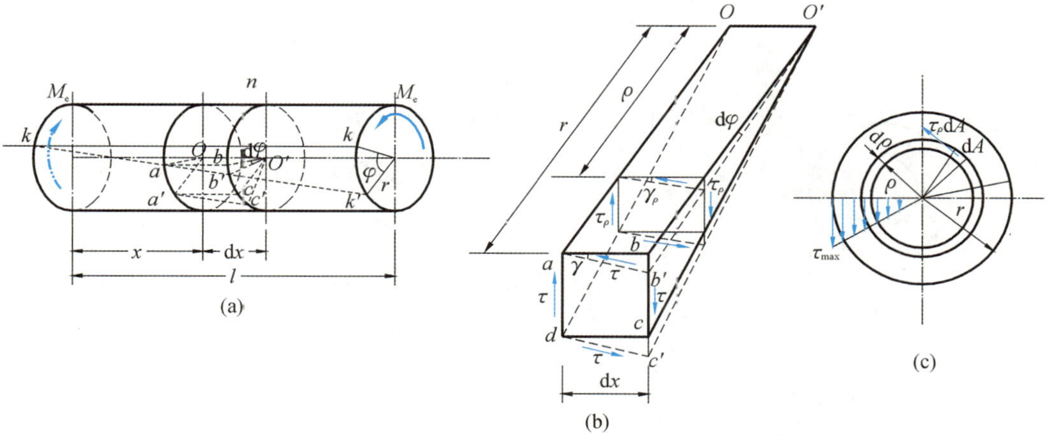

图 4-10 受扭圆轴的切应变和切应力

2. 物理关系

由剪切胡克定律可知,在线弹性范围内,切应力和切应变的关系为

$$\tau = G\gamma \tag{d}$$

将式(c)代入式(d),可得距圆心为 ρ 的任一点处的切应力 τ_ρ 为

$$\tau_\rho = G\gamma_\rho = G\rho\frac{\mathrm{d}\varphi}{\mathrm{d}x} \tag{e}$$

由式(c)、式(e)可见,圆轴横截面上切应变和切应力的大小都与半径 ρ 的大小成正比。故在以 ρ 为半径的圆周上各点的切应力 τ 都相同,其指向垂直于半径。整个圆轴横截面上的切应力都沿横截面半径呈三角形分布,如图 4-10(c)所示。

3. 静力学关系

根据内力和应力的关系可知,圆轴横截面上各微面积 $\mathrm{d}A$ 上的微剪力 $\tau_\rho\mathrm{d}A$ 对圆心的力矩的总和必须与该截面上的扭矩 T 相等(图 4-10(c)),故有

$$T = \int_A \rho\tau_\rho\mathrm{d}A = G\frac{\mathrm{d}\varphi}{\mathrm{d}x}\int_A \rho^2\mathrm{d}A = G\frac{\mathrm{d}\varphi}{\mathrm{d}x}I_\mathrm{P}$$

或

$$\frac{d\varphi}{dx}=\frac{T}{GI_P} \tag{4-6}$$

式中，$I_P=\int_A\rho^2 dA$ 称为截面的极惯性矩，其国际单位为 m^4。对半径为 r，直径为 d 的圆截面，其极惯性矩为 $I_P=\frac{\pi r^4}{2}=\frac{\pi d^4}{32}$；$GI_P$ 称为圆轴的抗扭刚度。

将式(4-6)代入式(e)，即可得到杆横截面上距圆心为 ρ 的任一点的切应力为

$$\tau_\rho=\frac{T\rho}{I_P} \tag{4-7}$$

在截面的边缘处($\rho=r$)切应力达到最大值，即

$$\tau_{max}=\frac{Tr}{I_P}=\frac{T}{W_P} \tag{4-8}$$

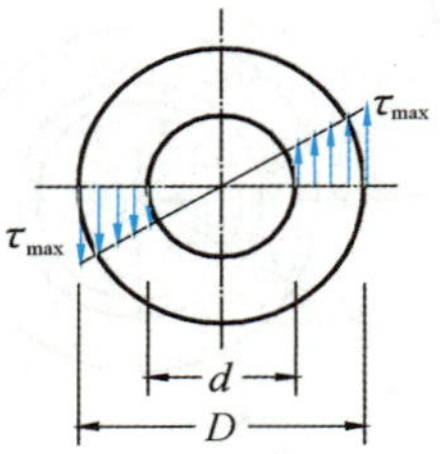

图 4-11　实心圆轴扭转时横截面上的切应力分布规律

式中，$W_P=\frac{I_P}{\rho_{max}}$称为抗扭截面系数，单位为 m^3。

对于直径为 d 的实心圆截面轴，其抗扭截面系数为

$$W_P=\frac{\pi d^3}{16}$$

而对于内径为 d、外径为 D 的空心圆截面轴，其抗扭截面系数为

$$W_P=\frac{\pi D^3}{16}(1-\alpha^4)$$

式中，$\alpha=\frac{d}{D}$，为内、外径比值，其切应力分布如图 4-11 所示。

4.4.2　圆轴扭转时的变形

等直圆轴的扭转变形，是用圆轴两端横截面间绕轴线的相对扭转角 φ 来表示的。由式(4-6)可知，微段 dx 的相对扭转角为

$$d\varphi=\frac{T}{GI_P}dx$$

对于长为 l、扭矩 T 为常数的同一材料制成的等直圆轴，其两端的相对扭转角为

$$\varphi=\int_0^l\frac{T}{GI_P}dx=\frac{Tl}{GI_P} \tag{4-9}$$

式中，φ 的单位是弧度(rad)，其正负号与扭矩 T 的符号一致。GI_P 称为抗扭刚度。

4.5　圆轴扭转时的强度计算和刚度计算

4.5.1　强度计算

圆轴扭转时，其强度条件：工作时的最大切应力 τ_{max} 不超过材料的许用切应力$[\tau]$，即

$$\tau_{max}\leqslant[\tau] \tag{4-10}$$

对于等直圆轴，最大的扭矩 T_{max} 所在的截面即为危险截面，离危险截面形心最远的点即为危险点，于是，强度条件可写为

$$\tau_{max} = \frac{T_{max}}{W_P} \leqslant [\tau] \tag{4-11}$$

理论与试验研究均表明，在静荷载的情形下，扭转许用切应力$[\tau]$与许用拉应力$[\sigma]$之间有如下关系：

对于塑性材料，$[\tau]=(0.5\sim0.577)[\sigma]$；

对于脆性材料，$[\tau]=(0.8\sim1.0)[\sigma]$。

对受扭圆轴的强度计算分为以下三类：

1. 强度校核

$$\tau_{max} = \frac{T}{W_P} \leqslant [\tau]$$

上式如果满足，则轴满足强度条件，是安全的；反之，则不安全。

2. 截面设计

此时将式(4-11)改写为

$$W_P \geqslant \frac{T}{[\tau]}$$

根据上式来设计轴的直径。

3. 确定扭矩

此时将式(4-11)改写为

$$T \leqslant W_P[\tau]$$

以此可以确定作用在圆轴上的最大外力偶矩。

4.5.2 刚度计算

在设计受扭圆轴时，为了保证其工作稳定和加工精度，不仅要满足强度条件，还需要对其变形加以限制，即要满足其刚度条件。在工程实际中，通常是根据使用条件限制圆轴的单位长度的相对扭转角 $\varphi'=\frac{d\varphi}{dx}$的最大值 φ'_{max} 不超过某一规定的许用值$[\varphi']$，即

$$\varphi'_{max} \leqslant [\varphi'] \tag{4-12}$$

式中，$[\varphi']$为许可单位扭转角，其常用单位是(°)/m，对一般的传动轴，$[\varphi']=0.5\sim1.0$(°)/m。

而按式(4-6)计算所得结果是 rad/m，故在式(4-12)中应将量纲统一，即

$$\varphi'_{max} = \frac{T_{max}}{GI_P} \times \frac{180}{\pi} \leqslant [\varphi'] \tag{4-13}$$

这就是圆轴扭转时的刚度条件。对刚度条件的计算也包含刚度校核、截面设计和确定许可扭矩。

例题 4.2　有一闸门启闭机的传动圆轴。已知：材料为 45 号钢，剪切弹性模量 $G=79\text{GPa}$，许用切应力 $[\tau]=88.2\text{MPa}$，许可单位扭转角 $[\varphi']=0.5(°)/\text{m}$，使圆轴转动的电动机功率为 16kW，转速为 375r/min，经过减速之后，传动轴的转速降低为电动机转速的 $\frac{1}{97.14}$（即减速箱的速度之比为 97.14）。根据强度条件和刚度条件选择圆轴的直径。

解：(1) 计算传动轴传递的扭矩。

传动轴的转速：

$$n=\frac{375}{97.14}=3.86\text{r/min}$$

传送的扭矩：

$$T=9.55\frac{P}{n}=9.55\times\frac{16}{3.86}=39.59\text{kN}\cdot\text{m}$$

(2) 由强度条件选择圆轴的直径。由强度条件 $\tau_{\max}=\frac{T}{W_{\text{P}}}\leqslant[\tau]$，其中，$W_{\text{P}}=\frac{\pi d^3}{16}$，可得

$$d\geqslant\sqrt[3]{\frac{16T}{\pi[\tau]}}=\sqrt[3]{\frac{16\times 39.59\times 10^3}{3.14\times 88.2\times 10^6}}=0.132\text{m}=132\text{mm}$$

(3) 由刚度条件选择圆轴的直径。由刚度条件 $\varphi'_{\max}=\frac{T_{\max}}{GI_{\text{P}}}\times\frac{180}{\pi}\leqslant[\varphi']$，其中，$I_{\text{P}}=\frac{\pi d^4}{32}$，可得

$$d\geqslant\sqrt[4]{\frac{180\times 32\times T}{G\pi^2[\varphi']}}=\sqrt[4]{\frac{180\times 32\times 39.59\times 10^3}{79\times 10^9\times 3.14^2\times 0.5}}=0.156\text{m}=156\text{mm}$$

综上，选择圆轴的直径 $d=156\text{mm}$，它既能满足强度条件，又能满足刚度条件。

例题 4.3　图 4-12(a)表示一两端固定的等截面圆轴 AB，在截面 C 受到扭转外力偶矩 $M_e=3\text{kN}\cdot\text{m}$ 作用，已知 $a=2\text{m}$，$b=1\text{m}$，圆轴直径 $d=60\text{mm}$，材料的剪切弹性模量 $G=80\text{GPa}$，试求圆轴横截面的最大切应力和 AC 两截面的相对扭转角。

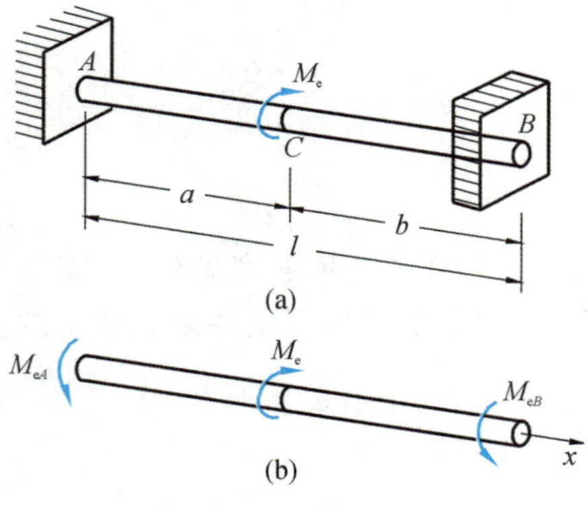

图 4-12　例题 4.3 图

解：圆轴在扭转时，若圆轴的约束反力偶或横截面上的扭矩，仅用静力学平衡方程不能求解，这样的问题称为扭转超静定问题。求解这类问题的关键仍在于根据变形协调条件建立补充方程。

设 A、B 两端的约束反力偶分别为 M_{eA}、M_{eB}，如图 4-12(b)所示。

根据静力学平衡方程

$$\sum M_x=0$$

有

$$M_{eA}+M_{eB}=M_e \tag{1}$$

因为式(1) 中的 M_{eA}、M_{eB} 均为未知量，一个方程无法确定两个未知量，故是扭转超静定问题，需要根据变形协调条件建立一个补充方程。

因圆轴两端固定，A、B 两截面的相对扭转角为零，即

$$\varphi_{AB} = \varphi_{AC} + \varphi_{CB} = 0 \tag{2}$$

由式(4-9)可知

$$\varphi_{AC} = \frac{-M_{eA}a}{GI_P}, \quad \varphi_{CB} = \frac{M_{eB}b}{GI_P}$$

将其代入式(2) 得

$$\frac{-M_{eA}a}{GI_P} + \frac{M_{eB}b}{GI_P} = 0 \tag{3}$$

式(3) 就是由变形协调条件建立的补充方程。

解联立方程组(1)、(3) 即可得到

$$M_{eA} = \frac{M_e b}{l}, \quad M_{eB} = \frac{M_e a}{l}$$

其结果均为正，说明图 4-12(b)中所示约束反力偶的转向都是正确的。

代入已知数据，可得各段截面的扭矩为

AC 段：

$$T_{AC} = -M_{eA} = -\frac{3 \times 1}{3} = -1\text{kN} \cdot \text{m}$$

CB 段：

$$T_{CB} = M_{eB} = \frac{3 \times 2}{3} = 2\text{kN} \cdot \text{m}$$

可知，$T_{max} = 2\text{kN} \cdot \text{m}$。最大切应力发生在 CB 段，其值为

$$\tau_{max} = \frac{T_{max}}{W_P} = \frac{2 \times 10^3}{\frac{1}{16} \times 3.14 \times 60^3 \times 10^{-9}} = 47.18 \times 10^6 \text{Pa} = 47.18\text{MPa}$$

AC 两截面的相对扭转角为

$$\varphi_{AC} = \frac{-M_{eA}a}{GI_P} = \frac{-1 \times 10^3 \times 2}{80 \times 10^9 \times \frac{1}{32} \times 3.14 \times 60^4 \times 10^{-12}} = -0.0197\text{rad} = -1.13°$$

4.6 非圆截面杆扭转简介

试验现象表明，非圆截面杆受扭时，原来为平面的横截面不能再保持为平面。因此，圆轴扭转中所作的平面假设不再成立，式(4-7)与式(4-8)对于非圆截面杆将不再适用。

非圆截面杆扭转时，横截面不再保持为平面的现象称为**翘曲**。如果非圆截面杆扭转，相邻两截面翘曲程度完全相同时，横截面上将只有切应力而没有正应力，这种扭转称为**自由扭转**；当两横截面的翘曲程度不同，横截面上将不但有切应力，还有正应力，这种扭转称为**约束扭转**。自由扭转只有当等直杆在两端受到扭转力偶作用，且端面可自由翘曲的特殊条件下

才有可能发生，至于约束扭转引起的正应力，在一般实体截面杆中通常都很小，可以忽略不计；但在薄壁杆中，这种正应力将成为不可忽略的量。

4.6.1　矩形截面杆

如图 4.13(a)所示的矩形截面杆，若先在其表面上用一系列的纵、横线画出许多小方格，则在杆扭转后(图 4-13(b))可以观察到如下的变形现象：

(1) 所有的横线都变成了曲线，可见杆的横截面发生了翘曲，已不再是平面。

(2) 各小方格的边长没有改变，说明各横截面的翘曲程度相同，在横截面上不会产生正应力。

(3) 除靠近四条纵向棱边的小方格没有变形外，其他小方格的直角都发生了不同程度的改变(即发生了切应变)，且在横截面长边中点处小方格的直角改变最大。可见在横截面上有切应力存在，且在长边中点的切应力最大。

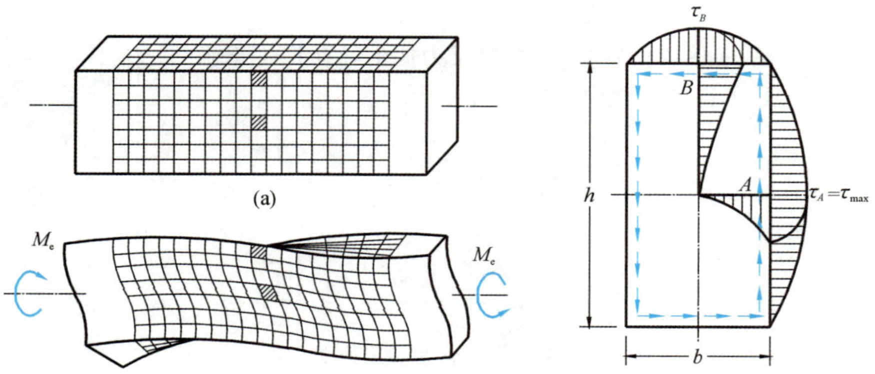

图 4-13　矩形截面杆的扭转

根据实验研究和弹性力学分析，可作出受扭矩形截面杆横截面的二对称轴及边缘上切应力的分布图形，如图 4-13(c)所示。下面我们列出一些有关的计算公式。

矩形横截面上的最大切应力发生在长边中点 A，

$$\tau_A = \tau_{\max} = \frac{T}{W_n} = \frac{T}{\alpha h b^2} \tag{4-14}$$

矩形横截面短边中点 B 处的切应力 τ_B 可按下式计算

$$\tau_B = \nu \tau_{\max} \tag{4-15}$$

杆的单位扭转角

$$\varphi' = \frac{T}{GI_n} = \frac{T}{\beta h b^3 G} \tag{4-16}$$

式中，$W_n=\alpha hb^2$ 为抗扭截面模量(与 W_P 不同，W_n 没有明确的几何意义)；$I_n=\beta hb^3$ 为截面的相当极惯性矩(与 I_P 不同，I_n 没有明确的几何意义)；h 为矩形截面的长边长度；b 为矩形截面的短边长度；α、β、ν 为系数，它们取决于边长比 h/b，可在表 4-1 中查得。

表 4-1 矩形截面杆在纯扭转时的系数 α、β 和 ν

$\frac{h}{b}$	1.0	1.2	1.5	1.75	2.0	2.5
α	0.208	0.219	0.231	0.239	0.246	0.258
β	0.141	0.166	0.196	0.214	0.229	0.249
ν	1.000	0.930	0.859	0.820	0.795	0.766
$\frac{h}{b}$	3.0	4.0	6.0	8.0	10.0	∞
α	0.267	0.282	0.299	0.307	0.312	0.333
β	0.263	0.281	0.299	0.207	0.312	0.333
ν	0.753	0.745	0.743	0.742	0.742	0.742

4.6.2 开口薄壁截面杆

从表 4-1 可知，当$\frac{h}{b}>10$时，系数 α 和 β 都接近 0.333，即$\frac{1}{3}$，故对狭长矩形截面杆进行扭转计算时，可将 $\alpha=\beta=\frac{1}{3}$代入式(4-14)和式(4-16)，即有

$$\tau_{\max}=\frac{3T}{hb^2} \tag{4-17}$$

$$\varphi'_{\max}=\frac{3T}{hb^3G} \tag{4-18}$$

式(4-17)和式(4-18)还可推广应用于截面中线不是直线的开口薄壁截面杆，但要用展开了的截面中线长度来代替 h。例如，对弧形截面(图 4-14(a))，$h=R\varphi$；对角钢截面(图4-14(b))，$h=c_1+c_2-b$。

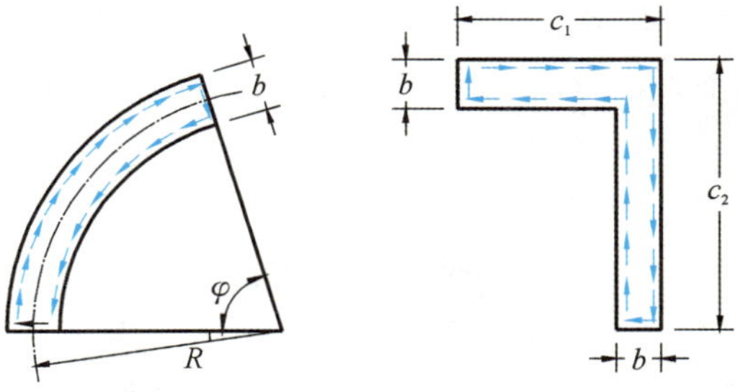

(a) 弧形截面　　(b) 角钢截面

图 4-14 开口薄壁截面杆的 h 值

各种轧制成的型钢，如工字钢、角钢、槽钢等，都属于开口薄壁截面杆。它们的横截面都是由若干厚度不等的狭长矩形组合而成的。由实验可观察到，开口薄壁杆受扭时，其横截面虽会发生翘曲，但横截面周边在平面上投影的几何形状仍能保持不变，故可作出所谓的**刚周边假设**。根据这个假设，可认为杆扭转时，组成各截面的各个狭长矩形的单位扭转角都相

等。由此可知：分布在各狭长矩形的扭矩与它们的相当极惯性矩成正比，即

$$T_{ni}=\frac{I_{ni}}{\sum I_{ni}}T \tag{4-19}$$

最大切应力发生在厚度最大的狭长矩形的长边中点，即

$$\tau_{max}=\frac{T}{\sum I_{ni}}C_{max} \tag{4-20}$$

式中，C_{max}为组合截面的所有组成部分中厚度的最大者。

应当注意的是，截面形状基本相似，截面面积也相等的开口薄壁截面杆和闭口薄壁截面杆，它们的抗扭强度和抗扭刚度都有相当大的差别。例如图4-15所示的圆环形闭口薄壁截面杆（图4-15(a)）和开口薄壁截面杆（图4-15(b)），在受扭时，闭口薄壁杆要比开口薄壁杆所能承担的扭矩大得多，当$D/\delta=20$时，闭口薄壁杆的抗扭强度和抗扭刚度分别为开口薄壁杆的30倍和300倍。产生这种巨大差异的原因，可由图4-15(c)和图4-15(d)所示的薄壁截面上切应力的不同分布规律看出来。

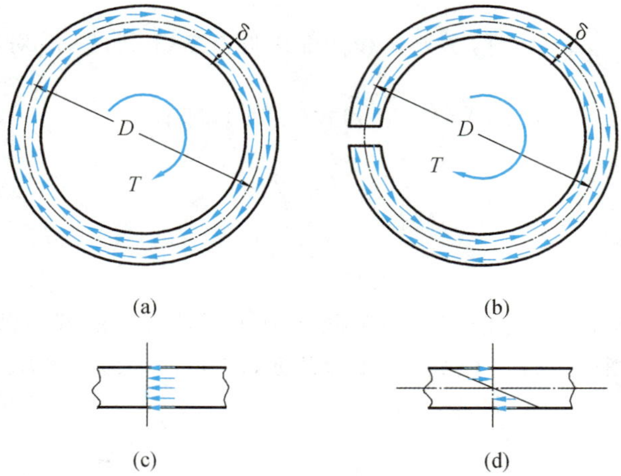

图4-15 圆环形的闭口和开口薄壁截面杆受扭时横截面上切应力的分布情况

习 题

题4-1 图(a)所示一阶梯形传动轴，上面装有三个皮带轮。AC段的横截面直径为$d_1=40$mm，CB段的横截面直径为$d_2=70$mm。已知：轮3由电动机带动，输入的功率$P_3=36.75$kW；轮1输出的功率$P_1=14.70$kW；轮2输出的功率$P_2=22.05$kW；轮做匀速转动，转速$n=200$r/min。试作出圆轴的扭矩图，并作图(b)、(c)的扭矩图。

题4-2 试根据切应力互等定理，并结合杆表面上无切应力的实际情况，论证任何形状截面的等直杆受扭时：

(1) 其横截面上外棱角（凸角）处必无切应力；

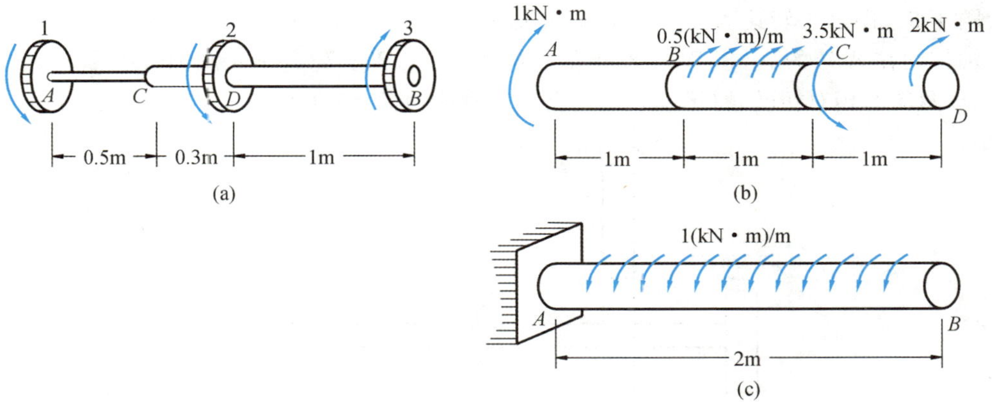

题 4-1 图

（2）其横截面上内棱角（凹角）处可能有切应力。

题 4-3　图示一实心圆轴，横截面直径 $d=100\text{mm}$，在自由端受到 $M_e=14\text{kN}\cdot\text{m}$ 的扭转外力偶作用。

（1）试计算横截面上点 K 处（$\rho=30\text{mm}$）的切应力与横截面上的最大切应力；

（2）若材料的剪切弹性模量 $G=79\text{GPa}$，试求 A、B 二截面的相对扭转角及 AC 二截面的相对扭转角。

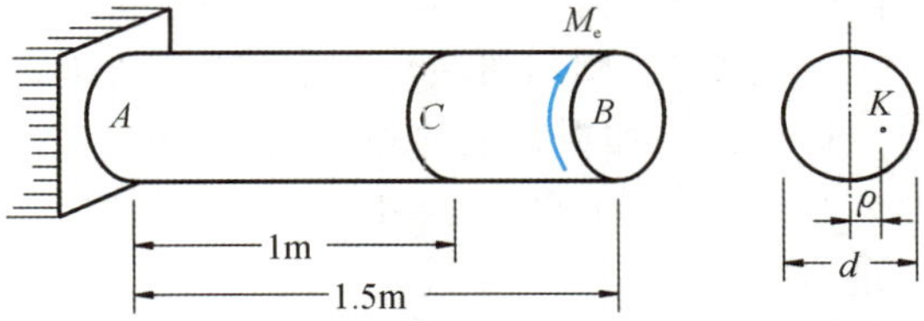

题 4-3 图

题 4-4　图示一圆截面直径为 80mm 的传动轴，上面作用的外力偶矩为 $M_{e1}=1000\text{N}\cdot\text{m}$，$M_{e2}=600\text{N}\cdot\text{m}$，$M_{e3}=200\text{N}\cdot\text{m}$，$M_{e4}=200\text{N}\cdot\text{m}$。

（1）试作出此轴的扭矩图。

（2）试计算各段轴内的最大切应力及此轴的总扭转角（已知材料的剪切弹性模量 $G=79\text{GPa}$）。

（3）若将外力偶矩 M_{e1} 和 M_{e2} 的作用位置互换一下，圆轴的直径是否可以减小？

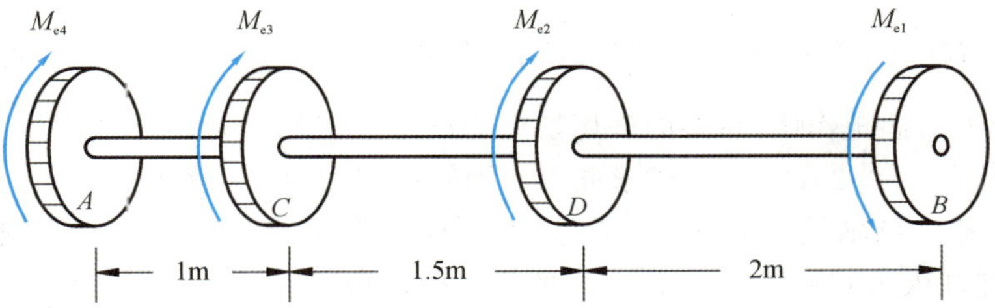

题 4-4 图

题 4-5　图示一转速为 $n=315\mathrm{r/min}$、功率 $P=36.75\mathrm{kW}$ 的电动机，通过直径为 50mm 的钢轴带动在 A 端的 7.35kW 转轮和在 B 端的 29.4kW 转轮。试绘制轴 AB 的扭矩图并计算 A、B 两端的相对扭转角(已知钢材的剪切弹性模量 $G=70\mathrm{GPa}$)。

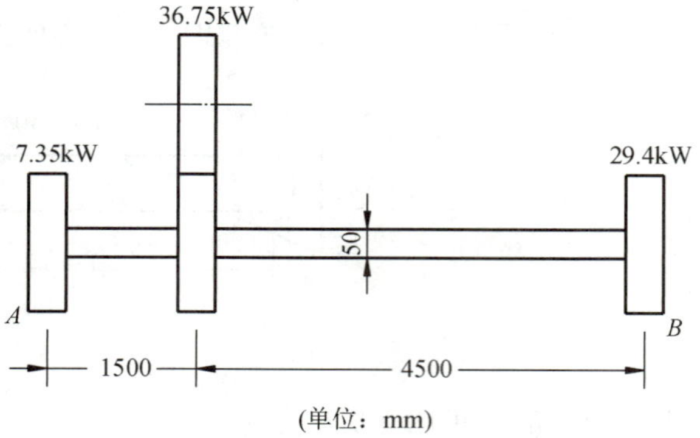

题 4-5 图

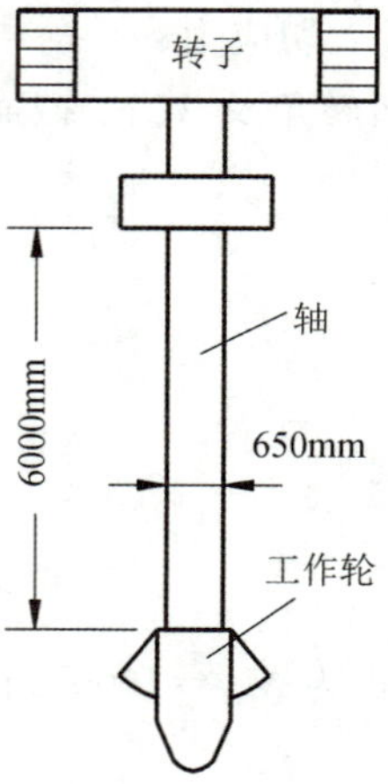

题 4-6 图

题 4-6　图示连接水轮机与发电机的实心钢轴，已知轴横截面的直径为 650mm、长度为 6000mm，水轮机的功率为 7350kW，钢材的剪切弹性模量 $G=79\mathrm{GPa}$。问当水轮机以转速 $n=57.7\mathrm{r/min}$ 旋转时，轴内的最大切应力和轴两端的相对扭转角各为多大?

题 4-7　图示扭转角测量装置，已知 $l=100\mathrm{mm}$，$a=100\mathrm{mm}$，$d=10\mathrm{mm}$，当加在轴上的外力偶矩 $M_e=2\mathrm{N\cdot m}$，在百分表上的读数为 26 分度(1 分度＝0.01mm)。试计算该圆轴材料的剪切弹性模量 G。

题 4-8　图示一两人操作的手摇绞车，若两人作用于手柄上的力都是 $F=200\mathrm{N}$，已知轴的许用切应力 $[\tau]=40\mathrm{MPa}$，试按强度要求估算 AB 轴的直径，并确定最大起重量 W。

题 4-9　有一小型的土钻机，由功率为 3kW，转速为1430r/min 的电动机带动，经过减速以后，钻杆的转速为电动机转速的 1/36。若钻杆的许用切应力 $[\tau]=60\mathrm{MPa}$，试按强度条件设计钻杆的直径。

题 4-10　题 4-1 中的阶梯形圆轴，若已知其材料的许用切应力 $[\tau]=60\mathrm{MPa}$，许可单位扭转角 $[\varphi']=2(°)/\mathrm{m}$，剪切弹性模量 $G=79\mathrm{GPa}$。试校核轴的强度和刚度。

题 4-11　有一空心圆轴，已知其横截面的内、外直径比为 $\dfrac{d}{D}=0.8$，两端承受 $M_e=2\mathrm{N\cdot m}$的扭转外力偶矩作用，材料的许用切应力 $[\tau]=50\mathrm{MPa}$，剪切弹性模量 $G=79\mathrm{GPa}$，许可单位扭转角 $[\varphi']=0.25(°)/\mathrm{m}$。试求此空心圆轴应用的内径和外径尺寸。

题 4-12　有一圆轴受到扭矩 $T=3.7\mathrm{kN\cdot m}$ 的作用。已知材料的许用切应力 $[\tau]=60\mathrm{MPa}$，剪切弹性模量 $G=79\mathrm{GPa}$，轴的许可单位扭转角 $[\varphi']=0.3(°)/\mathrm{m}$。试确定圆轴应有的最小直径。

题 4-13　有一钢杆，横截面为矩形 $b\times h=10\mathrm{mm}\times 30\mathrm{mm}$，长度 $l=2\mathrm{m}$，在两端受到$M_e=$

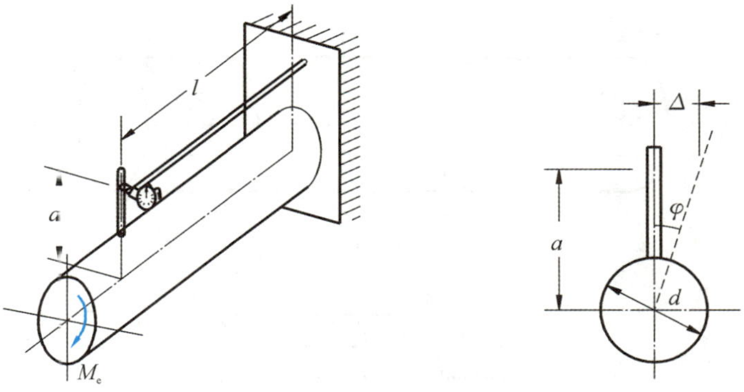

题 4-7 图

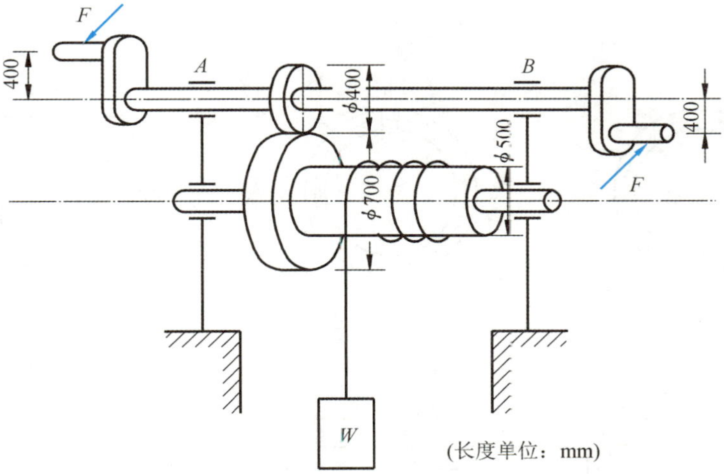

题 4-8 图

100N·m 扭转外力偶矩作用。已知材料的剪切弹性模量 $G=79\text{GPa}$，试求杆内最大切应力的大小、位置及两端截面间的相对扭转角。

题 4-14　图(a)表示一圆杆在外力偶矩 M_e 作用下发生扭转。若用横截面 ABE、CDF 和水平纵截面 $ABCD$ 截出杆的一部分，如图(b)所示。由切应力互等定理可知，在水平纵截面上有如图(b)所示的切应力 τ'；相应的切向内力元素将组成一合力偶 $\tau'\text{d}A$，试分析此合力偶与杆这部分上的什么力偶相平衡？

题 4-15　有三根长度、材料均相同的薄壁杆，其横截面的形状如图中所示，壁厚 δ 及管壁中线的周长均相同。试判断哪根杆的抗扭能力最强，哪根杆的抗扭能力最弱。

题 4-16　图示圆轴的两端固定，在 C、D 两截面上分别作用扭转力偶 M_{e1} 和 M_{e2}，试作轴的扭矩图。

题 4-17　图示结构中，钢杆 AB 和铝杆 CD 的尺寸相同，两种材料的切变模量之比为 $G_{钢}:G_{铝}=3:1$。若不计 BE 和 ED 两杆的变形，试问力 F 将以怎样的比例分配于 AB 和 CD 两杆？

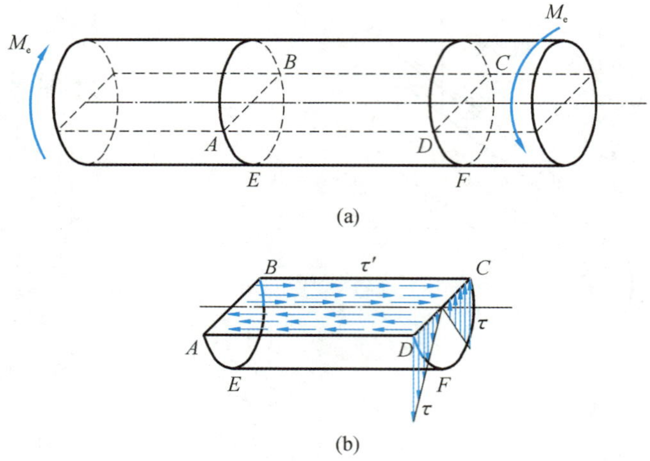

题 4-14 图

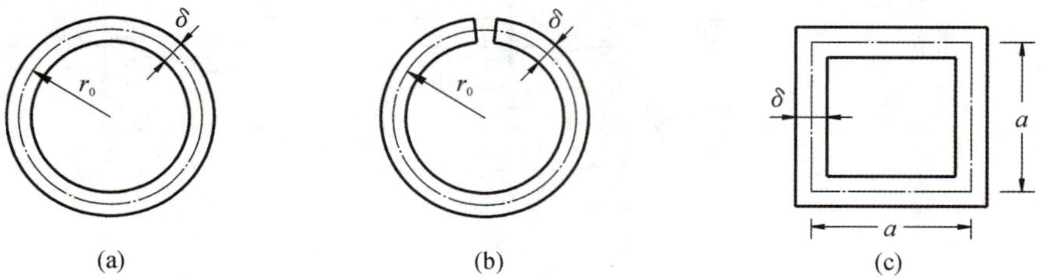

题 4-15 图

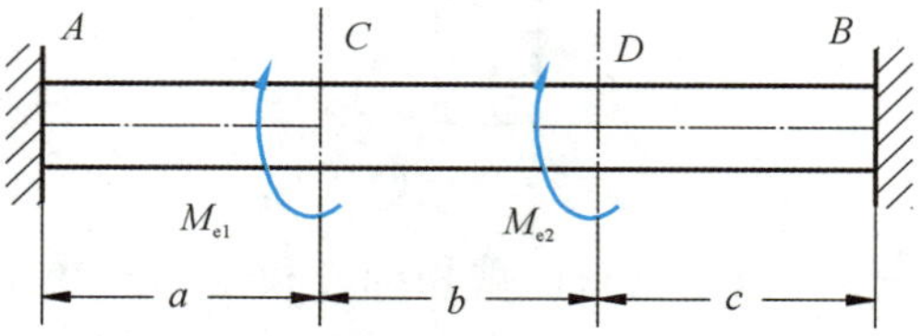

题 4-16 图

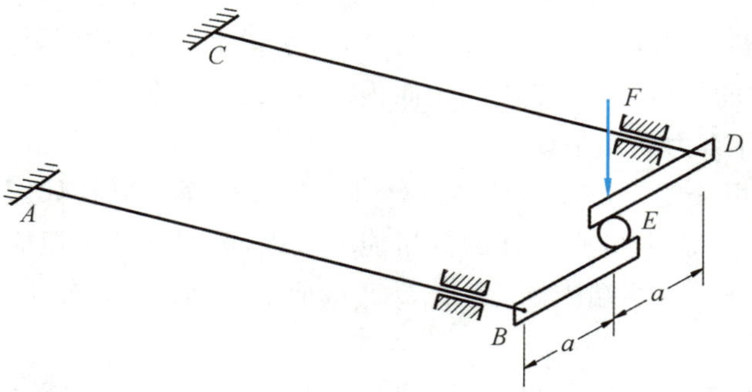

题 4-17 图

第5章

弯曲内力

5.1 弯曲的概念与实例

受弯杆件是工程实际中最常见的一种变形杆。如图 5-1 为各种杆件及其计算简图。

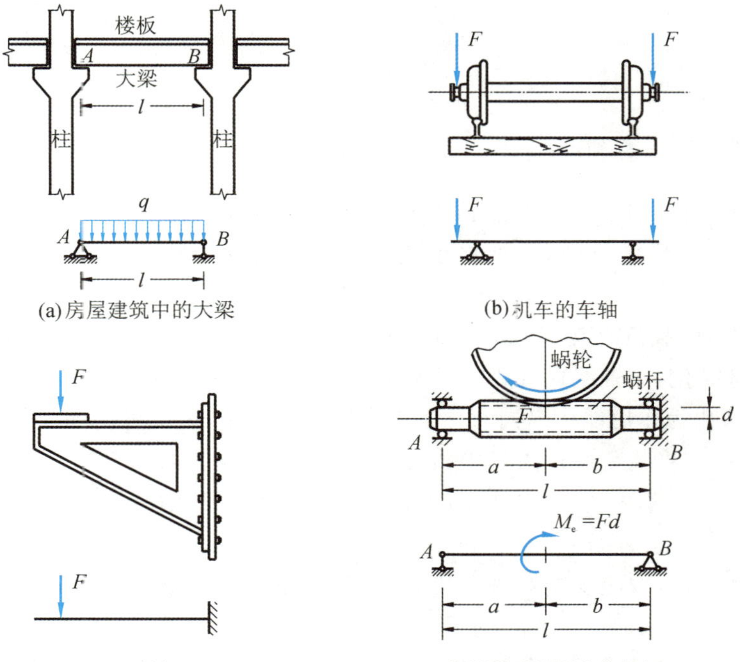

(a)房屋建筑中的大梁　(b)机车的车轴　(c)托架　(d)机械传动装置中的蜗杆

图 5-1　工程实际中的受弯杆

综合上述杆件受力可以看出：在包含其轴线的纵向平面内，受到外力偶作用或受到垂直于杆轴线的横向外力时，杆的轴线将由直线变为曲线，这种形式的变形称为弯曲变形。

以弯曲变形为主的杆件习惯上称为梁。工程中常见梁的横截面往往至少有一根对称轴，该对称轴与轴线组成梁的纵向对称平面(图 5-2)。如果梁上所有的外力均作用在纵向对称平面内，则弯曲变形后的轴线是仍在外力所在的纵向对称平面内的一条平面曲线，这种弯曲称为平面弯曲。它是工程中最常见也是最基本的弯曲问题。

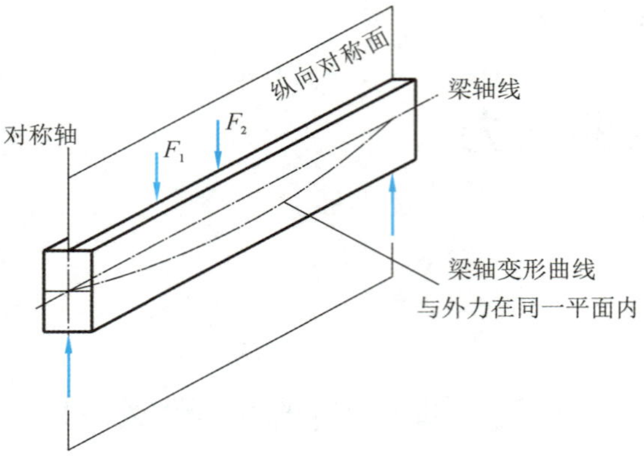

图 5-2　梁的平面弯曲

5.2　梁的简化

5.2.1　梁的计算简图

工程实际中梁的截面、支座与载荷形式多种多样，较复杂。在对梁进行力学计算时，为了方便，必须对实际梁进行简化，抽象出代表梁几何与受力特征的力学模型，即梁的计算简图。

一般从梁本身、载荷及支座三个方面进行简化：

(1) 梁本身简化：以轴线代替梁。对于工程中常见的纵向对称平面的等截面直梁，由于外力一般可以简化为作用在梁纵向对称平面内的平面力系，因此可用轴线代替梁。

(2) 载荷简化：将载荷简化为集中力、线分布力或力偶。如图 5-1(b)所示，机车的车厢对轮轴的压力简化为集中力；图 5-1(a)中，楼板传递给大梁 AB 的力简化为沿梁长的均布载荷。

(3) 支座的简化：按照支座对梁在载荷作用平面的约束情况，通常简化为以下三种典型形式。

①活动铰支座，其构造图及简图如图 5-3(a)所示。这种支座只限制梁在支承处沿垂直于支承平面方向的位移，其支座反力过铰心且垂直于支承面，用 R_A 表示。

②固定铰支座，其构造与简图如图 5-3(b)所示。这种支座限制梁在支承处沿平面内任意方向的线位移(移动)，但不限制角位移(转动)，其支座反力可分解为过铰心的两互相垂直反力，用 R_{Ax}、R_{Ay} 表示。

图 5-1(b)中，机车轮轴是通过车轮置于钢轨之上的，钢轨不限制车轮的轻微偏转，但车轮凸缘与钢轨的接触可约束沿轮轴轴线方向的位移。所以可把其中一条钢轨通过车轮对机车车轴的支承简化为固定铰支座，另一条钢轨通过车轮对机车车轴的支承简化为活动铰支

座。同样地，图 5-1(a)中，其中一个牛腿对大梁 AB 的支承简化固定铰支座，另一个牛腿对大梁 AB 的支承简化为活动铰支座。

③固定端，其构造及简图如图 5-3(c)所示。这种支座限制梁端的线位移(移动)及角位移(转动)，其反力可分解为三个量 R_{Ax}、R_{Ay} 及 M_A 来表示。图 5-1(c)所示托架的支承可简化为固定端。

图 5-1 中所示几种工程中梁的计算简图就是采用上述简化方法得出的。

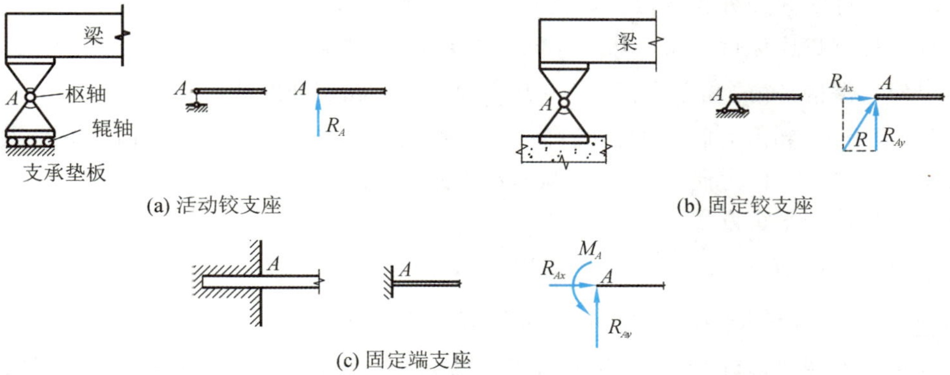

图 5-3　三种典型支座

5.2.2　梁的基本形式

根据梁的支座形式和支承位置不同，基本形式的梁有如下三种形式：

(1) 简支梁。梁的支座为一端固定铰支，一端活动铰支(图 5-4(a))。

(2) 外伸梁。简支梁两端或一端伸出支座之外(图 5-4(b)、(c))。

(3) 悬臂梁。梁的支座为一端固定，另一端自由(图 5-4(d))。

这三种梁的共同特点是支座反力仅有三个，可由静力平衡条件求出，故也称为静定梁。

有时为了工程上的需要，对梁设置较多的支座(图 5-4(e)、(f))，因而梁的支座反力数目多于独立的平衡方程的数目，此时仅用平衡方程就无法确定其所有的支座反力，这种梁称为超静定梁或静不定梁。关于超静定梁，将在第 7 章中介绍。

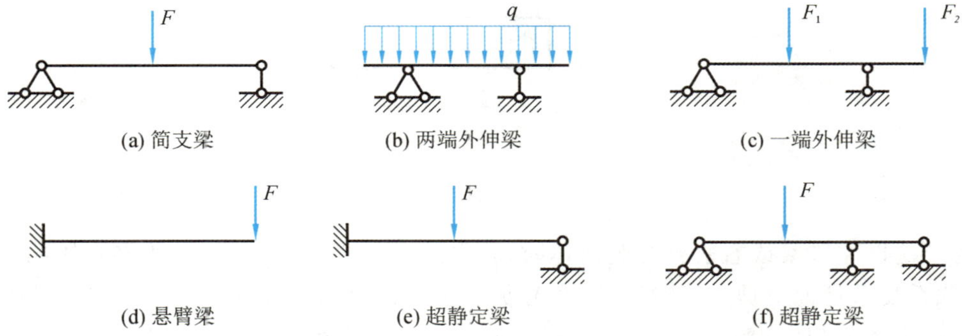

图 5-4　梁的类型

5.3　弯曲内力

为进行梁的设计，需要求梁的弯曲内力，求梁任一横截面上的内力仍采用截面法，以图 5-5(a)为例，梁在外力(载荷 F 和反力 R_A、R_B)作用下处于平衡状态。在求内力 x 处用一假想截面 $m—n$ 将梁截开分为两段。取任意一段，如取左段为脱离体，由于梁处于平衡状态，取出的任一部分也应保持平衡。从图 5-5(b)可知，左脱离体 A 端原作用有一向上的支座反力 R_A，要使它保持平衡，由于 $\sum F_y = 0$ 和 $\sum M = 0$，在切开的截面 $m—n$ 上必然存在两个内力分量：内力 F_s 和内力偶矩 M，它们是 $m—n$ 截面右段对它的作用力。内力分量 F_s 位于横截面上，称为剪力；内力偶矩 M 位于纵向对称面内，称为弯矩。

对左脱离体列平衡方程：

由 $\sum F_y = 0$，有 $R_A - F_s = 0$，则得 $F_s = R_A$；

由 $\sum M_C = 0$，有 $R_A \cdot x - M = 0$，则得 $M = R_A \cdot x$。

同样可取右脱离体，由平衡方程求出梁截面 $m—n$ 上的剪力 F_s 和弯矩 M，其结果与左脱离体求得的 F_s、M 大小相等，方向(或转向)相反，互为作用力与反作用力关系。

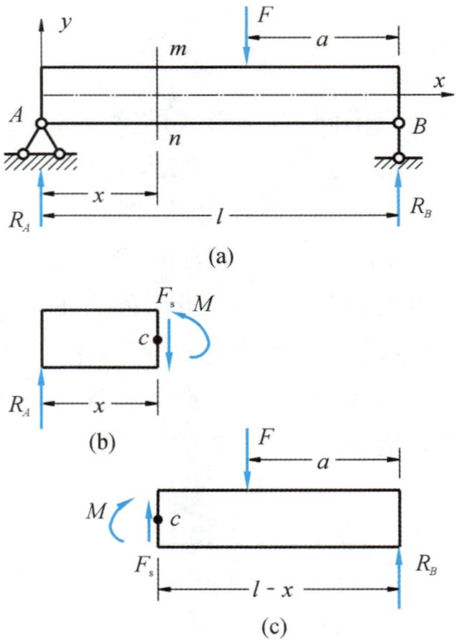

图 5-5　截面法求弯曲内力

为了使以左段梁或右段梁为脱离体时，算得的同一截面 $m—n$ 上剪力和弯矩的正负号一致，联系变形情况对剪力、弯矩的正负号加以规定。为此，在横截面 $m—n$ 处取一微段梁 dx(图 5-6)，通常规定：dx 微段有左端向上而右端向下的相对错动时(图 5-6(a))，横截面 $m—n$上的剪力 F_s 为正，反之为负(图 5-6(b))；使微段梁弯曲为向下凸的弯矩 M 为正，反之为负(图 5-6(c)、(d))。

根据如上规定,图 5-5 中 $m—n$ 截面上剪力和弯矩符号均为正。

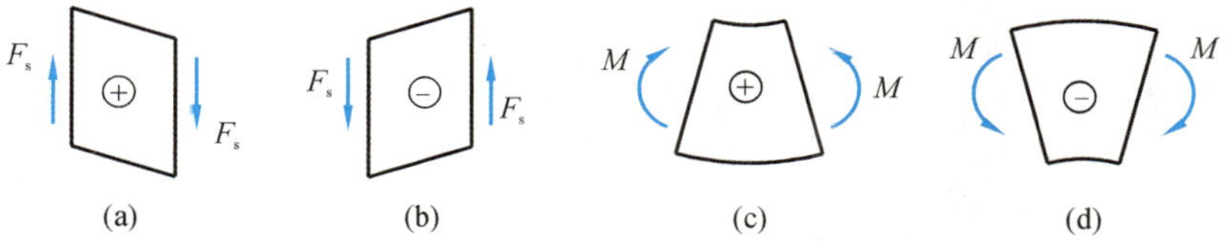

图 5-6 剪力、弯矩的正负号规定

例题 5.1 图 5-7(a)所示的悬臂梁,在自由端 A 处受集中力 F 及全梁上受均布载荷 q 的作用。试分别求 C、B 两处横截面上的剪力和弯矩。

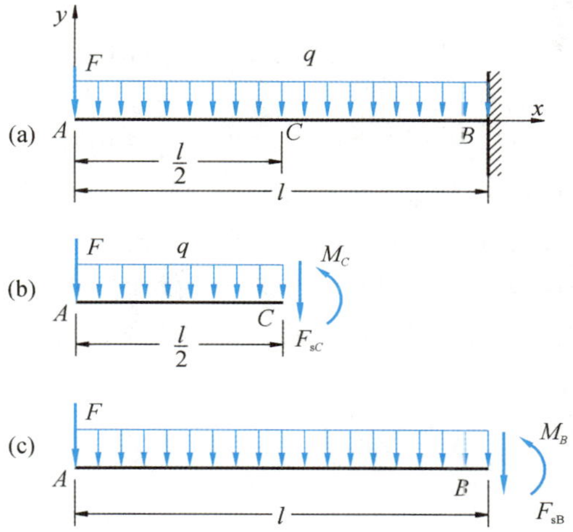

图 5-7 例题 5.1 图

解:当求悬臂梁横截面上的内力时,若取包含自由端的截面一侧的脱离体来计算,则不必求出约束反力。

(1) 求横截面 C 上的剪力和弯矩。应用截面法,取截面左侧梁段为脱离体(图 5-7(b))进行研究。假定截面 C 上的剪力 F_{sC} 和弯矩 M_C 均为正。由脱离体的平衡方程

由 $\sum F_y = 0$, $$-F_{sC} - F - q\frac{l}{2} = 0$$

得

$$F_{sC} = -F - \frac{ql}{2}$$

由 $\sum M_C = 0$, $$M_C + F\frac{l}{2} + q\frac{l}{2} \times \frac{l}{4} = 0$$

得

$$M_C = -\frac{Fl}{2} - \frac{ql^2}{8}$$

计算结果表明,剪力 F_{sC} 和弯矩 M_C 均为负值,即其指向和转向与图中假设相反。

(2) 求横截面 B 上的剪力和弯矩。由截面法取截面左侧梁段为脱离体(图 5-7(c))进行研究。由平衡方程

$$\sum F_y = 0, \qquad -F_{sB} - F - ql = 0$$

得

$$F_{sB} = -F - ql$$

由 $\sum M_B = 0$，

$$M_B + Fl + ql \times \frac{l}{2} = 0$$

得

$$M_B = -Fl - \frac{ql^2}{2}$$

计算结果表明，F_{sB} 和 M_B 均为负值。

从用截面法求任一横截面上的剪力和弯矩可以看出，梁某一横截面上的剪力和弯矩可直接从横截面任意一侧梁上的外力进行计算：

(1) 横截面上的剪力在数值上等于该截面一侧所有横向外力的代数和。左侧梁段上向上(或右侧梁段上向下)的横向外力将引起正值剪力；反之，则引起负值剪力。

(2) 横截面上的弯矩在数值上等于该截面一侧所有外力(含外力偶矩)对该截面形心的力矩的代数和。截面左侧梁段，外力(含外力偶矩)对截面形心的力矩为顺时针转向的引起正值弯矩，为逆时针转向的引起负值弯矩；而截面右侧梁段则与其相反。

5.4 剪力图和弯矩图

在一般情况下，梁横截面上的内力(剪力和弯矩)随截面位置 x 的变化而变化，故横截面的剪力和弯矩都可表示为截面位置 x 的函数，即

$$F_s = F_s(x), \quad M = M(x)$$

以上两式分别称为梁的剪力方程和弯矩方程。它们表示沿梁轴线各横截面上剪力和弯矩的变化规律。为了形象地表示这种变化规律，可根据剪力方程和弯矩方程绘出 F_s 和 $M(x)$ 的图线，分别称为剪力图和弯矩图。绘图时，以梁截面沿轴线的位置为横坐标 x，以横截面上的剪力或弯矩为纵坐标，正值剪力画在 x 轴的上侧，负值剪力画在 x 轴下侧；正值弯矩则画在 x 轴的下侧，负值弯矩画在 x 轴上侧，也就是弯矩图画在梁的受拉侧。

由剪力图和弯矩图可直观确定梁的剪力和弯矩的最大值及其所在截面位置。

例题 5.2 作图 5-8(a)所示的简支梁受均布载荷的剪力图和弯矩图。

解：(1) 求支座反力，由 $\sum F_y = 0$ 和对称条件，可知

$$R_A = R_B = \frac{ql}{2}$$

(2) 列剪力、弯矩方程。以左端 A 为坐标原点，任意横截面坐标为 x，则梁的剪力方程和弯矩方程分别为

$$F_s(x) = R_A - qx = \frac{ql}{2} - qx \quad (0 < x < l) \tag{a}$$

$$M(x) = R_A x - qx \cdot \frac{x}{2} = \frac{ql}{2}x - \frac{qx^2}{2} \quad (0 \leqslant x \leqslant l) \tag{b}$$

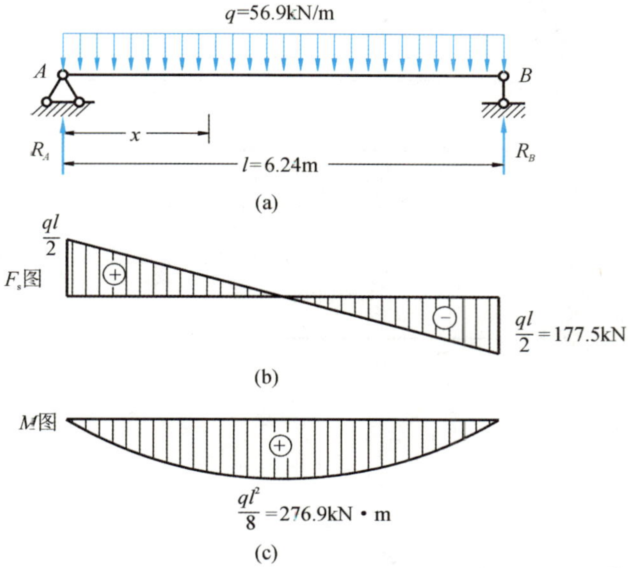

图 5-8　例题 5.2 图

(3) 作剪力图和弯矩图。由式(a)可知，$F_s(x)$是 x 的一次函数，剪力图为在 $0<x<l$ 范围内的斜直线。要绘出图形，只需确定线上两控制点，例如，

$$x = 0, \quad F_{sA(x\to 0)} = \frac{ql}{2}$$

$$x = l, \quad F_{sB(x\to l)} = -\frac{ql}{2}$$

绘出的剪力图如图 5-8(b)所示。

由式(b)可知，$M(x)$是 x 的二次函数，弯矩图为在 $0\leqslant x\leqslant l$ 范围内的二次抛物线，要绘出图形，至少需要三个控制点，例如，以 $x=0$，$x=l/2$，$x=l$ 分别代入式(b)，得

$$M_{x=0} = 0, \quad M_{x=\frac{l}{2}} = \frac{ql^2}{8}, \quad M_{x=l} = 0$$

得到三个控制点，由此绘出弯矩图，如图 5-8(c)所示。

由作出的剪力图和弯矩图可以看出，最大剪力发生在梁的两端，并且其绝对值相等，数值为 $F_{smax}=ql/2$，最大弯矩发生梁跨度中点处，其值为 $M_{max}=ql^2/8$。将已知的 $q=56.9\text{kN/m}$ 和 $l=6.24\text{m}$ 分别代入，可得

$$F_{smax} = \frac{ql}{2} = \frac{56.9 \times 6.24}{2} = 177.5\text{kN}$$

$$M_{max} = \frac{ql^2}{8} = \frac{56.9 \times 6.24^2}{8} = 276.9\text{kN} \cdot \text{m}$$

例题 5.3　作图 5-9(a)所示的简支梁受集中力 F 作用的剪力图和弯矩图。

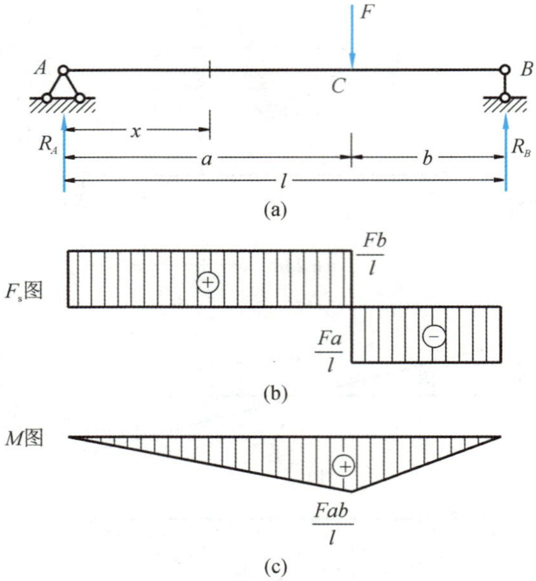

图 5-9　例题 5.3 图

解:(1) 求支座反力。由平衡方程 $\sum M_B = 0$ 和 $\sum M_A = 0$,分别求得支座反力为

$$R_A = \frac{Fb}{l},\quad R_B = \frac{Fa}{l}$$

(2) 列剪力方程和弯矩方程。由于 C 处受集中力 F 作用,AC 和 CB 两段梁的剪力或弯矩不能用同一方程来表示,必须分段列出剪力方程和弯矩方程。

在 AC 段内,取距左端(坐标原点)为 x 的任意截面,则此段的剪力方程和弯矩方程为

$$F_s(x) = R_A = \frac{Fb}{l} \quad (0 < x < a) \tag{a}$$

$$M(x) = R_A x = \frac{Fb}{l}x \quad (0 \leqslant x \leqslant a) \tag{b}$$

在 CB 段内,取距左端为 x 的任意截面,则此段的剪力方程和弯矩方程为

$$F_s(x) = R_A - F = \frac{Fb}{l} - F = -\frac{Fa}{l} \quad (a < x < l) \tag{a'}$$

$$M(x) = \frac{Fb}{l}x - F(x-a) = Fa - \frac{Fa}{l}x \quad (a \leqslant x \leqslant l) \tag{b'}$$

(3) 作剪力图和弯矩图。由式(a)、式(a′)可知,两段梁上的剪力均为常数,故剪力图为平行于 x 轴的直线;由式(b)、式(b′)可知,两段梁弯矩为 x 的一次函数,故弯矩图为斜直线。根据这些方程作出剪力图和弯矩图,如图 5-9(b)、(c)所示。

由图 5-9 可知,若 $a > b$,则 CB 段任一横截面上的剪力值最大,$F_{smax} = Fa/l$(负值);而集中力 F 作用处横截面上的弯矩值最大,$M_{max} = Fab/l$;若 $a = b$,即当集中力 F 作用在梁中点位置时,最大弯矩发生在梁中点截面上,$M_{max} = Fl/4$。

由图 5-9 还可以看出，在紧邻集中力 F 作用处的两侧截面上，剪力有突然变化，突变的绝对值就是集中力的大小；弯矩值不发生变化，但在集中力作用处，弯矩图的斜率发生突变，形成尖角。

集中力作用处发生这种突变现象，是由于我们假设集中力 F 是作用在梁的一"点"上。实际上，集中力是作用在很短的一段梁 Δx 上的分布力的简化，若将分布力视为 Δx 范围内均匀分布(图 5-10(a))，则在该段梁上的剪力图和弯矩图是连续变化的(图 5-10(b)、(c))。

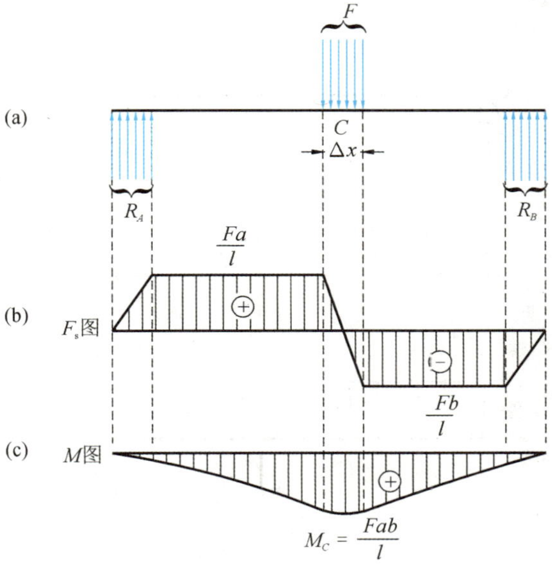

图 5-10 集中力作用下 F_s 图、M 图的实际形状

例题 5.4 图 5-11(a)所示的简支梁在 C 点处受集中力偶 M_e 作用，试作梁的剪力图和弯矩图。

解：(1) 求支座反力。由平衡方程 $\sum M_B = 0$ 和 $\sum M_A = 0$，分别求得支座反力为

$$R_A = \frac{M_e}{l}, \quad R_B = -\frac{M_e}{l}$$

求得的反力 R_B 中的负号，表示实际方向与图中假设方向相反。

(2) 列剪力方程和弯矩方程。取距左端为 x 的任意截面，由于全梁只有集中力偶 M_e 作用，故只有一个剪力方程

$$F_s = \frac{M_e}{l} \quad (0 < x < l) \tag{a}$$

弯矩方程则应分段列写：

AC 段：$$M(x) = R_A x = \frac{M_e}{l}x \quad (0 \leqslant x < a) \tag{b}$$

CB 段：$$M(x_1) = R_A x_1 - M_e = \frac{M_e}{l}x_1 - M_e \quad (a < x_1 \leqslant l) \tag{b'}$$

(3) 作剪力图和弯矩图。由式(a)可知，整个梁上的剪力为常数，故剪力图为平行于 x

轴的直线。由式(b)、式(b′)可知,两段梁弯矩分别为 x 和 x_1 的一次函数,故弯矩图均为斜直线。根据各方程的适用范围作出剪力图和弯矩图,如图 5-11(b)、(c)所示。

由图 5-11 可见,当 $b>a$ 时,在集中力偶 M_e 作用处的右侧截面上的弯矩为最大。

$$M_{max}=\left|-\frac{M_e b}{l}\right|$$

由此例可看出,在紧邻集中力偶作用处两侧截面上,弯矩发生突变,突变的绝对值就是力偶矩的大小,但剪力不变。

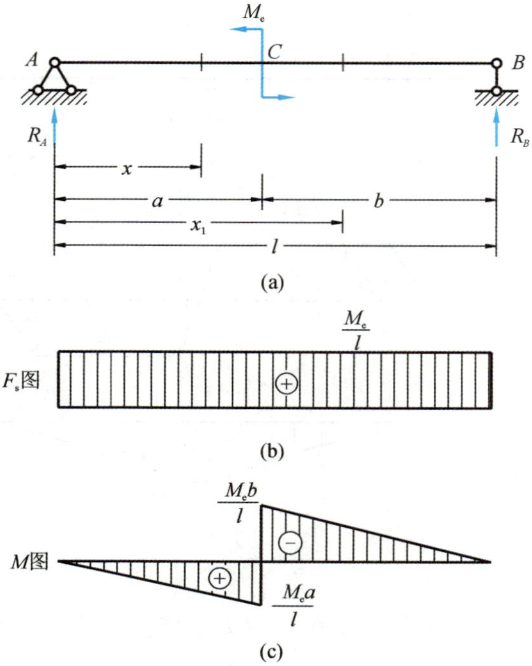

图 5-11　例题 5.4 图

例题 5.5　图 5-12(a)所示的一悬臂梁上,受均布载荷 q、集中力 $F=qa$ 和集中力偶矩 $M_e=qa^2$ 作用,试列出剪力方程和弯矩方程,并作剪力图和弯矩图。

解:取自由端 A 为坐标原点。

(1) 因为梁的 A 端是自由端,在求截面上的剪力和弯矩时,可用截面左侧梁段进行计算,因此可不必求出 B 端处支座反力。

(2) 在梁的 AC 段和 CB 段内,剪力方程和弯矩方程都不同,所以需分段考虑。研究每段时,可以用任意截面 x 左侧的外力直接求出截面上的剪力 $F_s(x)$ 和弯矩 $M(x)$。

AC 段:

$$F_s(x)=F=qa\quad(0<x\leqslant a)$$

$$M(x)=Fx=qax\quad(0\leqslant x<a)$$

CB 段:

$$F_s(x)=F-q(x-a)=2qa-qx\quad(a\leqslant x<2a)$$

$$M(x)=Fx+M_e-\frac{1}{2}q(x-a)^2=-\frac{q}{2}x^2+2qax+\frac{qa^2}{2}\quad(a<x<2a)$$

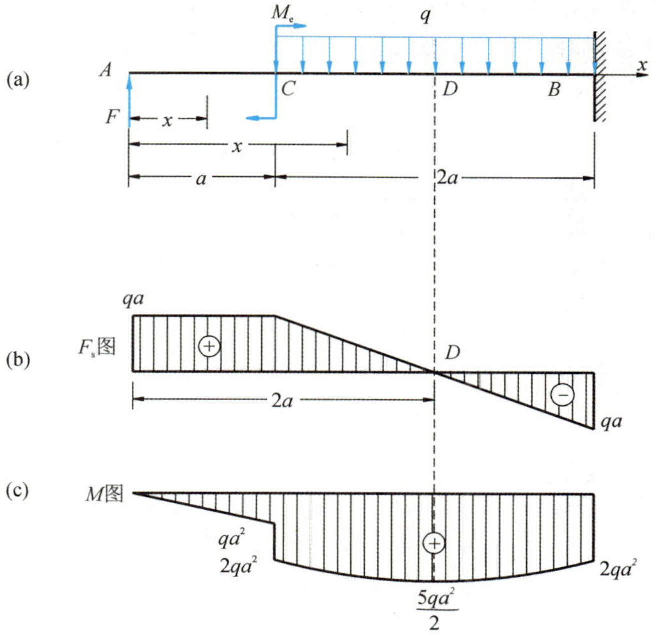

图 5-12 例题 5.5 图

(3) 此段内 $M(x)$ 是 x 的二次函数,可根据极值条件求出弯矩极值。

由$\frac{\mathrm{d}M(x)}{\mathrm{d}x}=0$,得

$$2qa-qx=0$$

由此式解得 $x=2a$,在这一截面上弯矩取得极值。代入 CB 段的弯矩方程中,求得此段的极值弯矩为 $M_{极值}=5qa^2/2$。

(4)根据剪力方程和弯矩方程,分段作剪力图和弯矩图(图 5-12(b)、(c))。由图可见,此悬臂梁上最大弯矩为 $M_{max}=5qa^2/2$。发生在 $x=2a$ 位置处,而此截面上剪力为零。

5.5 分布载荷集度、剪力和弯矩间的关系

5.5.1 载荷集度、剪力和弯矩三者之间的微分关系

为了找出载荷集度、剪力和弯矩三者之间的关系,我们先分析例题 5.2 中所求得的剪力方程和弯矩方程。由弯矩方程对 x 求导数,即得剪力方程,由剪力方程对 x 求导数,即得均布载荷集度 q 的负值,而 q 就是作用在梁上的均布载荷,负号则表示 q 的作用方向是向下的。实际上,这些关系在直梁中是普遍存在的。

设在图 5-13(a)所示的梁上受任意分布载荷 $q=q(x)$ 作用,它是 x 的连续函数,并规定以向上为正。在距离坐标原点为 x 处,从梁中取出长为 $\mathrm{d}x$ 的微段。因 $\mathrm{d}x$ 非常微小,在微段上作用的分布载荷 $q(x)$ 可看作均布的。设微段左边截面的剪力和弯矩分别为 $F_s(x)$、

$M(x)$，则右边截面的剪力和弯矩相对左边截面有一增量，故为 $F_s(x)+dF_s(x)$、$M(x)+dM(x)$，均假设为正值，如图 5-13(b)所示。微段在图示力作用下处于平衡。

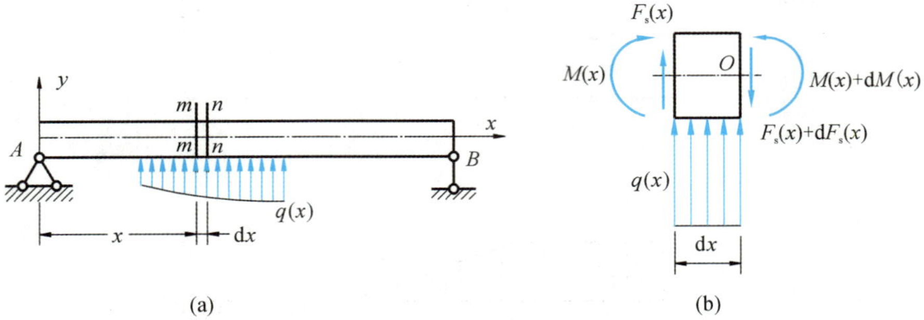

图 5-13　$q(x)$、$F_s(x)$、$M(x)$间的关系

根据平衡条件，由 $\sum F_y = 0$，有

$$F_s(x) + q(x)dx - [F_s(x) + dF_s(x)] = 0$$

整理可得

$$\frac{dF_s(x)}{dx} = q(x) \tag{5-1}$$

由 $\sum M_O = 0$，有

$$M(x) + F_s(x)dx + q(x)dx \cdot \frac{dx}{2} - [M(x) + dM(x)] = 0$$

忽略二阶微量，整理可得

$$\frac{dM(x)}{dx} = F_s(x) \tag{5-2}$$

对式(5-2)再求一次导数，并由式(5-1)可得

$$\frac{d^2M(x)}{dx^2} = q(x) \tag{5-3}$$

以上三式就是直梁上的载荷集度 $q(x)$、剪力 $F_s(x)$和弯矩 $M(x)$间的微分关系。

一阶导数的几何意义是图形的斜率，因此式(5-1)和式(5-2)说明：剪力图上一点处的斜率等于梁上该点处的载荷集度；弯矩图上一点处的斜率等于梁上该点处截面上的剪力。二阶导数的几何意义是图形斜率的变化率，即图形的凸凹向，因此式(5-3)说明：弯矩图上一点处的凸凹方向可由梁上该点处载荷集度 $q(x)$符号来决定。需要注意的是，这里载荷集度的符号和坐标指向规定为：分布载荷向上为正，x 轴向右为正，剪力图的 F_s 轴向上为正，弯矩图的 M 轴则以向下为正。

根据以上微分关系，容易得出剪力图和弯矩图的规律，这些规律对绘制或校核剪力图和弯矩图是很有帮助的。现将剪力图和弯矩图的规律归纳如下：

(1) 在某段梁上，若 $q(x)=0$，即无分布载荷作用，由

$$\frac{dF_s(x)}{dx} = q(x) = 0$$

可知，这段梁内 $F_s(x)$=常数，剪力图的斜率为零，故剪力图是平行于 x 轴的直线。由

$$\frac{dM(x)}{dx}=F_s(x)=\text{常数}$$

可知，弯矩图的斜率为常数，故弯矩图是斜直线。例题 5.3、例题 5.4 都说明了这点。

(2) 在某段梁上，若 $q(x)$=常数，即受均布载荷作用，由

$$\frac{d^2M(x)}{dx^2}=\frac{dF_s(x)}{dx}=q(x)=\text{常数}$$

可知，这一段梁内剪力 $F_s(x)$是 x 的一次函数，剪力图的斜率是常数，故剪力图是斜直线，而弯矩 $M(x)$是 x 的二次函数，故弯矩图是抛物线。例题 5.2 说明了这点。

在某段梁上，若分布载荷 $q(x)<0$(方向向下)，则

$$\frac{d^2M(x)}{dx^2}=q(x)<0$$

弯矩图应为向下凸的曲线(图 5-8(c)、图 5-12(c))；反之，若分布载荷 $q(x)>0$(方向向上)，则弯矩图应为向上凸的曲线。

(3) 在梁的某一截面上，若 $F_s=0$，由

$$\frac{dM(x)}{dx}=F_s(x)=0$$

可知，这一截面上弯矩取得极值(极大或极小)。参见图 5-12 中的截面 D。

(4)紧邻集中力作用处的左右两侧截面上，剪力发生突变(突变的绝对值为集中力的大小)，弯矩图的斜率在此处也发生突然变化，成为一个转折点。如例题 5.3 的截面 C。弯矩的极值也可能出现在这类截面上。

(5)紧邻集中力偶作用的左右两侧截面上，剪力无变化，弯矩发生突变(突变的绝对值为集中力偶矩的大小)。如例题 5.4 中的截面 C，该截面也可能出现弯矩的极值。

例题 5.6 外伸梁受力如图 5-14(a)所示，试利用载荷集度、剪力和弯矩间的微分关系作梁的剪力图和弯矩图。

解：(1)由平衡方程求反力得 $R_A=2\text{kN}$，$R_B=3\text{kN}$。梁上的外力将梁分为 AC、CB 及 BD 三段(图 5-14(a))。

(2) 作剪力图。可直接由截面一侧外力计算截面上的剪力。在支座约束力的 R_A 的右侧，梁横截面上剪力为 $F_{sA右}=R_A=2\text{kN}$。截面 A 到 C 之间梁上有均布载荷，剪力图为斜直线，算出截面 C 上的剪力为 $F_{sC}=R_A-q\times 2=-2\text{kN}$，即可确定这条斜直线(图 5-14(b))。截面 C 和 B 之间的梁上无分布载荷，剪力图为水平直线。截面 B 处有一集中力 R_B，从 B 的左侧到 B 的右侧，剪力图发生突变，变化的数值等于 R_B，故 R_B 右侧截面上的剪力为

$$F_{sB右}=F_{sB左}+R_B=(-2+3)\text{kN}=1\text{kN}$$

截面 B 和 D 之间的梁上无分布载荷，剪力图为水平直线。

(3) 作弯矩图。可直接由截面一侧外力计算截面上的弯矩。横截面 A 上的弯矩 $M_A=0$。截面 A 到 C 之间梁上有均布载荷，弯矩图为抛物线。在这一段内，截面 E 上剪力等于零，弯矩为极值。E 距左端的距离为 1m，求出截面 E 上的极值弯矩为

$$M_E=R_A\times 1-\frac{1}{2}\times q\times 1^2=2\times 1-\frac{1}{2}\times 2\times 1^2=1\text{kN}\cdot\text{m}$$

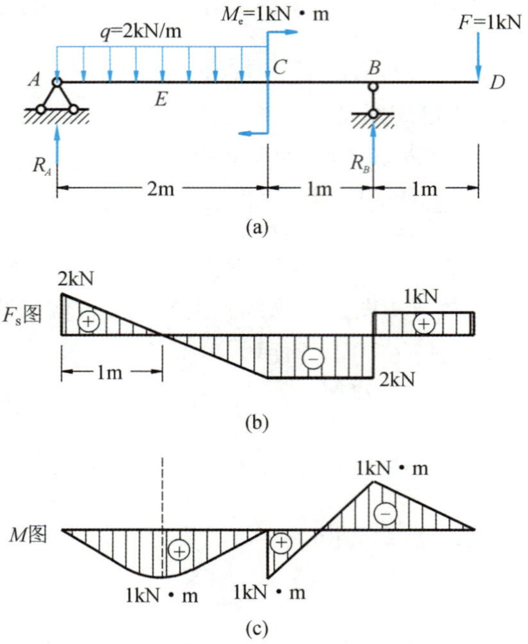

图 5-14　例题 5.6 图

集中力偶 M_e 左侧截面上的弯矩

$$M_{C左} = R_A \times 2 - \frac{1}{2} \times q \times 2^2 = (2 \times 2 - \frac{1}{2} \times 2 \times 2^2)\text{kN} \cdot \text{m} = 0$$

由 M_A、M_E 和 $M_{C左}$，便可连成横截面 A 到 C 间的抛物线(图 5-14(c))。截面 C 上有一集中力偶 M_e，从 C 的左侧到右侧，弯矩图有突变，变化的数值就等于 M_e。所以，在 M_e 的右侧截面上，$M_{C右}=M_{C左}+M_e=(0+1)\text{kN} \cdot \text{m}=1\text{kN} \cdot \text{m}$。截面 C 和 B 之间的梁上无分布载荷，弯矩图为斜直线。算出截面 B 上的弯矩为

$$M_B = -F \times 1 = (-1 \times 1)\text{kN} \cdot \text{m} = -1\text{kN} \cdot \text{m}$$

于是就确定了这条直线。截面 B 到 D 之间弯矩图也为斜直线，因 $M_D=0$，可画出此斜直线。在截面 B 上，剪力突然变化，故弯矩图的斜率也突然变化。

例题 5.7　梁的载荷及剪力图、弯矩图如图 5-15 所示，试用微分关系校核其正确性。

解：由平衡方程求反力得 $R_A=75\text{kN}$，$R_B=25\text{kN}$。

列表校核如表 5-1 所示。

表 5-1 中弯矩计算式为

$$\begin{aligned} M_E &= 4.5R_B - 2q_2 \times 3.5 - F_2 \times 2.5 + 2.5q_1 \times \frac{2.5}{2} \\ &= 4.5 \times 25 - 2 \times 20 \times 3.5 - 60 \times 2.5 + 30 \times \frac{2.5^2}{2} \\ &= -83.8\text{kN} \cdot \text{m} \quad (\text{看截面右侧梁段外力}) \end{aligned}$$

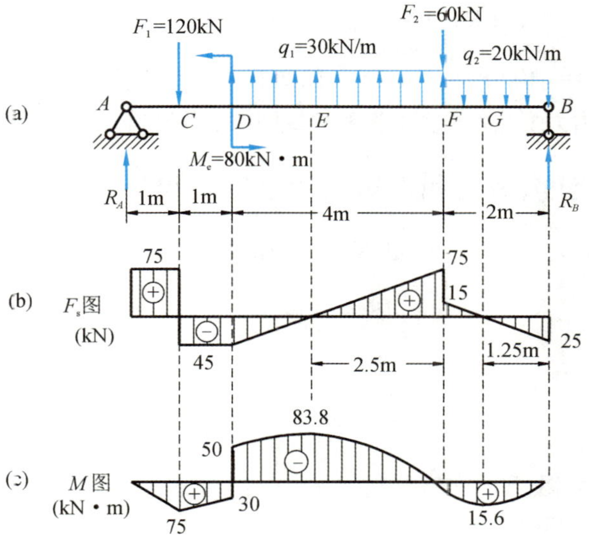

图 5-15　例题 5.7 图

表 5-1　例题 5.7 附表

梁段或截面	载荷	F_s 图	M 图
AC	$q=0$	$F_s=75$kN 水平线	斜直线
C	$F_1=120$kN ↓	向下突变 120kN $F_{sC}^{右}=75-120=-45$kN	斜率有突变 有尖点 ↓ $M_C=75$kN · m
CD	$q=0$	$F_s=-45$kN	斜直线
D	$M_e=80$kN · m 逆时针转	无变化	有突变 突变值=80 kN
DF	$q_1=30$kN/m ↑	斜直线　$F_s=0$ 处 E 点	E E 点有极值 $M_E=83.8$kN · m
F	$F_2=60$kN ↓	向下突变 $F_{sF}^{右}=75-60=15$kN	斜率有改变 有尖点 ↓
FB	$q_2=20$kN/m ↓	斜直线　$F_s=0$ 处 G 点	G G 处有极值 $M_G=15.6$kN · m

$$M_G = 1.25R_B - \frac{q_2 \times 1.25^2}{2} = 1.25 \times 25 - \frac{20}{2} \times 1.25^2$$

$$= 15.6\text{kN} \cdot \text{m} \quad (\text{看截面右侧梁段外力})$$

各段梁或截面的内力变化均与剪力图和弯矩图的规律相符，故所作的剪力图和弯矩图正确。

5.5.2 载荷集度、剪力和弯矩三者之间的积分关系

由式(5-1)可得在 $x=a$ 和 $x=b$ 处两截面间的积分为

$$\int_a^b \mathrm{d}F_s(x) = \int_a^b q(x)\mathrm{d}x$$

也可写成

$$F_s(b) - F_s(a) = \int_a^b q(x)\mathrm{d}x \tag{5-4}$$

同理，由式(5-2)可得

$$M(b) - M(a) = \int_a^b F_s(x)\mathrm{d}x \tag{5-5}$$

式(5-4)和式(5-5)表示载荷集度 $q(x)$、剪力 $F_s(x)$ 和弯矩 $M(x)$ 间的积分关系。

式(5-4)和式(5-5)分别说明：

(1) 梁上任意二截面剪力的差值(或改变)等于此二截面间的分布载荷图的面积。

(2) 梁上任意二截面弯矩的差值(或改变)等于此二截面间的剪力图的面积。

运用上述积分关系时需注意：a、b 之间不能有集中力或集中力偶；此外，图中面积有正负之分。综合运用上面介绍的微分关系和积分关系，除了可以校核剪力图和弯矩图的正确性之外，还可绘制剪力图和弯矩图。

建议读者用式(5-4)和式(5-5)校核例题5.6及例题5.7中的结果。

5.6 按叠加原理作梁的弯矩图

当梁在载荷作用下产生的变形很小时，即在小变形条件下，计算支座反力和截面上的弯矩时，可忽略变形而按其原始尺寸进行计算，所得到的结果均与载荷(如 F、M_e、q 等)保持线性关系。在这种情况下，梁在多个载荷共同作用时，在某一横截面上引起的弯矩就等于梁在每个载荷单独作用时在同一截面上引起的弯矩的叠加。例如，若梁上有 F、M_e、q 同时作用，则总弯矩 M 为

$$M = M_F + M_{M_e} + M_q$$

式中，M_F、M_{M_e}、M_q 是 F、M_e、q 单独作用在梁上时的同一截面的弯矩(参看例题5.5中 CB 段的弯矩方程)。

也就是在小变形条件下，可用叠加原理计算弯矩。事实上只要所求参量与载荷是线性

关系，叠加原理就能成立。

由于弯矩可以叠加，故相应的弯矩图也可以叠加，即先分别作出梁在每个载荷单独作用下的弯矩图，然后将各图的相应纵坐标叠加起来，就得到梁在几个载荷共同作用下的弯矩图。

例题 5.8 用叠加法作图 5-16(a)所示的简支梁在集中力 F 和均布载荷 q 共同作用下的弯矩图。

解：先分别作出简支梁仅受集中力 F 和仅受均布载荷 q 作用时的弯矩图，如图 5-16(b)、(c)所示。然后分别将两弯矩图的相应纵坐标叠加起来，如图 5-16(a)所示，也就得到简支梁在集中力 F 和均布载荷 q 共同作用下的弯矩图。

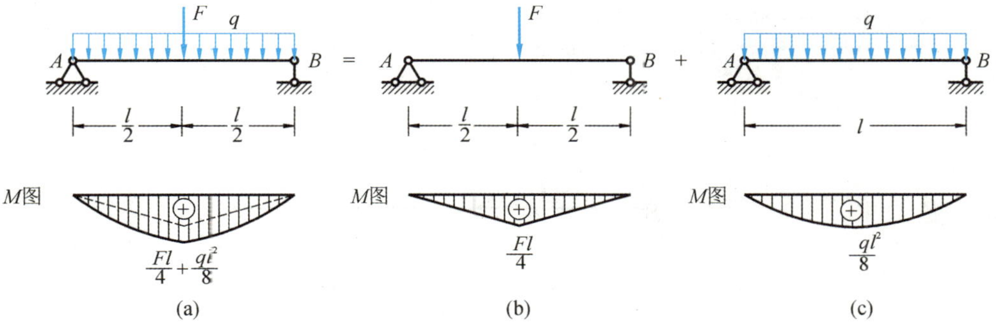

图 5-16 例题 5.8 图

在进行图形叠加时，若各个图形有不同的正负号，如图 5-17(注意 q 的方向是向上，与 F 的方向相反，故弯矩正负号相反)中的(b)和(c)图，可将它们画在底线的同一边，如图 5-17(d)所示，这样便可使两图的重叠部分相互抵消，而余下部分即为我们所要求的弯矩图。但这时图中划分正负号部分的底线(图 5-17(d)中的曲线 $ac'de'b$)，已不一定是与轴线平行的直线，若将其改成以水平线为底线的图，即得我们所需要的弯矩图，如图 5-17(e)所示。

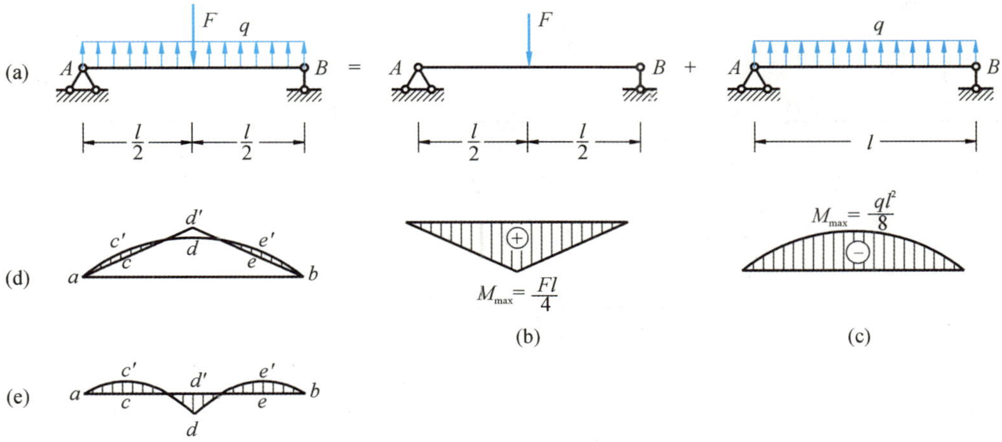

图 5-17 按叠加原理作梁的弯矩图

习　　题

题 5-1　试求图示各梁在点 C 和 D 处截面上的剪力和弯矩。

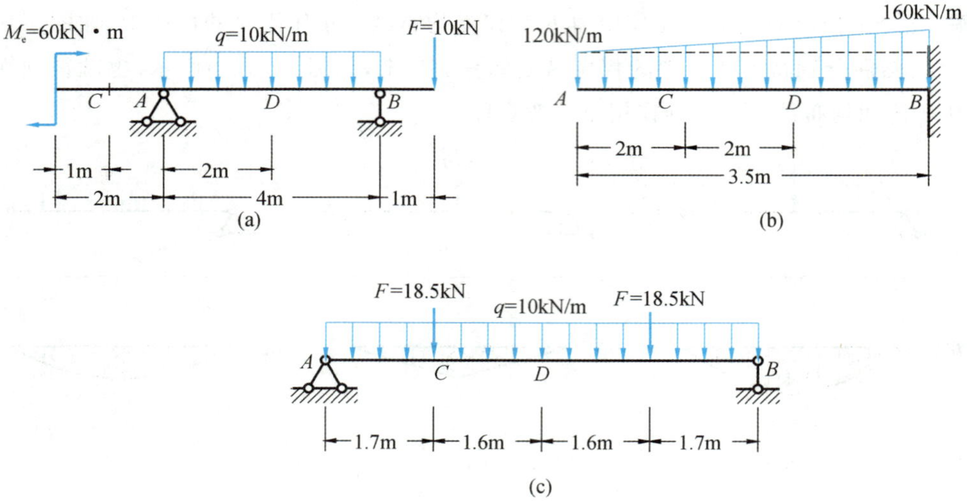

题 5-1 图

题 5-2　列出图示各梁的剪力、弯矩方程，作出剪力图和弯矩图并求出 $|F_s|_{max}$ 与 $|M|_{max}$。

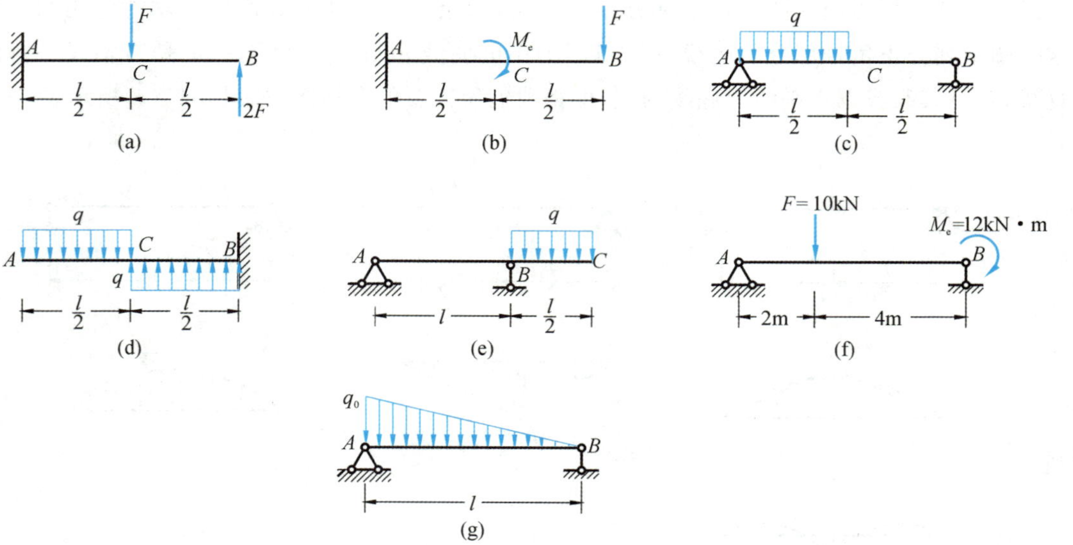

题 5-2 图

题 5-3　根据 $q(x)$，$F_s(x)$，$M(x)$间的微分关系作下列各梁的剪力图和弯矩图。

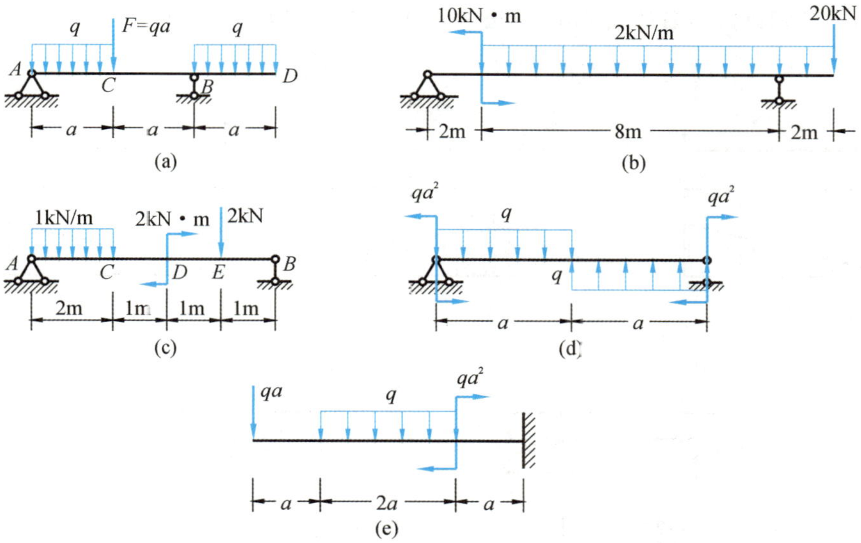

题 5-3 图

题 5-4　图示起吊自重为 q(N/m)的等截面梁，问起吊点的合理位置 x 应为多少，才能使梁在吊点处和中点处的正、负弯矩和绝对值相等。

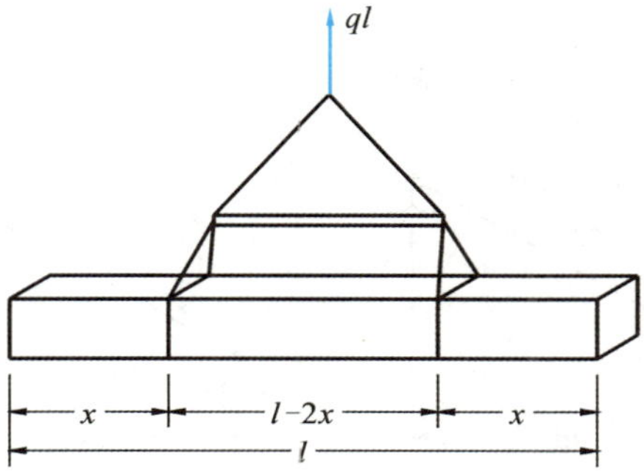

题 5-4 图

题 5-5　根据 q、F_s、M 间微分关系改正下列剪力、弯矩图的错误。

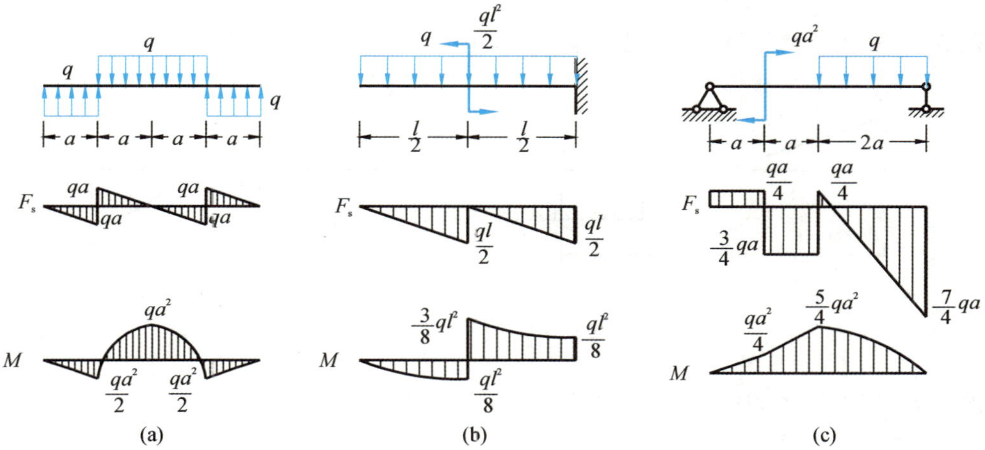

题 5-5 图

题 5-6　试判读图示各梁的弯矩图是否正确。如有错误，指出产生错误的原因并加以改正。

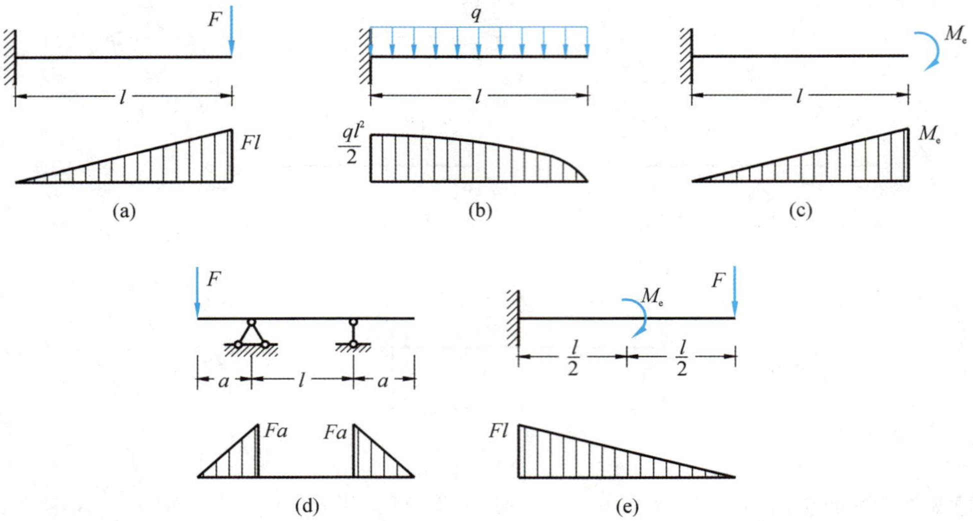

题 5-6 图

题 5-7　试作图示斜梁的剪力图和弯矩图。

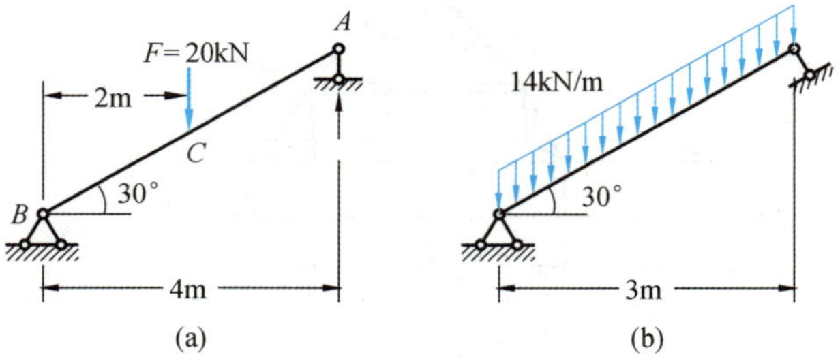

题 5-7 图

题 5-8　梁剪力图如图所示，已知梁上无集中力偶，作梁的载荷图与弯矩图。

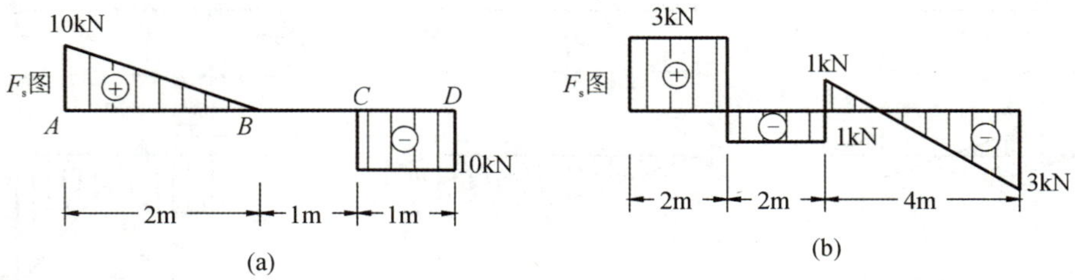

题 5-8 图

题 5-9　梁弯矩图如图示，试作梁的载荷图和剪力图。

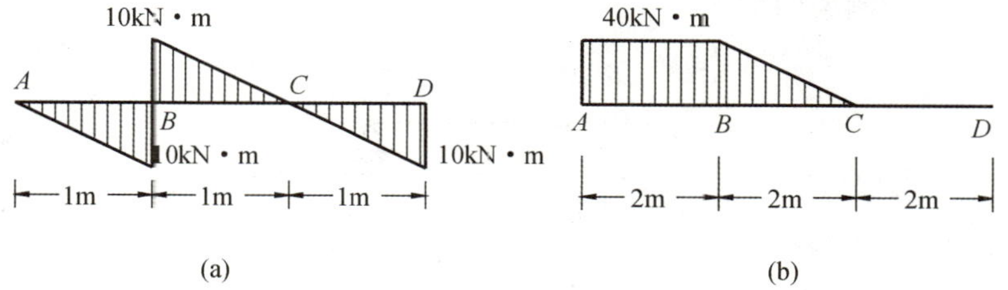

题 5-9 图

题 5-10　作图示(a)、(b)、(c)三组梁的弯矩图,并比较其最大弯矩值,从中可得出什么结论?

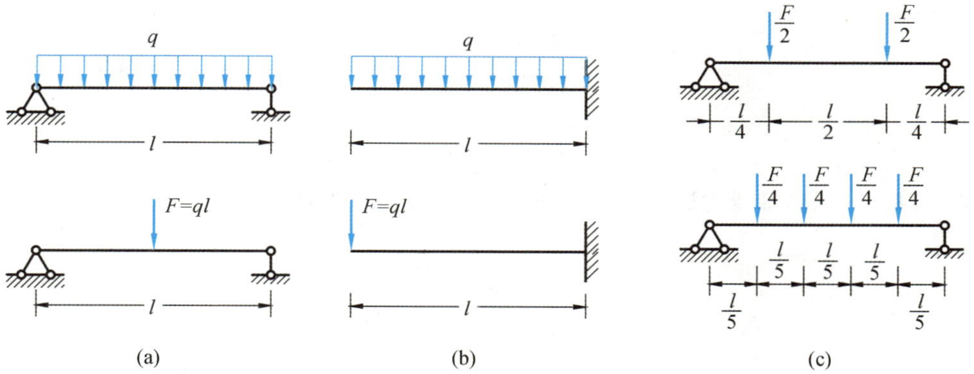

题 5-10 图

题 5-11　图示吊车梁,受吊车轮压 F 如图示,问吊车在何位置时:

(1) 梁有最大弯矩,其值为多少?

(2) 梁有最大反力或最大剪力,其值各为多少?

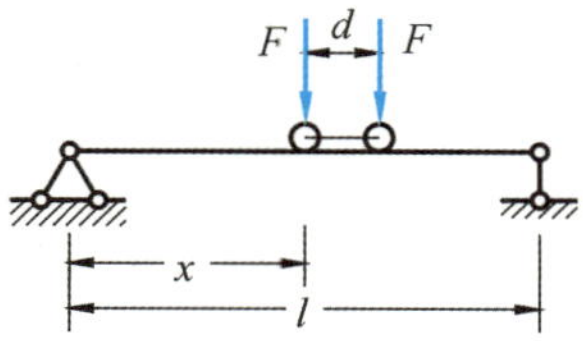

题 5-11 图

题 5-12　作图示各梁的剪力图和弯矩图。

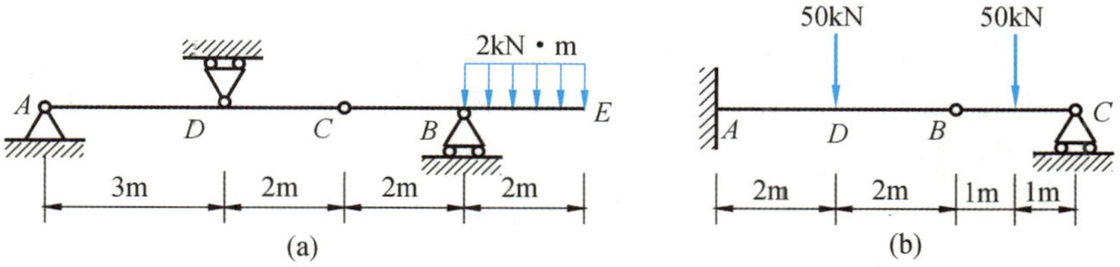

题 5-12 图

题 5-13　作图示刚架的弯矩图。

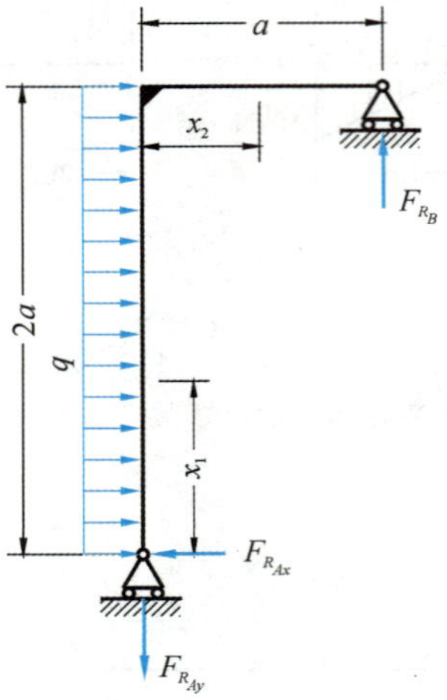

题 5-13 图

题 5-14　图示是轴线为四分之一圆周的曲杆，试作曲杆的弯矩图。

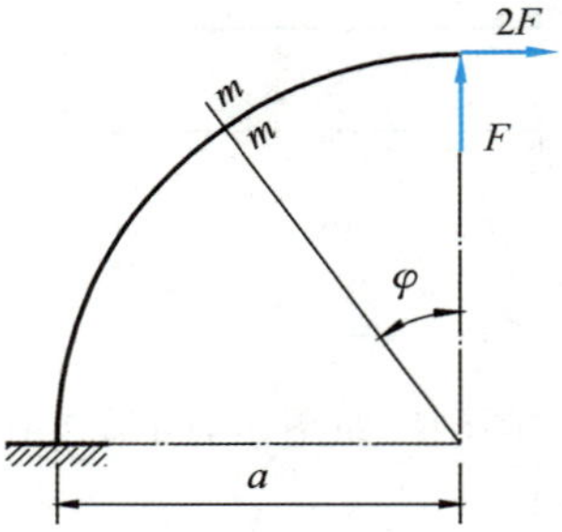

题 5-14 图

第 6 章

弯曲应力

6.1 梁横截面上的应力

在第 5 章，我们已经掌握了梁横截面上的内力——剪力 F_s 和弯矩 M 的计算方法。为了进行梁的截面设计和强度校核工作，还必须研究梁横截面上的应力。横截面上分布内力系合成时，切向内力元素 τdA 合成为剪力 F_s，而法向内力元素 σdA 合成为弯矩 M。这说明，若梁的横截面上既有剪力 F_s 又有弯矩 M 时，截面上就既有切应力 τ 又有正应力 σ。

本章将研究梁的正应力、切应力计算公式，以解决梁的强度计算问题。

通常，一般梁的横截面上既有剪力 F_s 又有弯矩 M，这种梁段叫横力弯曲梁段。横力弯曲梁段的横截面上既有正应力又有切应力。如果在不考虑自重的情况下，我们可以得到一种较简单的形式。如图 6-1 所示的火车车厢的轮轴，在两个车轮之间的梁段 CD 任一截面上，其剪力 $F_s=0$，而弯矩 $M=Fa=$常数，这种梁段称为纯弯曲梁段。显然纯弯曲梁段横截面上只有正应力。纯弯曲是梁横力弯曲时的特例。我们先研究纯弯曲梁的正应力公式，然后有条件地将其公式推广到横力弯曲的情况，继而再讨论横截面上的切应力计算问题。在后面的研究中，是先假设梁有一个纵向对称平面，而且，外力作用在纵向对称平面内，即直梁处于平面弯曲状态。

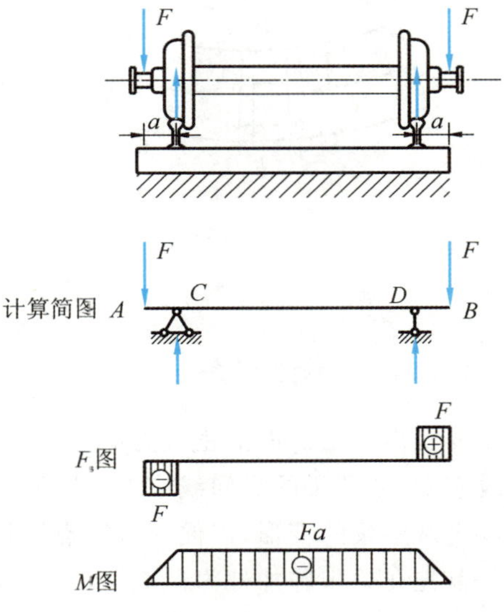

图 6-1　含纯弯曲梁段的车轴

6.2 弯曲时的正应力

对于图 6-2 所示的矩形截面纯弯曲直梁，根据截面法可知，梁的任一横截面上将只有弯矩

M,其大小应等于外力偶矩 M_e。下面推导该梁横截面上的正应力公式。由于横截面上应力的分布是未知的,因此应综合考虑梁的几何、物理及静力学三个方面的关系才能达到目的。

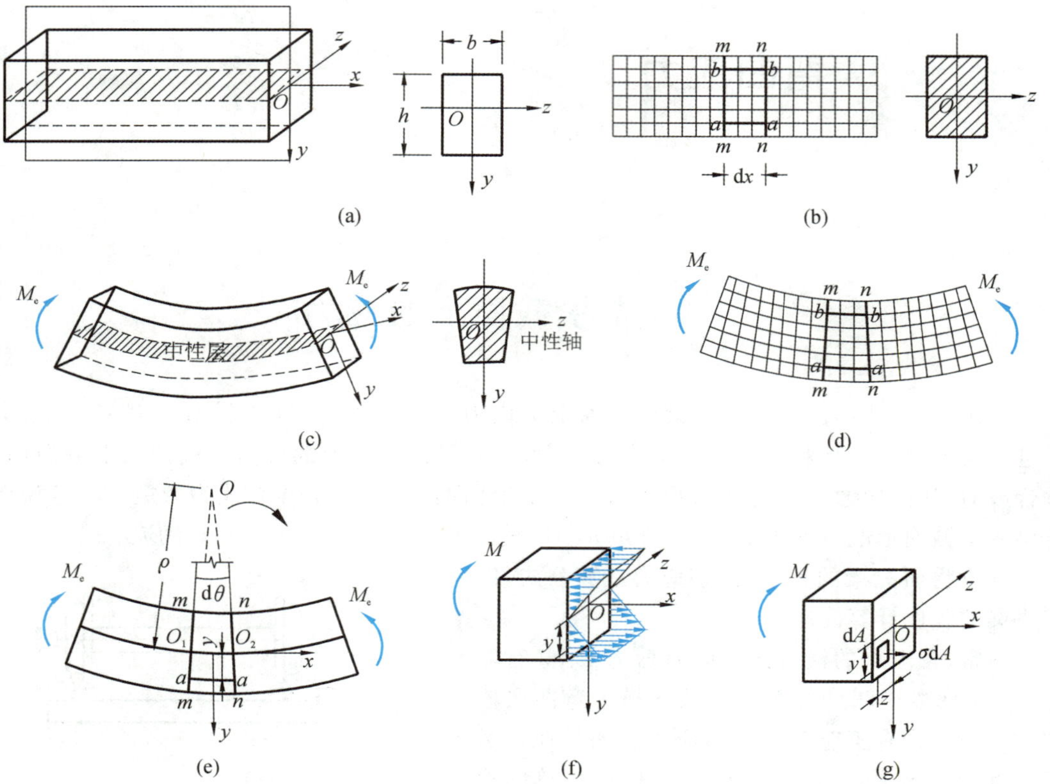

图 6-2　矩形截面梁在纯弯曲时的变形情况

6.2.1　几何关系

要找出梁横截面上正应力的变化规律,应首先找出截面上任一点处沿梁的轴线方向上的线应变,亦即梁的纵向线应变,从而找出纵向线应变在该截面上的变化情况。为此,我们可以先观察梁的变形,以便对其特点进行归纳与分析。

首先在梁未施加外力偶矩 M_e 以前,在其侧表面上画出两条相邻、并与梁轴线垂直的横向线 $m—m$ 和 $n—n$,并在两横向线之间、靠梁的上表面与下底面处再分别画两条与梁轴线平行的纵向线 $a—a$ 和 $b—b$(图 6-2(b)),然后,在梁的两端施加一对外力偶矩 M_e,使梁处于纯弯曲状态。通过实验观察,可以得到如下变形现象:

纵向线 $a—a$ 和 $b—b$,由变形前的直线弯曲为曲线。靠近凸边的纵向线 $a—a$ 伸长了,而靠近凹边的纵向线 $b—b$ 缩短了。若假设梁是由许多层纵向纤维所组成,根据梁变形的连续性,则梁变形后,在梁内(即 $a—a$ 与 $b—b$ 之间)一定存在一层纵向纤维既不伸长也不缩短,我们把这一层称为**中性层**(图 6-2(c))。该中性层将梁分隔为两个不同变形性质的区域——压缩区和拉伸区。中性层与梁横截面的交线称为梁横截面上的**中性轴**。若设横截面上的对

称轴为 y 轴，中性轴为 z 轴，轴线方向为 x 轴，则对梁上的任一横截面可建立坐标系 $xOyz$。

在变形前，与梁轴线垂直的横向直线 $m—m$ 和 $n—n$ 变形后仍保持为直线，且仍与弯曲后的梁轴线保持垂直。两横向线之间形成夹角 $d\theta$(图 6-2(e))。

根据上述梁外表面的变形情况，可对纯弯曲直梁的受力变形作出如下两个假设。

(1) 平面假设：认为梁的横截面在弯曲后仍保持为平面，且仍与变形后的梁轴线保持垂直。

(2) 单向受力假设：认为梁的各纵向纤维之间没有因纯弯曲而引起相互挤压作用，故梁上任一层的纵向纤维处于单向拉伸或压缩。

接下来，研究相距为 dx 微段梁上距中性层为 y 处的纵向纤维 $a—a$ 的轴向线应变(图 6-2(e))。若设中性层处的曲率半径为 ρ，则微段梁 dx 上 $a—a$ 处沿轴线 x 方向的线应变为

$$\varepsilon_x = \frac{\text{变形后 } a—a \text{ 长度} - \text{变形前 } a—a \text{ 长度}}{\text{变形前 } a—a \text{ 长度}}$$

即

$$\varepsilon_x = \frac{(\rho + y)d\theta - \rho d\theta}{\rho d\theta} = \frac{y}{\rho} = k \cdot y \tag{1}$$

式中，$k=1/\rho$ 叫曲率。上式表明，梁在纯弯曲时，其纵向纤维的线应变 ε_x 与纤维距中性层的距离 y 成正比。注意式(1)完全是根据平面假设和梁的变形几何关系推导出的，它与梁本身的材料性质无关，故无论梁材料的应力-应变关系如何，这个式子都是适用的。

6.2.2 物理关系

根据单向受力假设可知，梁上任一层处的纵向纤维处于单向拉伸或压缩，即横截面上有正应力 σ_x，纵截面上的正应力 $\sigma_y=0$。若梁内的应力不超过材料的比例极限 σ_P，且材料的拉伸与压缩弹性模量相同时，由胡克定律知

$$\sigma_x = E\varepsilon_x$$

将式(1)代入上式，即得

$$\sigma_x = \frac{E}{\rho}y = kEy \tag{2}$$

式(2)表明，梁横截面上任一点的正应力 σ_x 与该点距中性轴的距离 y 成正比，而且距中性轴等远处的各点正应力相等。对于任一指定截面，$1/\rho$ 和 E 均为常量；因此若 $y>0$，则 σ_x 为拉应力；若 $y<0$，则 σ_x 为压应力。在中性轴处 $y=0$，这表明中性轴上的正应力为零。梁横截面上正应力的分布情况如图 6-2(f)所示。

6.2.3 静力学关系

根据以上分析，虽然已经得到正应力在横截面上的变化规律，见式(2)，但在该式中的 $1/\rho$ 及中性轴的位置均未知，故还必须考虑静力学关系，即考虑横截面上正应力与内力 M 关系。

由图 6-2(g)可以看出，梁横截面上各法向微内力 σdA 构成空间平行力系。在任意空间力系的 6 个静力学平衡方程中，由于 σdA 的方向平行于 x 轴，它在 y 轴和 z 轴上的投影及对

x 轴的力矩均为零，自然满足相应的平衡方程式。因此，横截面上的法向平行力系，只可能组成以下三个内力分量并满足平衡条件：

$$\sum F_x = 0: \quad F_N = \int_A \sigma dA = \int_A \frac{E}{\rho} y dA = \frac{E}{\rho}\int_A y dA = \frac{E}{\rho} S_z = 0 \tag{3}$$

$$\sum M_y = 0: \quad M_y = \int_A z\sigma dA = \frac{E}{\rho}\int_A yz dA = \frac{E}{\rho} I_{yz} = 0 \tag{4}$$

$$\sum M_z = M: \quad M_z = \int_A y\sigma dA = \frac{E}{\rho}\int_A y^2 dA = \frac{E}{\rho} I_z = M \tag{5}$$

由于 E/ρ 不可能为零，由式(3)知，梁横截面图形对中性轴 z 的静矩 $S_z=0$，这说明中性轴必须过梁截面的形心，也就确定了中性轴在横截面上的位置。由式(4)知，梁横截面图形对 y、z 两坐标轴的惯性积 $I_{yz}=0$，对于矩形截面，或者 y 是对称轴的截面，自然满足 $I_{yz}=0$ 的条件。但应指出：$I_{yz}=0$ 和 $S_z=0$ 这两个条件说明，我们在横截面上所建立的坐标系 yOz，y、z 两坐标轴应为形心主轴。最后由式(5)得到中性层曲率

$$\frac{1}{\rho} = \frac{M}{EI_z} \tag{6-1}$$

式(6-1)是研究梁弯曲问题的基本公式。其中，$I_z = \int_A y^2 dA$ 为梁的横截面图形对中性轴的惯性矩；EI_z 称为梁的抗弯刚度，它表示梁抵抗弯曲变形的能力，在相同弯矩条件下，EI_z 值越大，梁的弯曲程度(用曲率 $1/\rho$ 表示) 就越小。

将式(6-1)中的 $1/\rho$ 代入式(2)，得到等直梁在纯弯曲条件下横截面上任一点处正应力公式

$$\sigma_x = \frac{My}{I_z} \tag{6-2}$$

式(6-2)说明，梁横截面上任一点的正应力 σ_x 与该截面上的弯矩成正比，距中性轴 z 越远(即 y 越大)，正应力值越大。

应用式(6-2)计算梁横截面上任一点的正应力时，可以采用两种方法来决定正应力的正负号：①将弯矩 M 和坐标 y 的正负号同时代入；②直接判别正应力 σ 是拉应力还是压应力，以中性层为界，变形后梁凸出边的正应力必为拉应力，而凹入边的正应力则为压应力。另外，在横截面上离中性轴最远的各点处，正应力值最大。这也说明，梁横截面上正应力的最大值永远出现在梁截面的上、下边缘处。当中性轴为梁截面的对称轴时，用 y_{max} 表示距中性轴最远处距离，则横截面上最大拉应力 σ_{tmax} 和最大压应力 σ_{cmax} 数值相等

$$\sigma_{max} = \sigma_{tmax} = -\sigma_{cmax} = \frac{My_{max}}{I_z} \tag{6}$$

若令

$$W_z = \frac{I_z}{y_{max}} \tag{6-3}$$

则有

$$\sigma_{max} = \sigma_{tmax} = -\sigma_{cmax} = \frac{M}{W_z} \tag{6-4a}$$

W_z 称为抗弯截面系数，它与横截面的几何尺寸和形状有关，量纲为[长度]^3，单位为 mm^3 或 m^3。矩形、圆形和圆环形截面的抗弯截面系数分别如下所示。

矩形截面(图 6-3(a))：

$$W_z=\frac{I_z}{\frac{h}{2}}=\frac{\frac{bh^3}{12}}{\frac{h}{2}}=\frac{bh^2}{6} \tag{7}$$

圆形截面(图 6-3(b))：

$$W_z=\frac{I_z}{\frac{d}{2}}=\frac{\frac{\pi d^4}{64}}{\frac{d}{2}}=\frac{\pi d^3}{32} \tag{8}$$

圆环截面(图 6-3(c))：

$$W_z=\frac{I_z}{\frac{D}{2}}=\frac{\frac{\pi(D^4-d^4)}{64}}{\frac{D}{2}}=\frac{\pi D^3}{32}\left[1-\left(\frac{d}{D}\right)^4\right] \tag{9}$$

另外，有些梁横截面的中性轴不具对称性(图 6-3(d))，则横截面上最大拉应力 σ_{tmax} 与最大压应力 σ_{cmax} 数值并不相等，这时可将距中性轴下、上最远的距离 y_{tmax} 和 y_{cmax} 分别代入式(6-2)，以计算出截面下边缘处的最大拉应力 σ_{tmax} 和上边缘处的最大压应力 σ_{cmax}。

$$\sigma_{\text{tmax}}=\frac{My_{\text{tmax}}}{I_z} \tag{6-4b}$$

$$\sigma_{\text{cmax}}=\frac{My_{\text{cmax}}}{I_z} \tag{6-4c}$$

各种型钢截面的惯性矩和抗弯截面系数，可以从附录 B 型钢规格表中直接查得。

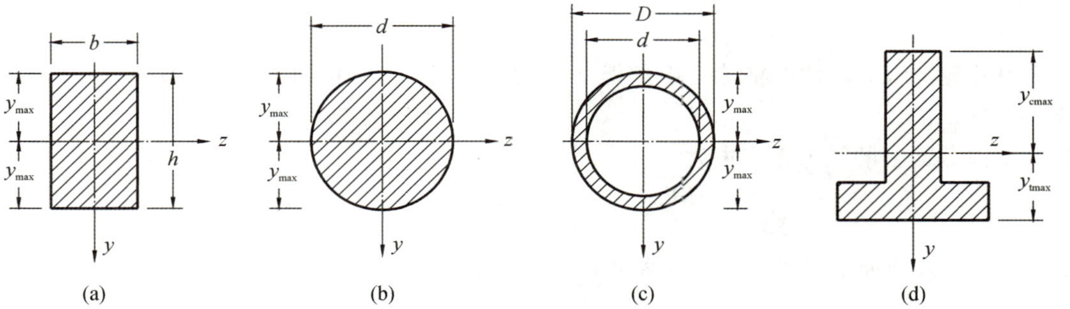

图 6-3 多种形状的横截面

6.3 横力弯曲时的正应力

一般情况下，梁的横截面上不仅有弯矩而且有剪力，梁处于横力弯曲的情况。此时，梁的横截面上既有正应力又有切应力。由于切应力作用的结果，梁的横截面会出现所谓翘曲变形，弯曲变形后梁横截面不可能再保持为平面；又因为梁上一般有垂直于梁轴线的横向外力存在，必然引起梁的纵向截面上也将出现正应力。从而平面假设和单向受力假设均不成立。但根据实验和按弹性力学的分析结果可以得出，当梁的跨度 l 与梁截面高度 h 之比大于 5 时，横截面上的切应力对正应力的分布和最大值的影响一般在 5%以内。因此，对于横力弯曲时横截面上的正应力计算公式仍可采用式(6-2)计算，只是公式中的 M 用 $M(x)$ 来替换。

例题 6.1　图 6-4(a)所示的简支梁为 56a 号工字钢，截面简化尺寸如图 6-4(b)所示，若梁上的作用力有集中力 $F=125\text{kN}$，试求：

(1) 不计梁自重时，该梁危险截面上的最大正应力 $\sigma_{\max}^{F}$；

(2) 不计梁自重时，该梁危险截面上翼缘与腹板交界处 a 点的正应力 σ_a；

(3) 考虑梁自重时，该梁危险截面上的最大正应力 $\sigma_{\max}$。

解：(1) 不考虑自重，作出梁的弯矩图(图 6-4(c))，有

$$M_{\max}^{F}=125\times3=375\text{kN}\cdot\text{m}$$

危险截面应在梁段 CD 中任一截面。

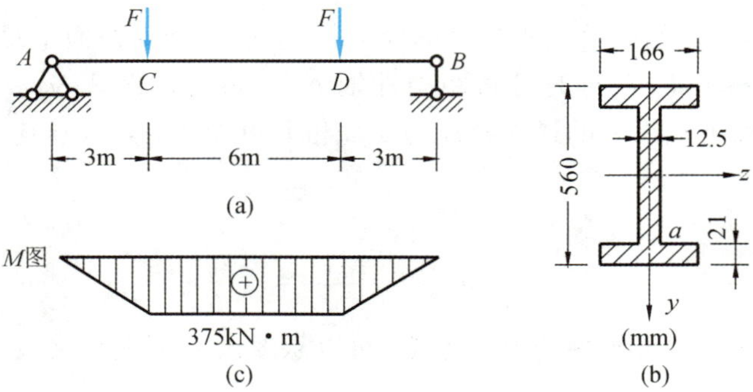

图 6-4　例题 6.1 图

利用附录 B 型钢规格表，可查得 56a 号工字钢的截面几何性质：$I_z=65600\text{cm}^4$，$W_z=2340\text{cm}^3$。

危险截面上的最大正应力为

$$\sigma_{\max}^{F}=\frac{M_{\max}^{F}}{W_z}=\frac{375\times10^3}{2340\times10^{-6}}=160.12\text{MPa}$$

(2) 危险截面上翼缘与腹板交界处 a 点的正应力为

$$\sigma_a=\frac{M_{\max}^{F}}{I_z}y_a=\frac{375\times10^3\times\left(\dfrac{560}{2}-21\right)\times10^{-3}}{65600\times10^{-8}}=148.09\text{MPa}$$

(3) 考虑自重时，把自重化为均布载荷，查附录 B 型钢规格表中理论重量计算得到 $q=1.038\text{kN/m}$。

由自重引起的最大弯矩 $M_{\max}^{q}=\dfrac{ql^2}{8}=\dfrac{1}{8}\times1.038\times12^2=18.684\text{kN}\cdot\text{m}$，发生在梁跨中截面处。

由自重引起的最大正应力为

$$\sigma_{\max}^{q}=\frac{M_{\max}^{q}}{W_z}=\frac{18.684\times10^3}{2340\times10^{-6}}=7.98\text{MPa}$$

因此，在自重和载荷 F 共同作用下的最大正应力为

$$\sigma_{max} = \sigma_{max}^{q} + \sigma_{max}^{F} = 7.98 + 160.12 = 168.1\text{MPa}$$

发生在梁跨中截面上、下边缘处。

讨论：梁自重引起的附加应力与载荷引起的应力相比，一般很小，本例题仅占总应力 σ_{max} 的 5%。不计自重，认为梁段 CD 处于纯弯曲状态；考虑自重，则梁段 CD 为横力弯曲。计算公式均采用纯弯曲的正应力计算公式，但弯矩值不一样，危险截面的位置也不同。对于纯弯曲，CD 段上每一截面均为危险截面；考虑横力弯曲时，只有跨中截面为危险截面。

6.4 弯曲切应力

在上节中我们已经研究了与弯矩 M 有关的正应力 σ，本节将研究等直梁横截面上与剪力 F_s 有关的切应力 τ。

6.4.1 矩形截面梁

当梁在其纵向对称平面内受横向载荷时，梁的横截面上有剪力 F_s，相应地，横截面上必然有切应力 τ。在图 6-5(a)所示的矩形截面梁上，假想地用 1—1 和 2—2 两横截面截出长为 $\mathrm{d}x$ 的微段，一般来说，1—1 截面上的弯矩 M_1 和 2—2 截面上的弯矩 M_2 并不相等(图 6-5(b))。因此，上述两截面上同一个坐标点处的正应力值也不相等(图 6-5(c))，但两截面上的剪力 F_s 相等。

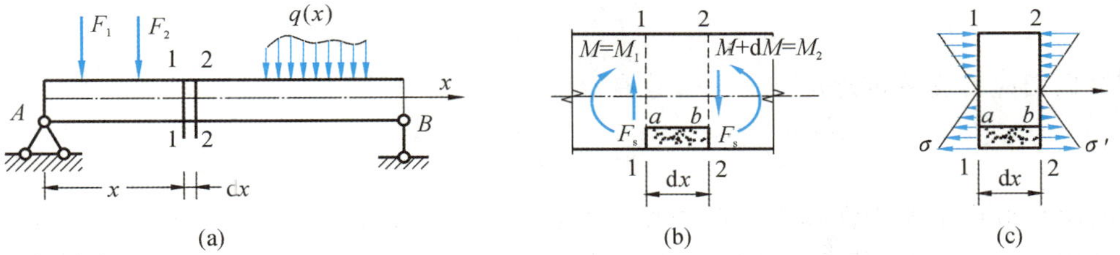

图 6-5　1—1、2—2 截面上的正应力

为了推导切应力的计算公式，必须知道切应力沿截面上的变化规律和切应力的方向。为此，对于狭长矩形，我们假设：①横截面上各点处的切应力 τ 与该截面上剪力 F_s 的方向一致；②横截面上距中性轴距离相等的各点(y 相同)的切应力相等，即切应力沿横截面宽度保持不变(图 6-6(a))，该假设适用于高度 h 大于其宽度 b 的矩形截面。现用一平行于中性层的纵截面 $abcd$ 在微段 $\mathrm{d}x$ 上截取出下部分为脱离体(图 6-6(b))来进行研究。设原微段的 1—1 截面上的弯矩为 $M_1 = M$，2—2 截面上的弯矩 $M_2 = M + \mathrm{d}M$。很明显，在图 6-6(b)所示的脱离体上，仅有两截面上正应力 σ、σ' 所组成的合力系不能保持沿 x 轴方向的平衡。这时，注意到横截面 A_1 与纵截面交线 b—c 的切应力 τ 与 τ' 的互等关系(图 6-6(c))。对图 6-6(d)建立平衡条件 $\sum F_x = 0$，可得

$$F_{N1} + T = F_{N2} \tag{1}$$

由图 6-6(b)、(c)可知，式(1)中，

$$F_{N2}=\int_{A_1}\sigma' \mathrm{d}A=\int_{A_1}\frac{M+\mathrm{d}M}{I_z}y\mathrm{d}A=\frac{M+\mathrm{d}M}{I_z}\int_{A_1}y\mathrm{d}A=\frac{M+\mathrm{d}M}{I_z}S_z^* \tag{2}$$

$$F_{N1}=\int_{A_2}\sigma \mathrm{d}A=\int_{A_2}\frac{M}{I_z}y\mathrm{d}A=\frac{M}{I_z}\int_{A_2}y\mathrm{d}A=\frac{M}{I_z}S_z^* \tag{3}$$

$$T=\int_{A'}\tau' \mathrm{d}A=\tau'\int_{A'}\mathrm{d}A=\tau' A'=\tau' b\mathrm{d}x \tag{4}$$

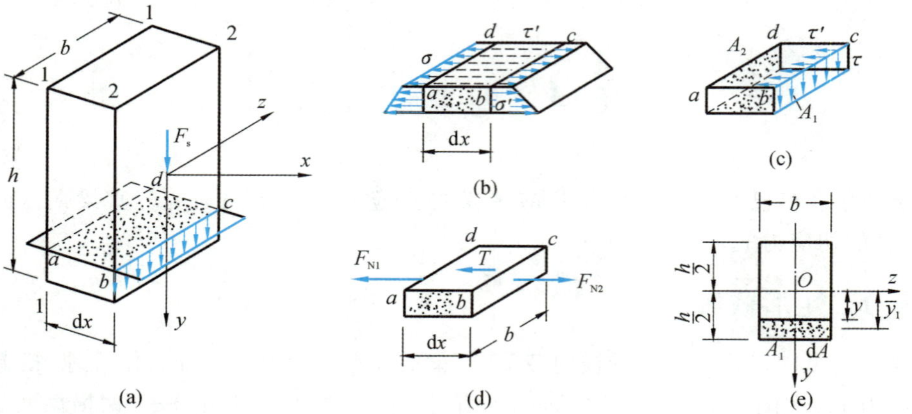

图 6-6　切应力公式的推导

将 F_{N1}、F_{N2} 和 T 的表达式(2)、(3)和(4)代入式(1)，并利用 $\mathrm{d}M/\mathrm{d}x=F_s$ 的微分关系，可得

$$\tau'=\frac{F_s S_z^*}{bI_z} \tag{6-5}$$

根据切应力互等定理可知 $\tau=\tau'$，故有

$$\tau=\frac{F_s S_z^*}{bI_z} \tag{6-6a}$$

即为所求横截面上距中性轴为 y 的各点处的切应力计算公式。式(6-6a)中，F_s 为计算横截面上的剪力；I_z 为整个横截面对中性轴的惯性矩；b 为矩形截面的宽度；S_z^* 是距中性轴为 y 的横线以下部分的横截面面积 A_1 对中性轴的静矩(图 6-6(e))。

$$S_z^*=\int_{A_1}y\mathrm{d}A=A_1\cdot \bar{y}_1=\left[b\left(\frac{h}{2}-y\right)\right]\left[y+\frac{1}{2}\left(\frac{h}{2}-y\right)\right]=\frac{b}{2}\left(\frac{h^2}{4}-y^2\right) \tag{5}$$

将式(5)代入式(6-6a)，可得矩形截面的切应力计算公式的另一种表达式

$$\tau=\frac{F_s}{2I_z}\left(\frac{h^2}{4}-y^2\right) \tag{6-6b}$$

由此可见，切应力 τ 沿截面高度是按抛物线分布规律变化的(图 6-7)。当 $y=\pm h/2$(截面上、下边缘处)时，$\tau=0$；当 $y=0$(截面中性轴处)时，切应力达到最大值

$$\tau_{\max}=\frac{F_s}{2I_z}\cdot\frac{h^2}{4}=\frac{F_s h^2}{8\dfrac{bh^3}{12}}=\frac{3}{2}\frac{F_s}{bh}$$

或

$$\tau_{\max}=\frac{3}{2}\frac{F_s}{A} \tag{6-7}$$

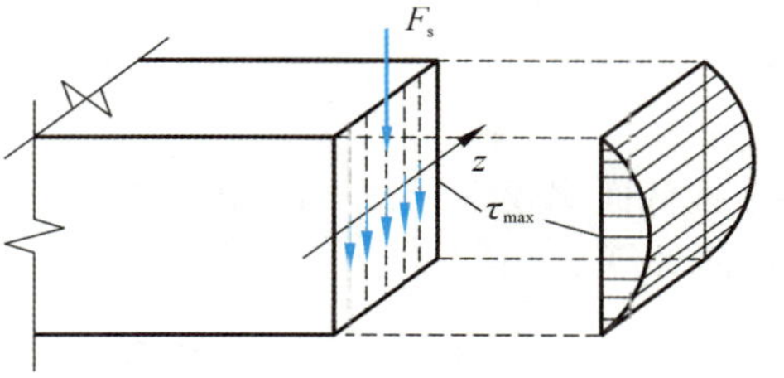

图 6-7 τ 的分布及 $\tau_{\max}$ 的位置

这里 $A=bh$，为矩形截面的面积。这表明矩形截面梁横截面上的最大切应力值比平均切应力值 F_s/A 要大 50%。

6.4.2 工字形截面梁

工字形截面由上、下翼缘和腹板组成。在横力弯曲条件下，翼缘和腹板上均存在切应力。

先研究工字形截面腹板上任一点处竖直方向上的切应力 τ(图 6-8)。由于腹板是狭长矩形，符合矩形截面切应力公式推导中的两条假设，故可以直接由式(6-6)求得腹板上距中性轴为 y 处各点的切应力

$$\tau=\frac{F_s S_z^*}{I_z d} \tag{6-8}$$

式中，用腹板厚度 d 代替式(6-6)中计算宽度 b；F_s 为剪力；I_z 为整个截面对中性轴的惯性矩；S_z^* 仍为 y 以下图形面积对中性轴 z 的静矩，即部分腹板 A_1 和翼缘面积 A_2 对 z 轴静矩之和(图 6-8(a))。

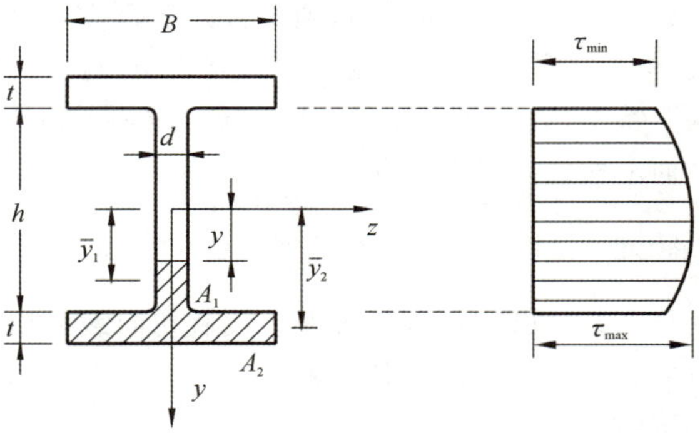

图 6-8 工字梁腹板横截面上切应力的分布

通过对 τ 的分析可知，切应力 τ 是 y^2 的函数，因此切应力也是按抛物线规律变化的，其分布图(图 6-8(b))表明，最大切应力也出现在中性轴处($y=0$)。同时，中性轴处的最大切应力也就是整个工字形截面上的最大切应力，即

$$\tau_{max} = \frac{F_s S_{zmax}^*}{dI_z} \tag{6-9}$$

而腹板上的最小切应力 τ_{min} 出现在腹板与翼缘交界处($y=\pm h/2$),即

$$\tau_{min} = \frac{F_s S_{zmin}^*}{dI_z} \tag{6-10}$$

工程上使用轧制的工字钢截面比较常见,一般可由附录 B 型钢规格表直接查出 I_z/S_{zmax}^* 的比值,这样很容易由式(6-9)计算 τ_{max}。

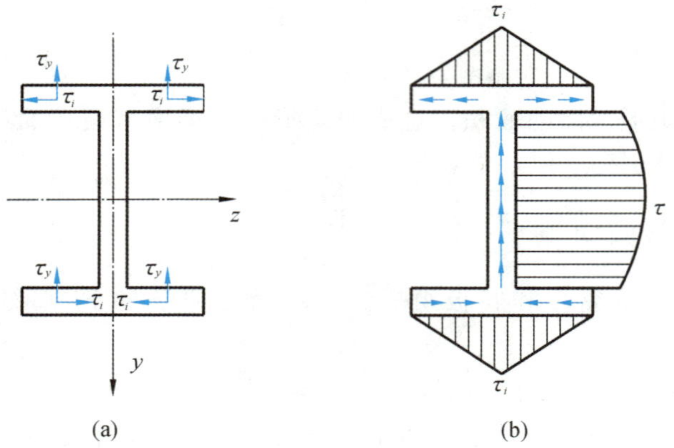

图 6-9　工字形截面

至于在工字形截面翼缘上的切应力,则情况比较复杂。除了有平行于 y 轴的切应力 τ_y 以外,还有与翼缘长边平行的水平切应力分量 τ_i(图 6-9)。当翼缘的厚度很小时,τ_y 的数值非常微小,与腹板上的 τ 比较起来可忽略不计。τ_i 的指向及其在翼缘上的分布情况,也可以采用与求矩形截面上切应力相同的方法求得。整个工字形截面上切应力的大小和方向如图 6-9(b)所示。从图中表示切应力方向的许多小箭头来看,它们好像是两股沿截面流动的水流。从下翼缘的两端开始,共同朝向中间流动,到腹板处汇合成一股,沿腹板向上继续流动到上翼缘处再分为两股,然后继续沿上翼缘流动。研究表明:对于所有的薄壁杆,其横截面上切应力的方向都有这个特点,通常把这种现象叫剪流。掌握了剪流的特性,很容易由剪力的方向确定薄壁杆横截面上切应力变化的方向。

6.4.3　圆形截面梁

根据切应力互等的特点,可以证明:若梁表面上没有切向载荷作用,则圆形截面周边上任何点处的切应力的方向必定与该点周边切线的方向一致。对于圆截面上的切应力分布,必须根据实际情况作如下假定:

(1) 在圆截面上离中性轴等距离处,即与中性轴 z 平行的任一直线 mn 上的各点切应力,其方向都相交于与剪力 F_s 平行的主惯性轴 y 轴上的一点 C(图 6-10)。

(2) 在圆截面上离中性轴等距离处(如 mn 直线上)各点的切应力,其沿剪力 F_s 方向的分量 τ_y 的大小相等。

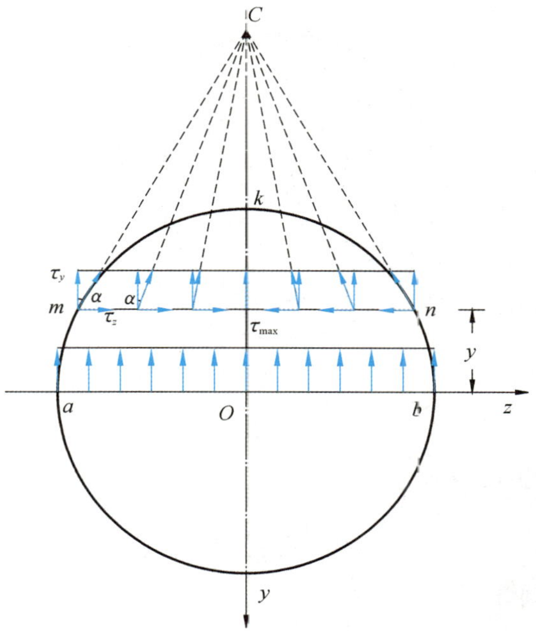

图 6-10 圆形截面的切应力

根据这两个假设,可采用矩形截面切应力计算公式,求切应力 τ 沿 F_s 方向的分量 τ_y 的近似值,即

$$\tau_y = \frac{F_s S_z^*}{I_z b} \tag{6-11}$$

然后由下式求 τ 得近似值

$$\tau = \frac{\tau_y}{\cos\alpha} \tag{6-12}$$

式中,S_z^* 为弓形面积 mkn 对中性轴的静矩;b 为弓形面积的弦长(即 mn 长度);α 为 τ_y 与 τ 之间的夹角。

由式(6-11)可知,τ_y 沿梁高度方向成抛物线规律分布,且在截面的中性轴处切应力最大,其值为

$$\tau_{max} = \frac{F_s S_{zmax}^*}{I_z b} = \frac{4}{3}\frac{F_s}{A} \tag{6-13}$$

式中,$A=\frac{\pi}{4}D^2$ 为圆截面的面积。由此可见,圆截面上的切应力的最大值是平均切应力的 4/3 倍,其方向与剪力 F_s 的方向一致。

6.4.4 薄壁圆环形截面梁

如图 6-11 所示,设圆环厚度为 t,圆环的平均直径为 d_0。由于 t 与 d_0 相比很小,故假设:

(1) 切应力沿壁厚度不变,即沿壁厚 τ 为常量。

(2) 任一点处切应力的方向与所在点的圆周边相切。

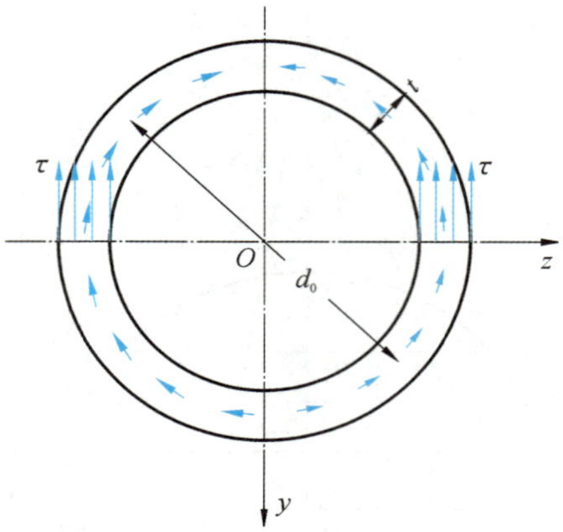

图 6-11　薄壁圆环形截面上的 τ_{max}

最大切应力发生在中性轴处，其值为

$$\tau_{max} = \frac{F_s S_{zmax}^*}{I_z b} = 2\frac{F_s}{A} \tag{6-14}$$

式中，$A=\pi d_0 t$，为薄壁圆环截面的面积。

6.5　弯曲的强度条件

6.5.1　弯曲正应力强度条件

等直梁的最大正应力发生在最大弯矩或较大弯矩所在截面上距中性轴最远的各点处。为了保证梁能安全地工作，必须使梁横截面上的最大工作正应力 σ_{max} 不超过材料的许用弯曲正应力[σ]，故梁的正应力强度条件为

$$\sigma_{max} \leqslant [\sigma] \tag{6-15a}$$

对于中性轴为截面对称轴的情况，危险截面上的最大拉应力和最大压应力的绝对值相等，这时强度条件式(6-15a)为

$$\sigma_{max} = \frac{M_{max}}{W_z} \leqslant [\sigma] \tag{6-15b}$$

若材料的许用拉应力[σ_t]与许用压应力[σ_c]不同，则式(6-15b)中的[σ]应换为[σ_t]和[σ_c]中较小者。

如果中性轴不是截面的对称轴，并且材料的许用拉应力[σ_t]与许用压应力[σ_c]又不相同，此时，建立拉应力强度条件，将式(6-15b)改为

$$\sigma_{tmax} = \frac{M_{tmax}}{W'_z} \leqslant [\sigma_t] \tag{6-15c}$$

同时，建立压应力强度条件，将式(6-15b)改为

$$\sigma_{cmax} = \frac{M_{cmax}}{W''_z} \leqslant [\sigma_c] \tag{6-15d}$$

在这种情况下，M_{tmax}和M_{cmax}可能不在同一个截面上，而W'_z和W''_z分别代表两个不同的抗弯截面系数。

根据弯曲正应力强度条件（式(6-15a)），可以解决梁的强度校核、梁的截面选择和确定许用载荷三类强度计算问题。

例题 6.2 图 6-12 所示的楼板主梁欲用两个工字钢制成。已知钢的许用弯曲正应力$[\sigma]=160\text{MPa}$，试选择工字钢的型号。

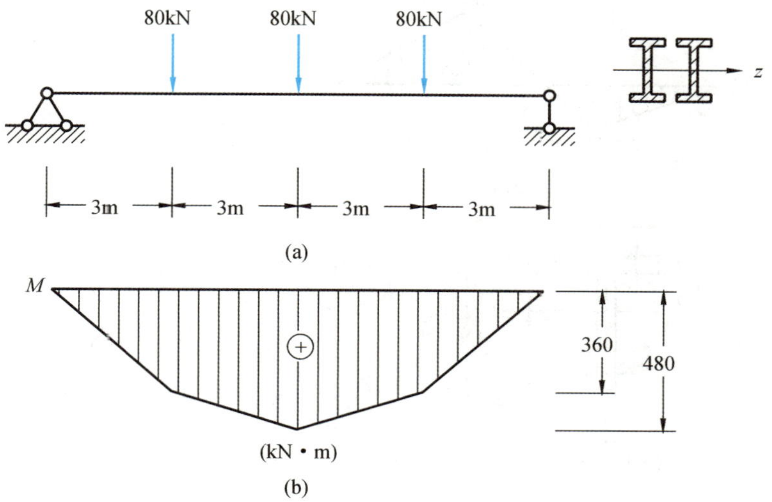

图 6-12　例题 6.2 图

解：先作简支梁的弯矩图（图 6-12(b)），可知，$M_{max}=480\text{kN}\cdot\text{m}$，发生在梁的跨中截面处。根据

$$W_z \geqslant \frac{M_{max}}{[\sigma]}=\frac{480\times10^3}{160\times10^6}=3\times10^{-3}\text{m}^3=3\times10^3\text{cm}^3$$

每一个工字钢的抗弯截面系数

$$W'_z=\frac{W_z}{2}=1.5\times10^3\text{cm}^3$$

由附录 B 型钢规格表可查得 45b 工字钢W_z为

$$W_z=1500\text{cm}^3$$

故可选型号为 45b 的工字钢。

例题 6.3 图 6-13(a)所示为一 T 形截面铸铁梁，截面尺寸如图 6-13(c)所示。已知$[\sigma_t]=30\text{MPa}$，$[\sigma_c]=60\text{MPa}$，试校核梁的强度。

解：(1) 作出梁的弯矩图（图 6-13(b)）。这时可能出现的危险截面应为B、C两截面，且有

$$M_B=-4\text{kN}\cdot\text{m},\quad M_C=+3.5\text{kN}\cdot\text{m}$$

(2) 求截面形心位置。选参考轴z_1，有

$$\bar{y}_C=\frac{80\times20\times10+120\times20\times80}{80\times20+120\times20}=52\text{mm}$$

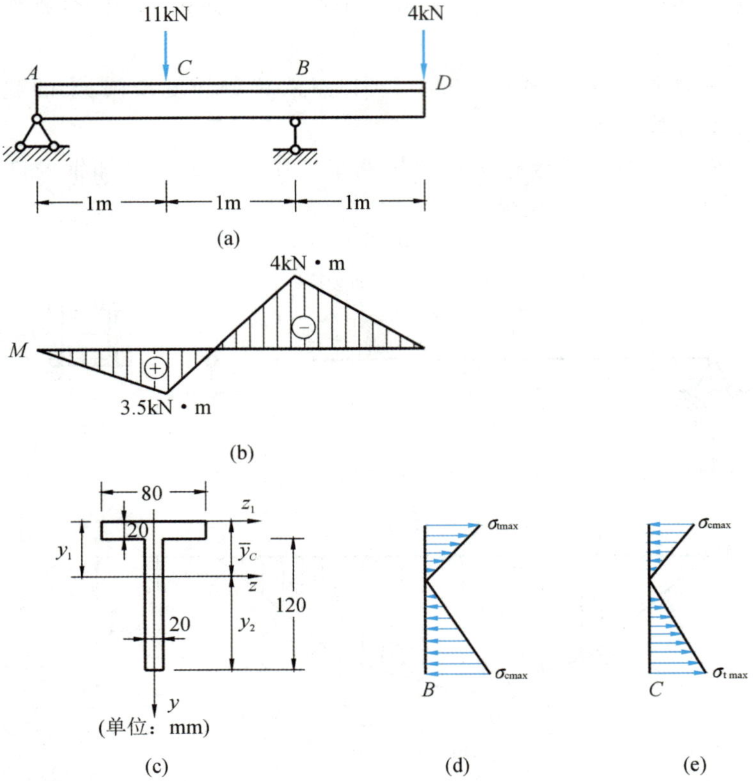

图 6-13　例题 6.3 图

中性轴 z 距截面上、下边缘最远距离分别为 $y_1=52\text{mm}$ 和 $y_2=88\text{mm}$。截面对形心主轴 z 的惯性矩为

$$I_z=\frac{80}{3}\times 52^3-\frac{60}{3}\times 32^3+\frac{20}{3}\times 88^3=7.637\times 10^6\,\text{mm}^4=7.637\times 10^{-6}\,\text{m}^4$$

(3) 校核 B 截面的强度。B 截面上为负弯矩,梁截面上的正应力分布规律如图 6-13(d)所示,中性轴以上为受拉区,中性轴以下为受压区。B 截面上的最大拉应力

$$\sigma_{\text{tmax}}^{B}=\frac{M_B y_1}{I_z}=\frac{4\times 10^3\times 52\times 10^{-3}}{7.637\times 10^{-6}}=27.2\text{MPa}$$

B 截面上的最大压应力

$$\sigma_{\text{cmax}}^{B}=\frac{M_B y_2}{I_z}=\frac{4\times 10^3\times 88\times 10^{-3}}{7.637\times 10^{-6}}=46.2\text{MPa}$$

(4)校核 C 截面强度。C 截面上为正弯矩,梁截面上的正应力分布规律如图 6-13(e)所示,中性轴以上为受压区,中性轴以下为受拉区。C 截面上的最大拉应力

$$\sigma_{\text{tmax}}^{C}=\frac{M_C y_2}{I_z}=\frac{3.5\times 10^3\times 88\times 10^{-3}}{7.637\times 10^{-6}}=41.8\text{MPa}>[\sigma_t]$$

因此,该梁不满足抗拉强度条件。

6.5.2 弯曲切应力强度条件

梁除了应满足正应力强度外，还需要满足切应力强度要求。对于横力弯曲的等直梁，通常在剪力最大横截面上的中性轴处，产生最大切应力。进行切应力强度校核的强度条件可表示为

$$\tau_{\max}=\frac{F_{s\max}\cdot S_{z\max}^{*}}{I_z\cdot b}\leqslant[\tau] \tag{6-16}$$

式中，$S_{z\max}^{*}$为横截面在中性轴以上(或以下)部分面积对中性轴 z 的静矩；b 为横截面在中性轴处的宽度；$[\tau]$为材料在横力弯曲时的许用切应力。式(6-16)为弯曲切应力强度条件。

工程上，必须同时满足正应力和切应力两个强度条件才能认为梁的强度是满足设计要求的。两个强度条件中，通常是先按正应力强度条件选择合适的截面形状和尺寸，再按切应力强度条件进行强度校核。但在绝大多数情况下，梁的强度由正应力强度条件主导控制，故按正应力强度条件选择截面尺寸后，通常并不需要进行切应力强度校核，也就是说，梁在满足正应力强度条件的前提下，切应力强度条件一般能自动满足。但对于以下三种特殊情况，必须注意校核梁内的切应力强度：

(1)梁的跨度较短，或在支座附近受较大的载荷作用，梁内出现弯矩较小而剪力较大的截面；

(2) 在铆接或焊接的组合截面(例如工字形)钢梁中，其横截面的腹板厚度与高度之比小于一般型钢截面的相应比值；

(3) 木材在顺纹方向的抗剪强度较低，同一种木材在顺纹方向的许用切应力$[\tau]$常比其许用正应力$[\sigma]$低很多，故木梁在横力弯曲下可能因中性层上的切应力引起剪切破坏(图 6-14)。通常应进行木梁顺纹方向的剪切强度校核。

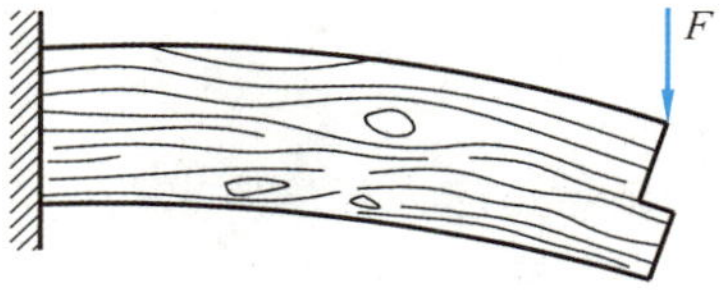

图 6-14 木梁沿中性层发生剪切破坏

例题 6.4 图 6-15(a)是一矩形截面松木梁。已知其横截面尺寸为 $b\times h=130\text{mm}\times 200\text{mm}$，梁上均布载荷 $q=5.1\text{kN/m}$，松木的许用弯曲正应力$[\sigma]=7\text{MPa}$，许用切应力$[\tau]=0.9\text{MPa}$。试校核木梁的强度。

解：(1) 梁的剪力图和弯矩图如图 6-15(b)、(c)所示。

(2) 校核正应力强度。

梁的最大弯矩为

$$M_{\max}=\frac{ql^2}{8}=\frac{5.1\times 3^2}{8}=5.738\text{kN}\cdot\text{m}$$

抗弯截面系数为

$$W_z=\frac{bh^2}{6}=\frac{130\times 200^2\times 10^{-9}}{6}=8.667\times 10^{-7}\text{m}^3$$

代入式(6-4a)，得

$$\sigma_{\max}=\frac{M_{\max}}{W_z}=\frac{5738}{8.667\times 10^{-4}}=6.62\times 10^6\text{N/m}^2=6.62\text{MPa}<[\sigma]=7\text{MPa}$$

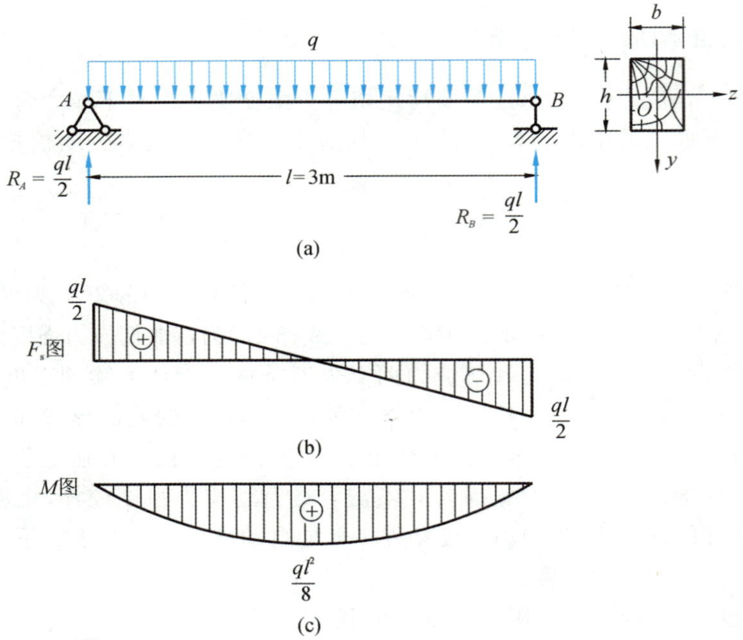

图 6-15 例题 6.4 图

满足正应力强度要求。

(3) 校核切应力强度。

梁的最大剪力在梁端,其值为

$$F_{smax}=\frac{ql}{2}=\frac{5.1\times 3}{2}=7.65\text{kN}$$

对矩形截面:

$$\tau_{max}=1.5\frac{F_{smax}}{A}=1.5\times\frac{7.65\times 10^3}{130\times 200\times 10^{-6}}=0.44\text{MPa}<[\tau]=0.9\text{MPa}$$

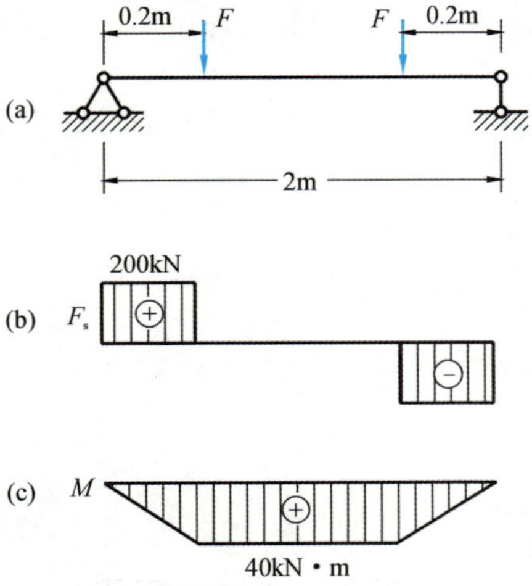

图 6-16 例题 6.5 图

满足切应力强度要求。

例题 6.5 简支梁在距支座 0.2m 处受 $F=200\text{kN}$ 的集中力作用(图 6-16(a)),若钢材的许用正应力$[\sigma]=160\text{MPa}$,许用切应力$[\tau]=100\text{MPa}$。试选择工字形型钢号码。

解:(1) 作梁的剪力图和弯矩图,如图 6-16(b)、(c)所示。

$$F_{smax}=F=200\text{kN}$$

$$M_{max}=40\text{kN}\cdot\text{m}$$

(2) 由正应力强度条件选择型钢号码:

$$W_z=\frac{M_{max}}{[\sigma]}=\frac{40\times 10^3}{160\times 10^6}=2.5\times 10^{-4}\text{m}^3=250\text{cm}^3$$

选工字形型钢 20b,其 $W_z=250\text{cm}^3$, $d=$

9mm， $I_z/S_{z\max}^*=16.9\text{cm}$。

(3) 切应力强度校核。

$$\tau_{\max}=\frac{F_{s\max}S_{z\max}^*}{I_z d}=\frac{200\times10^3}{0.169\times9\times10^{-3}}=131.5\text{MPa}>[\tau]=100\text{MPa}$$

不满足切应力强度条件。

根据切应力强度条件重选型钢号码,采用试算法来选择。

选工字形型钢 22b： $d=9.5\text{mm}$， $I_z/S_{z\max}^*=18.7\text{cm}$，

$$\tau_{\max}=\frac{F_{s\max}S_{z\max}^*}{I_z d}=\frac{200\times10^3}{0.187\times9.5\times10^{-3}}=112.6\text{MPa}>[\tau]$$

仍不满足切应力强度要求。

选工字形型钢 25b： $d=10\text{mm}$， $I_z/S_{z\max}^*=21.3\text{cm}$，

$$\tau_{\max}=\frac{F_{s\max}S_{z\max}^*}{I_z d}=\frac{200\times10^3}{0.213\times10\times10^{-3}}=93.9\text{MPa}<[\tau]$$

故选工字形型钢 25b 可以满足强度要求。由于工字形型钢 25b 截面已经大于 20b 截面,故不必进行正应力强度校核。

6.6 梁的合理截面

前面讨论的梁均为等截面直梁,但从梁的强度要求来看,根据强度条件所选择的梁截面尺寸,仅在危险截面上的危险点有可能使其工作应力达到许用应力,而在其他截面及其危险截面上的非危险点处,其工作应力比许用应力低,甚至有的低许多。从经济的角度来看,这种方法并没有使材料发挥最大的作用。因此,有必要讨论梁的合理截面设计,以提高其承载能力,在安全的前提下,尽量做到经济适用。

6.6.1 梁的合理截面形状

在选择材料相同及外力不变的条件下,由正应力强度条件可知,若截面面积不变,抗弯截面系数较大者梁的承载能力高。另一方面,截面面积越小,自重也越小,引起的附加自重应力也小,还有利于安装和现场施工。一般把梁的抗弯截面系数 W 与其横截面面积 A 之比作为选定合理截面形状的一个指标。在 A 不变的条件下,W 越大越好。

例如矩形截面梁,一般有两个对称轴,若梁平放(图 6-17(b)),这时 $W_z'=hb^2/6$;但将梁竖放后(图 6-17(a)),$W_z''=bh^2/6$。$h>b$,则 $W_z''/W_z'=h/b>1$。所以竖放比平放有较高的抗弯能力,更合理。根据这个道理,房屋、桥梁或厂房中的矩形梁,一般是竖放的(图 6-17(a))。

矩形截面梁竖放时,其截面的 W_z/A 比值为

$$\frac{W_z}{A}=\frac{\frac{b}{6}h^2}{bh}=\frac{h}{6}\approx0.167h$$

截面的形状不同,W_z 也就不同,可见用比值 W_z/A 来衡量截面形状的合理性与经济性具有可比性。几种常用截面的 W_z/A 值可参见表 6-1。从表中可以知道,工字形截面或槽形截面比矩形截面合理,而圆形截面不如矩形截面合理。

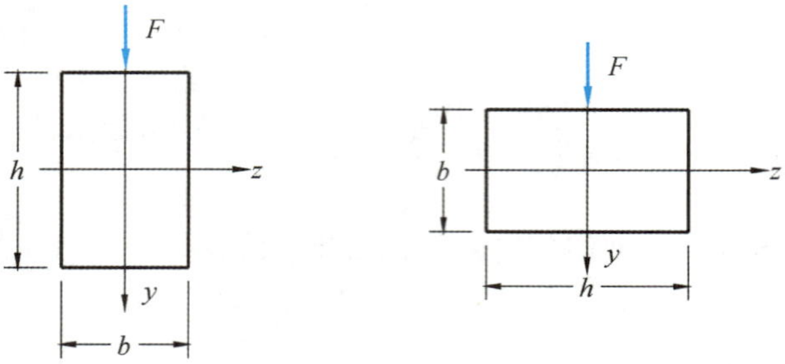

(a)　　(b)

图 6-17　矩形截面梁

表 6-1　常见截面的 W_z/A 值

截面形状	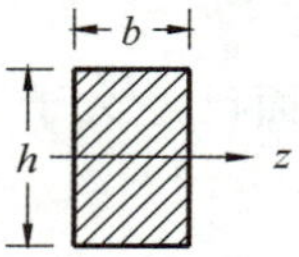	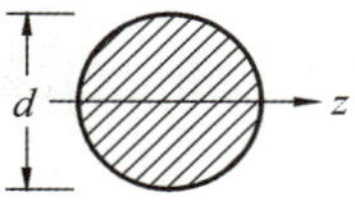	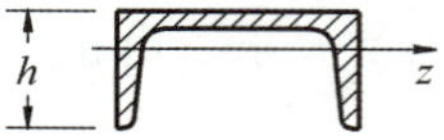	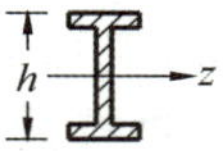	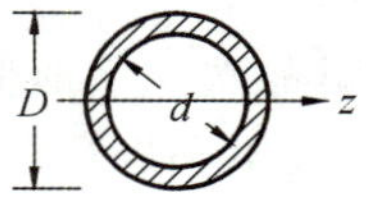
$\dfrac{W_z}{A}$	$0.167h$	$0.125d$	$(0.27\sim0.31)h$	$(0.27\sim0.31)h$	$0.125D(1+a^2)$ $a=\dfrac{d}{D}$

合理性原则也可以从梁截面的正应力分布规律来说明。在中性轴附近，正应力较小，而在梁截面距中性轴越远处，正应力越大。这说明布置在中性轴附近的材料不能充分发挥它们的作用，而把材料布置在距中性轴越远的地方，则越能充分发挥它们的作用。这就是在工程实际中经常采用工字形、圆环形、箱形等截面形式的力学原理(图 6-18(a)、(b)、(c))。

另外，在土建、水利工程中，混凝土是常用的建筑材料之一，它的抗压能力强，抗拉能力弱，采用 T 形、Π 形截面梁，使其危险截面上的拉、压正应力分别能接近其许用应力，这比把中性轴设计为对称轴的截面梁合理(图 6-18(d)、(e))。

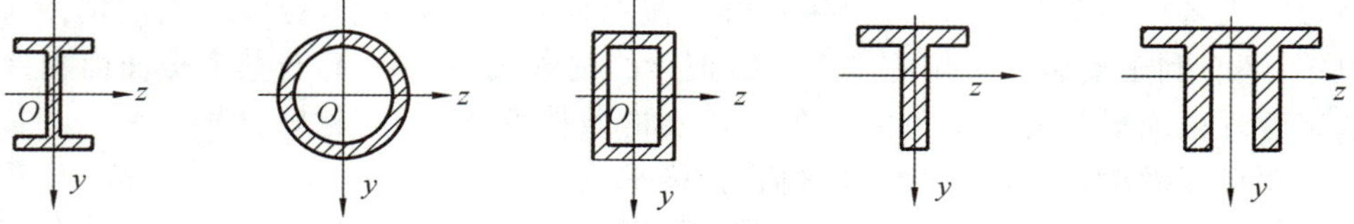

(a)　(b)　(c)　(d)　(e)

图 6-18　能较好发挥材料作用的几种梁截面形式

但应注意的是，在分析梁的截面的合理形式时，不能单纯地只考虑强度方面的因素，同时还应考虑刚度、稳定性及施工、制造、安装等方面的要求。例如，上文所述，矩形截面梁竖放要比平放好，增大 h，减小 b，保持 A 不变，使 W_z/A 增加，从而增大梁的抗弯能力。但若梁的截面设计得过高过窄，则可能使梁在不大的外力作用下，出现侧向翘曲而失稳破坏(图 6-19)。又如，木梁的截面多为矩形或圆形比较切合实际，没有必要片面追求工字形或空心圆形，否则反而会造成材料浪费和给加工制造麻烦。

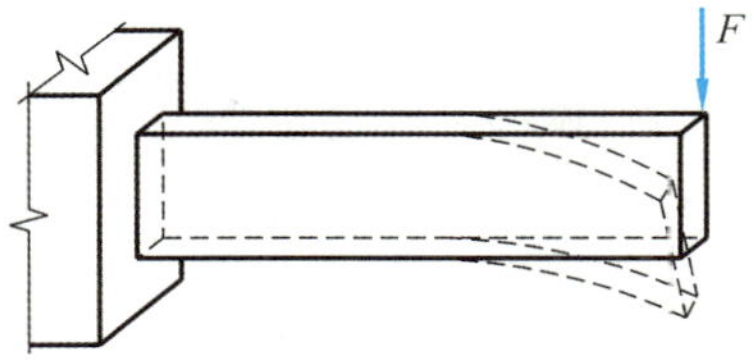

图 6-19 窄高梁的侧向失稳现象

关于怎样合理地选择梁的截面，我们的祖先曾积累了很多宝贵经验。例如，在北宋李诚所著的《营造法式》一书中，指出“凡梁之大小，各随其广为三分，以二分为厚”。即矩形截面梁的高宽比应取为 3:2。这一比值与按照现代理论算得的高宽比 2.83:2非常接近。

6.6.2 变截面梁与等强度梁

梁的弯矩图直观地反映了弯矩沿梁轴线的变化情况，梁每一个截面上的最大正应力是随弯矩值变化而变化的；若在弯矩较大的梁段采用较大的截面，在弯矩较小的梁段采用较小的截面，就得到截面尺寸沿梁轴线变化的变截面梁。这样可以达到优化截面、节省材料的目的。

如果变截面梁的截面变化平缓，实践证明，仍可应用前面等截面梁求得的正应力计算公式，其误差可满足工程应用要求；若截面有突变，则在突变截面处的应力分布非常复杂，不能采用等截面梁的公式求该处及附近应力，但在离开突变截面稍远处，应力分布情况接近等截面梁的分布规律，一般仍采用等截面梁的正应力计算公式。

倘若让梁的每一个截面上都能达到相等的最大正应力，且等于材料的许用正应力，此时变截面梁成为最理想的形式——等强度梁，由

$$\sigma_{\max} = \frac{M(x)}{W(x)} = \frac{M_{\max}}{W_{\max}} = [\sigma]$$

得到截面的抗弯截面系数应满足

$$W(x) = \frac{W_{\max}}{M_{\max}} M(x) = \frac{M(x)}{[\sigma]} \tag{6-17}$$

式中，$M(x)$和 $W(x)$是等强度梁任一横截面上的弯矩和同一截面的抗弯截面系数，而 $M_{\max}$和 $W_{\max}$则是梁中的最大弯矩和最大弯矩所在截面的抗弯截面系数。

下面以矩形截面等强度梁为例，说明如何确定 $W(x)$（图 6-20）。设简支梁跨度为 l，梁上中点受集中载荷 F 作用，假设梁截面的宽度 $b=b_0$ 为常数，高度 $h=h(x)$是可以沿轴线变化的，则距 A 端为 x 截面上的弯矩

$$M(x) = \frac{1}{2}Fx$$

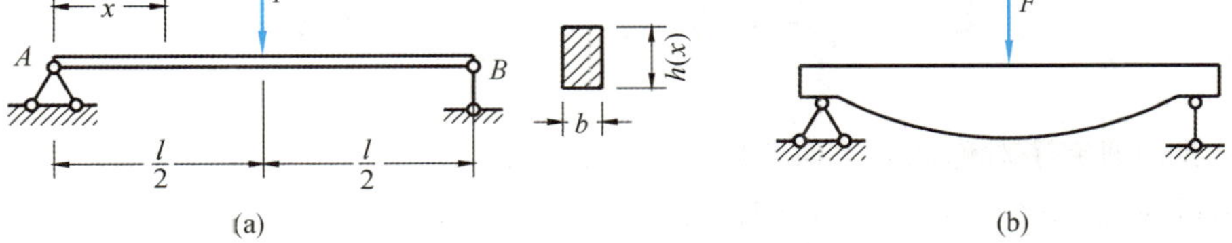

图 6-20 变截面梁的例子

抗弯截面系数为

$$W(x)=\frac{b_0}{6}h^2(x)$$

代入式(6-17),则有

$$h(x)=\sqrt{\frac{3Fx}{b_0[\sigma]}}$$

当 $x=0$ 时,$h(x)=0$。很明显两端处的高度不能为零。利用该处的切应力强度条件可以确定该处的最小高度 $h_{\min}$。

$$\tau_{\max}=1.5\frac{F_{\mathrm{smax}}}{b_0h_{\min}}=[\tau]$$

由 $F_{\mathrm{smax}}=\frac{F}{2}$,即可求得

$$h_{\min}=\frac{3F}{4b_0[\tau]}$$

经过修正后的梁截面变化如图 6-20(b)所示,这就是厂房建筑中常用的“鱼腹梁”。

虽然等强度梁具有节约材料的优点,但在外载荷比较复杂时,一般不容易设计出等强度梁;或者理论上存在等强度梁的外形,但因曲线变化复杂而引起制造与加工困难。故在工程实际中,通常用等强度梁的设计思想,并结合具体情况,将其修正成比较易于加工制造与施工的简洁形式,如图 6-21 所示。这些形式虽然不是严格意义上的等强度梁,但与等截面梁相比,达到了既节省材料又易于加工制造的双重目的。

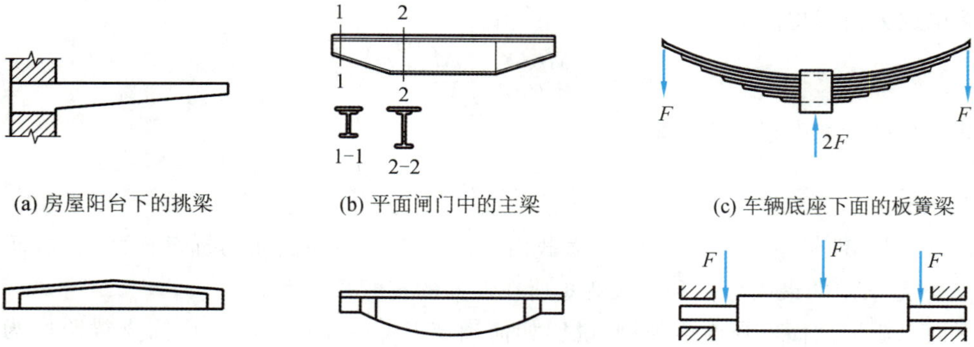

(a) 房屋阳台下的挑梁　(b) 平面闸门中的主梁　(c) 车辆底座下面的板簧梁

(d) 厂房中的屋盖大梁　(e) 鱼腹式吊车梁　(f)大电动机中的分段截面轴

图 6-21　变截面梁的工程实例

6.7　梁非对称弯曲时的应力

前文我们研究了对称截面平面弯曲时横截面上的正应力计算。在工程实际中,也会遇到非对称截面梁(图 6-22)的情况,这时 y 轴已经不是截面的对称轴。这种情况与我们前面讨论的对称平面中的平面弯曲有所不同,下面阐述它们的正应力计算方法。

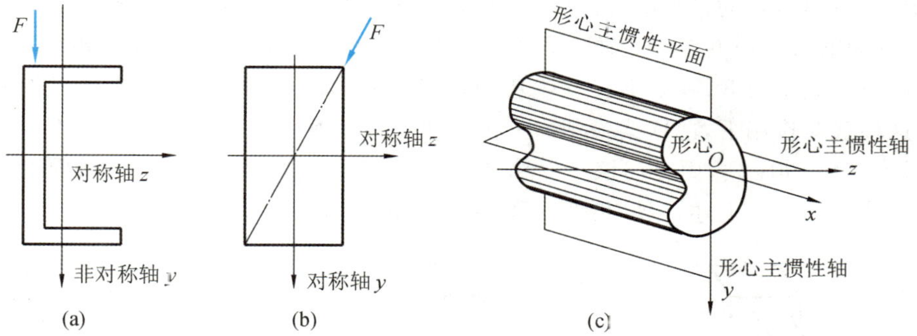

图 6-22　非对称截面梁

先考虑非对称截面梁的纯弯曲情况，实验和理论分析表明，对称截面梁的平面假设仍然适用，且只要外力偶矩 M_z 是作用在与梁的形心主惯性平面（如图 6-22(c)中 xOy 平面）相平行的平面内，则梁的横截面仍保持为平面，且绕形心主惯性轴 z 转动，z 轴为中性轴。这时利用平面弯曲的正应力公式（式(6-2)）可得

$$\sigma' = \frac{M_z \cdot y}{I_z} \tag{1}$$

类似地，若在与形心主惯性平面（如图 6-22(c)中 xOz 平面）相平行的平面内受外力偶矩 M_y，作用则相应产生的正应力为

$$\sigma'' = \frac{M_y \cdot z}{I_y} \tag{2}$$

在 M_z 与 M_y 共同作用下，横截面上任一点(y,z)处的正应力为

$$\sigma = \sigma' + \sigma'' = \frac{M_z \cdot y}{I_z} + \frac{M_y \cdot z}{I_y} \tag{6-18}$$

在横力弯曲时，只要横向载荷作用在与梁的形心主惯性平面平行的平面内，可以用式(1)或式(2)作为正应力的近似计算公式。这时也认为剪力对正应力的影响是次要的，可忽略不计。

在非对称截面梁中，只有开口薄壁截面梁才能应用材料力学方法导出的切应力公式 $\tau = F_s S^* / bI$ 计算其横截面上的切应力。对于实体非对称截面梁的切应力，则必须用弹性力学方法计算，但从工程应用角度来看，对梁的强度起控制作用的主要是正应力，一般可以不计算切应力。

6.8　开口薄壁截面梁的弯曲中心

在实际工程中，薄壁截面梁的横截面上，只有一个对称轴（形心主轴），而另一个形心主轴与对称轴相垂直，但不是对称轴。当外力是作用在包含此非对称轴和梁轴线的纵向非对称平面内时，梁除了发生弯曲外，还会发生扭转，这种现象在开口薄壁截面梁的非对称弯曲中尤为突出。

以图 6-23(a)所示的槽形截面悬臂梁为例,其横截面的形心为 O,Oz 轴为横截面的对称轴,Oy 轴则为通过形心并与 Oz 轴相垂直的非对称轴。若在梁的自由端,沿截面的非对称轴 Oy 的作用力有集中力 F,则梁不仅发生弯曲,同时还会发生扭转。产生这种现象的根本原因是:在这种载荷作用下,薄壁梁横截面上由于弯曲作用所引起的切应力的合力 $F_{s\tau}$,已不在纵向非对称平面 xOy 内,而在与该平面相平行的平面上。以下我们分析横截面上的切应力分布情况,就可以解释上述这种"由弯曲而伴扭转"的现象。

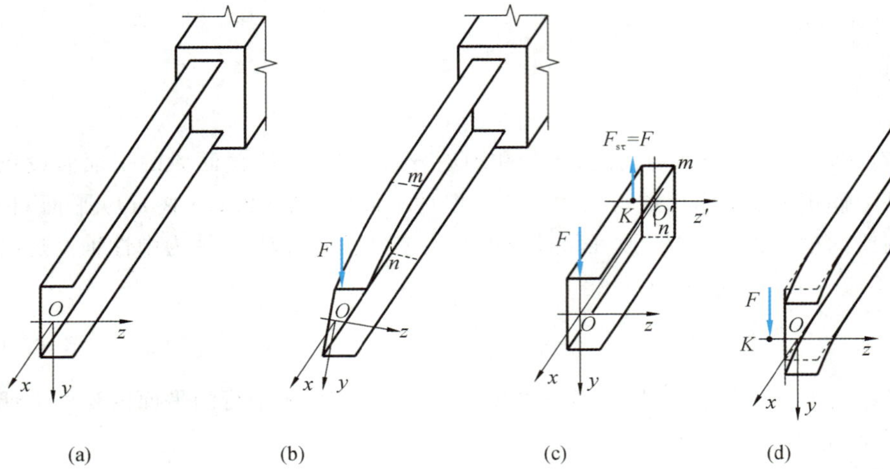

图 6-23 槽形截面梁的弯扭现象与弯曲中心

当槽形截面梁上受到图 6-23(b)所示的载荷时,任一横截面上的切应力分布情况如图 6-24(a)所示。根据薄壁截面上剪流分析,上、下翼缘和腹板上分别存在切应力 τ_i 和 τ_y,它们对应的分布力分别合成为力 T' 和 T(图 6-24(b)),当 h 很大时,认为腹板已承担了绝大部分的剪力 F_s,即 $T \approx F_s$。不难看出,力 T 和 T',又可以等效为作用在腹板形心 C 处的一个力 T 和力偶矩 $T'h$(图 6-24(c)),进而再简化为作用在 K 点处的总剪力 $F_{s\tau} \approx T = F_s$,点 K 到腹板形心 C 点的距离 e_C(图 6-24(d))

$$e_C = \frac{T'h}{T} \tag{6-19}$$

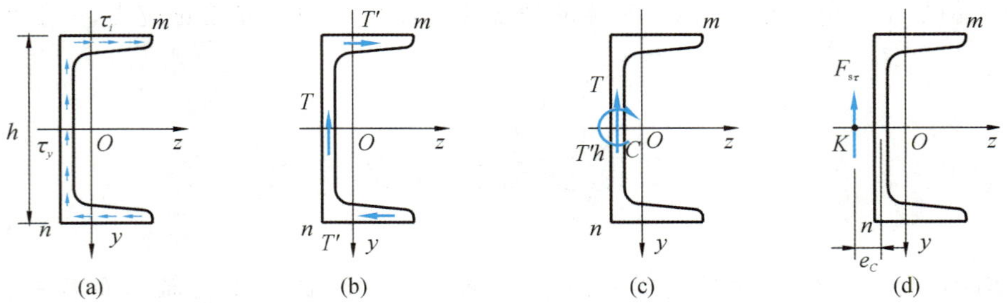

图 6-24 切向分布力合成与弯曲中心

由此,我们已经证明,在槽形截面形心上,沿非对称轴方向受有集中载荷 F 时,在梁任一截面上的切应力的合力 $F_{s\tau}$，已不再通过形心 O，而通过另一点 K；梁除了发生弯曲外，还要发生扭转。通常称点 K 为截面的**弯曲中心**。事实证明，点 K 就是当梁分别在两个主惯性平面内作平面弯曲时，截面上切应力所合成的两个剪力 $F_{s\tau y}$ 和 $F_{s\tau z}$ 的作用线的交点（图 6-25）。故弯曲中心也称为剪切中心。

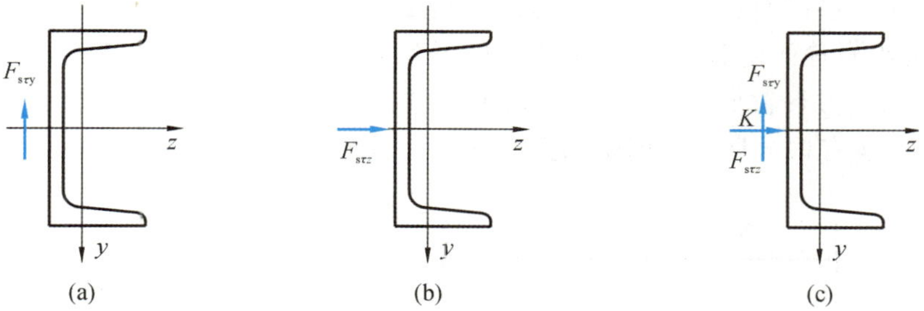

图 6-25　弯曲中心 K 位置的确定

任一等截面的薄壁截面直梁，其各横截面的弯曲中心 K 将形成一条与梁轴线平行的直线，称之为**弯曲中心轴**。故仅当作用于梁上的横向载荷均通过弯曲中心轴时，才能使梁只发生弯曲而不发生扭转（图 6-23(d)）。

在工程实际中，开口薄壁截面杆抗扭的能力很差，对开口薄壁截面梁，必须注意使载荷作用在其弯曲中心轴上，以免梁因扭转变形而产生破坏。

根据薄壁截面梁横截面上切应力的合力 $F_{s\tau}$ 必须通过弯曲中心的特点，对各种形式的薄壁截面梁，可以根据以下三条简单规则来确定其弯曲中心的具体位置：

（1）具有两个对称轴或反对称轴的截面，弯曲中心与截面形心重合。

（2）有一个对称轴的截面，其弯曲中心必在此对称轴上。

（3）若薄壁截面的中心线是由若干相交于一点的直线段组成的，则此交点就是截面的弯曲中心。

表 6-2 中列举了几种常见开口薄壁截面的弯曲中心位置，可供计算时查用。注意弯曲中心仅与截面的几何形状和尺寸有关，与剪力的大小无关。

表 6-2　几种薄壁截面的弯曲中心位置

项次	1	2	3	4	5	6	7
截面形状	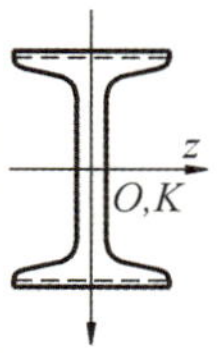	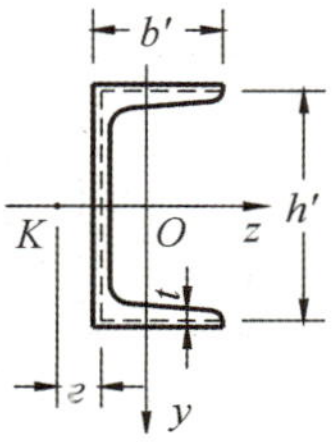	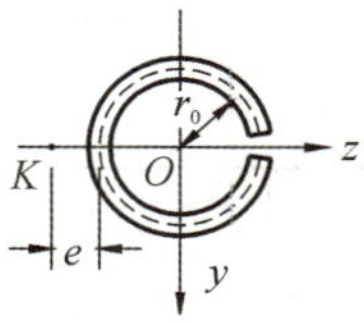	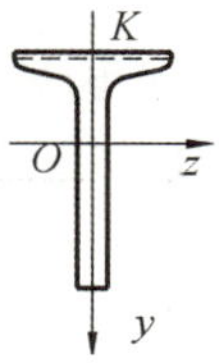	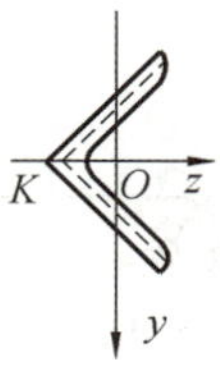	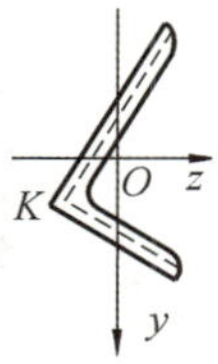	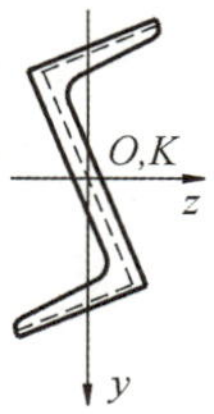
弯曲中心 K 位置	与形心重合	$e=\dfrac{b'^2h'^2t}{4I_z}$	$e=r_0$	在两个狭长矩形中线的交点			与形心重合

习 题

题 6-1 对于横截面边长为 $b\times 2b$ 的矩形截面梁，试求当外力偶分别作用在平行于截面长边及短边之纵对称面内时，梁所能承担的许可弯矩之比，以及梁的抗弯刚度之比。

题 6-2 图示方形截面木梁，可用一根木料做成(图(a))，也可用两根相同木料做成(图(b)、(c))，界面没有粘合且不考虑摩擦力。这三种情况的承载能力是否相同？

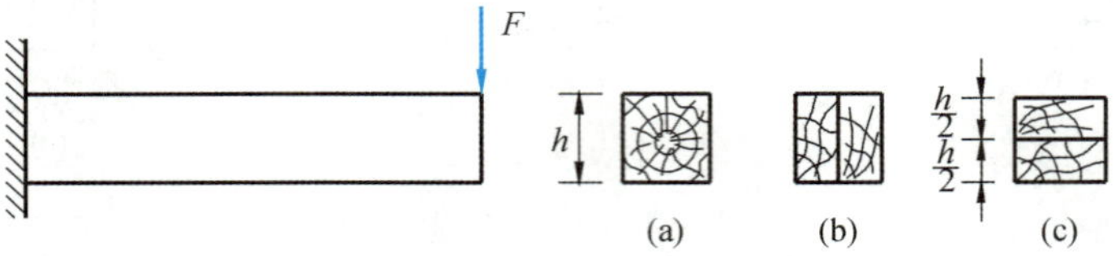

题 6-2 图

题 6-3 图示一些梁的横截面形状。问梁发生平面弯曲时，在这些截面上的正应力 σ 沿截面高度是怎样分布的？试作简图表示。

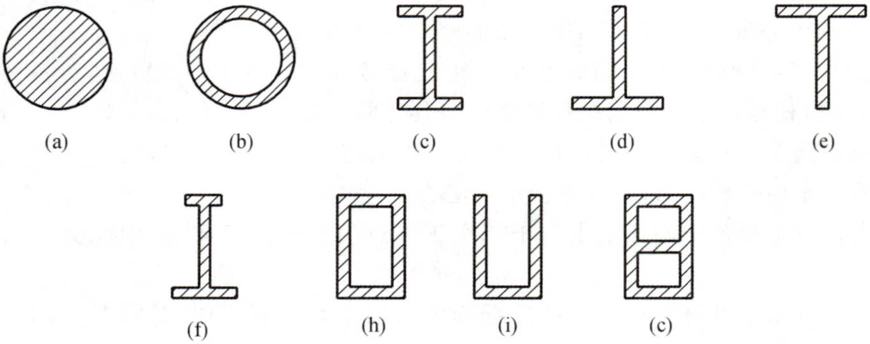

题 6-3 图

题 6-4 图示一外伸梁，其截面为宽 140mm、高 240mm 的矩形，所受载荷如图所示，试求最大正应力的数值和位置。

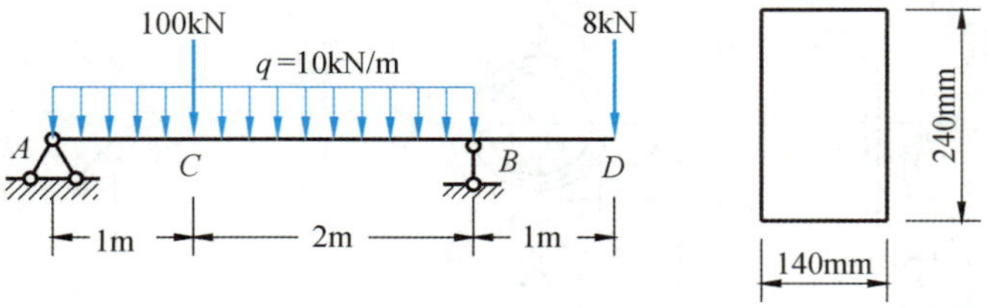

题 6-4 图

题 6-5 厚度为 $h=1.5\text{mm}$、宽度 $b=100\text{mm}$ 的钢带，卷成直径为 $D=3\text{m}$ 的薄壁圆环，

已知钢的弹性模量 $E=210\text{GPa}$，试求钢带横截面上的最大正应力。由此说明为什么钢丝绳总是用许多细钢丝组合制成，而不用一根圆钢条制成。

题 6-6 图示简支梁，已知钢材的$[\sigma]=170\text{MPa}$，试求：

(1) 选择$\dfrac{h}{b}=1.5$的矩形截面；

(2) 选择工字钢的型号；

(3) 比较两种截面耗用钢材的情况。

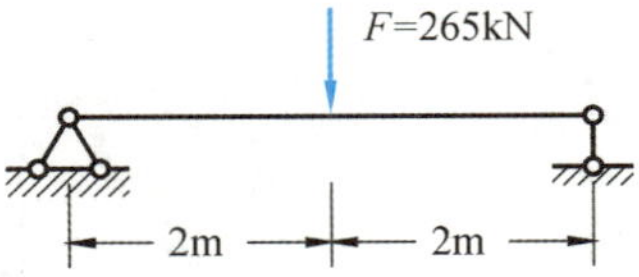

题 6-6 图

题 6-7 一外径为 250mm、壁厚为 10mm、长度为 $l=12\text{m}$ 的铸铁管，两端搁置在简单支座上，管中充满着水，如图所示。已知铸铁的密度 $\rho_1=7.8\times10^3\text{kg/m}^3$、水的密度 $\rho_2=1.0\times10^3\text{kg/m}^3$。试求管内最大拉、压正应力的数值。

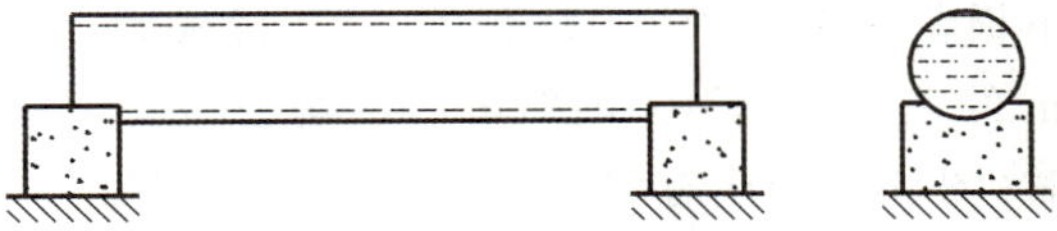

题 6-7 图

题 6-8 当力 F 直接作用在跨长 $l=6\text{m}$ 的梁 AB 的中点时，梁内的最大正应力 σ 超过许用值 30%。为了消除这种过载现象，配置了如图所示的辅助梁 CD，试求此辅助梁应有的跨长 a。

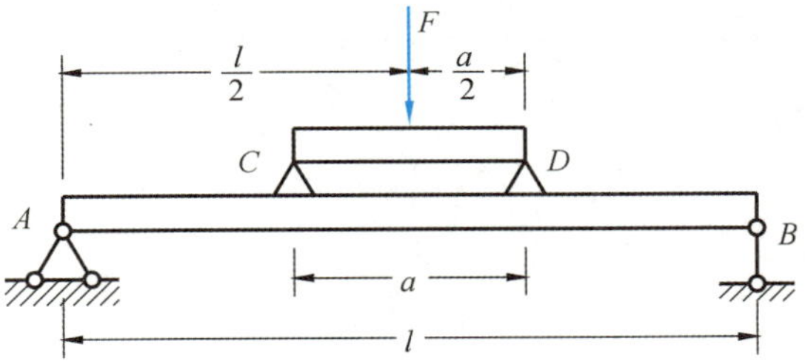

题 6-8 图

题 6-9 图示某施工支架上钢梁的计算简图。若钢梁是由两个槽钢所组成，材料为 3 号钢，其许用应力$[\sigma]=170\text{MPa}$，$[\tau]=100\text{MPa}$，问在不计梁的自重时应选用多大的槽钢？

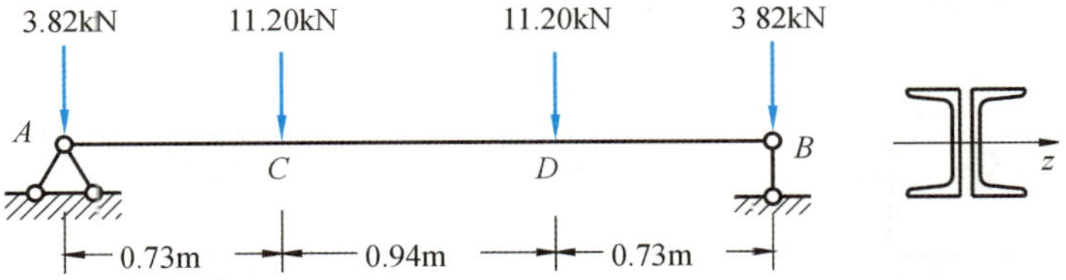

题 6-9 图

题 6-10 为什么等直梁的最大切应力一般是在最大剪力所在横截面的中性轴上各点处，而横截面的上、下边缘各点处的切应力为零？对于图示的两个截面而言，其最大切应力是否也位于中性轴上各点处？为什么？

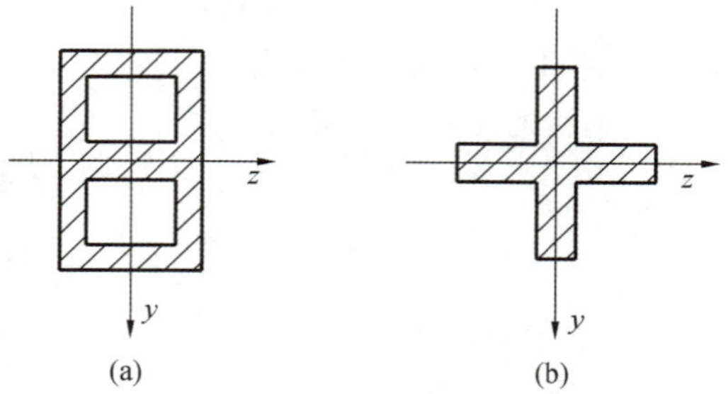

题 6-10 图

题 6-11　正方形截面的梁按图(a)、(b)所示的两种方式放置。

(1) 若在两种情况下横截面上的弯矩 M_z 相等,试比较横截面上的最大正应力。

(2) 对于 $h=200\text{mm}$ 的正方形,若按如图(c)所示切去高度为 $u=10\text{mm}$ 的尖角,则抗弯截面模量 W_z 与未切角时(图(b))相比有何变化?

(3) 为了使抗弯截面模量 W_z 为最大,图(c)中截面切去的尖角尺寸 u 应等于多少?这时的 W_z 比未切去尖角时增加百分之多少?

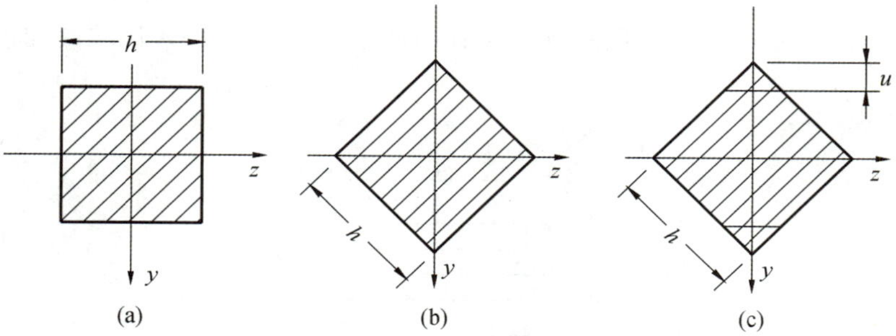

题 6-11 图

题 6-12　已知图示铸铁简支梁的 $I_z=645.6\times10^6\text{mm}^4$,$E=120\text{GPa}$,许用拉应力 $[\sigma_t]=30\text{MPa}$,许用压应力 $[\sigma_c]=90\text{MPa}$。试求:

(1) 许可载荷 F;

(2) 在许可载荷作用下,梁下边缘的总伸长量。

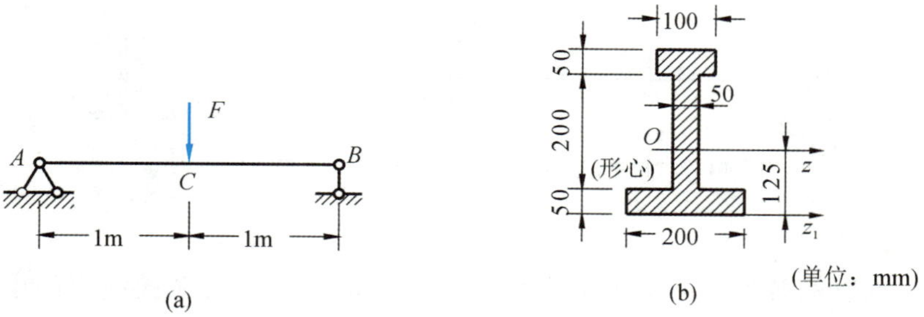

题 6-12 图

题 6-13 图示一矩形截面悬臂梁，在全梁上受集度为 q 的均布载荷作用，其横截面宽为 b，高为 h，长度为 l。

(1) 试证明在离自由端为 x 处的横截面上切向内力元素的合力 $\tau \mathrm{d}A$ 等于该截面上的剪力，而法向内力元素 $\sigma \mathrm{d}A$ 的合力偶之矩等于该截面上的弯矩。

(2) 如沿梁的中性层截取梁的下半部，如图所示，试求截面上的切应力 τ' 沿梁长度的变化规律。该面上总的水平剪力有多大？它由什么力来平衡？

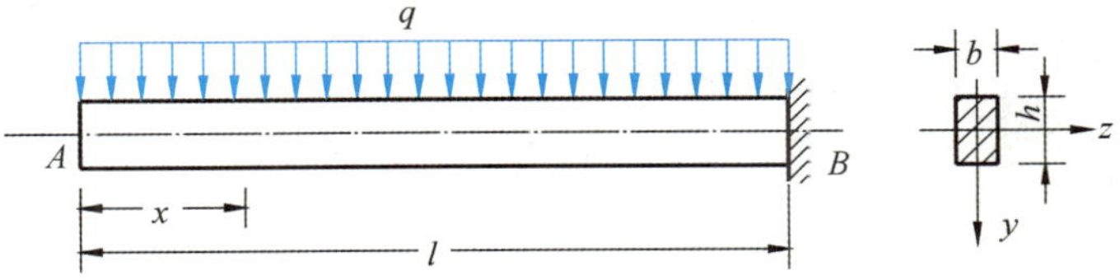

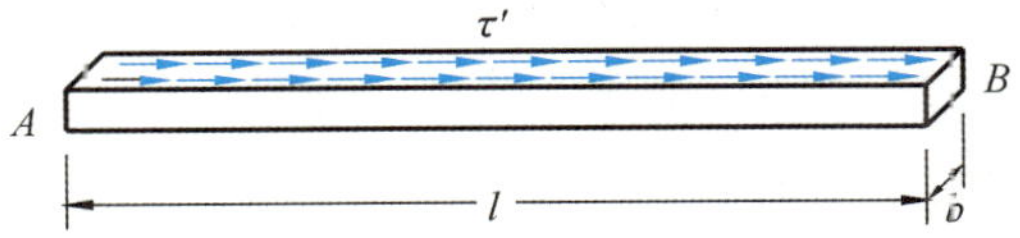

题 6-13 图

题 6-14 一矩形截面简支梁由圆柱形木料锯成。已知 $F=5\text{kN}$，$a=1.5\text{m}$，$[\sigma]=10\text{MPa}$。试确定抗弯截面模量为最大时矩形截面的高宽比 $\frac{h}{b}$，以及锯成此梁所需木料的最小直径 d。

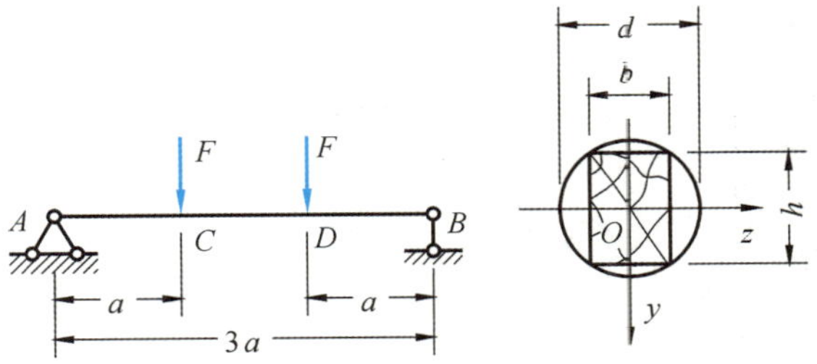

题 6-14 图

题 6-15 一正方形截面悬臂木梁的尺寸及所受载荷如图所示。木料的许用弯曲正应力 $[\sigma]=10\text{MPa}$。现需要在梁的截面 C 上中性轴处钻一直径为 d 的圆孔，问在保证该梁强度的条件下，圆孔的最大直径 d（不考虑圆孔处应力集中的影响）可达多少？

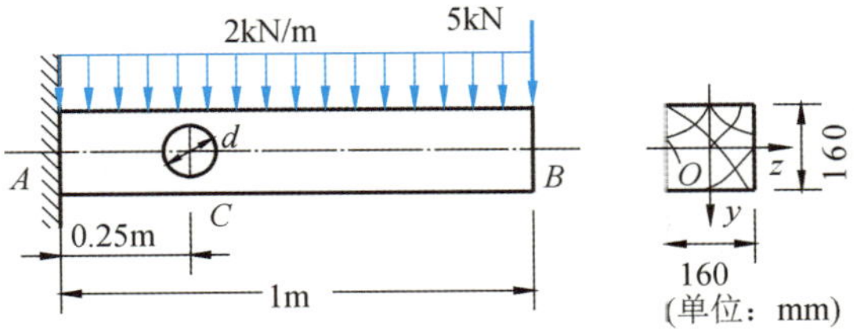

题 6-15 图

题 6-16　横截面如图所示的铸铁简支梁，跨长 $l=2\text{m}$，在其中点受一集中载荷 $F=80\text{kN}$ 作用。已知许用拉应力 $[\sigma_t]=30\text{MPa}$，许用压应力 $[\sigma_c]=90\text{MPa}$。试确定截面尺寸 δ 值。

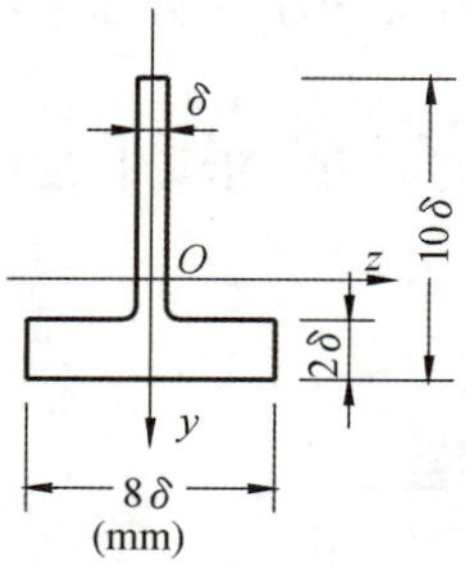

题 6-16 图

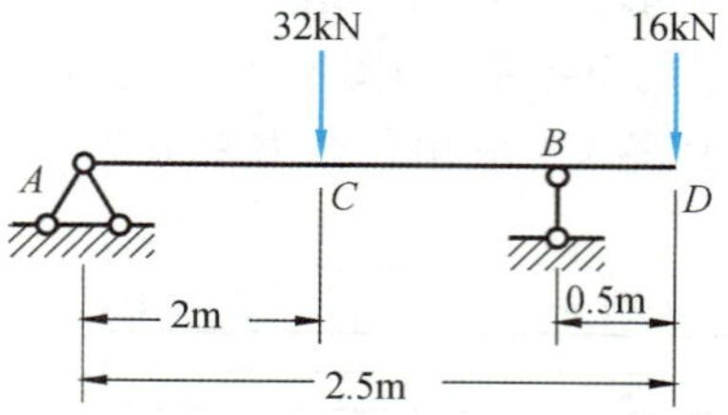

题 6-17 图

题 6-17　一铸铁梁如图所示。已知材料的抗拉强度极限 $(\sigma_b)_t=150\text{MPa}$，抗压强度极限 $(\sigma_b)_c=630\text{MPa}$。试求此梁的安全系数。

题 6-18　一悬臂梁长为 900mm，在自由端受一集中力 F 的作用。此梁由三块 50mm×100mm 的木板胶合而成，如图所示，图中 z 轴为中性轴。胶合缝的许用切应力 $[\tau]=0.35\text{MPa}$。试按胶合缝的切应力强度求许可载荷 F，并求在此载荷作用下，梁的最大弯曲正应力。

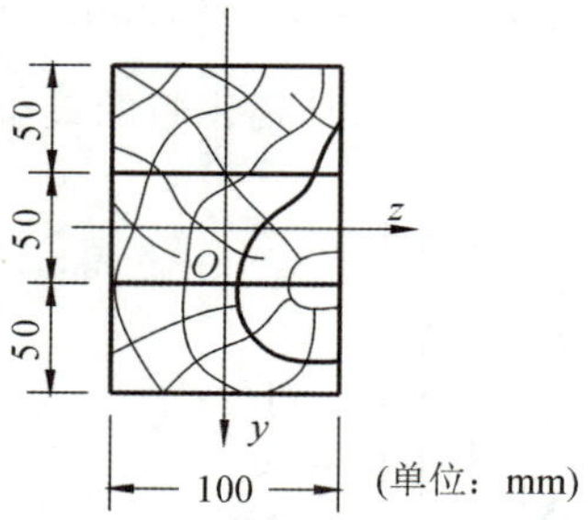

题 6-18 图

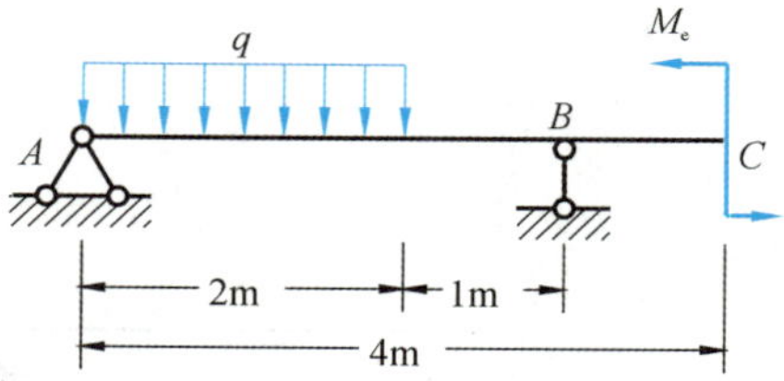

题 6-19 图

题 6-19　外伸梁 AC 承受载荷如图所示，$M_e=40\text{kN}\cdot\text{m}$，$q=20\text{kN/m}$。材料的许用弯曲正应力 $[\sigma]=170\text{MPa}$，许用切应力 $[\tau]=100\text{MPa}$。试选择工字钢的型号。

题 6-20　试确定图示薄壁截面的弯曲中心 A 的位置。

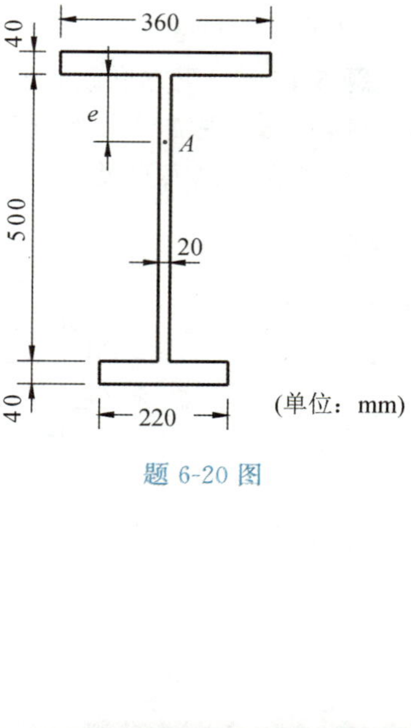

题 6-20 图

第 7 章

弯曲变形

7.1 概　　述

在第 6 章中，讨论了受弯杆件的应力和强度。工程实际中，对某些受弯杆件，除了强度要求外，往往还有刚度要求，即要求它的变形不能过大。例如桥式吊车梁(图 7-1(a))，若起吊重物时弯曲变形过大，将使梁上小车行走困难，出现爬坡现象，而且还会引起梁严重振动。又如机床主轴变形过大时，会影响齿轮间的正常啮合及轴与轴承的配合，从而加速齿轮和轴承的磨损，使机床产生噪声并影响加工精度。与此相反，在另一些情况下，却要利用构件的弯曲变形来达到工程中的某些目的。例如，车辆上用的叠板弹簧(图 7-1(b))，正是利用其变形较大的特点，以减小车身的颠簸，达到减震目的。

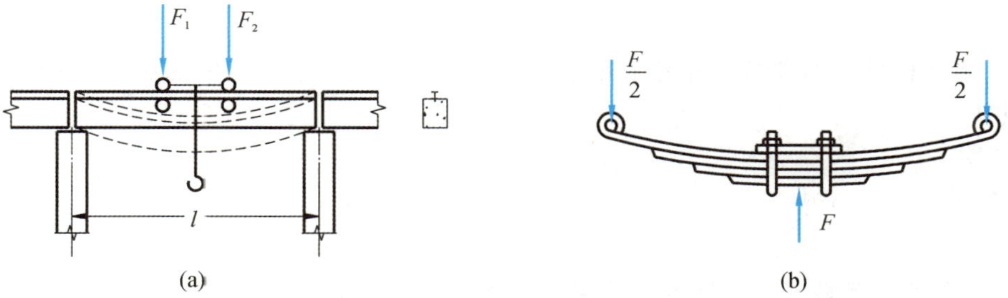

图 7-1　桥式吊车梁和叠板弹簧

为了限制或利用杆件的弯曲变形，就需要掌握弯曲变形的计算方法。此外，研究弯曲变形，还有助于求解超静定梁以及分析梁的振动应力和冲击应力等问题。

7.2 弯曲变形时的位移

直梁发生弯曲变形时，除个别受约束处以外，梁内各点都要移动，即都有线位移。由于各个横截面形心的线位移不同，以致原为直线的形心轴变为平滑曲线。这个曲线称为挠曲线。一般地，梁是在弹性变形之下工作的，因此，挠曲线也称为弹性曲线。

若外力作用于纵向对称平面内，则直梁将发生平面弯曲，即挠曲线成为一条平面曲线而位于外力作用平面内。挠曲线所在的平面常称为弯曲平面。

下面以图 7-2 所示的简支梁为例，说明弯曲变形时的位移。

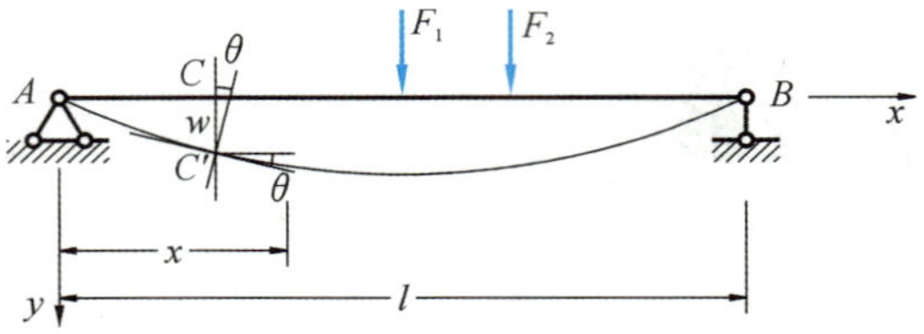

图 7-2　梁变形时发生的两种位移——挠度和转角

以 AB 线表示梁的轴线，以变形前的轴线为 x 轴，垂直向下的轴为 y 轴，xAy 平面为纵向对称平面，载荷和约束反力都作用在这个平面内，使梁发生平面弯曲。

弯曲变形用下面两个位移量表示：

(1)挠度 w：梁横截面的形心沿 y 轴方向的线位移，称为挠度，常以“w”表示，其正负号与坐标的正负号相同。

(2)转角 θ：梁的横截面相对其原有位置的角位移，称为该截面的转角，常以“θ”表示，并规定：在图示坐标系中顺时针方向转动的为正，逆时针方向转动的为负。

在小变形情况下，横截面的形心沿轴线方向的线位移是二阶微量，可忽略不计。因此，挠度 w 和转角 θ 是度量弯曲变形的两个基本量。梁的轴线变形后变成了一条连续光滑的平面曲线，这个平面挠曲线可用 $w=f(x)$ 表示。即挠度 w 是 x 的函数。

挠曲线上任一点的斜率

$$\tan\theta = w' = f'(x) \tag{1}$$

由于实际杆件的弯曲变形很小，挠曲线 $w=f(x)$ 是一条很平坦的曲线，转角 θ 的值也很小，可以认为

$$\tan\theta \approx \theta \tag{2}$$

由式(1)和式(2)得

$$\theta = w' = f'(x) \tag{7-1}$$

式(7-1)表示直梁弯曲时挠度 w 与横截面转角 θ 之间的一个重要关系。

7.3　直梁挠曲线近似微分方程

在第 6 章中，已求得梁在纯弯曲时曲率的表达式为

$$k = \frac{1}{\rho} = \frac{M}{EI}$$

对于一般的梁，由于其跨度 l 通常不小于横截面高度 h 的 5 倍，在横力弯曲时，剪力 F_s 对梁变形的影响很小，可忽略不计，故上述关系式仍可应用。但式中的 M 和 ρ 均应为 x 的函数，即

$$k(x) = \frac{1}{\rho(x)} = \frac{M(x)}{EI} \tag{1}$$

应用高等数学知识,平面曲线上任一点处的曲率为

$$\frac{1}{\rho(x)}=\pm\frac{w''}{(1+w'^2)^{\frac{3}{2}}}$$

工程中,挠曲线为小曲率曲线,可以认为

$$1+w'^2=1+\theta^2\approx 1 \tag{2}$$

由式(1)和式(2)有

$$w''=\pm\frac{M(x)}{EI} \tag{3}$$

式(3)表示内力与变形间的关系,式中的正负号取决于 $M(x)$ 和 w'' 所作的正负号规定。如图 7-3 所示,可以发现 $M(x)$ 的符号规定与 xOy 坐标系中 w'' 的符号规定正好相反,所以挠曲线的近似微分方程为

$$w''=-\frac{M(x)}{EI} \tag{7-2}$$

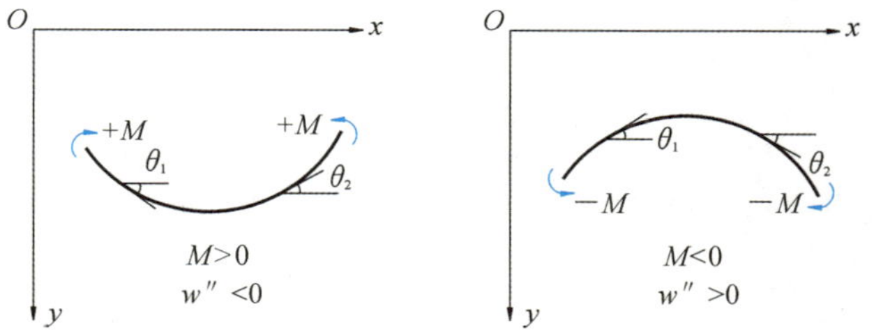

图 7-3　M 和 w'' 的正负号

求解式(7-2)这一微分方程,即可得出挠曲线方程和转角方程,从而可以求出各截面的挠度和转角。

7.4　积分法求弯曲变形

对于等截面梁,抗弯刚度 EI 为常数,故式(7-2)可改写为如下形式

$$-EIw''=M(x)$$

将上式的两端各乘以 $\mathrm{d}x$,经积分一次得转角方程

$$-EIw'=-EI\theta=\int M(x)\mathrm{d}x+C \tag{7-3}$$

再乘以 $\mathrm{d}x$,积分得挠曲线方程

$$-EIw=\int\left\lfloor M(x)\mathrm{d}x\right\rfloor\mathrm{d}x+Cx+D \tag{7-4}$$

积分式中出现的积分常数 C 和 D 由边界条件确定。在某些情况下,梁在不同的区段内,$M(x)$ 的表达式不同,于是,挠曲线的近似微分方程也随之而异。因此,需要逐段分别积分才能求出截面转角方程和挠曲线方程。

为了确定出积分常数,除了利用梁在支承处的边界条件外,还要考虑挠曲线的连续性和

光滑性，来找各段交界处的连续光滑条件。在一般问题中，总有足够确定积分常数的条件。

例题 7.1　一受均布载荷作用的简支梁如图 7-4 所示，EI 为常数。试求此梁的最大挠度 $w_{\max}$（通常用符号 f 表示最大挠度）及两端截面的转角 θ_A 和 θ_B。

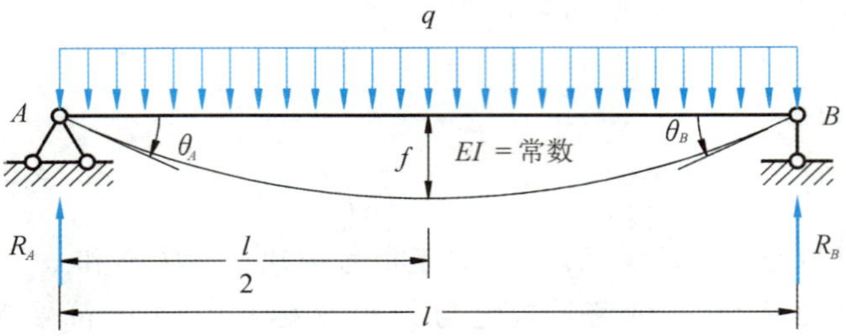

图 7-4　例题 7.1 图

解：(1) 列挠曲线近似微分方程。

支座反力：
$$R_A = R_B = \frac{ql}{2}$$

弯矩方程：
$$M(x) = \frac{qlx}{2} - \frac{qx^2}{2}$$

将 $M(x)$ 代入式(7-2)，即得梁的挠曲线近似微分方程
$$-EIw'' = \frac{qlx}{2} - \frac{qx^2}{2}$$

(2) 积分。

将上式连续积分两次，可分别得到
$$\theta = w' = -\frac{1}{EI}\left(\frac{qlx^2}{4} - \frac{qx^3}{6} + C\right) \tag{1}$$

和
$$w = -\frac{1}{EI}\left(\frac{qlx^3}{12} - \frac{qx^4}{24} + Cx + D\right) \tag{2}$$

(3) 确定积分常数。边界条件为：当 $x=0$ 时，$w=0$；当 $x=l$ 时，$w=0$。根据这两个边界条件可得
$$D = 0 \quad 和 \quad C = -\frac{ql^3}{24}$$

将它们代入式(1)和式(2)两式可得：

① 转角方程为
$$\theta = -\frac{1}{EI}\left(\frac{qlx^2}{4} - \frac{qx^3}{6} - \frac{ql^3}{24}\right) \tag{3}$$

② 挠曲线方程为
$$w = -\frac{1}{EI}\left(\frac{qlx^3}{12} - \frac{qx^4}{24} - \frac{ql^3x}{24}\right) \tag{4}$$

(4) 求 $w_{\max}$、θ_A 和 θ_B。

由 $w'=0$，得 $x=\frac{l}{2}$。即在 $x=\frac{l}{2}$ 时，挠度最大。

$$w_{\max} = f = w|_{x=\frac{l}{2}} = \frac{5ql^4}{384EI}$$

正号表示 $w_{\max}$ 的方向与 y 轴正方向相同，即向下。

将 $x=0$ 代入式(3)，得

$$\theta_A = \theta|_{x=0} = \frac{ql^3}{24EI}$$

正号表示 θ_A 为顺时针转向。

将 $x=l$ 代入式(3)，得

$$\theta_B = \theta|_{x=l} = -\frac{ql^3}{24EI}$$

负号表示 θ_B 为逆时针转向。

在计算挠度和转角的具体数值时，应注意统一单位：例如 q 采用 N/m，l 采用 m，I 采用 m^4，E 采用 N/m^2 时，则求得的挠度的单位是 m，转角的单位是 rad。

例题 7.2 承受集中载荷 F 的简支梁如图 7-5 所示，EI 为常数，试求此梁的转角方程和挠曲线方程，并求最大转角 $\theta_{\max}$ 和最大挠度 $w_{\max}$。

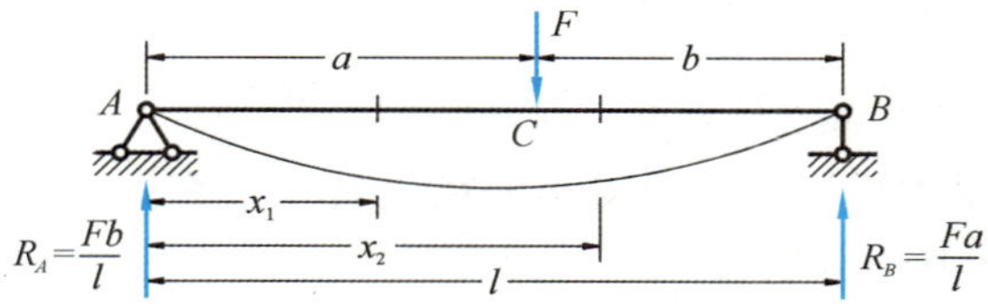

图 7-5 例题 7.2 图

解：(1) 求转角方程和挠曲线方程。因集中载荷 F 将梁分为两段，各段的弯矩方程不同，故需分别写出它们的弯矩方程，即

AC 段： $$M(x_1) = \frac{Fb}{l}x_1 \quad (0 \leqslant x_1 \leqslant a)$$

CB 段： $$M(x_2) = \frac{Fb}{l}x_2 - F(x_2 - a) \quad (a \leqslant x_2 \leqslant l)$$

将它们分别代入式(7-2)，积分后可得

$$\theta_1 = w_1' = -\frac{1}{EI}\left(\frac{Fb}{l}\frac{x_1^2}{2} + C_1\right) \tag{1}$$

$$w_1 = -\frac{1}{EI}\left(\frac{Fb}{l}\frac{x_1^3}{6} + C_1x_1 + D_1\right) \tag{2}$$

和

$$\theta_2 = w_2' = -\frac{1}{EI}\left[\frac{Fb}{l}\frac{x_2^2}{2} - F\frac{(x_2-a)^2}{2} + C_2\right] \tag{3}$$

$$w_2 = -\frac{1}{EI}\left[\frac{Fb}{l}\frac{x_2^3}{6} - F\frac{(x_2-a)^3}{6} + C_2x_2 + D_2\right] \tag{4}$$

积分后出现了四个积分常数。

(2) 确定积分常数。为了确定上面的四个积分常数，需要利用边界条件，即

$$x_1 = 0, \quad w_1 = 0; \quad x_2 = l, \quad w_2 = 0$$

此外，还要根据整个梁挠曲线为一条连续光滑的曲线的特征，利用相邻两段梁在交接处位移的连续条件。即在 AC 和 CB 两段的交接处，左右两段梁有相等的挠度和转角。即 $x_1 = x_2 = a$ 时，

$$\theta_1 = \theta_2, \quad w_1 = w_2$$

由列出的四个条件即可求得四个积分常数为

$$D_1 = D_2 = 0$$

与

$$C_1 = C_2 = -\frac{Fb}{6l}(l^2 - b^2)$$

将它们分别代入式(1)、式(2)、式(3)和式(4)，得到转角方程和挠曲线方程如下

$$\theta_1 = w_1' = \frac{Fb}{6lEI}(l^2 - 3x_1^2 - b^2) \tag{5}$$

$$w_1 = \frac{Fbx_1}{6lEI}(l^2 - x_1^2 - b^2) \tag{6}$$

$$\theta_2 = w_2' = \frac{Fb}{2lEI}\left[\frac{l}{b}(x_2 - a)^2 - x_2^2 + \frac{1}{3}(l^2 - b^2)\right] \tag{7}$$

$$w_2 = \frac{Fb}{6lEI}\left[\frac{l}{b}(x_2 - a)^3 - x_2^3 + (l^2 - b^2)x_2\right] \tag{8}$$

(3) 求最大转角和最大挠度。此简支梁的最大转角要么发生在左支座处的截面，要么发生在右支座处的截面，其值分别为

$$\theta_A = \theta_1 \big|_{x_1 = 0} = \frac{Fb(l^2 - b^2)}{6lEI} = \frac{Fab(l + b)}{6lEI}$$

$$\theta_B = \theta_2 \big|_{x_2 = l} = -\frac{Fab(l + a)}{6lEI}$$

在本题中，设 $a > b$。故右支座处截面的转角最大，故

$$\theta_{\max} = \theta_B = -\frac{Fab(l + a)}{6lEI} \quad (\text{负号表示 } B \text{ 截面逆时针转向})$$

简支梁的最大挠度应在 $w' = \theta = 0$ 处。当 $x_1 = 0$ 时，$\theta_1 > 0$；当 $x_1 = a$ 时，$\theta_1 < 0$。故在 AC 段内必存在 $w' = \theta = 0$ 的位置，即最大挠度 $w_{\max}$ 的位置。

令

$$\theta_1 = w_1' = 0$$

可得

$$x_1 = \sqrt{\frac{l^2 - b^2}{3}}$$

因此，最大挠度为

$$w_{\max} = f = w_1 \Bigg|_{x_1 = \sqrt{\frac{l^2 - b^2}{3}}} = \frac{Fb}{9\sqrt{3}EIl}\sqrt{(l^2 - b^2)^3}$$

讨论：(1)当集中力 F 的作用点越靠近 B 支座(图 7-6)，即 b 值越小或 $b \to 0$ 时，在这种极端情况下，最大挠度位置 x_1 为

$$x_1 = \sqrt{\frac{l^2}{3}} \approx 0.577l$$

也就是说，在此极端情况下，最大挠度所在位置仍处于中点附近。因为中点的挠度为

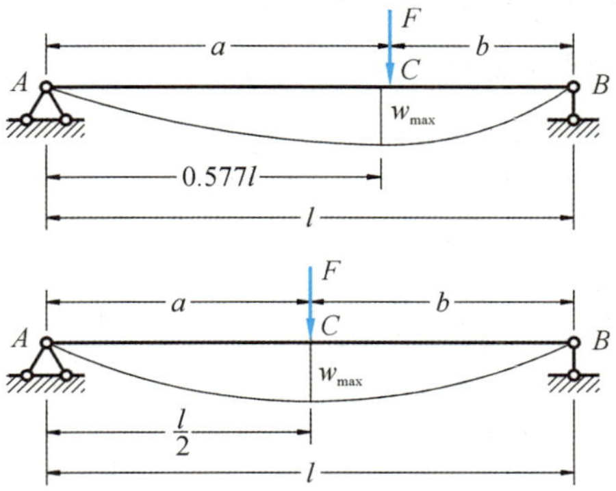

图 7-6 载荷 F 的位置对最大挠度位置的影响

$$w_1\Big|_{x=\frac{l}{2}}=\frac{Fb}{48EI}(3l^2-4b^2)$$

比较 w_{max} 与 $w_1\big|_{x=\frac{l}{2}}$，并令 $b\to 0$，则

$$\left(\frac{w_{max}}{w_1\big|_{x=\frac{l}{2}}}\right)_{b\to 0}=\frac{16\sqrt{3\,(l^2-b^2)^3}}{9l(3l^2-4b^2)}\Big|_{b\to 0}\approx 1.03$$

由此可见，在集中力 F 无限靠近支座时，梁的中点的挠度仍与最大挠度非常接近，相差不到 3%。因此，工程上认为简支梁上集中力 F 的位置对于最大挠度位置的影响不大，为了方便实际使用，可以不论集中载荷 F 的位置如何，都认为最大挠度发生在梁跨中点处。这样既可简化计算，又能保证足够精度。

(2) 当集中力 F 作用于跨度中点时，即 $a=b=\frac{l}{2}$，则梁的最大转角和最大挠度为

$$\theta_{max}=\frac{Fl^2}{16EI}$$

$$w_{max}=\frac{Fl^3}{48EI}$$

7.5 叠加法计算弯曲变形

上节介绍的积分法，是求梁变形的基本方法，利用此方法求任意截面的转角和挠度时，需先求得梁的转角方程和挠曲线方程。当梁上同时作用有若干个载荷，而且只需求出某几个特定截面的转角和挠度时，积分法就显得偏于繁琐。在此情况下，用叠加原理计算变形要方便得多。

在梁的变形为小变形和材料服从胡克定律的前提下，由式(7-2)得到转角和挠度是与作用在梁上的载荷(如 F、M_e、q 等)成线性关系的，因此可用叠加原理计算弯曲变形。即梁在几个载荷共同作用时，其任一横截面处的转角或挠度，等于每个载荷单独作用时梁在该截面处的转角或挠度的总和。

表 7-1 给出了几种常用梁在几种简单载荷作用下的挠度和转角，利用它们求在多个载荷共同作用下的梁的变形是很方便的。

表 7-1　几种常用梁在简单载荷下的变形

序号	支承载荷作用情况	梁端转角	挠曲轴线方程	最大挠度
1	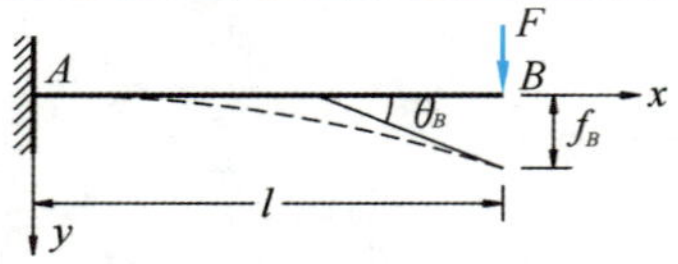	$\theta_B=\frac{Fl^2}{2EI}$	$w=\frac{Fx^2}{6EI}(3l-x)$	$f_B=\frac{Fl^3}{3EI}$
2	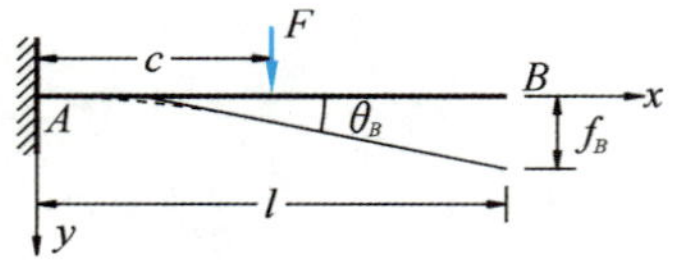	$\theta_B=\frac{Fc^2}{2EI}$	当 $0\leqslant x\leqslant c$，$w=\frac{Fx^2}{6EI}(3c-x)$ 当 $c\leqslant x\leqslant l$，$w=\frac{Fc^2}{6EI}(3x-c)$	$f_B=\frac{Fc^3}{6EI}(3l-c)$
3	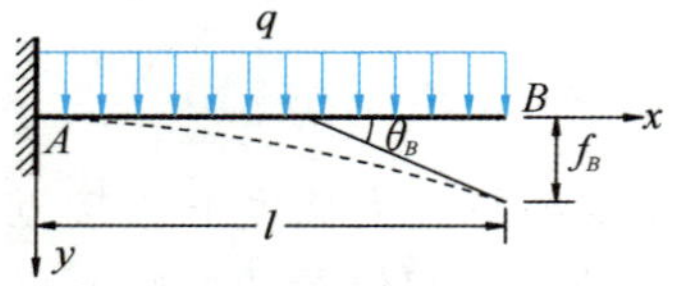	$\theta_B=\frac{ql^3}{6EI}$	$w=\frac{qx^2}{24EI}(x^2+6l^2-4lx)$	$f_B=\frac{ql^4}{8EI}$
4	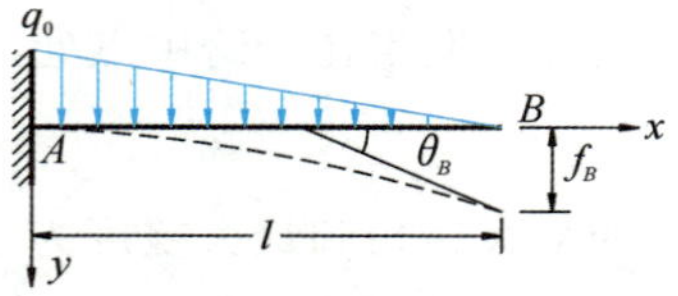	$\theta_B=\frac{q_0l^3}{24EI}$	$w=\frac{q_0x^2}{120EIl}(10l^3-10l^2x+5lx^2-x^3)$	$f_B=\frac{q_0l^4}{30EI}$
5	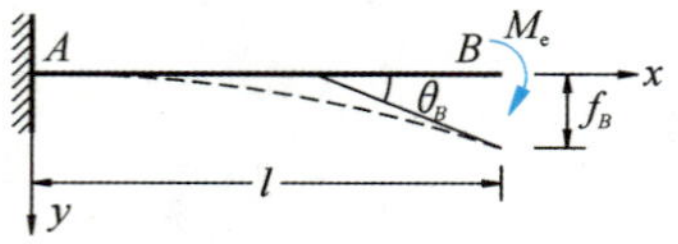	$\theta_B=\frac{M_el}{EI}$	$w=\frac{M_ex^2}{2EI}$	$f_B=\frac{M_el^2}{2EI}$
6	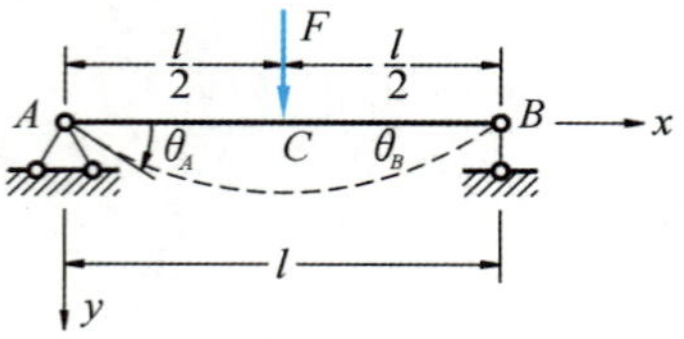	$\theta_A=-\theta_B=\frac{Fl^2}{16EI}$	当 $0\leqslant x\leqslant\frac{l}{2}$，$w=\frac{Fx}{12EI}(\frac{3l^2}{4}-x^2)$	$f_C=\frac{Fl^3}{48EI}$
7	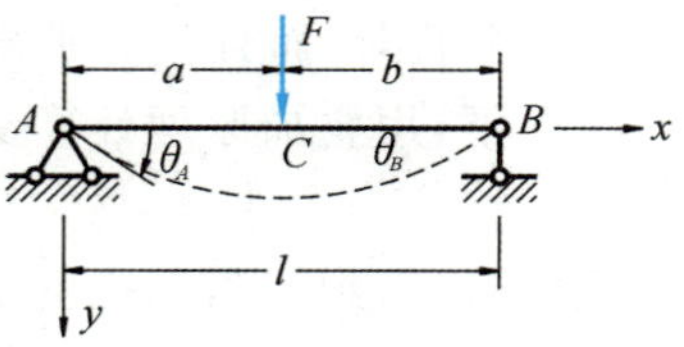	$\theta_A=\frac{Fab(l+b)}{6lEI}$ $\theta_B=-\frac{Fab(l+a)}{6lEI}$	当 $0\leqslant x\leqslant a$，$w=\frac{Fbx}{6lEI}(l^2-x^2-b^2)$ 当 $a\leqslant x\leqslant l$，$w=\frac{Fa(l-x)}{6lEI}(2lx-x^2-a^2)$	在 $x=\sqrt{(l^2-b^2)/3}$ 处最大， $f=\frac{\sqrt{3}Fb}{27lEI}(l^2-b^2)^{\frac{3}{2}}$ $w_{x=\frac{l}{2}}=\frac{Fb}{48EI}(3l^2-4b^2)$ 设($a>b$)

续表

序号	支承载荷作用情况	梁端转角	挠曲轴线方程	最大挠度
8	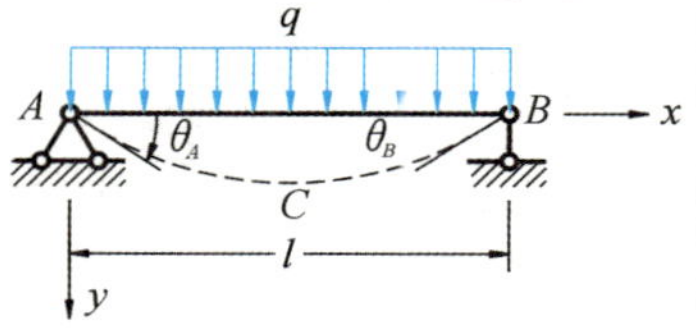	$\theta_A=\theta_B=\frac{ql^3}{24EI}$	$w=\frac{qx}{24EI}(l^3-2lx^2+x^3)$	$f_C=\frac{5ql^4}{385EI}$
9	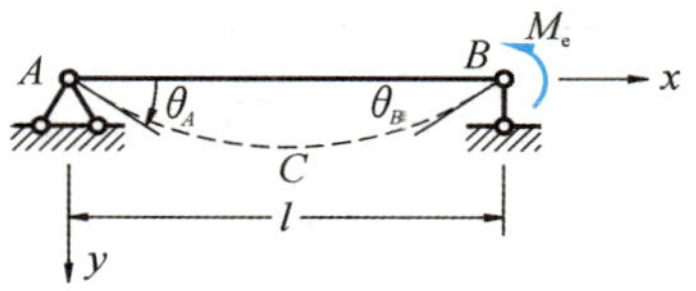	$\theta_A=\frac{M_e l}{6EI}$ $\theta_B=-\frac{M_e l}{3EI}$	$w=\frac{M_e x}{6lEI}(l^2-x^2)$	在 $x=l/\sqrt{3}$ 处最大， $f=\frac{M_e l^2}{9\sqrt{3}EI}$ $w_{x=\frac{l}{2}}=\frac{M_e l^2}{16EI}$
10	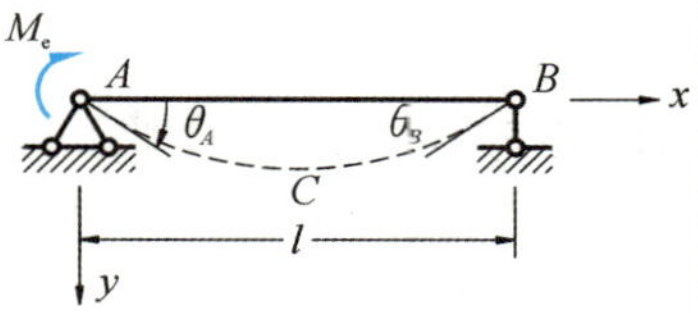	$\theta_A=\frac{M_e l}{3EI}$ $\theta_B=-\frac{M_e l}{6EI}$	$w=\frac{M_e x}{6lEI}(l-x)(2l-x)$	在 $x=(1-1/\sqrt{3})l$ 处最大， $f=\frac{M_e l^2}{9\sqrt{3}EI}$ $w_{x=\frac{l}{2}}=\frac{M_e l^2}{16EI}$
11	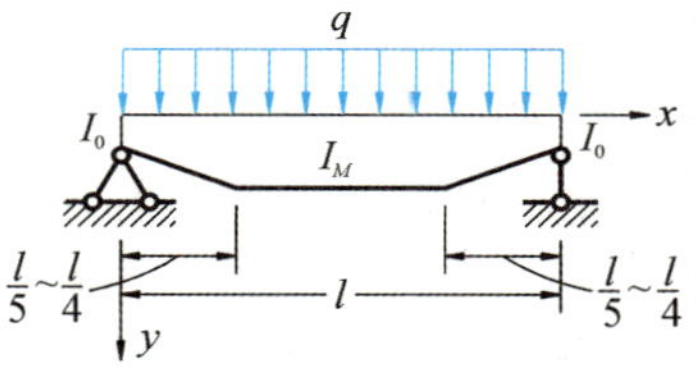			$f=\frac{5}{384}\frac{ql^4}{EI_M}\left(1+\frac{3}{25}a\right)$ 其中 $a=\frac{I_M-I_0}{I_0}$

例题 7.3 简支梁受力如图 7-7(a)所示，EI 为常数。试按叠加法求出梁中点 C 的挠度和支座处截面的转角。

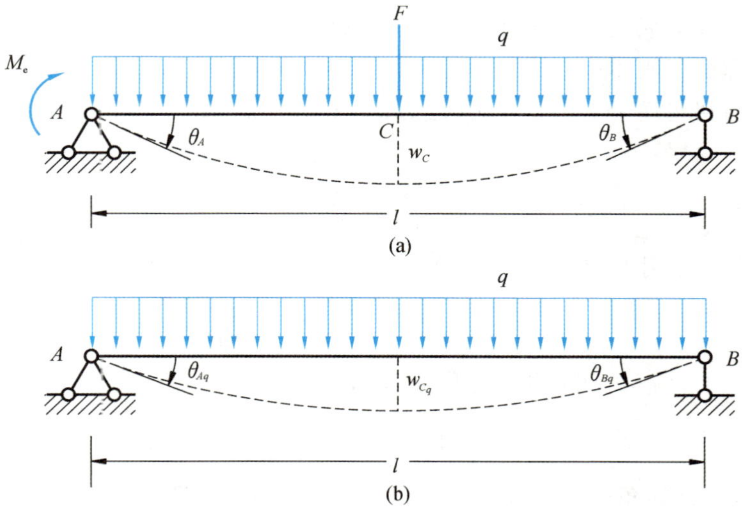

图 7-7 例题 7.3 图

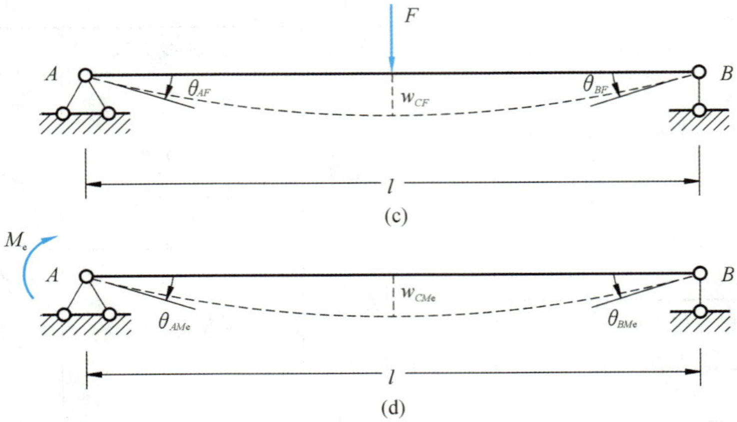

续图 7-7　例题 7.3 图

解:可将作用在此梁上的载荷分为三种简单的载荷,如图 7-7(b)、(c)、(d)所示,然后从表 7-1 中查出有关的计算式,并按叠加原理求出其代数和,即可得到所需要求的变形。

$$w_C = w_{Cq} + w_{CF} + w_{CM_e} = \frac{5ql^4}{384EI} + \frac{Fl^3}{48EI} + \frac{M_e l^2}{16EI}$$

$$\theta_A = \theta_{Aq} + \theta_{AF} + \theta_{AM_e} = \frac{ql^3}{24EI} + \frac{Fl^2}{16EI} + \frac{M_e l}{3EI}$$

$$\theta_B = \theta_{Bq} + \theta_{BF} + \theta_{BM_e} = -\left(\frac{ql^3}{24EI} + \frac{Fl^2}{16EI} + \frac{M_e l}{6EI}\right)$$

例题 7.4　外伸梁受力如图 7-8(a)所示,EI 为常数。试求端点 C 的挠度 w_C。

解:采用逐段刚化法,分段计算变形。

(1) 令 BC 段刚化,只考虑 AB 段变形。将集中力 F 简化到 B 截面处为一个集中力 $F=qa$ 和一个集中力偶 $M_e=Fa=qa^2$。此时,AB 部分成为简支梁,梁上除了分布力 q,在 B 点处还作用有力 F 及力偶矩 M_e,同时 B 端右侧空挑着一段刚性杆 BC,见图 7-8(b)。AB 段的变形必然在 C 点引起刚体位移。

集中力 F 直接传递于支座 B,不引起变形。在力偶矩 M_e 作用下,查表 7-1 第 9 栏,得截面 B 的转角为

$$(\theta_B)_{M_e} = \frac{M_e(2a)}{3EI} = \frac{qa^2 \times 2a}{3EI} = \frac{2qa^3}{3EI}$$

在分布载荷 q 作用下,查表 7-1 中第 8 栏,得截面 B 的转角为

$$(\theta_B)_q = -\frac{q(2a)^3}{24EI} = -\frac{qa^3}{3EI}$$

叠加 $(\theta_B)_{M_e}$ 和 $(\theta_B)_q$,得 M_e 和 q 共同作用下 B 截面转角

$$\theta_B = (\theta_B)_{M_e} + (\theta_B)_q = \frac{2qa^3}{3EI} - \frac{qa^3}{3EI} = \frac{qa^3}{3EI}$$

θ_B 为正,表示 B 截面转角应为顺时针方向,与图中假设方向相反。

由于梁的 AB 段和 BC 段的挠曲线在 B 点处连续光滑,当 AB 变形时,BC 随之倾斜发

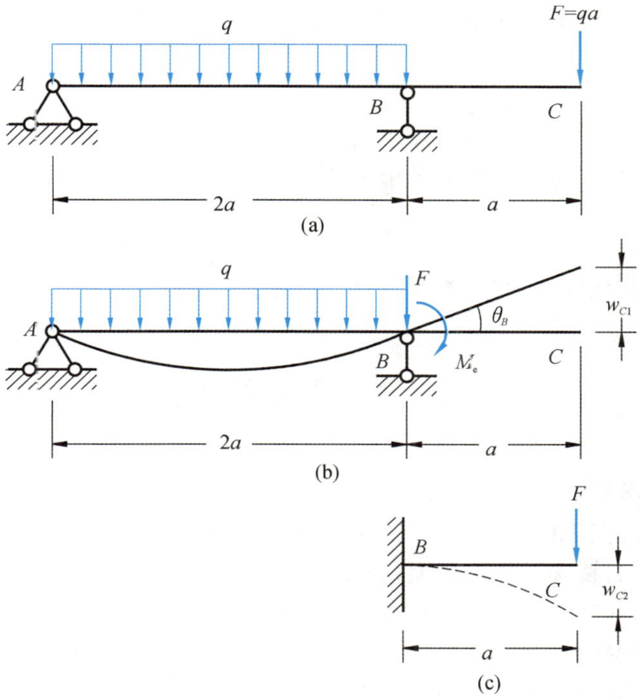

图 7-8 例题 7.4 图

生刚体位移，故仍保持为一段直线。则 C 点的挠度

$$w_{C1}=\theta_B\cdot a=\frac{qa^3\cdot a}{3EI}=\frac{qa^4}{3EI}\quad(\downarrow)$$

w_{C1} 为正，表示 C 处挠度向下。

（2）令 AB 段刚化，只考虑 BC 段变形。这样，BC 段相当于一个 B 截面固定的悬臂梁（见图 7-8(c)）。查表 7-1 第 1 栏得 C 点的挠度

$$w_{C2}=\frac{Fa^3}{3EI}=\frac{qa\cdot a^3}{3EI}=\frac{qa^4}{3EI}\quad(\downarrow)$$

（3）C 点的总挠度为

$$w_C=w_{C1}+w_{C2}=\frac{qa^4}{3EI}+\frac{qa^4}{3EI}=\frac{2qa^4}{3EI}\quad(\downarrow)$$

例题 7.5 悬臂梁受力如图 7-9 所示，EI 为常数。试用叠加法求 B 处的挠度 w_B。

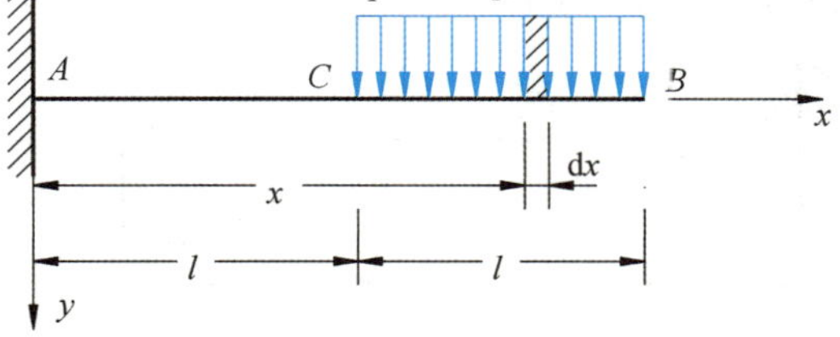

图 7-9 例题 7.5 图

解：利用表 7-1 第 2 栏中的公式，可以得到微分载荷 $\mathrm{d}F=q\cdot\mathrm{d}x$ 引起悬臂梁自由端 B 处的挠度为

$$\mathrm{d}w_B=\frac{q\mathrm{d}x\cdot x^2}{6EI}(3\times 2l-x)=\frac{q}{6EI}(6lx^2-x^3)\mathrm{d}x$$

利用叠加原理，在图示均布载荷作用下，将 $\mathrm{d}w_B$ 积分可得 B 处总挠度

$$w_B=\frac{q}{6EI}\int_l^{2l}(6lx^2-x^3)\mathrm{d}x=\frac{41ql^4}{24EI}$$

此例题还可用其他方法求解，请读者自行思考。

7.6　梁的刚度条件

在根据强度要求设计了梁的截面后，常需要进一步按梁的刚度条件检查梁的变形是否在设计条件所许可的范围内，因在很多情况下当变形超过一定限度时，梁的正常工作条件就会得不到保证。例如，桥梁的挠度过大，会在机车通过时，使桥梁发生很大的震动；机床中的主轴挠度过大，会影响到工件的加工精度；传动轴在机座处的转角过大，将使轴承发生严重磨损；水工闸门主横梁的挠度和转角过大，将使闸门的启闭产生困难或在水流通过时发生很大的震动；等等。检查梁的变形是否超过许可值的计算称为刚度条件。若超过许可值，即应按刚度条件重新选择梁的截面。

在各类工程设计中，对于杆件弯曲位移许可值的规定出入很大。对于梁的挠度，其许可值通常用许可的挠度与跨长之比值 $[f/l]$ 作为标准。例如在土建工程方面，$[f/l]$ 的值常限制在 1/1000～1/250 范围内；在机械制造工程方面，对主要的轴，$[f/l]$ 的值则限制在 1/10000～1/5000 范围内；对传动轴在支座处的转角，许可值 $[\theta]$ 一般限制在 0.001～0.005rad 范围内。

刚度条件可写成

$$\frac{f}{l}\leqslant\left[\frac{f}{l}\right]\quad 或\quad f\leqslant[f]\tag{7-5}$$

和

$$\theta_{\max}\leqslant[\theta]\tag{7-6}$$

例题 7.6　有一长度 $l=4\mathrm{m}$ 的悬臂梁，在自由端承受集中力 $F=10\mathrm{kN}$（见图 7-10）。已知钢材的许用正应力 $[\sigma]=170\mathrm{MPa}$，梁的许用挠度 $[f]=10\mathrm{mm}$。试按强度条件及刚度条件从附录 B 型钢规格表中选择一工字形截面。

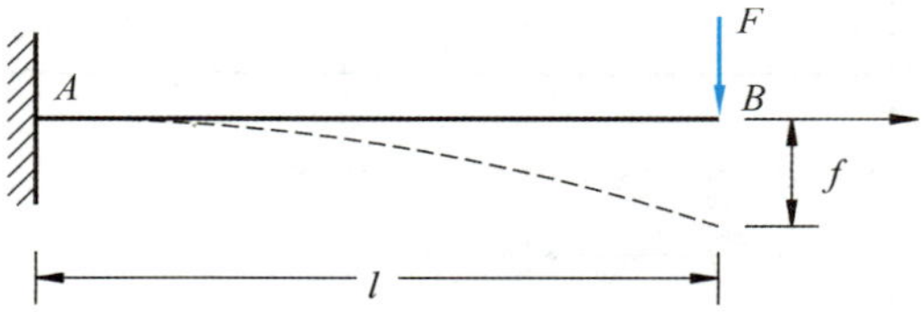

图 7-10　例题 7.6 图

解:(1) 按强度条件选择截面:

$$M_{\max} = Fl = 40\text{kN} \cdot \text{m}$$

$$W = \frac{M_{\max}}{[\sigma]} = \frac{40 \times 10^3}{170 \times 10^6} = 2.35 \times 10^{-4}\text{m}^3 = 235\text{cm}^3$$

选用 20a 号工字钢,其 $W=237\text{cm}^3$,$I=2370\text{cm}^4$。

(2) 刚度校核:

$$w_{\max} = f = \frac{Fl^3}{3EI} = \frac{10 \times 10^3 \times 4^3}{3 \times 210 \times 10^9 \times 2370 \times 10^{-8}} = 4.29 \times 10^{-2}\text{m} = 42.9\text{mm} > [f]$$

不满足刚度条件。

(3) 按刚度条件重新选择截面,由 $f=\dfrac{Fl^3}{3EI} \leqslant [f]$有

$$I \geqslant \frac{Fl^3}{3E[f]} = 1.016 \times 10^{-4}\text{m}^4 = 10160\text{cm}^4$$

选用 32a 号工字钢 $I=11075.525\text{cm}^4$,显然能满足刚度,故此梁的截面取决于刚度条件。

7.7 简单超静定梁

前面我们研究的简支梁、悬臂梁和外伸梁,其支座反力仅用静力平衡方程就可全部求出,它们都属静定梁。但有时为了工程上的需要,对梁设置较多的支座以减小梁的应力和挠度。

如图 7-11(a)所示的梁,可看成在悬臂梁的基础上增加了一个 B 支座,则将使其最大弯矩显著地减小,从而最大应力和最大挠度显著地减小。显然,仅用静力平衡方程无法求出该梁的全部支座反力,因为其支座反力未知量有四个,而能够列出的独立平衡方程只有三个,由三个平衡方程不能解出全部四个未知力。故为超静定梁。

在超静定梁中,都存在多于维持其静力平衡所必需的约束,习惯上称其为多余约束,与其对应的约束反力称为多余约束反力。多余约束反力的数目就是超静定梁的超静定次数。显然,超静定次数就是未知约束反力数多于独立平衡方程数的数目。图 7-11(a)所示的梁,是一次超静定梁。

对超静定梁,需要综合运用静力、几何和物理三个方面才能求解问题。现以图 7-11(a)所示梁为例,说明求解超静定梁的基本方法。

该梁具有一个多余约束,即具有一个多余约束反力。如果将支座 B 处的约束当成多余约束,则相应的多余约束反力为 R_B。为了求解,假想地将支座 B 予以解除,超静定梁就变成图 7-11(b)所示的基本静定梁(悬臂梁);然后将载荷 q 和在 B 点的约束反力 R_B 共同施加在梁上(图 7-11(c)),并假设 R_B 向上;再根据超静定梁原有的约束条件可知,图 7-11(c)所示的梁在 B 点处的挠度应等于零,这就是原超静定梁的变形协调条件。这样可先求得悬臂梁在均布载荷 q 和集中力 R_B 分别单独作用下,在 B 点处的挠度 f_{Bq} 和 f_{BR_B}(图 7-11(d)、(e))。然后用叠加法求得在两者共同作用下 B 点的挠度为

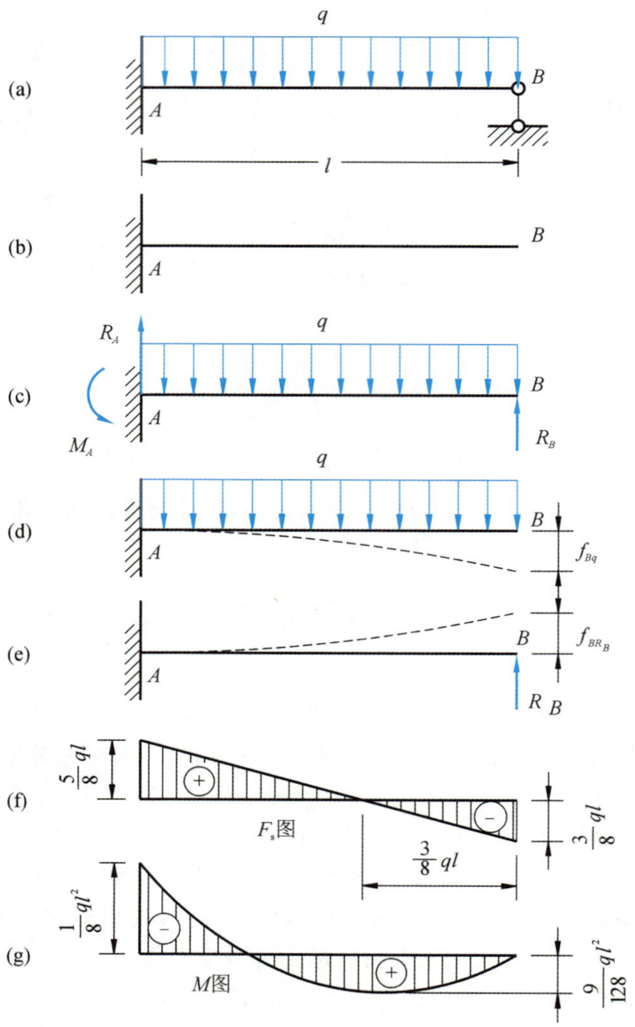

图 7-11　超静定梁

$$f_B = f_{Bq} + f_{BR_B} \tag{a}$$

于是,根据上述变形协调条件可得变形几何方程

$$f_B = f_{Bq} + f_{BR_B} = 0 \tag{b}$$

式(b)中的挠度 f_{Bq} 和 f_{BR_B} 可从表 7-1 中查得

$$f_{Bq} = \frac{ql^4}{8EI} \tag{c}$$

$$f_{BR_B} = -\frac{R_B l^3}{3EI} \tag{d}$$

式(c)、式(d)就是本问题中力和变形间的物理关系。将式(c)和式(d)代入式(b),即得到补充方程

$$\frac{ql^4}{8EI}-\frac{R_Bl^3}{3EI}=0 \tag{e}$$

由式(e)可求得

$$R_B=\frac{3}{8}ql \tag{f}$$

所求得的 R_B 为正号,表示前面假设的指向是对的。由此可见,根据上述多余约束处的变形协调条件求解多余未知约束反力的方法,称为变形比较法。

求得多余约束反力 R_B 后,即可按基本静定系(图 7-11(c)),由静力平衡方程求出梁固定端的支座约束反力

$$R_A=\frac{5}{8}ql,\quad M_A=\frac{1}{8}ql^2$$

约束反力求出后,即可绘出此超静定梁的剪力图和弯矩图(见图 7-11(f)、(g)),并进行强度计算,当然也可进行变形计算,这些不再赘述。

以上介绍的是取支座 B 处的约束作为多余约束来求解的,当然也可以取支座 A 处阻止该截面转动的约束作为多余约束,将其解除后,就得到如图 7-12 所示的基本静定梁(简支梁),与所解除的约束相对应的约束反力是力偶矩 M_A。根据"原超静定梁 A 端面的转角应为零"这一变形协调条件,可建立一个补充方程,由该方程就可求得 M_A 的值。建议读者自行按上述方法求解。

事实上,虽然基本静定梁选的作为多余约束的位置不同,但由两者求出的全部约束反力是相同的。

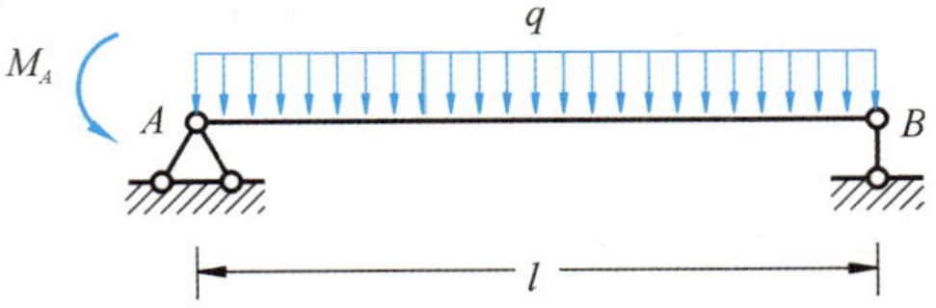

图 7-12 基本静定梁

例题 7.7 图 7-13(a)是一个两跨连续梁(超静定梁)ABC,受均布载荷作用,试作它的剪力图和弯矩图。

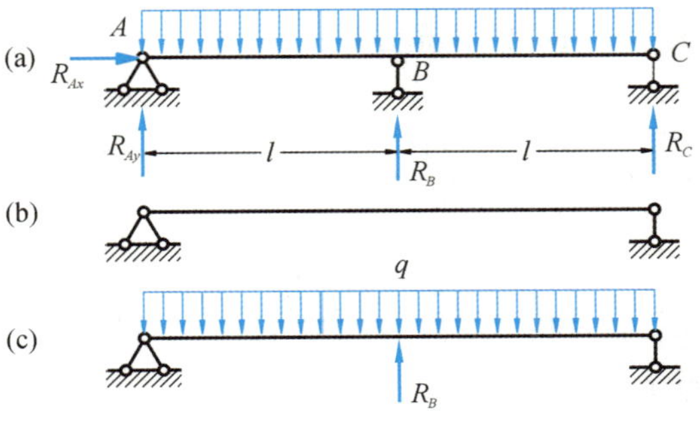

图 7-13 例题 7.7 图

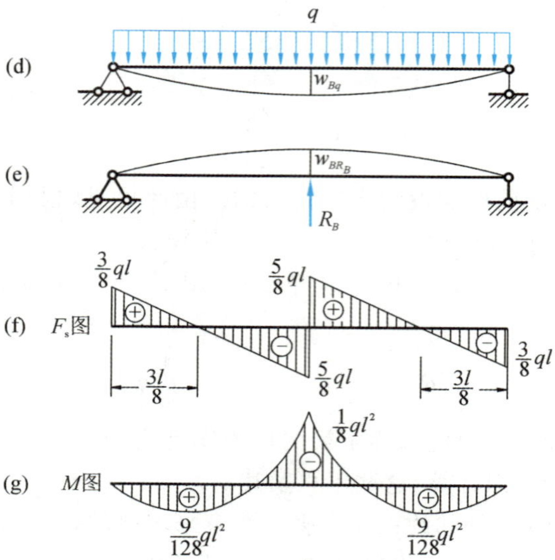

续图 7-13　例题 7.7 图

解：此梁有 R_{Ax}、R_{Ay}、R_B、R_C 四个约束反力，是一次超静定梁。

(1) 找变形协调条件。

现将 B 处约束看成多余约束，与之相对应的 R_B 就是多余约束反力。解除多余约束后就可得到图 7-13(b)所示的基本静定梁(简支梁)。将均布载荷 q 及多余约束反力 R_B 共同作用在基本静定梁上(图 7-13(c))，使其受力情况与原两跨连续梁相同。比较两者的变形，变形协调条件为

$$w_B = 0 \tag{a}$$

(2) 根据变形协调条件写出变形几何方程。

简支梁在载荷 q 和 R_B 共同作用下，其 B 处的挠度 w_B 等于它们分别单独作用时 B 处挠度 w_{Bq} 和 w_{BR_B}(图 7-13(d)、(e))的代数和，即

$$w_B = w_{Bq} + w_{BR_B} \tag{b}$$

将式(b)代入式(a)，即得到本问题的变形几何方程

$$w_B = w_{Bq} + w_{BR_B} = 0 \tag{c}$$

(3) 利用物理关系，建立求 R_B 的补充方程。

查表 7-1，可知

$$w_{Bq} = \frac{5q\,(2l)^4}{384EI},\quad w_{BR_B} = -\frac{R_B\,(2l)^3}{48EI}$$

从而

$$w_B = \frac{5q\,(2l)^4}{384EI} - \frac{R_B(2l)^3}{48EI} = 0$$

由此解得多余约束反力

$$R_B = \frac{5}{4}ql$$

(4) 再由静力平衡条件求得其他约束反力。

$$R_{Ay} = R_C = \frac{3}{8}ql$$

(5) 绘出剪力图和弯矩图。

梁的各约束反力已求出，即可绘出剪力图和弯矩图，如图 7-13(f)、(g)所示。

习　题

题 7-1　写出图示各梁的边界条件。在图(d)中支座 B 的弹簧刚度为 C(N/m)。

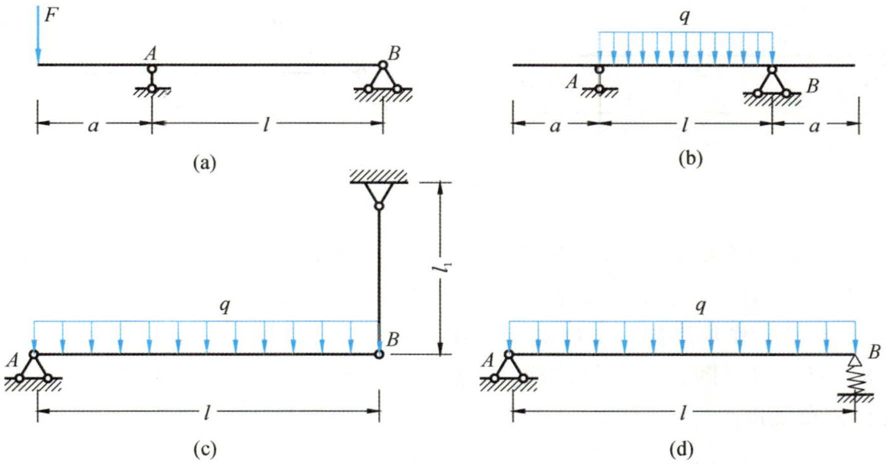

题 7-1 图

题 7-2　用积分法来求图示各梁的挠曲线方程，自由端的挠度和转角。设 EI=常量。

题 7-3　用积分法求图示各梁的挠曲线方程，端截面转角 θ_A 和 θ_B，跨中点的挠度和最大挠度。设 EI=常量。

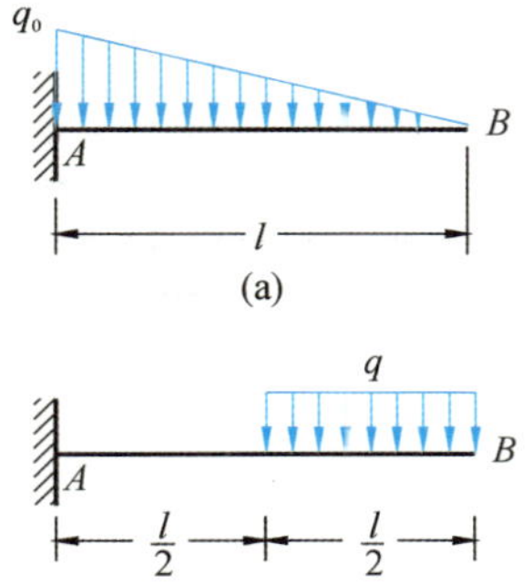

题 7-2 图

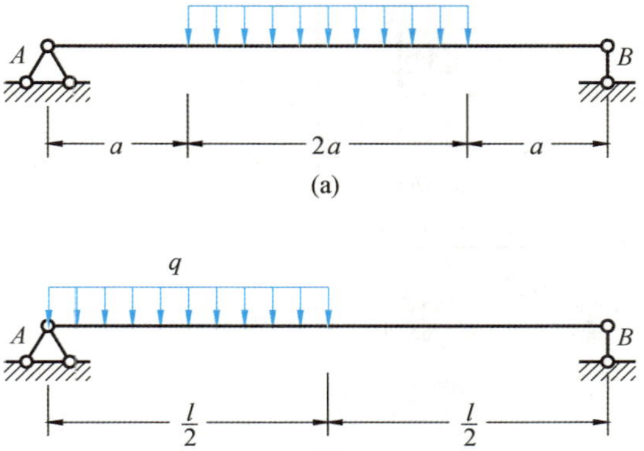

题 7-3 图

题 7-4　试分别用积分法和叠加法求下图变截面梁的最大挠度和转角。

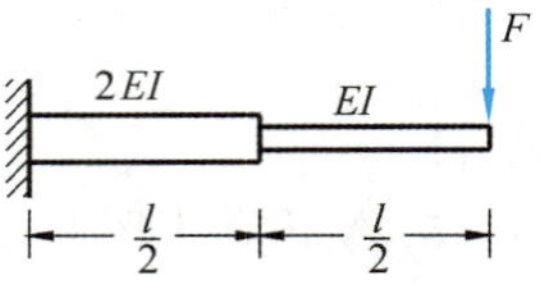

题 7-4 图

题 7-5　用叠加法求图示各梁截面 A 的挠度和截面 B 的转角。设 EI=常量。

题 7-6　试按叠加法计算图示梁的 θ_C 和 w_C。EI=常量。

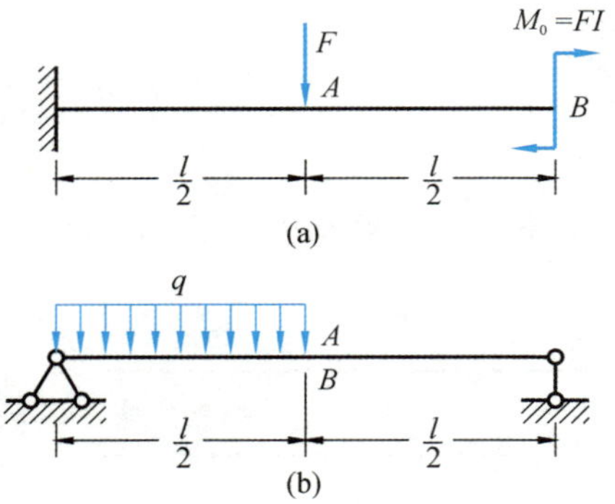

题 7-5 图

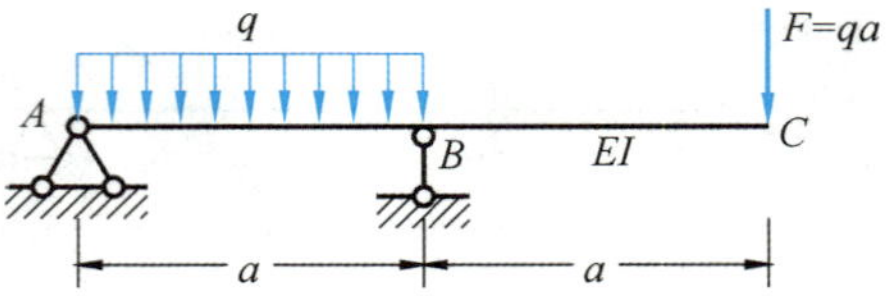

题 7-6 图

题 7-7　图示一木梁 AB,其右端用钢拉杆吊起。若已知梁的横截面为边长 $a=0.2\text{m}$ 的正方形,其 $E_1=10\text{GPa}$;钢拉杆的横截面面积为$A_2=250\text{mm}^2$,其 $E_2=210\text{GPa}$。试求梁在均布载荷 $q=40\text{kN/m}$ 作用下拉杆 BD 的伸长和梁中点 C 沿竖直方向的挠度 w_C。

题 7-8　有一等直圆松木桁条,跨度长为 4m,两端搁置在桁架上,可视为简支梁,在全跨度上作用有分布集度为 $q=1.82\text{kN/m}$ 的均布载荷。已知松木的许用应力 $[\sigma]=10\text{MPa}$,弹性模量 $E=10\text{GPa}$,许可相对挠度 $\left[\frac{f}{l}\right]=\frac{1}{200}$。试求此桁条横截面所需的直径 d。

题 7-9　已知图示图形截面的直径 $d=35\text{mm}$,弹性模量 $E=210\text{GPa}$,许可转角$[\theta]=0.01\text{rad}$,试求 A 和 B 截面的转角,并校核其刚度是否满足要求。

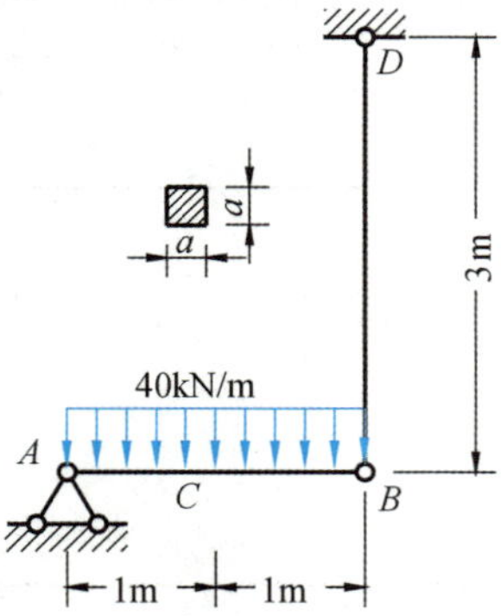

题 7-7 图

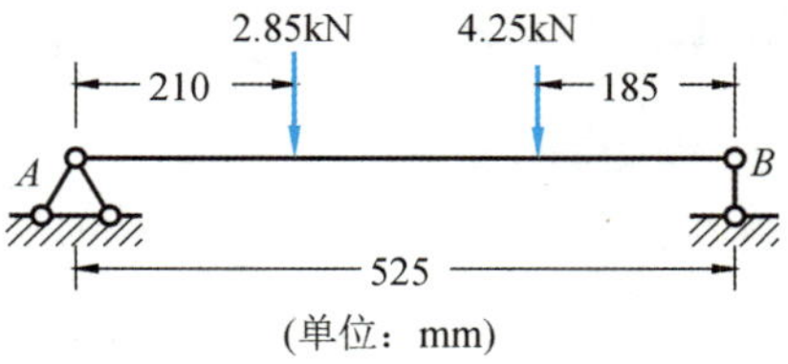

题 7-9 图

题 7-10　图示外伸梁由 16 号工字钢制成,弹性模量 $E=210\text{GPa}$,$q=10\text{kN/m}$,$a=2\text{m}$,试求 θ_A、θ_B 和 w_C、w_D 的值。

题 7-11　图示梁 AB 因强度和刚度不足，用同一材料和同样截面的短梁 AC 加固。试求：

（1）二梁接触处的压力 R_C；

（2）加固后梁 AB 的最大弯矩和 B 点的挠度各减小的百分数。

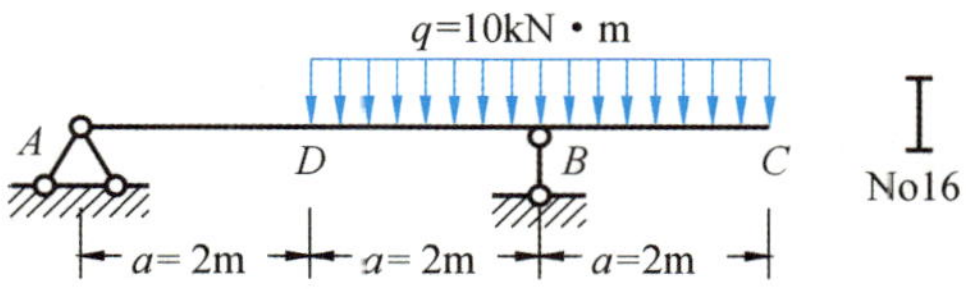

题 7-10 图

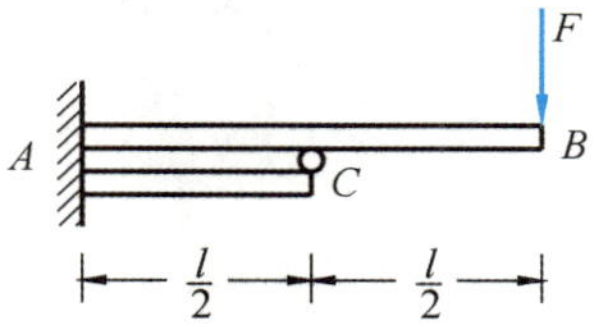

题 7-11 图

题 7-12　试求各超静定梁的支反力，并作剪力图和弯矩图。

题 7-13　图示结构中 AB 梁和 CD 梁的尺寸和材料均相同，已知 EI＝常量。试画出 CD 梁的剪力图和弯矩图。

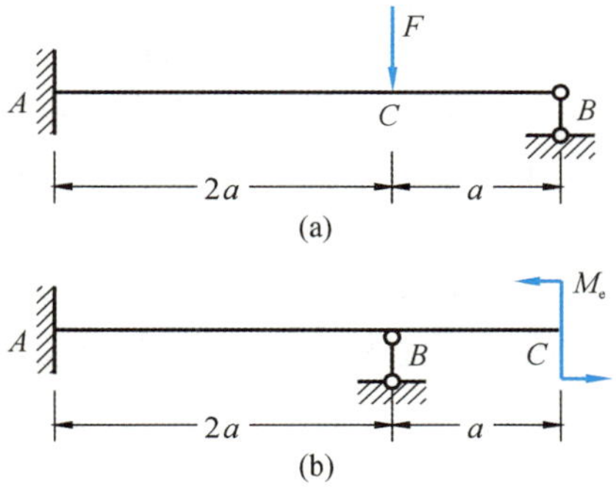

题 7-12 图

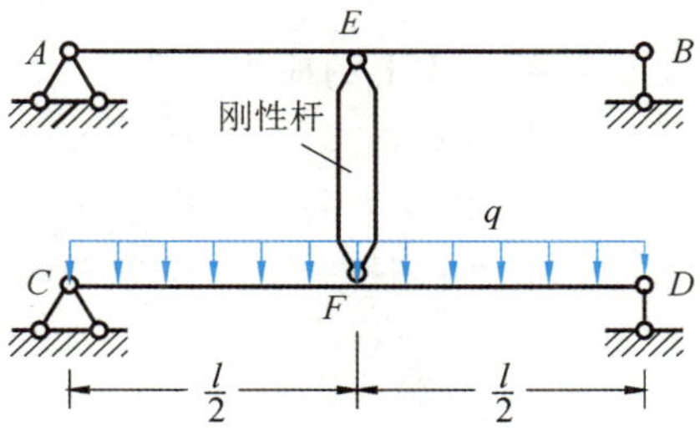

题 7-13 图

题 7-14　图示一等截面直梁 AB，长为 l，重为 P，弯曲刚度为 EI，放在刚性平面上。若在其 A 端用 $P/4$ 的力垂直向上提起，试求：

（1）该梁离开刚性平面被提起部分的长度及最大弯矩；

（2）点 A 的铅垂位移。

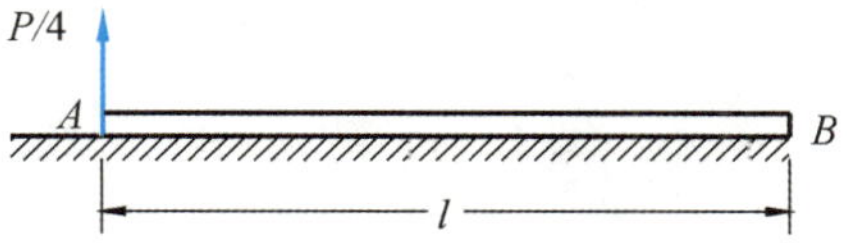

题 7-14 图

第8章

应力状态分析

8.1 应力状态简介

8.1.1 应力状态及其研究方法

通过前面对轴向拉压、圆轴扭转和平面弯曲的研究表明，受力构件中任一点的应力随截面位置的不同而不同。如图 8-1(a)中 a、b 分别在两个截面上，其应力是不同的。而在一般情况下，同一截面上的各点的应力也是不相同的，如图 8-1(b)中 b、c 两点的应力是不同的。由轴向拉压杆斜截面上的应力分析可知，同一点沿不同方位截面上的应力也是不同的。过受力构件内一点沿不同方位截面上应力的集合称为该点的应力状态。为了对构件进行强度计算，必须了解构件受力后在通过它的哪一点、沿哪一个方位截面上的应力最大。因此必须研究通过受力构件内任一点的各个不同方位截面上的应力情况，即必须研究一点的应力状态。

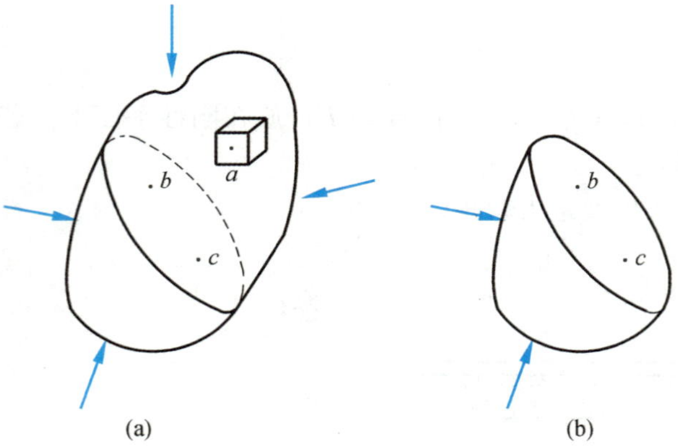

图 8-1　各点的应力情况

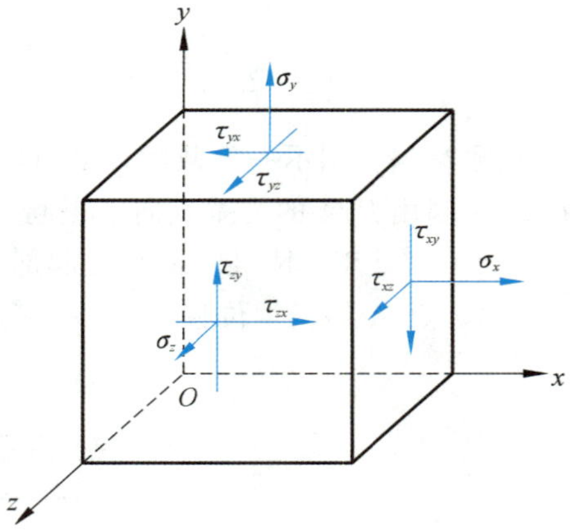

图 8-2　单元体

为了研究某点的应力状态，可围绕该点取出一微小的正六面体即单元体来分析。如图 8-1(a)中过 a 点取出的单元体放大如图 8-2 所示。单元体三个方向的边长很小且趋近于零，则该单元体代表一点，即 a 点，三对互相平行的平面代表了过该点沿三个方位的截面，其上正应力和切应力均匀分布，且大小相等、方向相反。围绕同一点，若所取的单元体的方位不同，则单元体各个面上的应力也随之不同。当单元体各个面上的应力为已知时，可利用截面法求得该点其他任意方位截面上的应力，即该点的应力状态就完全确定了。

为了研究一点的应力状态，取出如图 8-2 中的单元体时，各面上的应力必须是已知的或是可求的。

例如，在图 8-3 所示的轴向拉伸杆上，围绕 A 点取出一单元体，单元体上左右相互平行的平面表示过 A 点的横截面，其上作用有正应力 $\sigma=\frac{F_N}{A}$，切应力为 0，上下两平行平面为水平纵截面，前后两平行平面为垂直纵截面，其上正应力和切应力都为 0。如果换一个方位取出单元体，如 B 点，则其各个面上的应力必须用公式 $\sigma_\alpha=\sigma\cos^2\alpha$ 以及 $\tau_\alpha=\sigma\sin\alpha\cos\alpha$ 来计算，虽然这样取出的单元体各个面上的应力为已知，但是不够简洁。

图 8-3　轴向拉伸杆中的应力状态图

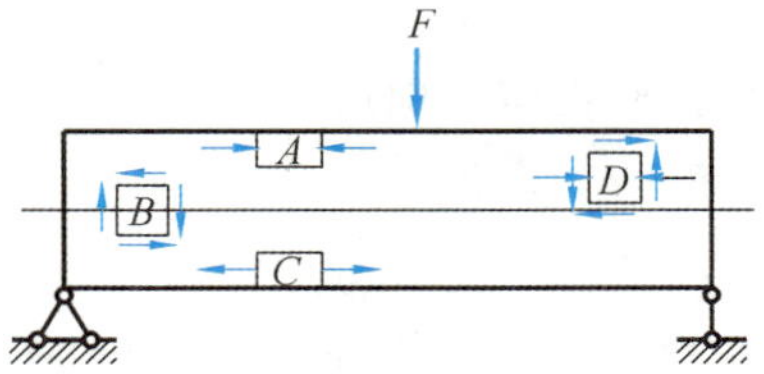

图 8-4　横力弯曲杆中点的应力状态

又如，图 8-4 为一受横力弯曲的矩形截面梁，用两个横截面和两个水平纵截面及两个垂直纵截面分别从 A、B、C、D 等点各取出一单元体，各单元体横截面上的正应力为 $\sigma=\frac{My}{I_z}$，切应力为 $\tau=\frac{F_sS_z^*}{I_zb}$，单元体上下相互平行的平面上的正应力为 0，切应力利用切应力互等定理得到，单元体前后两个相互平行的平面上的应力为 0。

8.1.2　主平面、主应力及应力状态分类

我们容易知道，在图 8-3 中的点 A 及图 8-4 中的 A、C 两点处所取的单元体的各对平行平面上的切应力都等于零，我们把这些没有切应力作用的平面称为主平面，而把作用在主平面上的正应力称为主应力。在弹性力学中已经证明，通过受力构件的每一点，都可以取出一个由三对主平面包围的单元体，称为主应力单元体。它的三个主应力通常用 σ_1、σ_2 和 σ_3 来表示应力，并按代数值的大小顺序排列，即 $\sigma_1\geqslant\sigma_2\geqslant\sigma_3$。

实际上，在受力构件内所取出的主应力单元体上，不一定在每个主平面上都存在主应力，故应力状态又可分为下列三类：

（1）单向应力状态：其三个主应力中只有一个主应力不等于零。如图 8-3 中点 A 和图 8-4 中 A、C 两点的应力状态都属于单向应力状态。

（2）二向应力状态：其三个主应力中有两个主应力不等于零。如图 8-4 所示，B、D 两点的应力状态。

（3）三向应力状态：其三个主应力都不等于零。例如，列车车轮与钢轨相接触处附近的材料就是处在三向应力状态下（图 8-5）。

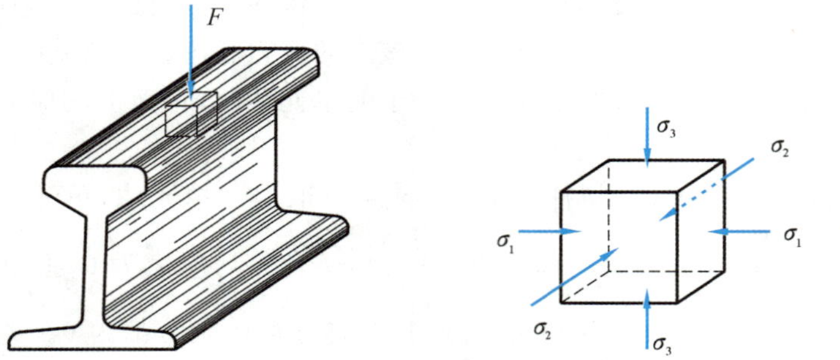

(a)　　　　(b)

图 8-5　三向应力状态的例子

通常我们也将单向应力状态称为简单应力状态，而将二向应力状态及三向应力状态统称为复杂应力状态。

8.2　二向应力状态下的应力分析

图 8-6(a)表示一从某构件中取出的单元体，因为有一对平面为主平面，而且主平面上的主应力等于零，属二向应力状态，可用如图 8-6(b)所示的简图表示。假定在其竖向平面上的正应力σ_x、切应力τ_{xy}和其在水平平面上的正应力σ_y、切应力τ_{yx}均已知，因习惯上常用α表示斜截面ef的外法线n与x轴间的夹角，故常称此斜截面为α截面，并以σ_α和τ_α表示作用在此截面上的应力。

8.2.1　斜截面上的应力

对应力σ、τ和角度α的正负号，作这样的规定：正应力σ以拉应力为正，压应力为负；切应力τ以对单元体内的任一点有顺时针转动的趋势为正，以逆时针转动的趋势为负；角度α为从x轴出发量到截面的外法线n以逆时针为正，以顺时针转时为负。斜截面上的应力σ_α和τ_α用截面法来求。

取bef为脱离体，如图 8-6(c)所示。先假定作用于斜截面ef上的未知应力σ_α和τ_α都是正值。脱离体bef的立体图和其上的应力作用情况如图 8-6(d)所示。设斜截面ef的面积为$\mathrm{d}A$，则截面be和bf的面积分别为$\mathrm{d}A\cos\alpha$和$\mathrm{d}A\sin\alpha$。脱离体bef的受力图如图 8-6(e)所示。

取轴n和轴t如图 8-6(e)所示，列出脱离体的静力平衡方程如下：

由$\sum F_n = 0$，得

$$\sigma_\alpha \mathrm{d}A + (\tau_{xy}\mathrm{d}A\cos\alpha)\sin\alpha - (\sigma_x \mathrm{d}A\cos\alpha)\cos\alpha + (\tau_{yx}\mathrm{d}A\sin\alpha)\cos\alpha - (\sigma_y \mathrm{d}A\sin\alpha)\sin\alpha = 0 \tag{a}$$

由$\sum F_t = 0$，得

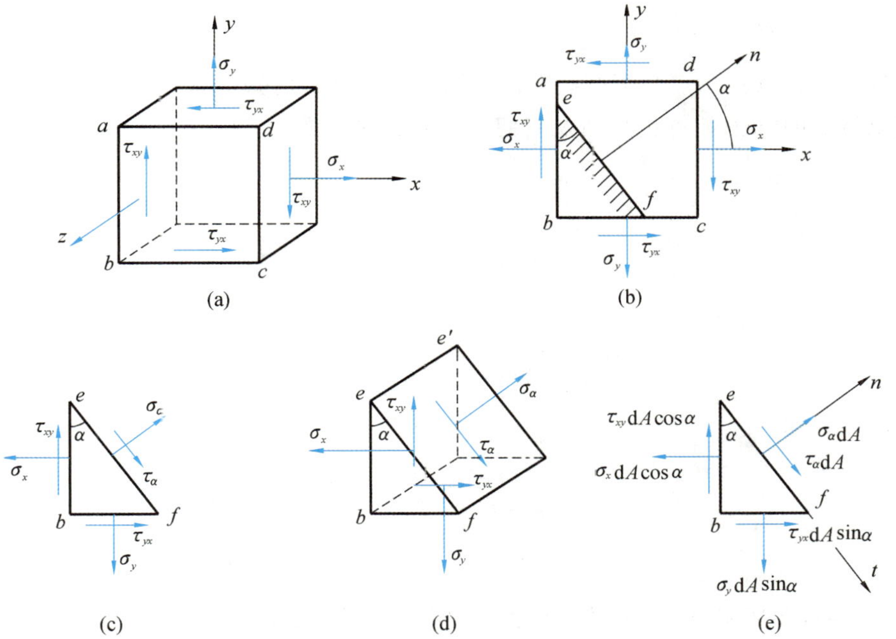

图 8-6　二向应力状态的解析法

$$\tau_\alpha dA-(\tau_{xy}dA\cos\alpha)\cos\alpha-(\sigma_x dA\cos\alpha)\sin\alpha+(\tau_{yx}dA\sin\alpha)\sin\alpha+(\sigma_y dA\sin\alpha)\cos\alpha=0 \tag{b}$$

根据式(a)和式(b)即可分别推导出 σ_α 和 τ_α 的计算公式。

首先利用切应力互等定理 $\tau_{xy}=\tau_{yx}$，将式(a)改写为

$$\sigma_\alpha+2\tau_{xy}\sin\alpha\cos\alpha-\sigma_x\cos^2\alpha-\sigma_y\sin^2\alpha=0$$

代入以下的三角函数关系：

$$\cos^2\alpha=\frac{1}{2}(1+\cos2\alpha)$$

$$\sin^2\alpha=\frac{1}{2}(1-\cos2\alpha)$$

$$2\sin\alpha\cos\alpha=\sin2\alpha$$

整理后可得

$$\sigma_\alpha=\frac{\sigma_x+\sigma_y}{2}+\frac{\sigma_x-\sigma_y}{2}\cos2\alpha-\tau_{xy}\sin2\alpha \tag{8-1}$$

同理，可由式(b)导得

$$\tau_\alpha=\frac{\sigma_x-\sigma_y}{2}\sin2\alpha+\tau_{xy}\cos2\alpha \tag{8-2}$$

式(8-1)和式(8-2)就是对处于二向应力状态下的单元体，根据 σ_x、σ_y、τ_{xy} 求 σ_α 和 τ_α 的解析法公式。

8.2.2　主应力及作用平面方位

由式(8-1)、式(8-2)可以看出，因 σ_x、σ_y、$\tau_{xy}=\tau_{yx}$ 都是已知常量，故 σ_α 和 τ_α 均为 α 的函数，可用求极值的方法求 σ_α 的极值及它们所在截面的位置。

由 $\dfrac{d\sigma_\alpha}{d\alpha}=0$，可得

$$\frac{d\sigma_\alpha}{d\alpha}=-(\sigma_x-\sigma_y)\sin2\alpha-2\tau_{xy}\cos2\alpha=0$$

即

$$\frac{\sigma_x-\sigma_y}{2}\sin2\alpha+\tau_{xy}\cos2\alpha=0 \tag{c}$$

由式(8-2)知

$$\tau_\alpha=\frac{\sigma_x-\sigma_y}{2}\sin2\alpha+\tau_{xy}\cos2\alpha=0$$

即有

$$\tau_\alpha=0$$

式(c)说明，在切应力 $\tau_\alpha=0$ 的平面上，正应力 σ_α 是极值，即它比单元体上任何其他截面上的正应力都要大(或都要小)。在 8.1.2 小节中已经提到，我们通常把这种切应力等于零的平面称为主平面，而把作用在主平面上的正应力叫作主应力。因此最大最小正应力也叫主应力。

将式(c)进一步简化为

$$\frac{\sigma_x-\sigma_y}{2}\tan2\alpha+\tau_{xy}=0$$

若用 α_0 表示主平面的外法线与 x 轴之间的夹角，并代入上式，即可得到

$$\tan2\alpha_0=-\frac{2\tau_{xy}}{\sigma_x-\sigma_y} \tag{8-3}$$

由式(8-3)可确定主平面的位置，其中的 α_0 有两个根。因 $\tan2(\alpha_0+90°)=\tan2\alpha_0$，说明 α_0 和 $\alpha_0+90°$ 都满足式(8-3)，即处于二向应力状态的单元体上有两个主平面，且是互相垂直的。

下面推导计算主应力数值的公式。

将 α_0 和 $\alpha_0+90°$ 的值代入式(8-1)得到 σ_{max}、σ_{min} 值，经过化简后可得

$$\begin{cases}\sigma_{max}=\dfrac{\sigma_x+\sigma_y}{2}+\sqrt{\left(\dfrac{\sigma_x-\sigma_y}{2}\right)^2+\tau_{xy}^2}\\[2ex]\sigma_{min}=\dfrac{\sigma_x+\sigma_y}{2}-\sqrt{\left(\dfrac{\sigma_x-\sigma_y}{2}\right)^2+\tau_{xy}^2}\end{cases} \tag{8-4}$$

式(8-4)是计算主应力数值的公式。显然，在二向应力状态下求得的这两个主应力 σ_{max} 和 σ_{min} 是分别作用在二互相垂直的主平面上。至于 σ_{max} 和 σ_{min} 分别是作用在两个主平面的哪一个主平面上，还必须通过进一步分析，才能判断每个主应力的具体方向。

确定主应力具体方向的方法很多，这里我们介绍其中的一种。

由式(8-3)可看出，$\tan 2\alpha_0$ 的极限是 $\pm\infty$（相应于 $\sigma_x-\sigma_y=0$），即 $2\alpha_0$ 总是小于或等于 $90°$，因此 α_0 总是小于或等于45°的锐角，即由 α_0 确定方向的那个主应力总是偏向于 σ_x 的。由理论分析可知，较大的主应力总是偏向于 σ_x 和 σ_y 中的较大者，较小的主应力总是偏向于 σ_x 和 σ_y 中的较小者，因此，我们归纳出确定主应力方向的具体规则如下：

当 $\sigma_x>\sigma_y$ 时，α_0 是 σ_x 与 σ_{max} 之间的夹角；

当 $\sigma_x<\sigma_y$ 时，α_0 是 σ_x 与 σ_{min} 之间的夹角；

当 $\sigma_x=\sigma_y$ 时，$\alpha_0=45°$，主应力的方向可由单元体上的应力情况直观判断出来。

将式(8-4)中包含的两式相加，可得到如下的关系

$$\sigma_{max}+\sigma_{min}=\sigma_x+\sigma_y=\sigma_\alpha+\sigma_{\alpha\pm 90°}=\text{常数} \tag{8-5}$$

式(8-5)说明在与同一主平面垂直的所有截面中，任意互相垂直的截面上的正应力之和为常数。利用这一关系可检查应力的计算结果是否正确，在实验应力分析中有时会用到这一关系。

8.2.3 主切应力及作用平面的方位

欲求 τ_{max}、τ_{min} 的值，对 τ_α 求导并令其等于零。

$$\frac{d\tau_\alpha}{d\alpha}=(\sigma_x-\sigma_y)\cos 2\alpha-2\tau_{xy}\sin 2\alpha=0$$

即

$$\sigma_x-\sigma_y-2\tau_{xy}\tan 2\alpha=0 \tag{d}$$

若用 α_0' 表示最大切应力所在平面外法线 n 与 x 轴之间的夹角，则由式(d)得出

$$\tan 2\alpha_0'=\frac{\sigma_x-\sigma_y}{2\tau_{xy}} \tag{8-6}$$

式(8-6)可以解出两个角度，即 α_0' 和 $\alpha_0'+90°$，从而确定两个互相垂直的平面，分别作用着最大切应力和最小切应力。有时也将最大切应力和最小切应力称为主切应力。

将式(8-6)与式(8-3)比较，可知

$$\tan(2\alpha_0+90°)=-\cot 2\alpha_0=\frac{\sigma_x-\sigma_y}{2\tau_{xy}}=\tan 2\alpha_0'$$

即

$$\tan 2(\alpha_0+45°)=\tan 2\alpha_0'$$

或

$$\alpha_0'=\alpha_0+45° \tag{e}$$

这说明最大切应力所在平面与主平面相交成45°角。

若求 τ_{max} 的值，可以将 α_0' 的值代入式(8-2)，进行化简后得最大切应力和最小切应力的值

$$\left\{\begin{aligned}\tau_{max}&=\sqrt{\left(\frac{\sigma_x-\sigma_y}{2}\right)^2+\tau_{xy}^2}\\ \tau_{min}&=-\sqrt{\left(\frac{\sigma_x-\sigma_y}{2}\right)^2+\tau_{xy}^2}\end{aligned}\right. \tag{8-7}$$

将式(8-7)与式(8-4)比较，可见最大、最小切应力与主应力在数值上的关系是

$$\left\{\begin{aligned}\tau_{max}&=\frac{\sigma_{max}-\sigma_{min}}{2}\\ \tau_{min}&=-\frac{\sigma_{max}-\sigma_{min}}{2}\end{aligned}\right.$$

单元体上最大、最小切应力的数值等于最大主应力与最小主应力之差的一半。当单元体的三个主应力按代数值排列是 $\sigma_1>\sigma_2>\sigma_3$ 时，最大、最小切应力的计算公式应为

$$\begin{cases}\tau_{\max}=\dfrac{\sigma_1-\sigma_3}{2}\\ \tau_{\min}=-\dfrac{\sigma_1-\sigma_3}{2}\end{cases}\tag{8-8}$$

例题 8.1　试分析圆轴扭转时表面任一点的应力状态，并讨论铸铁和低碳钢试件受扭时的破坏现象。

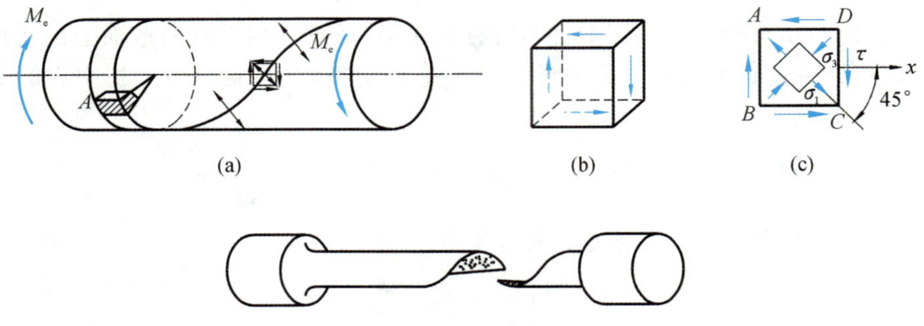

图 8-7　例题 8.1 图

解：对图 8-7(a)所示的受扭圆轴，围绕侧表面上的 A 点取一单元体，如图 8-7(b)所示。单元体的左右两平行平面表示过 A 点的横截面，其上正应力为 0，切应力为

$$\tau=\frac{T}{W_P}=\frac{M_e}{W_P}$$

根据切应力互等定理，单元体的上下表面表示过 A 点的径向截面上的切应力等于横截面上的切应力；单元体的前后表面表示过 A 点的圆周面，其上应力为 0(因为轴外侧表面为自由表面)。由于其前后表面上无应力作用，单元体可简化为图 8-7(c)所示。这是一个纯剪切应力状态单元体。其上应力分量为

$$\sigma_x=\sigma_y=0,\quad \tau_{xy}=\tau$$

将以上值代入式(8-4)可得

$$\begin{cases}\sigma_{\max}=\dfrac{\sigma_x+\sigma_y}{2}+\sqrt{\left(\dfrac{\sigma_x-\sigma_y}{2}\right)^2+\tau_{xy}^2}=\tau\\ \sigma_{\min}=\dfrac{\sigma_x+\sigma_y}{2}-\sqrt{\left(\dfrac{\sigma_x-\sigma_y}{2}\right)^2+\tau_{xy}^2}=-\tau\end{cases}$$

由式(8-3)可得

$$\tan 2\alpha_0=-\frac{2\tau_{xy}}{\sigma_x-\sigma_y}\rightarrow-\infty$$

则

$$2\alpha_0=-90°,\text{即 }\alpha_0=-45°$$

根据确定主应力方向的规则，从 x 轴开始旋转，按顺时针方向旋转45°为最大主应力 σ_{max}所在的平面；按逆时针方向旋转45°为最小主应力 σ_{min}所在的平面(图 8-7(c))。按主应力的排序规定，

$$\sigma_1 = \sigma_{max} = \tau,\quad \sigma_2 = 0,\quad \sigma_3 = \sigma_{min} = -\tau$$

所以在纯剪切应力状态下，两个主应力的绝对值相等，都等于切应力 τ，其中一个为拉应力，另一个为压应力。

由以上分析可知，圆轴扭转时，横截面上切应力最大，表层各点 σ_{max}所在的主平面连成倾角为45°的螺旋面(图 8-7(a))。由于铸铁的抗拉强度较低，所以试件沿着与轴线成45°的螺旋面被拉断(图 8-7(d))，低碳钢的抗拉强度高于抗剪强度，所以低碳钢试件沿着横截面被剪断。

例题 8.2 图 8-8(a)所示的单元体，试用解析法求 $\alpha=-60°$时斜截面上的应力，主应力大小及主平面方位，最大、最小切应力及作用平面方位。

解：(1) 利用式(8-1)、式(8-2)求斜截面上的应力。

$$\begin{aligned}\sigma_{-60°} &= \frac{\sigma_x+\sigma_y}{2}+\frac{\sigma_x-\sigma_y}{2}\cos2\alpha-\tau_{xy}\sin2\alpha\\ &= \frac{-30+60}{2}+\frac{-30-60}{2}\cos(-2\times60°)-(-20)\sin(-2\times60°)\\ &= 20.18\text{MPa}\end{aligned}$$

$$\begin{aligned}\tau_{-60°} &= \frac{\sigma_x-\sigma_y}{2}\sin2\alpha+\tau_{xy}\cos2\alpha\\ &= \frac{-30-60}{2}\sin(-2\times60°)+(-20)\cos(-2\times60°)\\ &= 48.97\text{MPa}\end{aligned}$$

(2) 利用式(8-3)、式(8-4)求主平面方位及主应力大小。

$$\tan2\alpha_0 = \frac{-2\tau_{xy}}{\sigma_x-\sigma_y} = \frac{-2\times(-20)}{-30-60} = \frac{40}{-90} = -0.444$$

$$2\alpha_0 = -23.96° \qquad \alpha_0 = -11.98°$$

$$\begin{aligned}\sigma_{max} &= \frac{\sigma_x+\sigma_y}{2}+\sqrt{\left(\frac{\sigma_x-\sigma_y}{2}\right)^2+\tau_{xy}^2}\\ &= \frac{-30+60}{2}+\sqrt{\left(\frac{-30-60}{2}\right)^2+(-20)^2}\\ &= 64.24\text{MPa}\end{aligned}$$

$$\begin{aligned}\sigma_{min} &= \frac{\sigma_x+\sigma_y}{2}-\sqrt{\left(\frac{\sigma_x-\sigma_y}{2}\right)^2+\tau_{xy}^2}\\ &= \frac{-30+60}{2}-\sqrt{\left(\frac{-30-30}{2}\right)^2+(-20)^2}\\ &= -34.24\text{MPa}\end{aligned}$$

由于还有一个主应力等于零(二向应力状态)，且主应力应按代数值排列。则三个主应力为 $\sigma_1=64.24\text{MPa}$，$\sigma_2=0$，$\sigma_3=-34.24\text{MPa}$。

根据确定主应力方向的具体规则可知，$\sigma_x<\sigma_y$，$\sigma_1>\sigma_3$，应该是 σ_1 与 σ_y 之间的夹角为 $\alpha_0=-11.98°$，σ_3 与 σ_x 之间的夹角也为 $\alpha_0=-11.98°$，见图 8-8(b)。

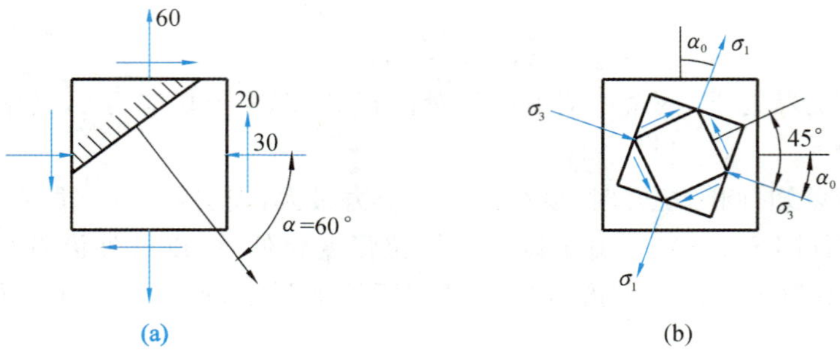

图 8-8　例题 8.2 图

(3) 由式(e)及式(8-8)可得到最大、最小切应力的值及其作用平面。

$$\alpha_0'=\alpha_0+45° \text{ 或 } \alpha_0'=\alpha_0-45°$$

$$\tau_{max}=\frac{\sigma_1-\sigma_3}{2}=\frac{64.24-(-34.24)}{2}=49.24\text{MPa}$$

$$\tau_{min}=-\frac{\sigma_1-\sigma_3}{2}=-\frac{64.24-(-34.24)}{2}=-49.24\text{MPa}$$

最大、最小切应力分别作用在 α_0' 和 $\alpha_0'+90°$ 的平面上，切应力的方向可以由单元体的主应力的方向直观判断，如图 8-8(b)所示。

8.2.4　应力圆

若对式(8-1)作如下的变动

$$\sigma_\alpha-\frac{\sigma_x+\sigma_y}{2}=\frac{\sigma_x-\sigma_y}{2}\cos2\alpha-\tau_{xy}\sin2\alpha$$

并将上式及式(8-2)的等号两边分别平方相加，即可得到

$$\left(\sigma_\alpha-\frac{\sigma_x+\sigma_y}{2}\right)^2+\tau_{xy}^2=\left(\frac{\sigma_x-\sigma_y}{2}\cos2\alpha-\tau_{xy}\sin2\alpha\right)^2+\left(\frac{\sigma_x-\sigma_y}{2}\sin2\alpha+\tau_{xy}\cos2\alpha\right)^2$$

即

$$\left(\sigma_\alpha-\frac{\sigma_x+\sigma_y}{2}\right)^2+\tau_{xy}^2=\left(\frac{\sigma_x-\sigma_y}{2}\right)^2+\tau_{xy}^2 \tag{8-9}$$

如图 8-9(a)所示的单元体，σ_x、σ_y、τ_{xy} 都是已知量，故式(8-9)中等号的右端为一常量。由解析几何知识可知，式(8-9)为一圆方程。若取直角坐标系并以横轴为 σ 轴，纵轴为 τ 轴，则式(8-9)所代表的圆的圆心在 σ 轴上，且离坐标原点的距离为 $\frac{\sigma_x+\sigma_y}{2}$；圆的半径为 $\sqrt{\left(\frac{\sigma_x-\sigma_y}{2}\right)^2+\tau_{xy}^2}$。我们把这种圆称为应力圆或莫尔(O. Mohr)圆。

下面介绍怎样根据已知单元体上的 σ_x、σ_y、τ_{xy}、τ_{yx} 作出应力圆，并确定任意斜截面上的应力 σ_α、τ_α。

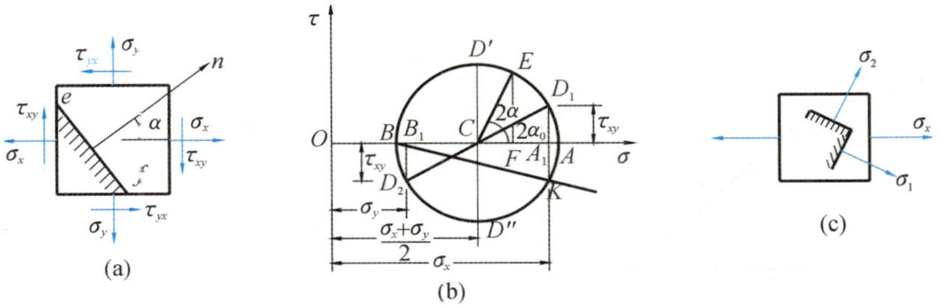

图 8-9 二向应力状态的应力圆

取直角坐标系 $\sigma O\tau$，并以横坐标代表 σ(向右为正)，以纵坐标代表 τ(向上为正)。在坐标轴上按比例量取$\overline{OA_1}=\sigma_x$，$\overline{A_1D_1}=\tau_{xy}$，得到点 D_1；量取$\overline{OB_1}=\sigma_y$，$\overline{B_1D_2}=\tau_{yx}$，得到点 D_2。作直线连接 D_1、D_2 并与 σ 轴交于 C 点，以点 C 为圆心，D_1D_2 为直径作一圆，如图 8-9(b)所示，它就是表示图 8-9(a)所示单元体的二向应力状态的应力圆。

作出的应力圆应满足式(8-9)，证明如下：

圆心 C 在 σ 轴上，$\overline{OC}=\dfrac{\overline{OA_1}+\overline{OB_1}}{2}=\dfrac{\sigma_x+\sigma_y}{2}$，故此圆的圆心到原点 O 的距离为$\dfrac{\sigma_x+\sigma_y}{2}$。在直角三角形 CA_1D_1 中，因 $\overline{CA_1}=\dfrac{\overline{OA_1}-\overline{OB_1}}{2}=\dfrac{\sigma_x-\sigma_y}{2}$，$\overline{A_1D_1}=\tau_{xy}$，故 $\overline{CD_1}=\sqrt{\left(\dfrac{\sigma_x-\sigma_y}{2}\right)^2+\tau_{xy}^2}$，即为圆的半径，它们都满足式(8-9)。

利用应力圆可求得单元体任意斜截面上的应力。例如，我们要求图 8-9(a)所示单元体的任意斜截面 ef(它的外法线和 σ_x 作用面的外法线间的夹角为 α)上的应力 σ_α 和 τ_α。从式(8-1)和式(8-2)可以看出，σ_α 和 τ_α 都随 2α 的正弦和余弦而变。故当单元体与斜截面的角度为 α 时，在应力圆中应从 $D_1(\sigma_x,\tau_{xy})$开始，按单元体上 α 的转动方向量一弧长，并使其所对应的圆心角为 2α，在圆弧上得到点 E，点 E 的横坐标和纵坐标就分别代表 ef 面上的 σ_α 和 τ_α。证明如下：

$$\begin{aligned}
\overline{OF}&=\overline{OC}+\overline{CF}=\overline{OC}+\overline{CE}\cos(2\alpha_0+2\alpha)\\
&=\overline{OC}+\overline{CE}\cos2\alpha_0\cos2\alpha-\overline{CE}\sin2\alpha_0\sin2\alpha\\
&=\overline{OC}+(\overline{CD_1}\cos2\alpha_0)\cos2\alpha-(\overline{CD_1}\sin2\alpha_0)\sin2\alpha\\
&=\overline{OC}+\overline{CA_1}\cos2\alpha-\overline{A_1D_1}\sin2\alpha\\
&=\frac{\sigma_x+\sigma_y}{2}+\frac{\sigma_x-\sigma_y}{2}\cos2\alpha-\tau_{xy}\sin2\alpha
\end{aligned}$$

上式右边部分与式(8-1)的右边部分完全相同，即$\overline{OF}=\sigma_\alpha$。同样可以证明$\overline{EF}=\tau_\alpha$。故应力圆圆周上点 E 的坐标即代表 ef 斜截面上的应力情况。

以上分析表明，表示应力状态的单元体面上的应力和应力圆圆周上的点的坐标具有相互对应的关系，单元体某一面上的应力，必对应于应力圆上某一点的坐标。单元体上任意两个截面的外法线夹角为 α 时，则在应力圆上与此二截面相对应的两点之间的圆弧所对应的

圆心角为 2α，且它们的转向相同(图 8-10)。

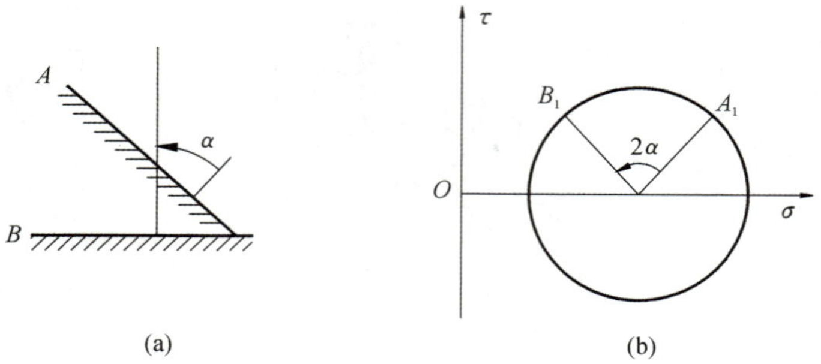

图 8-10　单元体的面与应力圆上的点的对应关系

应力圆圆周上各点的纵、横坐标代表单元体相应面上的应力。应力圆圆周上横坐标最大的点为 A 点，最小的点为 B 点，所以$\overline{OA}=\sigma_{\max}$，$\overline{OB}=\sigma_{\min}$，且 A、B 点的纵坐标为零(即 $\tau=0$)，因此$\overline{OA}=\sigma_1$，$\overline{OB}=\sigma_2$。证明如下：

$$\begin{aligned}\overline{OA}&=\overline{OC}+\overline{CA}=\overline{OC}+\overline{CD_1}\\&=\frac{\sigma_x+\sigma_y}{2}+\sqrt{\left(\frac{\sigma_x-\sigma_y}{2}\right)^2+\tau_{xy}^2}=\sigma_1\\\overline{OB}&=\overline{OC}-\overline{CB}=\overline{OC}-\overline{CD_1}\\&=\frac{\sigma_x+\sigma_y}{2}-\sqrt{\left(\frac{\sigma_x-\sigma_y}{2}\right)^2+\tau_{xy}^2}=\sigma_2\end{aligned}$$

它和解析法得到的式(8-4)相同。

另外，我们也可由图 8-9(b)求得主应力的方向。因$\angle D_1CA$ 为 σ_x 与 σ_1 所夹的角 α_0 的两倍(即 $2\alpha_0$)，而由 D_1 转至 A 是顺时针转角，故 α_0 应为负值。据此，我们只要在单元体上，自 σ_x 的方向按顺时针转向量一角度 α_0 就可得到主应力 σ_1 的方向，σ_2 的方向则与 σ_1 的方向垂直，如图 8-9(c)所示。证明如下：

由图 8-9(b)可以看出

$$\tan(-2\alpha_0)=\frac{\overline{A_1D_1}}{\overline{CA_1}}=\frac{\tau_{xy}}{\frac{\sigma_x-\sigma_y}{2}}=\frac{2\tau_{xy}}{\sigma_x-\sigma_y}$$

即

$$\tan2\alpha_0=\frac{-2\tau_{xy}}{\sigma_x-\sigma_y}$$

它和式(8-3)完全相同。

图 8-9(b)所示的应力圆上纵坐标最大的点为点 D'，最小的为点 D''，即 $\tau_{\max}=\overline{CD'}$，$\tau_{\min}=\overline{CD''}$。证明如下：

$$\overline{CD'}=\overline{CD_1}=\sqrt{\overline{CA}_1^2+\overline{A_1D}_1^2}=\sqrt{\left(\frac{\sigma_x-\sigma_y}{2}\right)^2+\tau_{xy}^2}$$

$$\overline{CD''} = -\overline{CD_1} = -\sqrt{\left(\frac{\sigma_x - \sigma_y}{2}\right)^2 + \tau_{xy}^2}$$

即最大、最小切应力的数值等于应力圆的半径，它的方向与主平面的方向在单元体上成 45°角（因为应力圆上 CD' 与 CA 之间的夹角是 90°）。

应力圆直观地反映了一点处各个不同截面上应力的变化规律，为研究一点处的应力状态提供了既方便又有效的图解方法，同时有助于理解一点处应力状态的一些特征。

例题 8.3 如图 8-8(a)所示的单元体，试用应力圆求 $\alpha=-60°$时斜截面上的应力，最大正应力及作用面方位，最大切应力及作用面方位。

解：作应力圆。按比例尺量：

$$\left.\begin{aligned}\overline{OA_1} &= \sigma_x = -30 \\ \overline{A_1D_1} &= \tau_{xy} = -20\end{aligned}\right\} D_1$$

$$\left.\begin{aligned}\overline{OB_1} &= \sigma_y = 60 \\ \overline{B_1D_2} &= \tau_{yx} = 20\end{aligned}\right\} D_2$$

连 D_1D_2 直线交 σ 轴于点 C，以点 C 为圆心、以 D_1D_2 为直径作圆，该圆即为单元体的应力圆，如图 8-11 所示。

从应力圆的点 D_1 起按单元体上 $\alpha=-60°$的转动方向在应力圆上量 D_1E 弧所对应的中心角等于 $2\alpha=-120°$，圆周上 E 点的横坐标 $\overline{OF}=\sigma_\alpha=20\text{MPa}$，纵坐标$\overline{EF}=\tau_c=48\text{MPa}$。

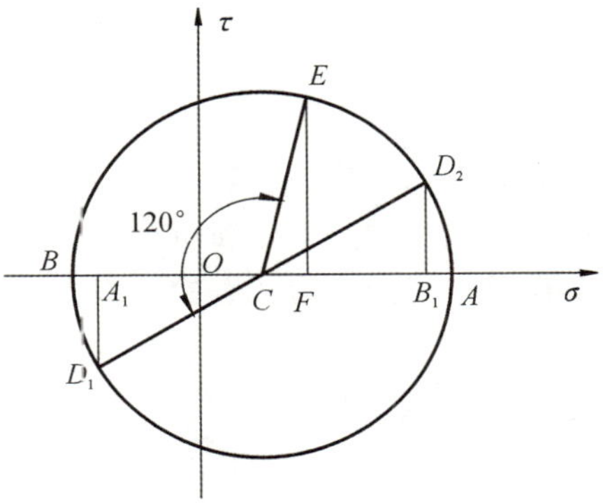

图 8-11 例题 8.3 图

圆周上横坐标最大的点是 A 点，最小的点是 B 点，则

$$\overline{OA} = \sigma_1 = 64\text{MPa}$$
$$\overline{OB} = \sigma_3 = -34\text{MPa}$$

最大、最小切应力即为应力圆的半径。

$\tau_{max}=49\text{MPa}$，$\tau_{min}=-49\text{MPa}$，作用平面与主平面成45°的夹角。

例题 8.4 图 8-12(a)所示的单元体为纯剪切应力状态，若切应力 $\tau_{xy}=\tau_{yx}$ 已知，试用应力圆求其主应力的数值和方向。

解：作应力圆，由 $\sigma_x=0$，τ_{xy} 在 $\sigma O\tau$ 坐标系中作出点 D_1，由 $\sigma_y=0$，τ_{yx} 在 $\sigma O\tau$ 坐标系中作出点 D_2。

连 D_1D_2 直线交 σ 轴于点 C（与坐标原点重合），以点 C 为圆心、以 D_1D_2 为直径作圆，该圆即为纯剪切应力状态单元体的应力圆。如图 8-12(b)所示。

在应力圆（图 8-12(b)）中可直接量得主应力的大小为

$$\sigma_1 = \overline{OA} = \tau_{xy}; \quad \sigma_3 = \overline{OB} = -\tau_{xy}$$

其方向与横截面成 45°角（图 8-12(a)）。

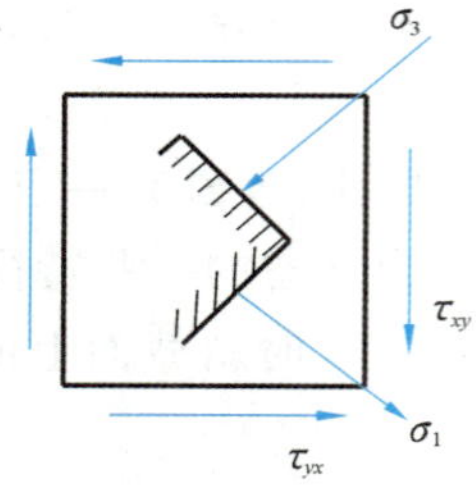

(a)

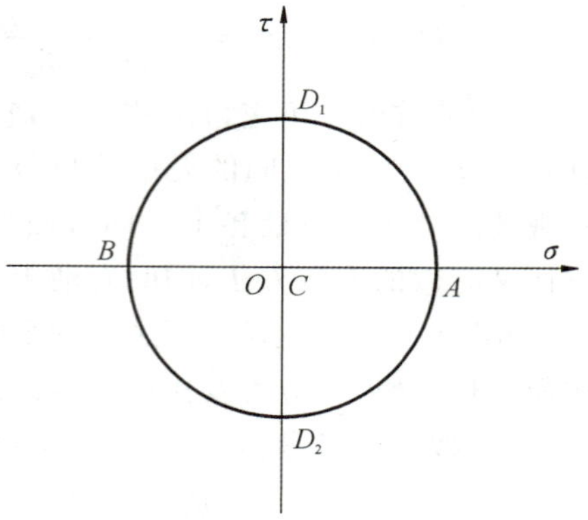

(b)

图 8-12　例题 8.4 图

8.3　三向应力状态下的应力分析简介

和研究二向应力状态一样，对于三向应力状态的分析，也有解析法和图解法。本节只对三向应力状态的分析作简单介绍。

设已知三向应力状态的主应力 σ_1、σ_2 和 σ_3（图 8-13(a)），求过这一点的任一斜截面上的应力情况。

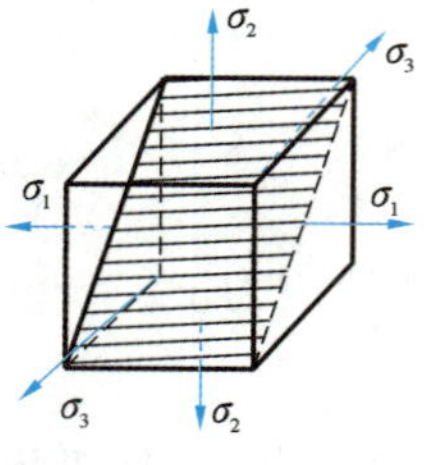

(a)

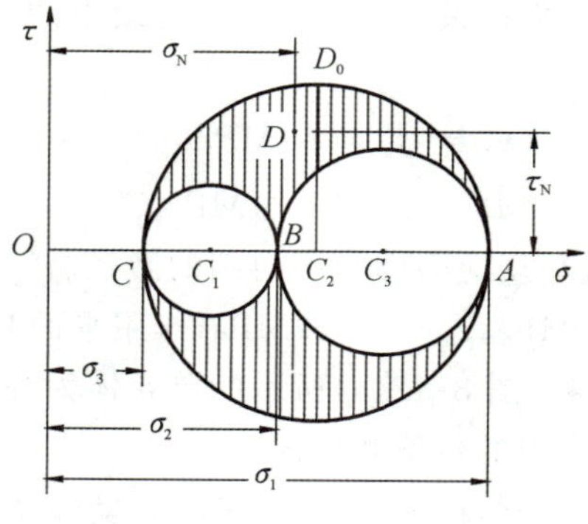

(b)

图 8-13　三向应力圆

我们首先研究与一个主应力（例如 σ_1）平行的斜截面（图 8-13(a)）上的应力情况。因方向与所截截面平行的主应力在该截面上既不能引起正应力，也不能引起切应力，故在这些平行于 σ_1 的截面上的应力只取决于 σ_2 和 σ_3。在这种特殊情况下，这些截面上的 σ 和 τ 的求法就和在二向应力状态时一样，可由 σ_2 和 σ_3 作出的应力圆上的各点来表示（图 8-13(b)）。

同理，与 σ_2 的方向平行的各截面上的应力，可用由 σ_1 和 σ_3 作出的应力圆上的各点来表示；与 σ_3 的方向平行的各截面上的应力，可用由 σ_1 和 σ_2 作出的应力圆上的各点来表示。

这样三个应力圆上各点的坐标值(图 8-13(b))就代表在单元体内与任一主应力的方向平行的截面上的正应力和切应力。至于与这三个主应力的方向都不平行的任意斜截面，可以证明，它们上面的应力 σ_N 和 τ_N 将由图 8-13(b)中阴影部分上的各点 D 的坐标来表示。

从图 8-13(b)中可明显地看出：在三向应力状态下，单元体的最大正应力就是最大应力圆上点 A 的横坐标所表示的主应力 σ_1，即 $\overline{OA}=\sigma_1$，且

$$\sigma_{\max}=\sigma_1$$

最小主应力就是最大应力圆上点 C 的横坐标所表示的主应力 σ_3，即 $\overline{OC}=\sigma_3$，且

$$\sigma_{\min}=\sigma_3$$

而最大切应力等于最大应力圆 D_0 的纵坐标所表示的切应力，其大小等于最大应力圆的半径所代表的数值(或最大主应力 σ_1 与最小主应力 σ_3 的差的一半)，且作用在与此二主应力的方向成 45°角的截面上，即

$$\tau_{\max}=\frac{1}{2}(\sigma_1-\sigma_3)$$

例题 8.5 已知图 8-14(a)所示的单元体上的主应力 $\sigma_1=90\text{MPa}$，$\sigma_2=50\text{MPa}$，$\sigma_3=0$。试用应力圆求此单元体内的最大切应力及其作用面，以及在其作用面上的正应力数值。

解：根据 σ_1、σ_2 和 σ_3 作出三向应力圆，如图 8-14(b)所示。从图中可直接看出最大切应力的大小等于圆半径 C_2D_0 所代表的数值，即

$$\tau_{\max}=\overline{C_2D_0}=\frac{\sigma_1-\sigma_3}{2}=\frac{90-0}{2}=45\text{MPa}$$

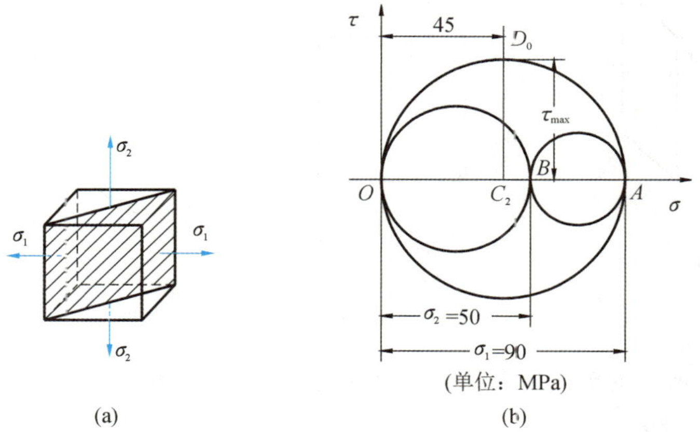

图 8-14 例题 8.5 图

其作用面与 σ_1 和 σ_3 的作用面成45°角(如图 8-14(a)中的阴影面所示)。在此作用面上的正应力为

$$\sigma_\alpha=\frac{\sigma_1+\sigma_3}{2}=\frac{90+0}{2}=45\text{MPa}$$

8.4 广义胡克定律

8.4.1 广义胡克定律

在前面的章节中,我们分别导出了拉伸与压缩胡克定律和剪切胡克定律,它们的表达式分别是

$$\sigma = E\varepsilon \quad 或 \quad \varepsilon = \frac{\sigma}{E}$$

和

$$\tau = G\gamma \quad 或 \quad \gamma = \frac{\tau}{G}$$

下面我们进一步研究在三向应力状态下的应力和应变之间的关系。

图 8-15(a)表示从受力构件中取出的一个单元体,因同时受到正应力和切应力作用,将同时产生线应变和切应变。可以证明,在小变形情况下,切应力所引起的线应变与正应力所引起的线应变相比,是高阶微量,可忽略不计。故可认为,正应力只产生线应变,切应力只产生切应变,二者互不影响,从而可根据叠加原理,把图 8-15(a)所示的三向应力状态看作只单独作用有正应力(图 8-15(b))和只单独作用有切应力(图 8-15(c))的两种情况的叠加。

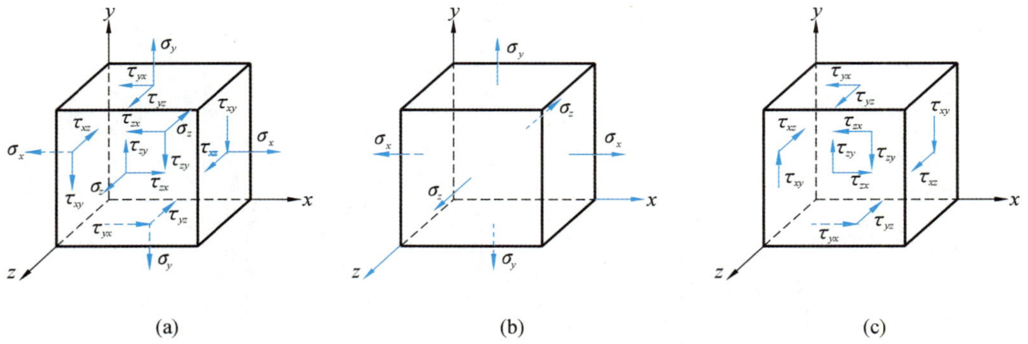

图 8-15 在小变形情况下应力状态的分解

在图 8-15(b)所示的单元体上同时作用有正应力 σ_x、σ_y 和 σ_z,需要利用叠加原理计算由它们所引起的线应变 ε_x、ε_y 和 ε_z。

将图 8-15(b)所示的三向应力情况分解为三个单向应力情况,如图 8-16 中的实线图形所示。

首先分析沿 x 轴方向(即 σ_x 的方向)发生的线应变:当 σ_x 单独作用时,在 x 轴方向引起的线应变是相对伸长的(参见图 8-16(a)),且

$$\varepsilon'_x = \frac{\sigma_x}{E}$$

当 σ_y 单独作用时,在 x 轴方向引起的线应变是横向缩短的(参见图 8-16(b)),且

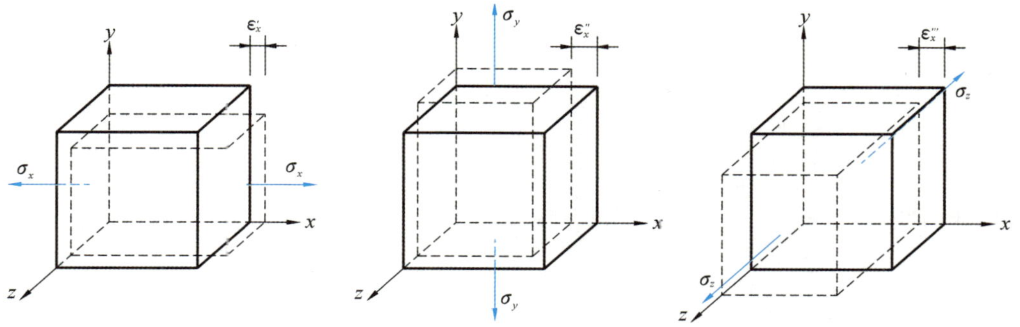

(a) (b) (c)

图 8-16 广义胡克定律关系式的推导

$$\varepsilon''_x = -\nu\frac{\sigma_y}{E}$$

当 σ_z 单独作用时，在 x 轴方向引起的线应变也是横向缩短的(参见图 8-16(c))，且

$$\varepsilon'''_x = -\nu\frac{\sigma_z}{E}$$

故当正应力 σ_x、σ_y、σ_z 共同作用时，在 x 轴方向引起的线应变为

$$\varepsilon_x = \varepsilon'_x + \varepsilon''_x + \varepsilon'''_x = \frac{\sigma_x}{E} - \nu\frac{\sigma_y}{E} - \nu\frac{\sigma_z}{E} = \frac{1}{E}[\sigma_x - \nu(\sigma_y + \sigma_z)]$$

同样可求出沿 y 轴方向和 z 轴方向的线应变 ε_y 和 ε_z。将它们排列在一起，即得

$$\begin{cases} \varepsilon_x = \dfrac{1}{E}[\sigma_x - \nu(\sigma_y + \sigma_z)] \\ \varepsilon_y = \dfrac{1}{E}[\sigma_y - \nu(\sigma_z + \sigma_x)] \\ \varepsilon_z = \dfrac{1}{E}[\sigma_z - \nu(\sigma_x + \sigma_y)] \end{cases} \tag{8-10}$$

它们表达出空间应力状态下的应力、应变之间的关系，称为广义胡克定律的表达式。

若改用应变来表示应力，则由式(8-10)可得

$$\begin{cases} \sigma_x = \lambda e + 2G\varepsilon_x \\ \sigma_y = \lambda e + 2G\varepsilon_y \\ \sigma_z = \lambda e + 2G\varepsilon_z \end{cases} \tag{8-11}$$

式中，

$$\lambda = \frac{E\nu}{(1+\nu)(1-2\nu)}, \quad e = \varepsilon_x + \varepsilon_y + \varepsilon_z$$

当取出的单元体为主单元体，其上作用的主应力为 σ_1、σ_2、σ_3 时，广义胡克定律也可写成如下的形式：

$$\begin{cases} \varepsilon_1 = \dfrac{1}{E}[\sigma_1 - \nu(\sigma_2 + \sigma_3)] \\ \varepsilon_2 = \dfrac{1}{E}[\sigma_2 - \nu(\sigma_3 + \sigma_1)] \\ \varepsilon_3 = \dfrac{1}{E}[\sigma_3 - \nu(\sigma_1 + \sigma_2)] \end{cases} \tag{8-12}$$

在二向应力状态下，$\sigma_z=0$，式(8-10)和式(8-11)可简化为如下形式：

$$\begin{cases} \varepsilon_x = \dfrac{1}{E}(\sigma_x - \nu\sigma_y) \\ \varepsilon_y = \dfrac{1}{E}(\sigma_y - \nu\sigma_x) \\ \varepsilon_z = -\dfrac{\nu}{E}(\sigma_x + \sigma_y) \end{cases} \tag{8-13}$$

$$\begin{cases} \sigma_x = \dfrac{E}{1-\nu^2}(\varepsilon_x + \nu\varepsilon_y) \\ \sigma_y = \dfrac{E}{1-\nu^2}(\varepsilon_y + \nu\varepsilon_x) \end{cases} \tag{8-14}$$

式(8-13)和式(8-14)不仅常用于求解结构中的应力和应变问题，而且在实验应力分析中也具有重要的应用价值。例如，只要用仪器测出试件上某些测点处的线应变 ε_x 和 ε_y，即可用式(8-14)计算出这些测点的应力。

8.4.2　体积应变

当单元体处在复杂应力状态时，其体积也将发生变化。设单元体各边的原长分别为 dx、dy、dz，则在变形前单元体的原体积为

$$V_0 = dxdydz$$

在变形后单元体的体积变为

$$\begin{aligned} V_1 &= dxdydz(1+\varepsilon_1)(1+\varepsilon_2)(1+\varepsilon_3) \\ &= V_0(1+\varepsilon_1+\varepsilon_2+\varepsilon_3+\varepsilon_1\varepsilon_2+\varepsilon_2\varepsilon_3+\varepsilon_3\varepsilon_1+\varepsilon_1\varepsilon_2\varepsilon_3) \\ &\approx V_0(1+\varepsilon_1+\varepsilon_2+\varepsilon_3) \end{aligned}$$

故单位体积的改变或体积应变等于：

$$\theta = \frac{V_1 - V_0}{V_0} = (\varepsilon_1 + \varepsilon_2 + \varepsilon_3) \tag{8-15a}$$

将式(8-12)中的三个主应变代入式(8-15a)中，则得

$$\theta = \frac{1-2\nu}{E}(\sigma_1 + \sigma_2 + \sigma_3) \tag{8-15b}$$

当三个主应力相等，即 $\sigma_1=\sigma_2=\sigma_3=\sigma_n$ 时，则式(8-15b)变为

$$\theta = \frac{1-2\nu}{E}(3\sigma_n) = \frac{\sigma_n}{\dfrac{E}{3(1-2\nu)}} = \frac{\sigma_n}{K}$$

式中，

$$K=\frac{E}{3(1-2\nu)} \tag{8-16}$$

称为体积变形系数。

由式(8-15b)可以看到，体积的改变仅取决于三个主应力之和，而不是取决于它们之间大小的比例。

将图 8-17(a)所示的单元体的应力情况分解为图 8-17(b)、(c)所示的两种情况，则可看出：

(1) 在图 8-17(b)所示的情况下，因在单元体的各面上都作用着数值相等的主应力 $\sigma_m=\frac{\sigma_1+\sigma_2+\sigma_3}{3}$，显然其各个主应变也都相等，故单元体只会发生体积变化而不会发生形状变化。

(2) 在图 8-17(c)所示的情况下，因作用在单元体上的三个主应力之和等于零，故根据式(8-15b)单元体没有体积变化而只会发生形状变化。

由此可知，图 8-17(a)中所示单元体变形时，其变形将同时包括体积变化和形状变化。

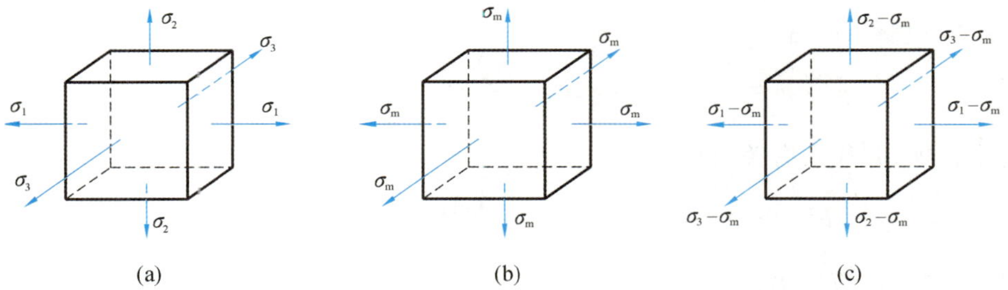

图 8-17 应力情况的分解

例题 8.6 边长为 $a=200$mm 的混凝土块，很密合地放在绝对刚硬的凹座里，并承受轴向压力 $F=235$kN(图 8-18)，试求刚凹座壁上所受的压力，以及混凝土块内所发生的应力。已知混凝土的泊松比 $\nu=0.18$。

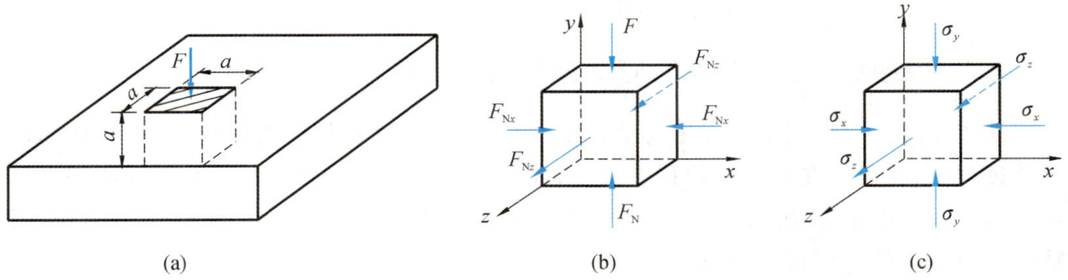

图 8-18 例题 8.6 图

解：以混凝土块为研究对象，当受到轴向压力 F 作用时，它要发生横向变形，但这种变形受到刚性凹座的限制，故在凹座壁上会产生反力 F_{Nx} 和 F_{Nz}(设力 F 沿 y 轴方向作用)。混凝土块受力图如图 8-18(b)所示，由对称性可知其应力状态单元体如图 8-18(c)所示。

接着，研究弹性变形，因凹座是绝对刚硬的，混凝土块在里面不能发生(在 x 轴和 z 轴方

向的)横向变形,即

$$\varepsilon_x = \varepsilon_z = 0$$

由式(8-10)可得

$$\begin{cases} \varepsilon_x = \dfrac{\sigma_x}{E} - \nu\dfrac{\sigma_y}{E} - \nu\dfrac{\sigma_z}{E} = 0 \\ \varepsilon_z = \dfrac{\sigma_z}{E} - \nu\dfrac{\sigma_x}{E} - \nu\dfrac{\sigma_y}{E} = 0 \end{cases} \tag{a}$$

此外,有

$$\begin{cases} \sigma_x = -\dfrac{F_{Nx}}{a^2} \\ \sigma_z = -\dfrac{F_{Nz}}{a^2} \\ \sigma_y = -\dfrac{F}{a^2} \end{cases} \tag{b}$$

解联立方程组(a)得

$$\sigma_x = \sigma_z = \frac{\nu}{1-\nu}\sigma_y$$

以 a^2 遍乘各项,并代入有关数值得

$$F_{Nx} = F_{Nz} = \frac{\nu}{1-\nu}F = \frac{0.18}{1-0.18} \times 235 = 51.6\text{kN}$$

故在混凝土块里的应力为

$$\sigma_x = \sigma_1 = -\frac{F_{Nx}}{a^2} = -\frac{51.6\times10^3}{0.2^2} = -12.9\times10^5\text{Pa} = -1.29\text{MPa}$$

$$\sigma_z = \sigma_2 = -\frac{F_{Nz}}{a^2} = -\frac{51.6\times10^3}{0.2^2} = -12.9\times10^5\text{Pa} = -1.29\text{MPa}$$

$$\sigma_y = \sigma_3 = -\frac{F}{a^2} = -\frac{235\times10^3}{0.2^2} = -58.8\times10^5\text{Pa} = -5.88\text{MPa}$$

8.4.3　复杂应力状态下的应变能密度

弹性体在外力的作用下会发生变形,外力作用点也会发生相应的位移。因此,在弹性体变形的过程中,载荷将在相应的位移上做功,称其为外力功 W;同时,在弹性体的内部将储存变形能 U。根据能量守恒原理可知,若所加的载荷为静载荷,则储存在弹性体内的变形能,在数值上应等于外力所做的功,即

$$U = W \tag{8-17}$$

该式被称为功能原理。

设有如图 8-17(a)所示的单元体,其边长分别为 $\mathrm{d}x$、$\mathrm{d}y$ 和 $\mathrm{d}z$,在三个主应力 σ_1、σ_2 和 σ_3 的作用下,使单元体发生的主应变为 ε_1、ε_2 和 ε_3,则单元体沿 x 轴、y 轴和 z 轴方向的长度变化量分别为 $\varepsilon_1\mathrm{d}x$、$\varepsilon_2\mathrm{d}y$ 和 $\varepsilon_3\mathrm{d}z$,在线弹性范围内,设主应力 σ_1、σ_2 和 σ_3 分别与主应变 ε_1、ε_2 和 ε_3 成正比,因此,作用在单元体上的外力所做的功为

$$dW = \frac{1}{2}(\sigma_1 dydz)\cdot\varepsilon_1 dx + \frac{1}{2}(\sigma_2 dzdx)\cdot\varepsilon_2 dy + \frac{1}{2}(\sigma_3 dxdy)\cdot\varepsilon_3 dz$$

根据功能原理，外力所做的功全部转化为单元体的弹性变形能，即

$$dU = dW = \frac{1}{2}(\sigma_1 dydz)\cdot\varepsilon_1 dx + \frac{1}{2}(\sigma_2 dzdx)\cdot\varepsilon_2 dy + \frac{1}{2}(\sigma_3 dxdy)\cdot\varepsilon_3 dz$$

由此得单位体积的应变能即应变能密度（也称弹性比能）为

$$u = \frac{1}{2}\sigma_1\varepsilon_1 + \frac{1}{2}\sigma_2\varepsilon_2 + \frac{1}{2}\sigma_3\varepsilon_3$$

将式(8-12)代入上式，可写成

$$\begin{aligned} u &= \frac{1}{2E}\{\sigma_1[\sigma_1 - \nu(\sigma_2+\sigma_3)] + \sigma_2[\sigma_2 - \nu(\sigma_3+\sigma_1)] + \sigma_3[\sigma_3 - \nu(\sigma_1+\sigma_2)]\} \\ &= \frac{1}{2E}\{\sigma_1^2+\sigma_2^2+\sigma_3^2 - 2\nu(\sigma_1\sigma_2+\sigma_2\sigma_3+\sigma_3\sigma_1)\} \end{aligned} \tag{8-18}$$

这就是由主应力计算构件单位体积材料内的弹性变形能（或弹性比能）u 的公式。

对图 8-17(a)所示的单元体的应力情况可分解为图 8-17(b)、(c)所示的两种应力情况，弹性比能 u 也可看作由于单元体体积改变而储存的比能 u_v 与由于单元体形状改变而储存的比能 u_φ 组合而成。下面我们分别计算 u_v 和 u_φ。

对图 8-17(b)所示的单元体，因其各表面上作用着相等的应力 $\sigma_m = \dfrac{\sigma_1+\sigma_2+\sigma_3}{3}$，其每一边的应变也将相等并为

$$\varepsilon_m = \frac{\varepsilon_1+\varepsilon_2+\varepsilon_3}{3}$$

由式(8-15)，ε_m 又可用主应力表示

$$\varepsilon_m = \frac{1-2\nu}{E}\left(\frac{\sigma_1+\sigma_2+\sigma_3}{3}\right)$$

于是，体积改变的弹性比能

$$\begin{aligned} u_v &= 3\times\frac{\sigma_m\varepsilon_m}{2} = \frac{3}{2}\left(\frac{\sigma_1+\sigma_2+\sigma_3}{3}\right)\left[\frac{1-2\nu}{E}\left(\frac{\sigma_1+\sigma_2+\sigma_3}{3}\right)\right] \\ &= \frac{1-2\nu}{6E}(\sigma_1+\sigma_2+\sigma_3)^2 \end{aligned} \tag{8-19}$$

而由 u 减去 u_v 即得到形状改变的弹性比能，即

$$\begin{aligned} u_\varphi &= u - u_v \\ &= \frac{1}{2E}\{\sigma_1^2+\sigma_2^2+\sigma_3^2 - 2\nu(\sigma_1\sigma_2+\sigma_2\sigma_3+\sigma_3\sigma_1)\} - \frac{1-2\nu}{6E}(\sigma_1+\sigma_2+\sigma_3)^2 \\ &= \frac{1+\nu}{3E}(\sigma_1^2+\sigma_2^2+\sigma_3^2 - \sigma_1\sigma_2 - \sigma_2\sigma_3 - \sigma_3\sigma_1) \\ &= \frac{1+\nu}{6E}[(\sigma_1-\sigma_2)^2 + (\sigma_2-\sigma_3)^2 + (\sigma_3-\sigma_1)^2] \end{aligned} \tag{8-20}$$

习　　题

题 8-1　试用解析法求图示各单元体中指定斜截面上的正应力和切应力。

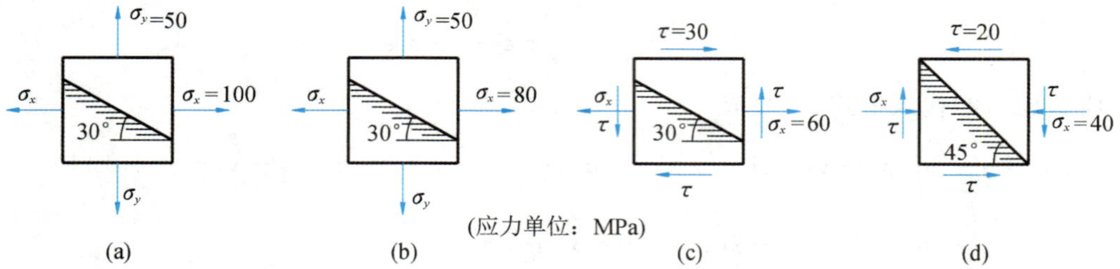

题 8-1 图

题 8-2　试用图解法求图示各单元体的主应力的数值、主平面方位和最大切应力的数值。

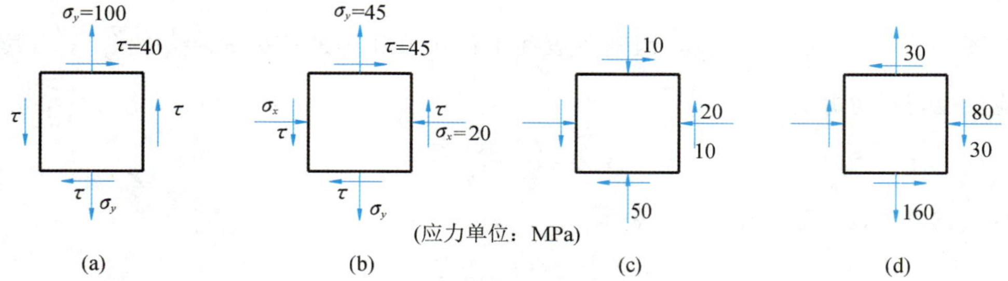

题 8-2 图

题 8-3　已知平面应力状态下某点处的两个截面上的应力如图 8-3 所示。试利用应力圆求该点处的主应力值和主平面方位，并求出此两截面间的夹角 α 值。

题 8-4　某点处的应力如图所示，设 σ_α、τ_α 及 σ_y 值为已知，试考虑如何根据已知数据直接作应力圆。

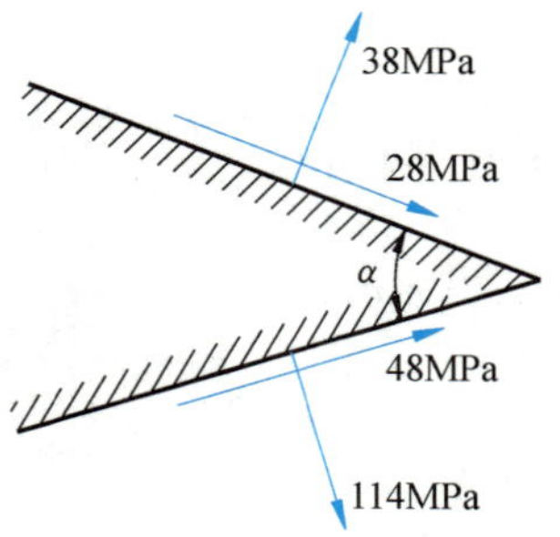

题 8-3 图

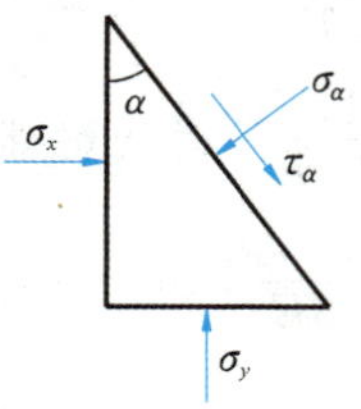

题 8-4 图

题 8-5　单元体各面上的应力如图所示(应力单位为 MPa)。试用解析法与应力圆法求主应力及最大切应力。

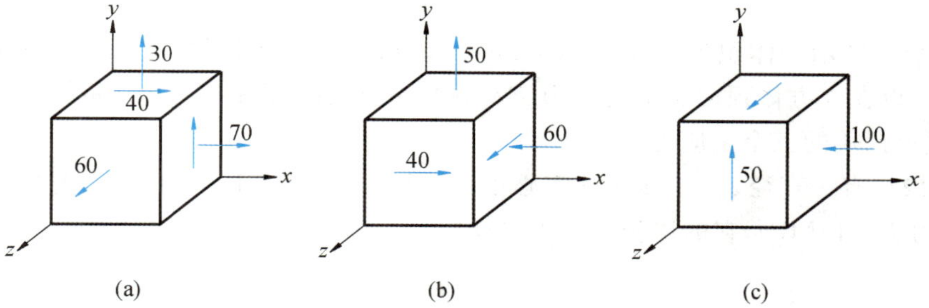

题 8-5 图

题 8-6　已知一点处应力状态的应力圆如图所示。试用单元体表示出该点处的应力状态,并在该单元体上绘出应力圆上 A 点所代表的截面。

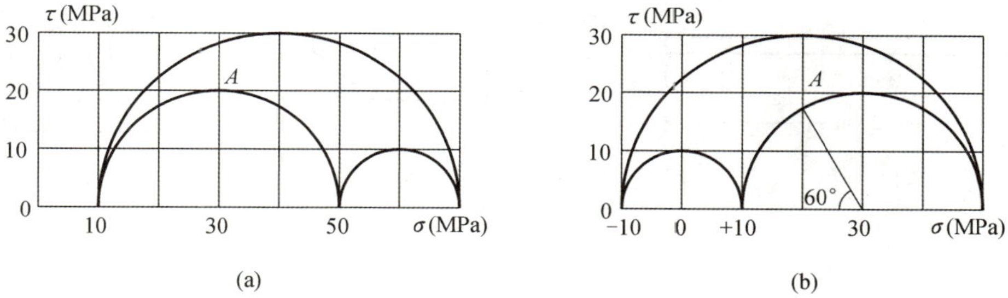

题 8-6 图

题 8-7　对图中所示的梁进行试验时,测得梁上点 A 处的应变为 $\varepsilon_x=0.5\times10^{-3}$,$\varepsilon_y=1.65\times10^{-4}$。若梁材料的弹性模量 $E=210\text{GPa}$,泊松比 $\nu=0.3$,试求梁上点 A 处的正应力 σ_x 和 σ_y。

题 8-8　图为薄壁圆筒的扭转-拉伸试验示意图。若 $F=20\text{kN}$,$M_e=600\text{N}\cdot\text{m}$,且 $d=50\text{mm}$,$\delta=2\text{mm}$。试求:

(1) A 点在指定斜截面上的应力;

(2) A 点主应力的大小及方向,并用单元体表示。

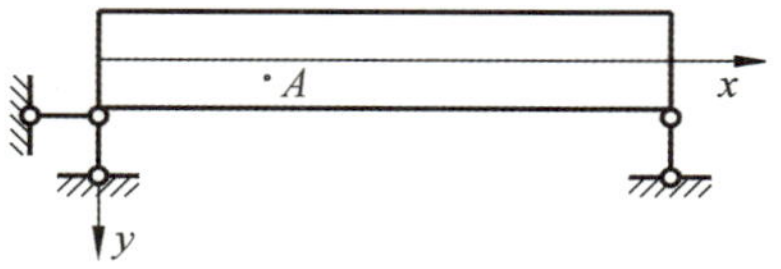

题 8-7 图

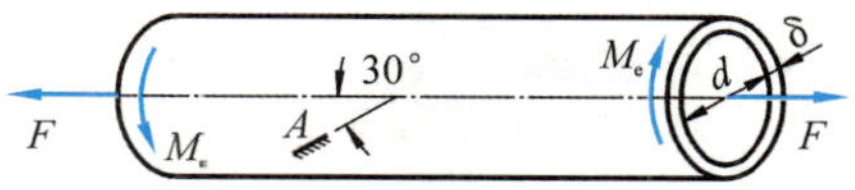

题 8-8 图

题 8-9　两端简支的工字梁及其承载情况如图所示。已知材料的许用正应力为$[\sigma]=170\text{MPa}$,许用切应力为$[\tau]=100\text{MPa}$。试按第四强度理论的强度条件选择工字钢的型号。

题 8-10　图示一处在三向应力状态下的单元体。已知三个主应力为:$\sigma_1=30\text{MPa}$,$\sigma_2=15\text{MPa}$,$\sigma_3=-45\text{MPa}$。

(1) 试求此单元体的最大切应力的大小和所在截面位置。

(2) 若材料的泊松比 $\nu=0.25$，弹性模量 $E=210\text{GPa}$，试求此单元体的最大线应变 ε_{max}（绝对值）。

题 8-11　图示一体积为 10mm×10mm×10mm 的立方体铝块，放入宽度正好是 10mm 的钢槽中。设在立方体顶面施加的压力 $F=6\text{kN}$，铝的泊松比 $\nu=0.33$。钢槽的变形可以忽略不计，试求铝块的三个主应力。

题 8-12　有一直径 $d=30\text{mm}$ 的实心钢球，钢的 $E=210\text{GPa}$，$\nu=0.3$。若使它承受均匀的静水压力 $F=14\text{MPa}$，它的体积会减小多少？

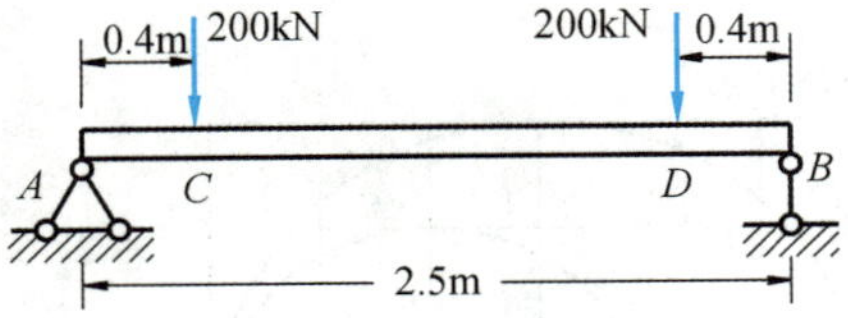

题 8-9 图

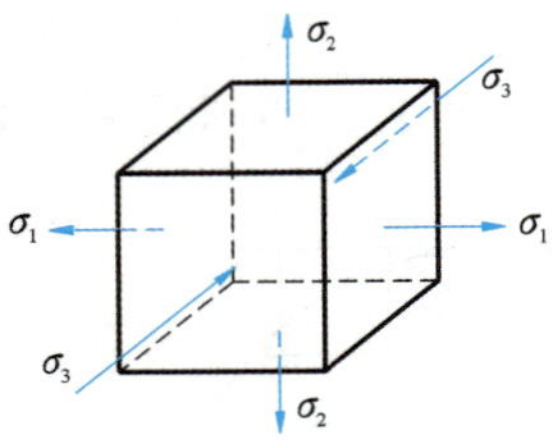

题 8-10 图

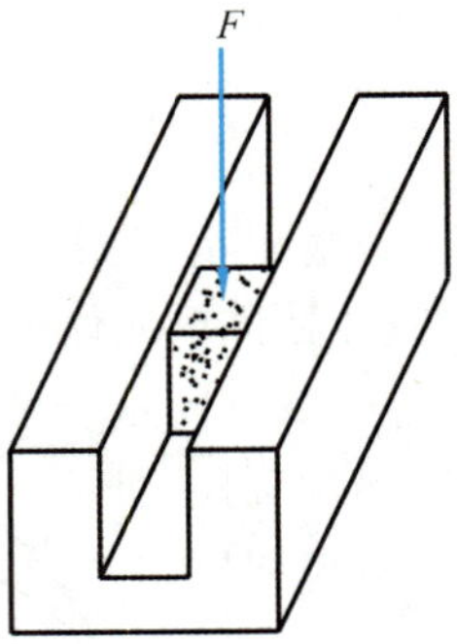

题 8-11 图

第 9 章

强 度 理 论

9.1 强度理论的概念

固体材料制作的杆件的强度问题，是材料力学研究的最基本问题之一。前文中对于各种杆件的强度计算，总是先计算出其横截面上的最大正应力 σ_{max} 和最大切应力 τ_{max}，然后从这两个方面建立其强度条件：

正应力强度条件：

$$\sigma_{max} \leqslant [\sigma]$$

切应力强度条件：

$$\tau_{max} \leqslant [\tau]$$

式中，材料的许用正应力$[\sigma]$和许用切应力$[\tau]$，是分别先由单向应力状态的试验或纯剪切试验测定在破坏时试件的极限应力(屈服极限或强度极限)，然后除以适当的安全系数得到的。这种直接根据试验结果建立强度条件的方法，只对危险截面上危险点处是在单向应力状态和纯剪切应力状态这类特殊情况下才适用。在工程中，实际结构及其杆件的危险点可能处于复杂应力状态，要完全重现试验中可能遇到的各种复杂应力状态是很困难的。况且，复杂应力状态中应力组合的方式和比值可能有无数种，要通过试验确定各种复杂应力状态的极限应力值并建立强度条件是相当繁冗和难以实现的。

实践表明，不同材料因强度不足而发生破坏的现象可主要归纳为断裂和屈服两种类型。人们在经过长期的生产实践和总结分析后，对引起材料破坏的主要因素提出了种种假说。这些假说认为，引起破坏的原因与应力状态无关，材料之所以按某种方式(断裂或屈服)破坏，是应力、应变或应变能密度等因素中某一因素引起的。通常把这些假说称为强度理论。根据强度理论，便可由简单应力状态的实验结果，建立可供工程设计应用的复杂应力状态下的强度条件。

经过多年实践的检验，人们已经发现有些强度理论存在很大的片面性，它们相继被淘汰；另外一些强度理论则逐渐显示出了它们的相对真理性，并在一定范围内得到应用。本章主要介绍在工程设计中应用比较广泛的四种强度理论，并对莫尔强度理论和双剪应力强度理论也作了简要介绍。

9.2　四种主要的强度理论

9.2.1　最大拉应力理论(第一强度理论)

早在 17 世纪,伽利略(G. Galieo,1638)首先提出最大正应力理论,后来又经过拉梅(G. Lame,1833)和兰根(W. J. Rankin,1856)的修正而成为最大拉应力理论,由于该理论是最早提出的强度理论,所以也称最大拉应力理论为第一强度理论。这个理论的根据:最大拉应力 σ_1 是引起材料脆性拉断的主要原因,也就是认为无论在什么样的应力状态下,只要危险点处的三个主应力中最大的拉应力 σ_1 达到材料单向拉伸时的极限应力值 σ_u 时,材料就会发生脆性断裂破坏。按照这一强度理论的观点,脆性断裂破坏的条件是

$$\sigma_1 = \sigma_u \tag{1}$$

将式(1)右边的极限应力除以安全系数就得到材料的许用拉应力$[\sigma]$,因此得到按第一强度理论所建立的强度条件为

$$\sigma_1 \leqslant [\sigma] \tag{9-1}$$

极限应力 σ_u 可通过任意一种使试件发生脆性断裂的破坏试验来测定。对于在单向拉伸试验时试件沿横截面发生脆性断裂的材料,例如铸铁、高碳钢、陶瓷、玻璃、岩石和混凝土等,就可以用单向拉伸试件在拉断时其横截面上的正应力 σ_b 作为这类材料的极限应力 σ_u。该理论认为材料的危险状态只取决于某一个方向的主应力,而与其他两个主应力无关。按照这个理论,不论是三向、二向还是单向应力状态,它们的危险状态的到达并没有什么区别,这显然是不合理的。

9.2.2　最大伸长线应变理论(第二强度理论)

由马里奥脱(Ed. Mariotto,1686)和纳维埃(C. M. L. Navie,1826)分别提出最大线应变理论,后来又经过尤雪莱(J. V. Poncelet,1839)和圣维南(B. Saint-Venant,1837)的修正而得到最大伸长线应变理论。由于最大伸长线应变理论是在最大拉应力理论之后提出的,因此,也将最大伸长线应变理论称为第二强度理论。这个理论的根据:最大伸长线应变 ε_1 是引起材料脆性断裂的主要因素,也就是不论在什么样的应力状态下,只要危险点处的最大伸长线应变 ε_1 达到材料单向拉伸时的极限应变 ε_u,材料就会发生脆性断裂。于是,按照这一强度理论观点,脆性断裂破坏的条件是

$$\varepsilon_1 = \varepsilon_u \tag{2}$$

如果材料在发生脆性断裂前始终处于线弹性变形阶段,则可运用单向拉(压)状态下的胡克定律和复杂应力状态下的广义胡克定律的有关公式,求得处于复杂应力状态下该点的最大伸长线应变为

$$\varepsilon_1 = \frac{1}{E}[\sigma_1 - \nu(\sigma_2 + \sigma_3)] \tag{3}$$

同样,材料的极限应变 ε_u 可通过任意一种使试件发生脆性断裂的试验来确定。例如用

单向拉伸试件在拉断时测定的轴向线应变作为材料的极限应变 ε_u，该材料在发生脆性断裂前始终处于线弹性变形阶段，即服从胡克定律，则

$$\varepsilon_u = \frac{\sigma_u}{E} \tag{4}$$

于是由式(2)～式(4)可得到

$$\frac{1}{E}[\sigma_1 - \nu(\sigma_2 + \sigma_3)] = \frac{\sigma_u}{E}$$

或

$$\sigma_1 - \nu(\sigma_2 + \sigma_2) = \sigma_u \tag{5}$$

将式(5)右边的 σ_u 除以安全系数可得到材料的许用拉应力$[\sigma]$，这样按第二强度理论所建立的强度条件为

$$\sigma_1 - \nu(\sigma_2 + \sigma_3) \leqslant [\sigma] \tag{9-2}$$

由于在上述分析中运用了广义胡克定律，因而按这一强度理论所建立的强度条件，只能适用于应力与应变的关系在发生脆性断裂前都遵循胡克定律的情况。对于材料在拉断前产生的少量非线性变形的影响可忽略不计。

从上述强度条件可以看出，第二强度理论似乎比第一强度理论更加完善，因为在式(9-2)中考虑到材料达到危险状态是三个主应力 σ_1、σ_2、σ_3 共同作用的结果。一些脆性材料的试验结果也基本符合这个理论，因而它曾在较长时间内得到广泛采用。但是，第二强度理论也有一定的局限性，例如对第一强度理论所不能解释的三向受压的岩石类脆性材料不易被压碎的现象，第二强度理论同样不能解释。又如，材料在二向拉应力状态下的破坏条件是

$$\sigma_1 - \nu\sigma_2 = \sigma_u$$

而材料在单向拉应力状态下的破坏条件是

$$\sigma_1 = \sigma_u$$

将二者进行比较，似乎二向拉应力状态反而比单向拉应力状态安全些，这与试验结果存在偏差。

9.2.3　最大切应力理论(第三强度理论)

库仑(C. A. Coulomb，1773)首先提出这个理论，后经屈雷斯加(H. Tresca，1868)、格斯特(J. J. Guest，1900)和其他学者的试验所验证。由于最大切应力理论是在最大伸长线应变理论之后提出的，因此，也将这一理论称为第三强度理论。这个理论的根据：最大切应力 τ_{max}是引起材料屈服的主要原因，也就是认为不论在什么样的应力状态下，只要杆件内一点处的最大切应力 τ_{max}达到材料单向拉伸屈服时的极限切应力值 τ_u，该点处的材料就会发生屈服。

按照这一强度理论的观点，其屈服条件是

$$\tau_{max} = \tau_u \tag{6}$$

单向拉伸试验中得到材料屈服时切应力的极限值 $\tau_u = \tau_s$，

$$\tau_s = \frac{\sigma_s}{2} \tag{7}$$

由第 8 章“应力状态分析”可知，在复杂应力状态下一点处的最大切应力为

$$\tau_{max}=\frac{1}{2}(\sigma_1-\sigma_3)$$

其中，σ_1 和 σ_3 分别为该应力状态下的最大与最小主应力。这样可将式(7)改写为

$$\frac{1}{2}(\sigma_1-\sigma_3)=\frac{\sigma_s}{2}$$

或

$$\sigma_1-\sigma_3=\sigma_s \tag{8}$$

将式(8)右边的 σ_s 除以安全系数就得到材料的许用拉应力$[\sigma]$，这样按第三强度理论所建立的强度条件为

$$\sigma_1-\sigma_3\leqslant[\sigma] \tag{9-3}$$

这个强度理论被许多塑性材料的试验所证实，且稍偏于安全。又由于这个理论提供的计算式比较简单，因此该理论在工程设计中被广泛采用。

这里还应指出，在式(9-3)右边采用了材料在单向拉伸达到屈服时的许用拉应力$[\sigma]$，这只对于那些在单向拉伸时发生明显屈服的材料才适用。但是像铸铁、岩石、陶瓷、玻璃和超高强度钢一类脆性材料，不可能通过单向拉伸试验测得材料屈服时的极限切应力值 τ_u，因此，对于这一类材料在三向不等值压应力状态下，以式(9-3)作为强度条件时，该式右边的$[\sigma]$就不能再理解为材料在单向拉伸时的许用拉应力了。必须通过类似试验确定极限值 τ_u，并由分析得出三向压应力状态下材料一点处的 τ_u 与 σ_u 或(σ_s)之间的函数关系，基于此确定材料这时的$[\sigma]$。另外，按照这个理论，当材料受三向均匀拉伸时，其切应力为零，表明这时材料只发生体积膨胀，没有形状改变，也不会出现屈服现象，最终发生断裂破坏。

9.2.4　形状改变比能理论(第四强度理论)

贝尔特拉密(F. Beltranii，1885)首先提出能量理论，后经胡贝尔(F. Huber，1904)、米寒斯(R. Mises，1913)和汉基(H. Henckv，1924)分别提出建议，认为不是以全部比能，而是以改变材料形状的那一部分比能作为引起材料屈服的主要因素。由于这一理论是在 20 世纪初期形成并在第三强度理论之后提出与应用的，通常也称为第四强度理论。这一理论的根据是：形状改变比能 u_φ 是引起材料屈服的主要原因，也就是认为不论在什么样的应力状态下，只要危险点处的形状改变比能 u_φ 达到材料单向拉伸时的极限值 $u_{\varphi u}$，材料就会发生屈服。对于低碳钢类塑性材料，因为在单向拉伸试验时，当横截面上的正应力达到材料的 σ_s 时就出现明显的屈服现象，所以可通过单向拉伸试验的结果来确定出材料的极限值 $u_{\varphi u}$。为此，可利用第 8 章中形状改变比能表达式(8-20)

$$u_\varphi=\frac{1+\nu}{6E}[(\sigma_1-\sigma_2)^2+(\sigma_2-\sigma_3)^2+(\sigma_3-\sigma_1)^2]$$

将 $\sigma_1=\sigma_s$，$\sigma_2=0$，$\sigma_3=0$ 代入上式，从而求得材料的极限值 $u_{\varphi u}$ 为

$$u_{\varphi u}=\frac{1+\nu}{6E}\times 2\sigma_s^2 \tag{9}$$

因此，按照这一强度理论的观点，则屈服条件应为 $u_\varphi=u_{\varphi u}$，也可将其改写为

$$\frac{1+\nu}{6E}[(\sigma_1-\sigma_2)^2+(\sigma_2-\sigma_3)^2+(\sigma_3-\sigma_1)^2]=\frac{1+\nu}{6E}\times 2\sigma_s^2$$

即

$$\sqrt{\frac{1}{2}[(\sigma_1-\sigma_2)^2+(\sigma_2-\sigma_3)^2+(\sigma_3-\sigma_1)^2]}=\sigma_s \tag{10}$$

再将式(10)右边的 σ_s 除以安全系数得到的材料的许用拉应力[σ]，于是，按第四强度理论所建立的强度条件为

$$\sqrt{\frac{1}{2}[(\sigma_1-\sigma_2)^2+(\sigma_2-\sigma_3)^2+(\sigma_3-\sigma_1)^2]}\leqslant[\sigma] \tag{9-4}$$

式中，σ_1、σ_2 和 σ_3 为危险点处的三个主应力。式(9-4)根号里的主应力差($\sigma_1-\sigma_2$)、($\sigma_2-\sigma_3$)和($\sigma_3-\sigma_1$)所代表的是构件危险点处的三个切应力极限值之两倍(参见第 8 章中三向应力状态下的应力圆)，因此，第四强度理论在某种意义上是与切应力密切相关的。有学者从统计平均切应力的观点出发，也同样得到式(9-4)所示的强度条件。这个理论与许多塑性材料的试验结果相符合，且比第三强度理论更精确。

综合式(9-1)～式(9-4)的形式，对于材料在复杂应力状态下的四个强度理论所建立的强度条件可统一写为

$$\sigma_r\leqslant[\sigma] \tag{9-5}$$

式(9-5)中，σ_r 是根据不同强度理论所得到的危险点处三个主应力的某种组合，这种组合的主应力 σ_r，与单向拉伸时的拉应力在安全程度上是相当的，因此，也称 σ_r 为相当应力。按照顺序，第一、第二、第三、第四强度理论的相当应力分别为

$$\begin{cases}\sigma_{r1}=\sigma_1\\ \sigma_{r2}=\sigma_1-\nu(\sigma_2+\sigma_3)\\ \sigma_{r3}=\sigma_1-\sigma_3\\ \sigma_{r4}=\sqrt{\frac{1}{2}[(\sigma_1-\sigma_2)^2+(\sigma_2-\sigma_3)^2+(\sigma_3-\sigma_1)^2]}\end{cases} \tag{9-6}$$

必须指出，在按某一强度理论的相当应力，用式(9-6)对其危险点处于复杂应力状态的构件进行强度计算时，要严格做到：一方面要保证所用强度理论与在这种应力状态下发生的破坏形式相对应；另一方面要求用来确定许用应力[σ]的极限应力，也必须是相应于该破坏形式的极限值。实践表明，上述两个条件若有一个不能满足，则理论应用失去依据，其产生的差异将是很大的。

9.3 莫尔强度理论

由第 8 章的知识可知，各种不同的应力状态可以很清晰地用莫尔(O. Mohr，1900)提出的应力圆表示，如图 9-1 所示为已知构件内危险点处的三个主应力 σ_1、σ_2 和 σ_3 时的三个应力圆。在这三个应力圆上各点的坐标(σ,τ)分别代表与某一个主平面垂直的一组斜截面上的应力，而任意斜截面上的应力则可用三个应力圆之间的阴影区域内相应点 D 的坐标(σ_D,τ_D)来表示。

从图 9-1 可看出,代表一点处应力状态中最大正应力和最大切应力的点均在外圆上,因此,莫尔认为仅由外圆就足以决定出极限应力状态,即材料开始屈服流动或发生脆性断裂时的应力状态,而不必考虑中间主应力 σ_2 对材料强度破坏的影响。

对于材料在单向拉伸时($\sigma_1 \neq 0, \sigma_2 = \sigma_3 = 0$)、单向压缩时($\sigma_1 = \sigma_2 = 0, \sigma_3 \neq 0$)和纯剪切时($\sigma_3 = -\sigma_1, \sigma_2 = 0$)三种简单应力状态下的三个应力圆,如图 9-2 所示,其主应力值与材料分别达到抗拉强度极限 σ_{ut}、抗压强度极限 σ_{uc} 和抗剪强度极限 τ_u 时的三个应力圆如图 9-3 所示,称为材料达到危险状态时的极限应力圆。

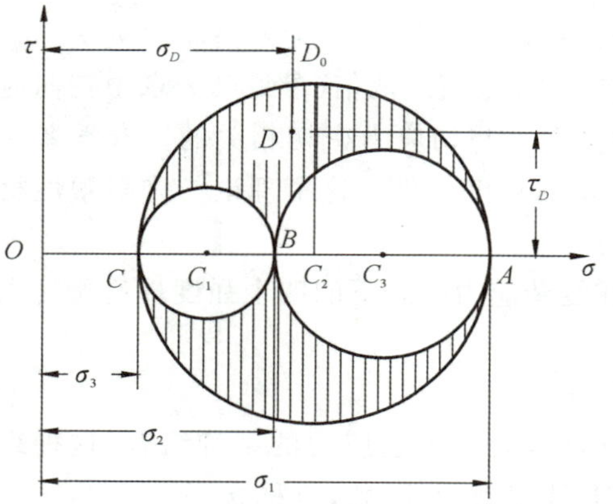

图 9-1 一点的应力状态可用三个应力圆表示

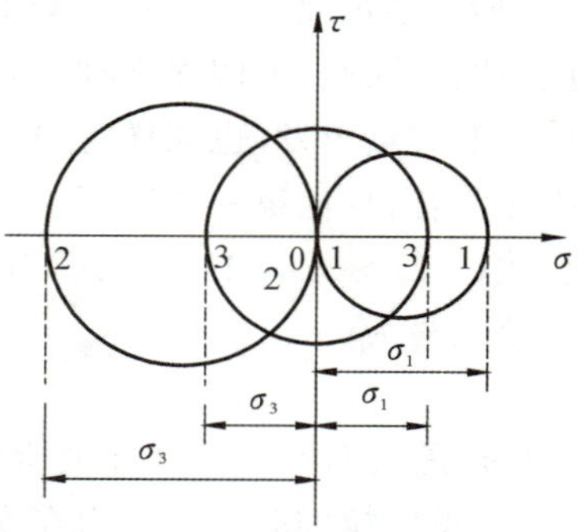

图 9-2 三种特殊应力状态下的三个应力圆

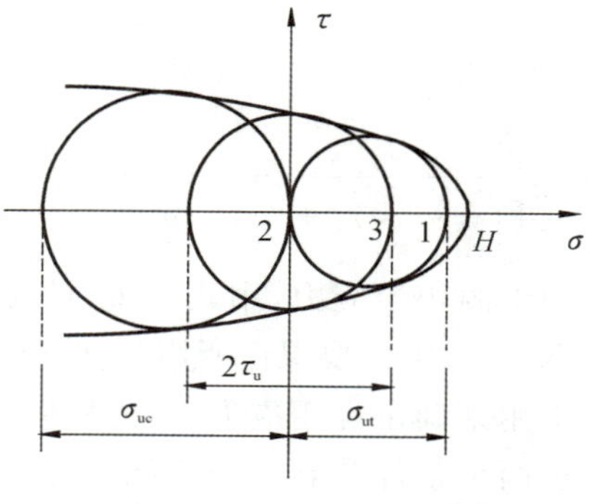

图 9-3 极限应力时的三个应力圆

显然,单向拉伸危险状态的极限应力圆直径为 σ_{ut},单向压缩危险状态的极限应力圆直径为 σ_{uc},纯剪切危险状态的极限应力圆直径为 $2\tau_u$。莫尔认为,根据材料在单向拉伸、压缩和纯剪切时所得到的在各种应力状态下的极限应力圆具有一条公共包络线,它与每个极限应力圆相切,是一条平滑曲线,可称为极限应力圆族的包络线。此包络线与横坐标轴相交于点 H。从理论上讲,只要找到这条公共的包络线,就可以确定各种应力状态下的极限应力圆。然而,要按照试验数据绘出一系列极限应力圆并依它确定出公共包络线,事实上并不容易。而且即使绘出了这种包络线,要应用它来确定某一应力状态下的极限应力圆,也很不方便。因此,莫尔强度理论并不是简单地假设材料的破坏是由某一力学因素(如应力、应变或比能)

达到了其极限值而引起的，它是以各种应力状态下材料破坏时的试验结果为依据绘制出一系列相应极限应力圆，并基于此确定出其公共包络线，从而建立起来的带有一定经验性的强度理论。

如果从工程应用的角度来看，可以在单向拉伸与压缩两种应力状态下以通过试验结果得到的两个极限应力圆（图 9-4）为依据，以这两个圆的公切线作为一阶近似而取直线的公共包络线。当材料的单向拉伸与压缩极限应力相等时，例如低碳钢拉（压）屈服极限为 σ_s 时，则绘制出的极限应力圆确定出的两条公切线是平行于横坐标轴 σ 的，如图 9-5 所示，这样莫尔强度理论与最大切应力理论等价。

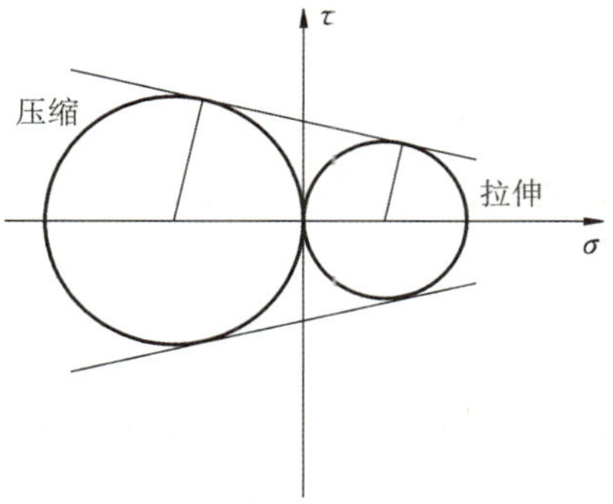

图 9-4　σ_{ut} 与 σ_{uc} 的应力圆

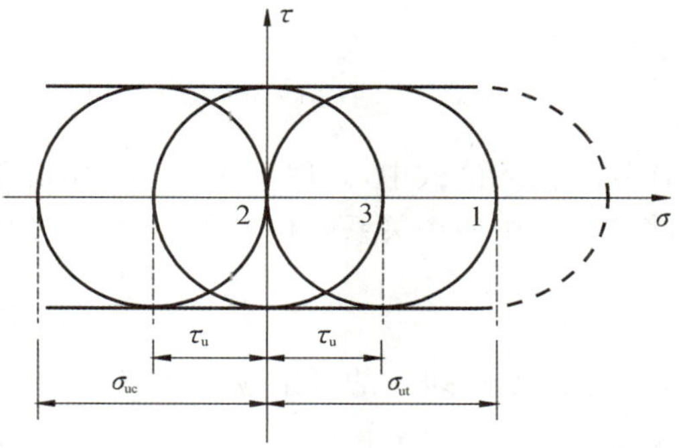

图 9-5　$\sigma_{ut}=\sigma_{uc}$ 的应力圆

为了进行强度计算，还应该引进适当的安全系数 n，实际上将所有极限应力圆的直径缩小 n 倍后，所得应力圆族是与许用应力状态相对应的。于是，用材料在单向拉伸时许用拉应力$[\sigma_t]$和单向压缩时许用压应力$[\sigma_c]$分别作出其许用应力圆，并作出此两圆的公切线，如图 9-6 所示。然后以这两条公切线来求得复杂应力状态下按莫尔强度理论所建立的强度条件。

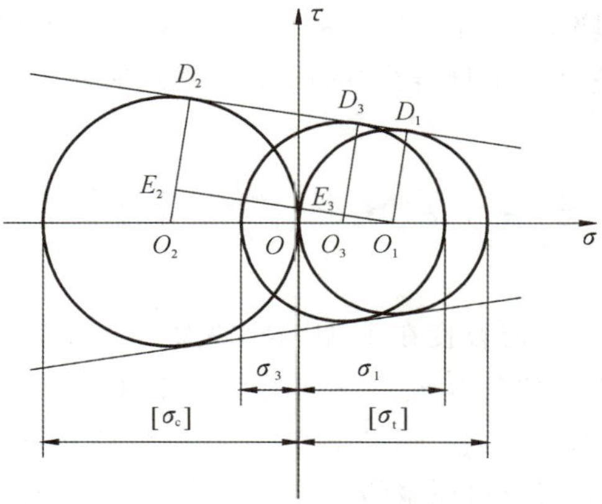

图 9-6　莫尔理论危险条件的推导

在图 9-6 中若以 σ_1 与 σ_3 所作的应力圆代表所研究的复杂应力状态下的许用应力圆，则 σ_1 与 σ_3 的值同材料的许用应力$[\sigma_t]$与$[\sigma_c]$值之间的关系，可通过图中的几何关系来确定。

由两个相似三角形$\triangle O_1E_3O_3$与$\triangle O_1E_2O_2$对应边的比例关系可得：

$$\frac{\overline{E_3O_3}}{\overline{E_2O_2}}=\frac{\overline{O_1O_3}}{\overline{O_1O_2}} \tag{11}$$

其中，

$$\begin{cases}\overline{E_3O_3}=\overline{D_3O_3}-\overline{D_1O_1}=\dfrac{\sigma_1-\sigma_3}{2}-\dfrac{1}{2}[\sigma_t]\\ \overline{E_2O_2}=\overline{D_2O_2}-\overline{D_1O_1}=\dfrac{1}{2}[\sigma_c]-\dfrac{1}{2}[\sigma_t]\\ \overline{O_1O_3}=\overline{OO_1}-\overline{OO_3}=\dfrac{1}{2}[\sigma_t]-\dfrac{\sigma_1+\sigma_3}{2}\\ \overline{O_1O_2}=\overline{OO_1}+\overline{OO_2}=\dfrac{1}{2}[\sigma_t]+\dfrac{1}{2}[\sigma_c]\end{cases} \tag{12}$$

注意在上述诸式中，许用压应力$[\sigma_c]$用的是其绝对值，而σ_3若为压应力时仍应该用负值。将式(12)中四个关系式代入式(11)中，经化简后可得

$$\sigma_1-\frac{[\sigma_t]}{[\sigma_c]}\sigma_3=[\sigma_t] \tag{13}$$

式中，σ_1与σ_3是所研究的复杂应力状态下的作用应力；$[\sigma_t]$为材料的许用拉应力；$[\sigma_c]$为材料的许用压应力；令$\dfrac{[\sigma_t]}{[\sigma_c]}=K$。如果将它们改为危险点处的实际作用应力和材料的许用应力，则相应于莫尔强度理论的强度条件为

$$\sigma_{rM}=\sigma_1-\frac{[\sigma_t]}{[\sigma_c]}\sigma_3=\sigma_1-K\sigma_3\leqslant[\sigma_t] \tag{9-7}$$

式(9-7)的左边应力表达式$\sigma_{rM}=\sigma_1-\dfrac{[\sigma_t]}{[\sigma_c]}\sigma_3$为莫尔强度理论的相当应力表达式。当材料在单向拉伸与压缩的许用拉应力、许用压应力相等时，式中$K=1$，则式(9-7)变为$\sigma_1-\sigma_3\leqslant[\sigma_t]$，这就与第三强度理论的相当应力表达式一致。由此可见，莫尔强度理论实际上可看作第三强度理论的发展，它考虑了材料在单向拉伸与压缩时其强度不相等的因素。

9.4　双剪应力强度理论

双剪应力强度理论是俞茂宏教授在 1961 年首先提出的。该理论认为在构件内危险点处的应力状态中，除了最大主切应力$\tau_{max}=\tau_{13}$(图 9-1)外，其他的主切应力τ_{12}和τ_{23}也将影响材料的屈服。由于三个主切应力τ_{13}、τ_{23}和τ_{12}中只有两个独立量，因此，双剪应力强度理论只考虑两个较大的主切应力对材料屈服的影响。这样，按照这一理论的观点，材料的屈服条件为

$$\tau_{13}+\tau_{12}=C \quad (当\ \tau_{12}>\tau_{23}\ 时) \tag{9-8a}$$

或

$$\tau_{13}+\tau_{23}=C \quad (当\ \tau_{12}<\tau_{23}\ 时) \tag{9-8b}$$

式(9-8)中 C 为一待定的常数。由图 9-1 可知，$\tau_{13}=\frac{1}{2}(\sigma_1-\sigma_3)$，$\tau_{23}=\frac{1}{2}(\sigma_2-\sigma_3)$，$\tau_{12}=\frac{1}{2}(\sigma_1-\sigma_2)$，代入式(9-8)中，于是，材料的屈服条件可改写为

$$\sigma_1-\frac{1}{2}(\sigma_2+\sigma_3)=C \quad (\text{当 } \tau_{12}>\tau_{23} \text{ 时}) \tag{9-9a}$$

或

$$\frac{1}{2}(\sigma_1+\sigma_2)-\sigma_3=C \quad (\text{当 } \tau_{12}<\tau_{23} \text{ 时}) \tag{9-9b}$$

对于上列屈服条件中的常数 C，可通过材料在单向拉伸试验测定的屈服极限 σ_s 来确定。由于在单向拉伸情况下，材料发生屈服时，其危险点处的 $\sigma_1=\sigma_u$，$\sigma_2=\sigma_3=0$，因此，由式(9-9a)可得 $C=\sigma_u$，再将 $C=\sigma_u$ 代入式(9-9)中，并把 σ_u 除以安全系数 n，就得到材料的许用拉应力$[\sigma]$。于是可得到按照双剪应力强度理论所建立的强度条件为

$$\sigma_1-\frac{1}{2}(\sigma_2+\sigma_3)\leqslant[\sigma] \quad (\text{当 } \tau_{12}>\tau_{23} \text{ 时}) \tag{9-10a}$$

或

$$\frac{1}{2}(\sigma_1+\sigma_2)-\sigma_3\leqslant[\sigma] \quad (\text{当 } \tau_{12}<\tau_{23} \text{ 时}) \tag{9-10b}$$

由上述强度条件可知，按照双剪应力强度理论所得到的相当应力表达式为

$$\sigma_{r\tau}=\sigma_1-\frac{1}{2}(\sigma_2+\sigma_3) \quad (\text{当 } \tau_{12}>\tau_{23} \text{ 时}) \tag{9-10c}$$

或

$$\sigma_{r\tau}=\frac{1}{2}(\sigma_1+\sigma_2)-\sigma_3 \quad (\text{当 } \tau_{12}<\tau_{23} \text{ 时}) \tag{9-10d}$$

在常规应力状态下，双剪应力强度理论与大多数金属材料的实验结果具有良好的一致性，对于铝合金在复杂应力状态下的实验结果，与第四强度理论更接近。同时该理论适用于岩石、土壤和岩土等材料。

9.5 各种强度理论的适用范围及其应用

试验结果表明：不同的材料产生不同形式的破坏(例如脆性断裂、屈服失效)；即使同一种材料，当应力状态不同时，其破坏形式也会不同。此外，对于各种强度理论在什么条件下会与试验结果符合得较好，在前面也作了初步介绍。基于上述讨论与资料分析，就可以比较系统地来阐明不同种类的材料在不同应力状态下应该采用哪一个强度理论。

(1) 在三向拉应力状态下，不论是塑性材料还是脆性材料，都会发生脆性断裂破坏，宜采用最大拉应力(第一强度)理论。

(2) 对于脆性材料，由于材料的许用拉应力与许用压应力不等，若在复杂应力状态中最大与最小主应力分别为拉应力和压应力的情况下，则宜采用莫尔强度理论。在二向应力状态中压应力的绝对值比拉应力大的情况下，也可以用第二强度理论。

(3) 对于塑性材料，在除了第(1)种情况以外的各种复杂应力状态下，则宜采用第三或第四强度理论，但也可采用双剪应力强度理论。第三强度理论的物理概念更直观、清晰，计算工作也较简便，而且计算结果偏于安全。

(4) 在三向压应力状态下，不论是塑性材料还是脆性材料，普遍地发生屈服失效，因此，都应采用第四强度理论。

对于以上各种强度理论的适用范围的观点，目前在各种工程结构设计规范中都有所反映。例如对于钢结构的强度计算，我国《钢结构设计标准》(GB 50017—2017)中明确规定采用第四强度理论，但对承受内压力作用的钢管进行强度计算时，又多采用第三强度理论。必须指出的是，在各种不同的情况下究竟如何选用适宜的强度理论，这不单纯是力学问题，往往与有关工程技术部门长期积累的设计经验，以及使用材料的许用应力值等都有关系。因此，如何选用强度理论进行结构计算以更加接近工程实际问题，长期以来一直存在不同观点，这也可以推动强度理论向前发展。

对于低碳钢类塑性材料，根据强度理论，可以由材料在单向拉伸时的许用拉应力$[\sigma]$来推知材料在纯剪切应力状态下的许用切应力$[\tau]$。因为在纯剪切应力状态下，一点处的三个主应力分别为$\sigma_1=\tau$，$\sigma_2=0$，$\sigma_3=-\tau$。低碳钢试件在纯剪切与单向拉伸两种应力状态下，材料均发生明显屈服失效，因而若按第四强度理论来建立强度条件，则由式(9-4)可得

$$\sqrt{\frac{1}{2}[(\tau-0)^2+(0+\tau)^2+(-\tau-\tau)^2]}=\sqrt{3}\tau\leqslant[\sigma]$$

即

$$\tau=\frac{[\sigma]}{\sqrt{3}} \tag{14}$$

再将式(14)与在纯剪切应力状态下的强度条件$\tau\leqslant[\tau]$相比较，就可得这类材料在纯剪切时的许用切应力$[\tau]$与在单向拉伸时的许用拉应力$[\sigma]$之间的关系为

$$[\tau]=\frac{[\sigma]}{\sqrt{3}}=0.577[\sigma] \tag{9-11}$$

目前在《钢结构设计标准》(GB 50017—2017)中，基本上就是按式(9-11)中的比例，由低碳钢的许用拉应力$[\sigma]$来规定其许用切应力$[\tau]$的。同理，由第三强度理论也可以推导出许用拉应力与许用切应力之间的关系是$[\tau]=0.5[\sigma]$，这种关系在有的工程设计规范中可见到。同理，若应用第二强度理论或第一强度理论，也可推导出铸铁一类脆性材料的许用切应力$[\tau]$与许用拉应力$[\sigma]$之间的关系为

$$[\tau]=(0.8\sim1.0)[\sigma]$$

在本章中所讨论的各种强度理论，都只是材料在常温静载荷情况下的强度理论。对于材料在高温、动载荷或冲击载荷等其他情况下的强度理论，还需要另行研究。

例题 9.1　两端简支梁用 20 号工字钢制成，受力如图 9-7(a)所示。已知其材料为 Q235 钢，许用应力$[\sigma]=150\text{MPa}$和$[\tau]=95\text{MPa}$。试按强度条件对梁进行强度计算并确定工字钢的型号。

解：(1)求出梁的支反力，作出梁的弯矩图和剪力图并确定梁的危险截面，如图 9-7(b)所示，在截面 C 和 D 处不但弯矩最大，而且剪力也最大，所以它们是危险截面。选择其中任一

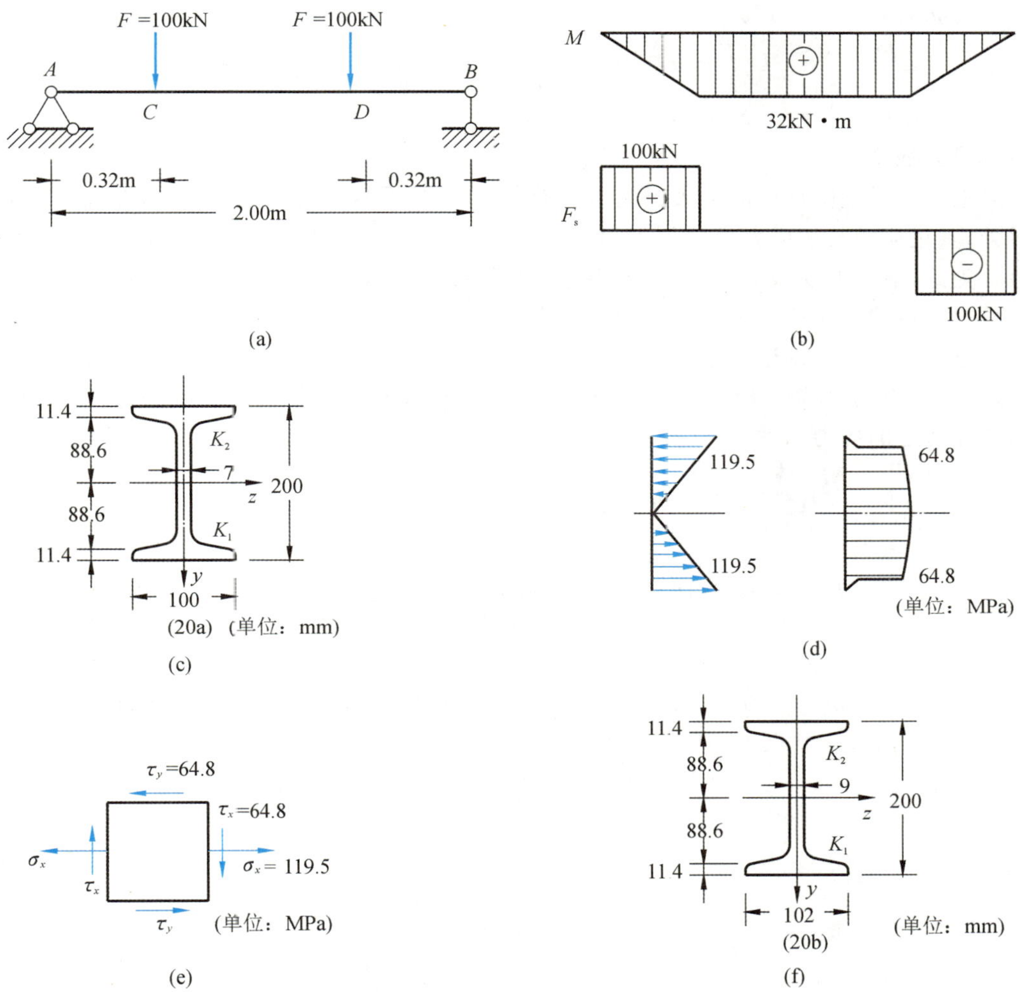

图 9-7　例题 9.1 图

个截面，例如截面 C 来进行强度计算，则弯矩和剪力分别为

$$M_C = M_{max} = 32\text{kN} \cdot \text{m}$$

$$F_{sC} = F_{smax} = 100\text{kN}$$

（2）按正应力进行强度计算。由附录 B 型钢规格表中可查得 20a 工字钢的惯性矩 $I = 2370\text{cm}^4$，抗弯截面模量 $W = 237\text{cm}^3$，$I/S = 17.2\text{cm}$，其截面尺寸如图 9-7(c)所示。

按正应力强度条件，其最大正应力出现在截面 C 的上、下边缘各点处，为单向应力状态，由强度条件有

$$\sigma_{max} = \frac{M_{max}}{W_z} = \frac{32 \times 10^3}{237 \times 10^{-6}} = 135\text{MPa} < [\sigma] = 150\text{MPa}$$

满足正应力强度条件。

（3）按切应力进行强度校核。在危险截面 C 上的最大切应力发生在中性轴处，且为纯

剪切应力状态，其最大切应力为

$$\tau_{\max}=\frac{F_{\mathrm{smax}}\cdot S_z^*}{I_z\cdot b}=\frac{F_{\mathrm{smax}}}{\dfrac{I_z}{S_z^*}\cdot b}=\frac{100\times 10^3}{17.2\times 10^{-2}\times 7\times 10^{-3}}=83.1\mathrm{MPa}<[\tau]=95\mathrm{MPa}$$

满足切应力强度条件。

以上考虑了危险截面的最大正应力和最大切应力，但是对于工字形截面，在腹板与翼缘交界处，其正应力与切应力都比较大，且为二向应力状态。因此，还需要对这些点进行强度校核。为此，沿梁的横截面、水平面与铅垂纵截面截取腹板与下翼缘交界的 K_1 点处的单元体(见图 9-7(e))上正应力 σ_x 和切应力 τ_x 都比较大，因此有可能在这里出现较大的主应力，必须根据适宜的强度理论对该点进行强度校核。

(4) 对工字钢截面上腹板与翼缘交界处进行强度校核。由图 9-7(d)可知，作用在 K_1 点处的单元体上的应力为

$$\sigma_x=\frac{M_{\max}\cdot y}{I_z}=\frac{32\times 10^3\times 88.6\times 10^{-3}}{2370\times 10^{-8}}=119.5\mathrm{MPa}$$

$$\sigma_y=0$$

$$\tau_x=\frac{F_{\mathrm{smax}}\cdot S_z^*}{I_z\cdot b}=\frac{100\times 10^3\times 100\times 11.4\times 94.3\times 10^{-9}}{2370\times 10^{-8}\times 7\times 10^{-3}}=64.8\mathrm{MPa}$$

$$\tau_y=-\tau_x$$

由于 K_1 点是处于二向应力状态，且 Q235 钢为塑性材料，宜采用第四强度理论。在图 9-7(e)所示二向应力状态下，其 K_1 点的三个主应力为

$$\begin{cases}\sigma_1=\dfrac{\sigma_x+\sigma_y}{2}+\sqrt{\left(\dfrac{\sigma_x-\sigma_y}{2}\right)^2+\tau_x^2}=\dfrac{\sigma_x}{2}+\sqrt{\left(\dfrac{\sigma_x}{2}\right)^2+\tau_x^2}\\ \sigma_2=0\\ \sigma_3=\dfrac{\sigma_x+\sigma_y}{2}-\sqrt{\left(\dfrac{\sigma_x-\sigma_y}{2}\right)^2+\tau_x^2}=\dfrac{\sigma_x}{2}-\sqrt{\left(\dfrac{\sigma_x}{2}\right)^2+\tau_x^2}\end{cases}\tag{1}$$

将式(1)中各主应力代入式(9-4)后，得到按四强度理论建立的强度条件为

$$\sigma_{\mathrm{r4}}=\sqrt{\sigma_x^2+3\tau_x^2}\leqslant[\sigma]\tag{2}$$

再把上述 K_1 点处 σ_x 与 τ_x 的数值代入式(2)左边可得

$$\sigma_{\mathrm{r4}}=\sqrt{119.5^2+3\times 64.8^2}=163.8\mathrm{MPa}>[\sigma]=150\mathrm{MPa}$$

此值比$[\sigma]$大了$\dfrac{\sigma_{\mathrm{r4}}-[\sigma]}{[\sigma]}\times 100\%=\dfrac{163.8-150}{150}\times 100\%=9.2\%$，表明原有截面不能满足要求，需要改选较大的工字钢截面。

(5) 改选 20b 号工字钢，如图 9-7(f)所示。

由附录 B 查得 20b 号工字钢截面的 $I=2500\mathrm{cm}^4$，腹板与翼缘交界处 K_1 的坐标 $y=88.6\mathrm{mm}$，在 K_1 点处的应力为

$$\sigma_x=\frac{M_{\max}\cdot y}{I_z}=\frac{32\times 10^3\times 88.6\times 10^{-3}}{2500\times 10^{-8}}=113.4\mathrm{MPa}$$

$$\tau_x=\frac{F_{\mathrm{smax}}\cdot S_z^*}{I_z\cdot b}=\frac{100\times 10^3\times 102\times 11.4\times 94.3\times 10^{-9}}{2500\times 10^{-8}\times 9\times 10^{-3}}=48.8\mathrm{MPa}$$

将 σ_x、τ_x 的数值代入式(2)可得

$$\sigma_{r4}=\sqrt{\sigma_x^2+3\tau_x^2}=\sqrt{113.5^2+3\times 48.8^2}=141\text{MPa}<[\sigma]=150\text{MPa}$$

满足强度条件要求,因此选用 20b 号工字钢是适宜的。

由本例题可以看出,梁的危险点有时会位于危险截面上正应力与切应力都较大的点处(例如对工字钢就是在腹板与翼缘的交界处)。当构件上存在这样的点时,必须按照适当的强度理论,进一步对这些点处的应力进行强度校核。

应当指出的是,本例题中对于 K_1 点的强度校核,是根据工字钢截面简化后的尺寸(即把工字形看作由三个矩形组成)来进行的。实际上对于符合国家标准的型钢(工字钢、槽钢、角钢)来说,并不需要专门对腹板与翼缘交界处的点进行强度校核。因为由附录 B 型钢规格表的附图可看出,其型钢截面在腹板与翼缘交界处都有圆弧过渡,而且工字钢翼缘的内边有 1∶6的斜度,因而增大了交界处的截面宽度,这就确保了在截面上、下边缘处的正应力和中性轴处的切应力都不超过许用应力的情况下,其腹板与翼缘交界处的各点一般不会出现强度不够的问题。但是,对于由三块钢板焊接拼装而成的组合工字形梁(又称钢板梁),就一定要按本例题中的计算方法,对腹板与翼缘交界处的各点进行强度校核。

例题 9.2 有一蒸汽锅炉汽包,其圆筒部分的内径为 D,厚度为 t,且 $t \ll D$,若 $\frac{t}{D}\leqslant\frac{1}{20}$,则认为其属薄壁圆筒。当汽包承受最大蒸汽压力的内压强为 p 时,试按第四强度理论列出汽包壁的相当应力表达式。

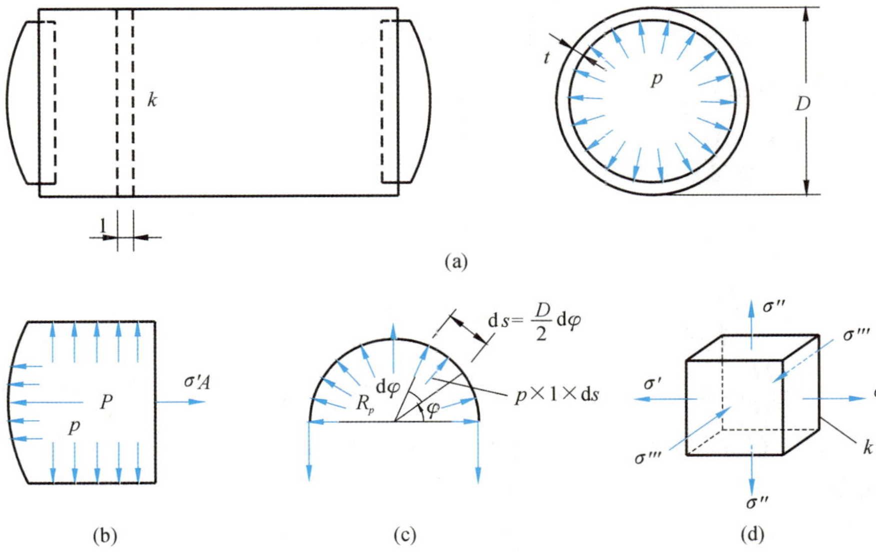

图 9-8 例题 9.2 图

解:(1)计算汽包圆筒部分上任一点的应力。注意到圆筒及其受内压力的对称性,可知作用在圆筒左端头上蒸汽压力的合力 P 及其作用线与圆筒的轴线重合(见图 9-8(b))。因此,圆筒部分的任一横截面上各点处的正应力 σ' 可认为是相等的,即轴向拉应力 σ' 为

$$\sigma' = \frac{P}{A} \approx \frac{pD}{4t} \tag{1}$$

由于 $t \ll D$，因而在计算中采用了近似公式 $A \approx \pi Dt$。

为了求出圆筒部分纵向截面上的正应力 σ''（或称环向应力），假想地在汽包圆筒部分截取一单位长度的圆筒段（图 9-8(a)）来分析。将它再沿纵向截开为两个相等部分，并取其上半部分（图 9-8(c)）为研究对象。由于圆筒上、下部分具有对称性，故其纵向截面上无切应力，只有环向应力 σ''，对于薄壁圆筒可认为在纵向截面上各点处的正应力 σ'' 也是相等的。于是，圆筒上半部分左、右两纵向截面上法向内力各为 $F_N = \sigma'' \times 1 \times t$，而作用在这一段圆筒内表面上的蒸汽压力之合力 R_p 为

$$R_p = \int_0^{\pi} p \times 1 \times \sin\varphi \mathrm{d}s = \int_0^{\pi} p \times 1 \times \sin\varphi \times \frac{D}{2}\mathrm{d}\varphi = \frac{pD}{2}(-\cos\varphi)\Big|_0^{\pi} = pD$$

因此，由上半部分圆筒的静力平衡条件 $R_p - 2F_N = 0$ 或 $pD - 2 \times \sigma'' \times 1 \times t = 0$，可求得

$$\sigma'' = \frac{pD}{2t} \tag{2}$$

同时要考虑在汽包内表面上作用有压强为 p 的压力，因此其内表面上任一点处沿半径方向作用的正应力为

$$\sigma''' = -p \tag{3}$$

综合上述分析，可得汽包圆筒部分内表面上任一点 k 处的应力状态如图 9-8(d)所示。显然，其任一点的主应力分别为

$$\sigma_1 = \sigma'' = \frac{pD}{2t},\quad \sigma_2 = \sigma' = \frac{pD}{4t},\quad \sigma_3 = \sigma''' = -p$$

(2) 列出第四强度理论的相当应力表达式。

$$\begin{aligned}
\sigma_{r4} &= \sqrt{\frac{1}{2}[(\sigma_1 - \sigma_2)^2 + (\sigma_2 - \sigma_3)^2 + (\sigma_3 - \sigma_1)^2]} \\
&= \sqrt{\frac{1}{2}\left[\left(\frac{pD}{2t} - \frac{pD}{4t}\right)^2 + \left(\frac{pD}{4t} + p\right)^2 + \left(-p - \frac{pD}{2t}\right)^2\right]} \\
&= \sqrt{\left(\frac{pD}{2t}\right)^2 + \left(\frac{pD}{4t}\right)^2 + p^2 + \frac{pD}{2t} \cdot p + \frac{pD}{4t} \cdot p - \frac{pD}{2t} \cdot \frac{pD}{4t}}
\end{aligned}$$

由于 $t \ll D$，则 $\frac{D}{4t}$ 也远远大于 1，即表明 $\sigma_3 = -p$ 的绝对值亦远远小于 σ_1 和 σ_2，就可认为 σ_3 忽略不计，这样汽包圆筒部分就可看作处于二向拉应力状态。这时第四强度理论的相当应力表达式为

$$\sigma_{r4} = \frac{pD\sqrt{3}}{4t}$$

习　题

题 9-1　一脆性材料制成的圆管。内径 $d = 0.1\text{m}$，外径 $D = 0.15\text{m}$，承受扭矩 $M_e = 70\text{kN} \cdot \text{m}$，

轴向压力 F。如材料的拉伸许用应力为 100MPa，压缩许用应力为 250MPa。试用第一强度理论确定圆管的轴向受压容许值。

题 9-2　图示两端封闭的铸铁薄壁容器。已知其内径 $D=100$mm，壁厚 $t=10$mm，承受的载荷为内压力 $p=5$MPa 和两端的轴向压力 $F=100$kN，材料的许用拉应力$[\sigma_t]=40$MPa，泊松比 $\nu=0.25$。试用第二强度理论校核其强度。

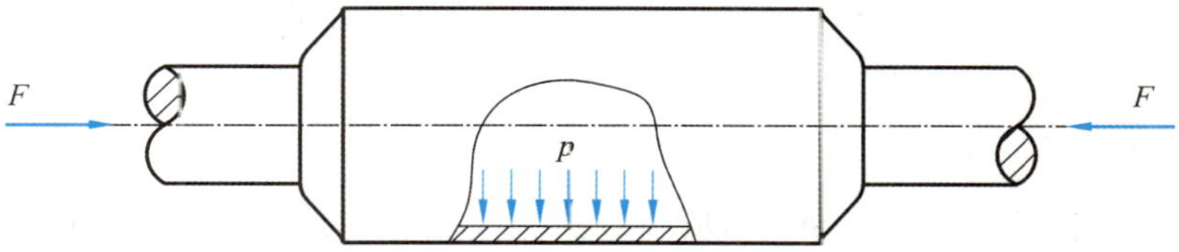

题 9-2 图

题 9-3　图示为钢轨与火车车轮接触点处的应力状态。已知 $\sigma_1=-650$MPa，$\sigma_2=-700$MPa，$\sigma_3=-900$MPa，钢轨材料的许用应力$[\sigma]=250$MPa。试用第三强度理论和第四强度理论检验接触点处材料的强度。

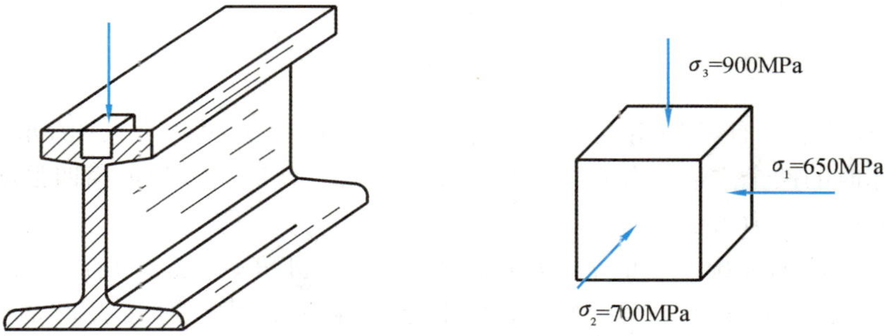

题 9-3 图

题 9-4　图示用 Q235 钢制成的圆筒形薄壁容器。已知其内直径 $D=500$mm，壁厚 $t=8$mm，内压力 $q=0.8$MPa，Q235 钢的许用应力$[\sigma]=170$MPa，试用第三强度理论和第四强度理论对圆筒壁上点 A 处的材料进行强度校核。

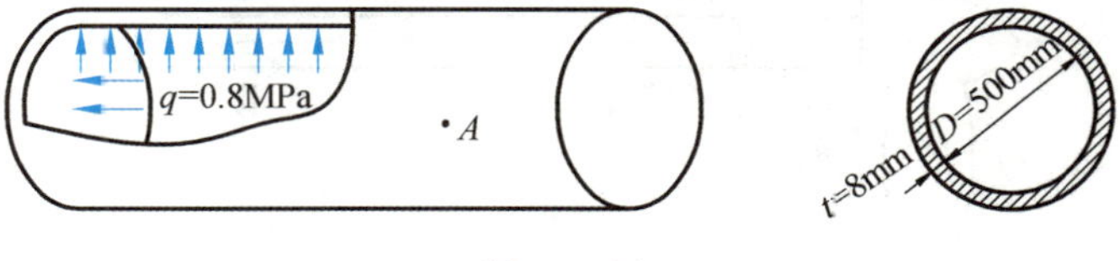

题 9- 4 图

题 9-5　有一发生弯扭组合变形的圆轴，已知其弯矩和扭矩数值相同，均为 $M=800$N·m，材料的许用应力$[\sigma]=90$MPa。试按第三强度理论和第四强度理论计算其直径，并比较这两个直径相差多少。

题 9-6　有一钢制薄壁圆筒。已知其直径 $D=800$mm，壁厚 $t=4$mm，钢的许用应力$[\sigma]=120$MPa，试用第三强度理论和第四强度理论分别确定其内压 p 的容许值。

题 9-7　如图所示的简支梁，已知其材料的许用应力$[\sigma]=170\text{MPa}$，$[\tau]=100\text{MPa}$。试为此梁选择工字钢的型号，并按第四强度理论进行强度校核。

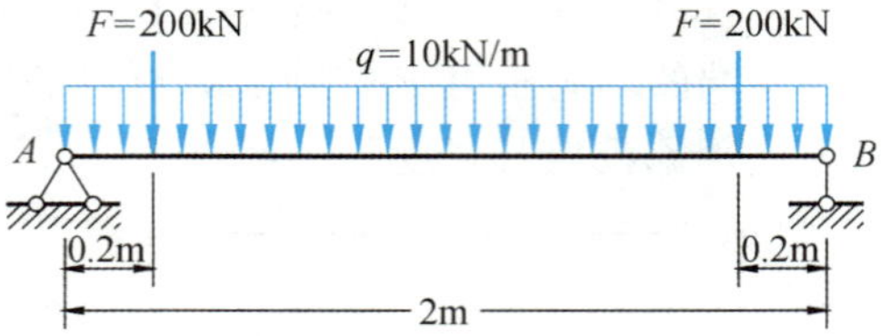

题 9-7 图

题 9-8　有一铸铁零件。已知其危险点处单元体上的应力情况如图所示，铸铁的许用拉应力$[\sigma_t]=50\text{MPa}$，许用压应力$[\sigma_c]=150\text{MPa}$。试用莫尔理论校核其强度。

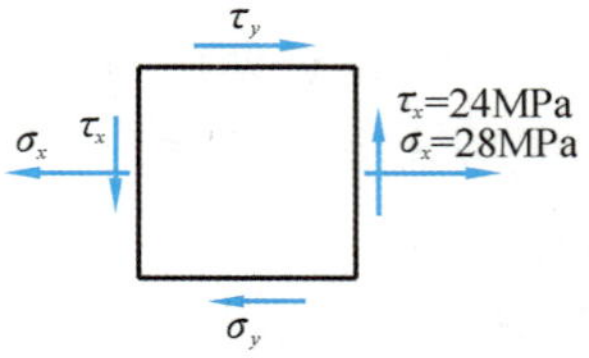

题 9-8 图

题 9-9　一岩石试件的许用抗压应力为 140MPa，$E=55\text{GPa}$，$\nu=0.25$，承受三向压缩。已知试件破坏时的两个主应力分别为-1.4MPa和-2.8MPa。试根据第四强度理论推算这时另一个方向的主应力为多少。

题 9-10　在船舶螺旋桨轴的 $F—F$ 截面上，由于主机扭矩引起的切应力$\tau=14.9\text{MPa}$，由推力引起的压应力$\sigma'_x=-4.2\text{MPa}$，由螺旋桨等重量引起的最大弯曲正应力$\sigma''_x=\pm22\text{MPa}$。试求截面 $F—F$ 上危险点 C 的主应力大小及其方位，并求最大切应力。若轴的材料许用应力$[\sigma]=100\text{MPa}$，试按第三强度理论校核轴的强度。

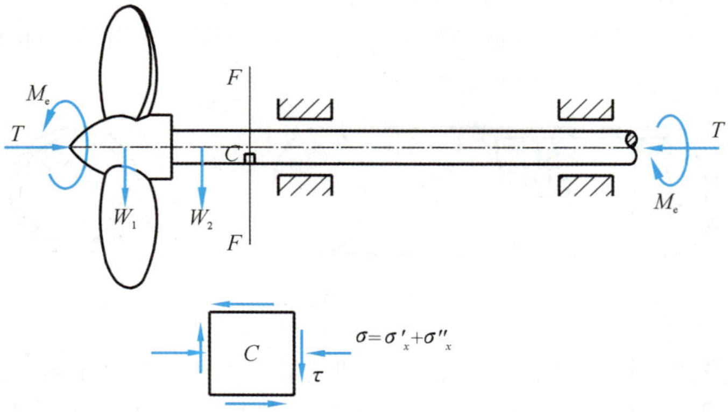

题 9-10 图

第 10 章 组合变形

10.1 组合变形的概念

在前面各章中分别讨论了杆件在轴向拉伸(或压缩)、剪切、扭转和平面弯曲四种基本变形时的内力、应力及变形计算,并建立了在简单应力状态和复杂应力状态下的强度条件。但在实际工程中有的杆件受力是很复杂的,其往往产生两种或两种以上的基本变形的组合。图 10-1 所示的一端固定、另一端自由的悬臂杆,若在其自由端截面上作用一空间任意力系,我们可以把空间的任意力系沿截面形心主轴 y 轴、z 轴及沿轴线的 x 轴进行简化,得到沿 x、y、z 三坐标轴的力矢量 F_x、F_y、F_z 和对 x、y、z 三坐标轴的力矩 M_x、M_y、M_z。当这 6 种力(或力矩)中只有某一个作用时,杆产生基本变形,这在前面已经讨论过了。

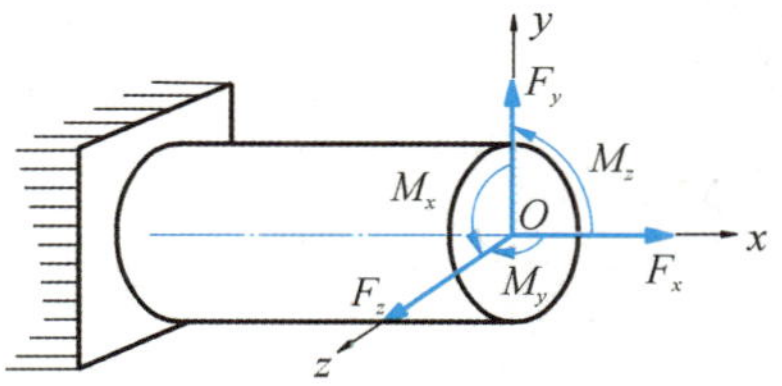

图 10-1 杆件的复杂受力

杆件同时有两种或两种以上的基本变形组合的变形称为组合变形,例如:

若 6 种力中只有 F_x 和 M_z(或 M_y)两个作用时,如图 10-2(a)所示,杆既产生拉伸(或压缩)变形,又产生纯弯由变形,即拉伸(压缩)与纯弯曲的组合。

若 6 种力中只有 M_z 和 M_y 两个作用时,如图 10-2(b)所示,杆在两个互相垂直方向分别产生平面弯曲(纯弯曲)的组合。

若 6 种力中只有 F_z 和 F_y 两个作用时,如图 10-2(c)所示,杆也在两个互相垂直方向分别产生平面弯曲(横力弯曲)的组合。

若 6 种力中只有 F_y 和 M_x 两个作用时,如图 10-2(d)所示,杆产生平面弯曲和扭转的组合。

若 6 种力中有 F_x、F_y 和 M_x 三个作用时,如图 10-2(e)所示,杆将产生拉伸(压缩)与弯曲和扭转的组合。

组合变形的工程实例很多,例如,如图 10-3(a)所示的屋架上矩形截面檩条的变形,是由檩条在 y、z 轴两方向的平面弯曲变形所组合而成的斜弯曲;图 10-3(b)所示的起重机横梁

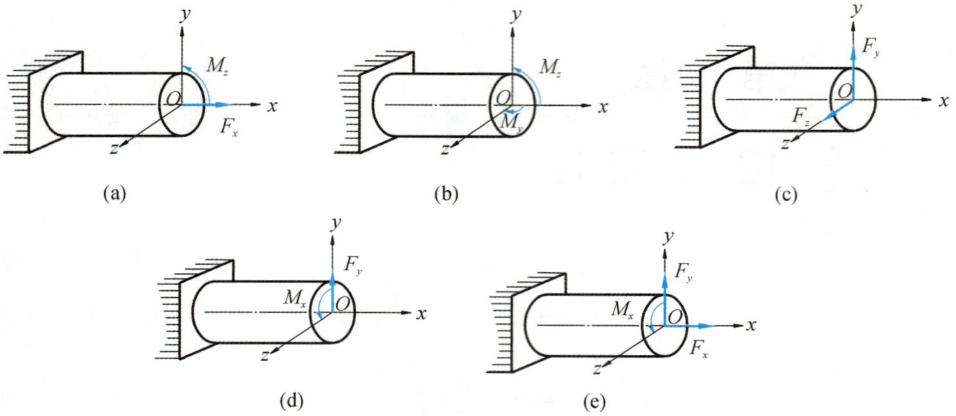

图 10-2　几种组合变形

AB,当在梁的跨中任一点处起吊重物时,梁内不仅有弯矩,还有轴向压力,因此梁产生弯曲和压缩的组合变形;图 10-3(c)所示的空心桥墩(或渡槽支墩),图 10-3(d)所示的厂房支柱,在偏心压力的作用下,也都会发生压缩和弯曲的组合变形;图 10-3(e)所示的卷扬机机轴,在力 F 作用下,则会发生弯曲和扭转的组合变形。

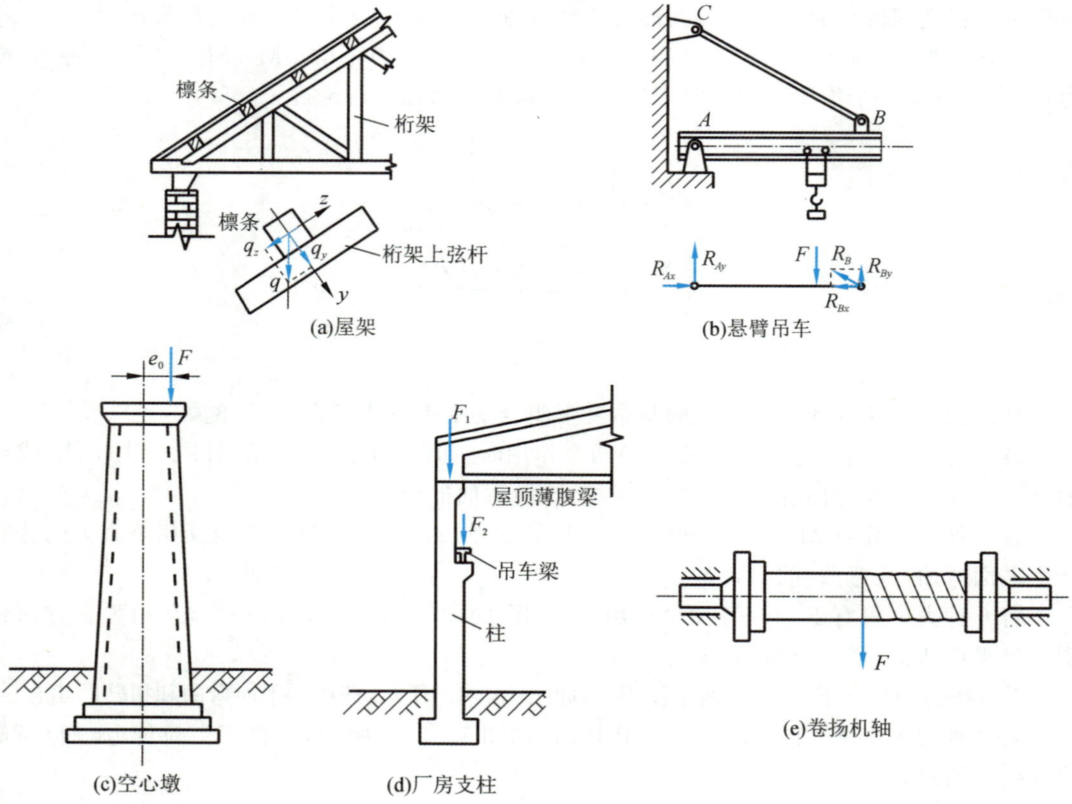

图 10-3　组合变形的实例

在小变形假设和胡克定律有效的情况下，杆件的内力、应力、应变和位移等与外力成线性关系，则可根据叠加原理来计算杆件的组合变形问题。首先将杆件的变形分解为基本变形，然后分别考虑杆件在每一种基本变形情况下所引起的内力、应力、应变或位移，最后再将它们叠加起来，即可得到杆件在组合变形情况下所引起的内力、应力、应变或位移。

在本章中，将着重介绍工程实际中比较常见的组合变形问题：①斜弯曲；②拉伸或压缩与弯曲的组合（包括偏心拉伸或压缩）；③弯曲与扭转的组合。

10.2 斜弯曲

在第 5 章已提到，对于横截面有竖向对称轴（即形心主轴）的梁，若所有的外力都作用在包含此竖向对称轴和梁轴线的纵向对称平面内，则梁在发生弯曲变形时，其弯曲平面（即挠曲轴线所在平面）将与外力的作用平面相重合，即发生的是平面弯曲。

图 10-3(a)中的矩形截面梁（檩条），其矩形截面具有两个对称轴（也叫形心主轴）。作用在该梁上的外力（上部载荷与自重）的作用线虽通过截面的形心，但与其两形心主轴不重合，在此种情况下，杆变形后挠曲轴线一般不会在外力作用面内，称此种弯曲变形为斜弯曲。

处理梁的斜弯曲问题的方法是，首先将外力分解为在梁的两形心主惯性平面内的分量，然后分别求解由每一外力分量引起的梁的平面弯曲问题，将所得的结果叠加起来，即为斜弯曲问题的解答。下面举例加以说明。

10.2.1 应力计算

如图 10-4 所示的矩形截面悬臂梁，当在其自由端作用一与截面纵向形心主轴成一夹角 φ 的集中载荷 F 时（为了便于说明，设外力 F 的作用线处在 yOz 坐标系的第一象限内），梁发生了斜弯曲变形。若要求在此梁中距固定端距离为 x 的任一截面上，坐标为(y,z)的任一点 A 处的应力，可按照如下步骤进行。

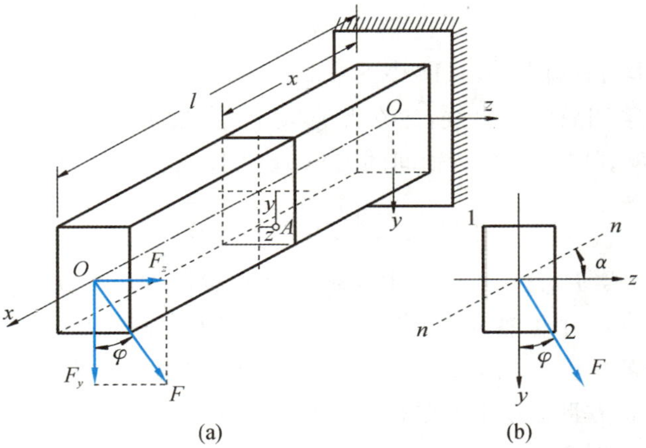

图 10-4 在斜弯曲情况下的悬臂梁

将载荷 F 沿 y、z 两个形心主轴方向进行分解，得到

$$F_y = F\cos\varphi \text{ 和 } F_z = F\sin\varphi$$

F_y 和 F_z 将分别使梁在 xOy 和 xOz 两个主惯性平面内发生平面弯曲，它们在任意截面上产生的弯矩为

$$\begin{cases} M_y = F_z(l-x) = F(l-x)\sin\varphi = M\sin\varphi \\ M_z = F_y(l-x) = F(l-x)\cos\varphi = M\cos\varphi \end{cases} \tag{10-1}$$

式中，M 表示斜向载荷 F 在任意截面上产生的弯矩。

点 A 处的正应力可根据叠加原理求出

$$\sigma = \frac{M_y z}{I_y} + \frac{M_z y}{I_z} = \frac{M\sin\varphi}{I_y}z + \frac{M\cos\varphi}{I_z}y \tag{10-2}$$

式(10-2)是计算梁在斜弯曲情况下横截面上正应力的一般公式，它适用于具有任意支承形式和在通过截面形心且垂直于梁轴的任意载荷作用下的梁。但在应用此公式时，要注意随着支承情况和载荷情况的不同，正确地根据弯矩 M 确定其分量 $M_y = M\sin\varphi$，$M_z = M\cos\varphi$ 的大小和正负号。对弯矩的正负号规定：凡是能使梁横截面上在选定坐标系的第一象限内的各点产生拉应力的弯矩为正，反之为负。

10.2.2　强度计算

在工程设计计算中，通常认为梁在斜弯曲情况下的强度仍是由最大正应力来控制。因横截面上的最大正应力发生在离中性轴最远处，故要求得最大正应力，必须先确定中性轴的位置。由于在中性轴上的正应力为零，故可用将 $\sigma=0$ 代入式(10-2)的办法得到中性轴的方程并确定它在横截面上的位置。为此，设在中性轴上任一点的坐标为 y_0 和 z_0，代入式(10-2)，则有

$$\sigma = M\left(\frac{\sin\varphi}{I_y}z_0 + \frac{\cos\varphi}{I_z}y_0\right) = 0$$

或

$$\frac{\sin\varphi}{I_y}z_0 + \frac{\cos\varphi}{I_z}y_0 = 0 \tag{10-3}$$

式(10-3)就是中性轴(图 10-4(b)中的 n—n)的方程。它是一条通过截面形心($y_0=0$，$z_0=0$)且穿过第二、第四象限的直线，故在此直线上，除截面形心外，其他各点的坐标 y_0 和 z_0 的正负号一定相反。中性轴与 z 轴间的夹角 α(图 10-4(b))可用式(10-3)求出，即

$$\tan\alpha = \left|\frac{y_0}{z_0}\right| = \frac{I_z}{I_y}\tan\varphi \tag{10-4}$$

在一般情况下，$I_y \neq I_z$，故 $\alpha \neq \varphi$，即中性轴不垂直载荷作用平面。只有当 $\varphi=0°$，$\varphi=90°$ 或 $I_y=I_z$ 时，才有 $\alpha=\varphi$，中性轴才垂直于载荷作用平面。显然，$\varphi=0°$或 $\varphi=90°$的情况就是平面弯曲情况；相应的中性轴就是 z 轴或 y 轴。对于矩形截面梁来说，$I_y=I_z$，说明梁的横截面是正方形，而通过正方形截面形心的任意坐标轴都是形心主轴，故无论载荷所在平面的方向如何，都只会引起平面弯曲。

梁的最大正应力显然会发生在最大弯矩所在截面上离中性轴最远的点处，例如图 10-4

(b)中的点 1、点 2 处，且点 1 处的正应力为最大拉应力，点 2 处的正应力为最大压应力。将最大弯矩 M_{max} 和点 1、点 2 的坐标 (y_1, z_1)，(y_2, z_2) 代入式(10-2)可得

$$\begin{cases} \sigma_{max} = \dfrac{M_{max}\sin\varphi}{I_y} z_1 + \dfrac{M_{max}\cos\varphi}{I_z} y_1 \\ \sigma_{min} = -\left| \dfrac{M_{max}\sin\varphi}{I_y} z_2 + \dfrac{M_{max}\text{ccs}\varphi}{I_z} y_2 \right| \end{cases} \tag{10-5}$$

计算出危险截面上的危险点处的最大正应力后，由于危险点处于单向应力状态，于是可按正应力强度条件进行强度计算。至于横截面上与剪力对应的切应力，对于一般的实体截面梁，因切应力数值较小可不考虑。

对于具有凸角而又有两条对称轴的截面（如矩形、工字形截面等），因 $|y_1| = |y_2| = y_{max}$，$|z_1| = |z_2| = z_{max}$，故 $\sigma_{max} = |\sigma_{min}|$，这样，当梁所用材料的抗拉、抗压能力相同时，其强度条件就可写为

$$\begin{aligned} \sigma_{max} &= \left| \frac{M_{max}\sin\varphi}{I_y} z_{max} + \frac{M_{max}\cos\varphi}{I_z} y_{max} \right| \\ &= \left| \frac{M_{max}\sin\varphi}{W_y} + \frac{M_{max}\cos\varphi}{W_z} \right| \leqslant [\sigma] \end{aligned} \tag{10-6}$$

式中，
$$W_z = \frac{I_z}{y_{max}}, \quad W_y = \frac{I_y}{z_{max}}$$

10.2.3 变形计算

梁在斜弯曲情况下的变形，也可根据叠加原理求得。例如图 10-4(a)所示的悬臂梁在自由端的挠度最大，等于斜向载荷 F 的分量 F_y，F_z 在各自弯曲平面内的挠度的几何叠加。因

$$f_y = \frac{F_y l^3}{3EI_z} = \frac{Fl^3}{3EI_z}\cos\varphi, \quad f_z = \frac{F_z l^3}{3EI_y} = \frac{Fl^3}{3EI_y}\sin\varphi$$

故梁在自由端的总挠度为

$$f = \sqrt{f_y^2 + f_z^2} \tag{10-7}$$

总挠度 f 的方向线与 y 轴之间的夹角 β 可由下式求得

$$\tan\beta = \frac{f_z}{f_y} = \frac{I_z}{I_y}\frac{\sin\varphi}{\cos\varphi} = \frac{I_z}{I_y}\tan\varphi \tag{10-8}$$

将式(10-8)与式(10-4)比较，可知

$$\tan\beta = \tan\alpha \quad 或 \quad \beta = \alpha$$

这就说明，梁在斜弯曲时其总挠度的方向是与中性轴垂直的，即梁的弯曲一般不发生在外力作用平面内，而发生在垂直于中性轴 n—n 的平面内，如图 10-5 所示。

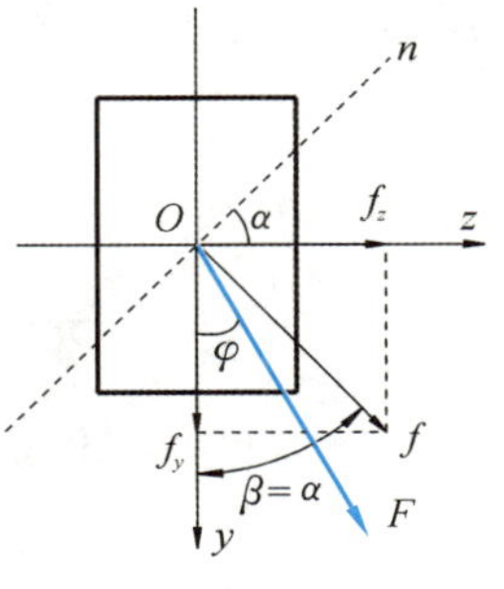

图 10-5 梁在斜弯曲情况下的变形

从式(10-8)可以看出，当 $\dfrac{I_z}{I_y}$ 值很大时（例如梁横截面为狭长矩形时），即使载荷作用线与 y 轴间的夹角 φ 非常微小，也会使总挠度 f 对 y 轴发生很大的偏离，这是非常不利的。因此，在较难估计外力作用平面与主轴平面能否

相当准确地重合的情况下，应尽量避免采用 I_z 和 I_y 相差很大的截面，否则就应采取一些结构上的辅助措施，以防止梁在斜弯曲时所发生的侧向变形。

例题 10.1 有一屋架结构如图 10-6(a)所示。已知：屋面坡度为 1∶2，二桁架之间的距离为 4m，木檩条的间距为 1.5m，屋面重（包括檩条）为 1.4kN/m²。木檩条采用 120mm×180mm 的矩形截面，所用松木的弹性模量为 $E=10\text{GPa}$，许用应力 $[\sigma]=10\text{MPa}$，许可挠度 $[f]=\dfrac{l}{200}$，试校核木檩条的强度和刚度。

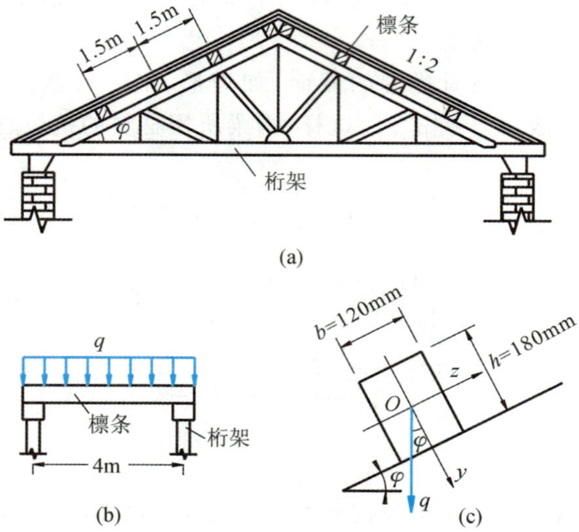

图 10-6 例题 10.1 图

解：(1)确定计算简图。屋面的重量是通过檩条传给桁架的。檩条简支在桁架上，其计算跨度等于二桁架间的距离 $l=4\text{m}$，檩条上承受的均布载荷 $q=1.4\times1.5=2.1\text{kN/m}$，其计算简图如图 10-6(b)、(c)所示。

(2) 内力及有关数据的计算。

$$M_{\max}=\frac{ql^2}{8}=\frac{2.1\times10^3\times4^2}{8}=4200\text{N}\cdot\text{m}\quad（发生在跨中截面）$$

屋面坡度为 1∶2，即 $\tan\varphi=\dfrac{1}{2}$ 或 $\varphi=26°34'$。故

$$\sin\varphi=0.4472,\quad \cos\varphi=0.8944$$

另外，计算出

$$I_z=\frac{bh^3}{12}=\frac{120\times180^3}{12}=0.5832\times10^8\text{mm}^4=0.5832\times10^{-4}\text{m}^4$$

$$I_y=\frac{hb^3}{12}=\frac{180\times120^3}{12}=0.2592\times10^8\text{mm}^4=0.2592\times10^{-4}\text{m}^4$$

$$y_{\max}=\frac{h}{2}=90\text{mm},\quad z_{\max}=\frac{b}{2}=60\text{mm}$$

(3) 强度校核。将上列数据代入式(10-6)，可得

$$\sigma_{max} = \left|\frac{M_{max}\sin\varphi}{I_y}z_{max} + \frac{M_{max}\cos\varphi}{I_z}y_{max}\right|$$

$$= 4200\times\left(\frac{0.4472\times60\times10^{-3}}{0.2592\times10^{-4}} + \frac{0.8944\times90\times10^{-3}}{0.5832\times10^{-4}}\right)$$

$$= 10.16\times10^6\,\mathrm{N/m^2}$$

$$= 10.16\,\mathrm{MPa}$$

$\sigma_{max}=10.16\mathrm{MPa}$ 稍大于$[\sigma]=10\mathrm{MPa}$，但超过的数值小于$[\sigma]$的 5%，故满足强度要求。

（4）刚度校核。最大挠度发生在跨中：

$$f_y = \frac{5(q\cos\varphi)l^4}{384EI_z} = \frac{5\times2.1\times10^3\times0.8944\times4^4}{384\times10\times10^9\times0.5832\times10^{-4}} = 0.0107\mathrm{m} = 10.7\mathrm{mm}$$

$$f_z = \frac{5(q\sin\varphi)l^4}{384EI_y} = \frac{5\times2.1\times10^3\times0.4472\times4^4}{384\times10\times10^9\times0.2592\times10^{-4}} = 0.0121\mathrm{m} = 12.1\mathrm{mm}$$

总挠度 $f=\sqrt{f_y^2+f_z^2}=\sqrt{10.7^2+12.1^2}=16.2\mathrm{mm}<[f]=\frac{4000}{200}=20\mathrm{mm}$，故满足刚度要求。

10.3 拉伸（或压缩）与弯曲的组合

若作用在杆上的外力除轴向力外，还有横向力，则杆将发生拉伸（或压缩）与弯曲的组合变形。

如图 10-7 (a)、(b)所示的矩形等截面石墩。它同时受到水平方向的土压力和竖直方向的自重作用。显然土压力会使它发生弯曲变形，而自重则会使它发生压缩变形。

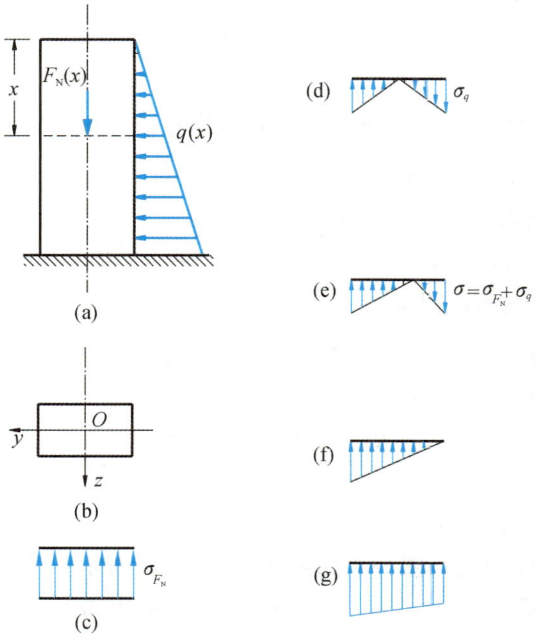

图 10-7 在自重和土压力作用下的石墩

10.3.1 应力计算

因石墩的横截面积 A 和惯性矩 I 都比较大，在受力后其变形很小，故可以忽略其压缩变形和弯曲变形间的相互影响，并根据叠加原理求得石墩任一截面上的应力。

现在研究距墩顶端的距离为 x 的任意截面上的应力。由于自重作用，在此截面上将引起均匀分布的压应力

$$\sigma_{F_N}=\frac{F_N(x)}{A}$$

由于土压力的作用，在同一截面上离中性轴 Oz 的距离为 y 的任一点处的弯曲应力为

$$\sigma_q=\frac{M(x)y}{I_z}$$

根据叠加原理，在此截面上离中性轴的距离为 y 的点上的总应力为

$$\sigma=\sigma_{F_N}+\sigma_q=\frac{F_N(x)}{A}+\frac{M(x)y}{I_z}$$

应用上式时要注意将 $F_N(x)$、$M(x)$、y 的值和正负号同时代入。

石墩横截面上应力 σ_{F_N}、σ_q 和 σ 的分布情况一般如图 10-7(c)、(d)、(e)所示。由于土压力和自重大小的不同，总应力 σ 的分布也可能有如图 10-7(f)或(g)所示的情况。

10.3.2 强度计算

石墩的最大正应力 σ_{max} 及最小正应力 σ_{min} 都发生在最大弯矩 M_{max} 及最大轴力 F_{Nmax} 所在的截面上离中性轴最远处。故石墩的强度条件为

$$\sigma_{max}=\left|\frac{F_{Nmax}}{A}+\frac{M_{max}}{W_z}\right|\leqslant[\sigma] \tag{10-9}$$

式中，$W_z=\dfrac{I_z}{y_{max}}$是石墩矩形横截面对 z 轴的抗弯截面系数。

上面我们以石墩为例介绍了怎样计算杆在拉伸(或压缩)与弯曲组合变形情况下的应力，也可以用同样的方法求解其他有类似情况的问题。

例题 10.2 有一三角形托架如图 10-8(a)所示，杆 AB 为一工字钢。已知作用在点 B 处的集中载荷 $F=8$kN，型钢的许用应力$[\sigma]=100$MPa，试选择杆 AB 的工字钢型号。

解:(1)计算杆 AB 的内力，并作内力图。杆 AB 的受力情况见图 10-8(b)，由 $\sum M_A=0$，得

$$R_{Cy}=12.8\text{kN}\quad(\uparrow)$$

而

$$R_{Cx}=R_{Cy}\tan60^\circ=12.8\times1.732=22.17\text{kN}$$

作出杆 AB 的弯矩图和轴力图分别如图 10-8(c)、(d)所示。

(2) 从内力图上可看出，最大弯矩(绝对值)及最大轴力均发生在截面 C 上，分别为

$$M_{max}=12\text{kN}\cdot\text{m},\quad F_{Nmax}=22.17\ \text{kN}$$

(3) 计算最大正应力。根据叠加原理，杆 AB 在截面 C 上的最大拉应力为

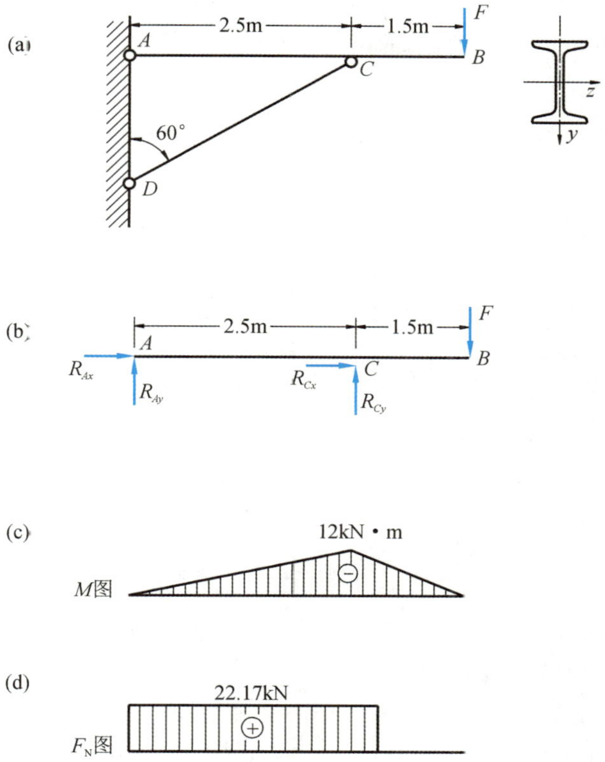

图 10-8 例题 10.2 图

$$\sigma_{max}=\frac{F_{Nmax}}{A}+\frac{M_{max}}{W_z} \tag{a}$$

式中，A 为杆 AB 横截面的面积；W_z 为相应的抗弯截面系数。

(4) 选择工字钢的型号。因式(a)中的 A 和 W_z 均为未知，故需采用试算法。首先选用 18 号工字钢。由附录 E 可查得 $A=30.74\times10^2\,mm^2$，$W_z=185\times10^3\,mm^3$，代入式(a)得，

$$\sigma_{max}=\frac{22.17\times10^3}{30.74\times10^2\times10^{-6}}+\frac{12\times10^3}{185\times10^3\times10^{-9}}=72.08\times10^6\,N/m^2=72.08MPa<[\sigma]$$

强度是足够的，但富余太多，不经济。改选 16 号工字钢，其 $A=26.11\times10^2\,mm^2$，$W_z=141\times10^3\,mm^3$，代入式(a)得

$$\sigma_{max}=\frac{22.17\times10^3}{26.11\times10^2\times10^{-6}}+\frac{12\times10^3}{141\times10^3\times10^{-9}}=93.6\times10^6\,N/m^2=93.6MPa<[\sigma]$$

这样既能满足强度条件，用材又比较经济。确定选用 16 号工字钢。

10.4 偏心压缩(拉伸) 截面核心

当杆受到与杆轴线平行但不通过截面形心的集中压力 F 作用时，杆处在偏心压缩情况

下。图 10-3(c)、(d)中所示的空心墩与厂房支柱就是偏心受压杆。偏心受压杆的受力情况一般可抽象为如图 10-9(a)和(b)所示的两种偏心受压情况(当 F 向上时为偏心受拉)。

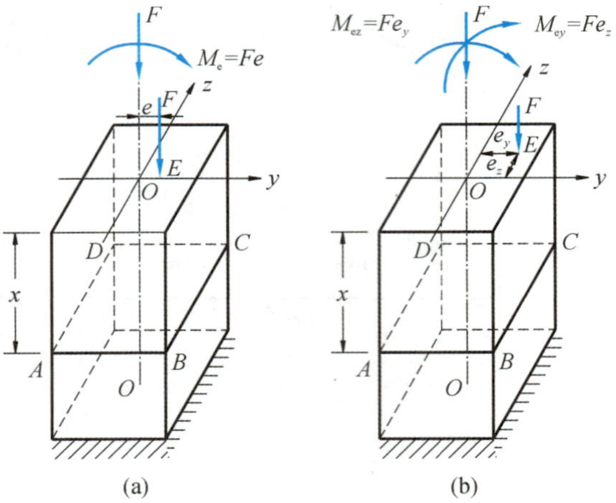

图 10-9　偏心受压的两种情况

在图 10-9(a)中，偏心压力 F 的作用点是在截面的形心主轴 Oy 上，即它只是在轴 Oy 的方向上偏心，这种情况在工程实际中是最常见的。若通过力的平移规则将偏心压力 F 简化为作用在截面形心 O 上的轴向压力 F 和对形心主轴 Oz 的弯曲力偶 $M_e = Fe$(这里的 e 称为偏心距)，则不难看出，偏心压力 F 对杆的作用就相当于轴向压力 F 对杆的轴向压缩作用和弯曲力偶 M_e 对杆的纯弯曲作用的组合。由截面法可知，在这种杆的横截面上，同时存在轴向压力 $F_N = F$ 和弯矩 $M = M_e = Fe$。

在图 10-9(b)中，偏心压力 F 的作用点既不在截面的形心主轴 Oy 上，也不在 Oz 上，即它对于两个形心主轴来说都有偏心。同样，可将这种偏心压力简化为作用在截面形心 O 上的轴向压力 F、对形心主轴 Oy 的弯曲力偶 M_{ey} 和对形心主轴 Oz 的弯曲力偶 M_{ez}。故在杆的横截面上，同时存在轴向压力 $F_N = F$、弯矩 $M_z = M_{ez} = Fe_y$ 和弯矩 $M_y = M_{ey} = Fe_z$。

从上面的分析可见，杆的偏心压缩，即相当于杆的轴向压缩和弯曲变形的组合。

因为在偏心受压杆中，出现的正应力主要是压应力，故在本节里，为了计算上的方便，我们对正应力正负号的规定作如下的改变，即令压应力的符号为正，拉应力的符号为负。

10.4.1　单向偏心受压

图 10-9(a)所示的情况也称为单向偏心受压。由前面分析知，横截面上有轴力 F_N 和弯矩 M。根据叠加原理，可求得杆任一横截面上任一点处的正应力为

$$\sigma = \frac{F_N}{A} \pm \frac{My}{I_z} \tag{10-10}$$

在应用式(10-10)时，对第二项前的正负号一般可根据弯矩 M 的转向凭直观来确定，即当 M 对计算点处引起的正应力为压应力时取正号，为拉应力时取负号。但应注意的是，在这种情况下，只要代入 M 和 y 的绝对值。

最大正应力和最小正应力分别发生在截面的两个边缘上，其计算公式为

$$\begin{cases}\sigma_{\max}=\dfrac{F_N}{A}+\dfrac{M}{W}\\ \sigma_{\min}=\dfrac{F_N}{A}-\dfrac{M}{W}\end{cases} \tag{10-11}$$

式中，A 为杆的横截面面积；W 为截面的抗弯截面系数。

对于如图 10-9(a)所示的矩形截面偏心受压杆，从偏心力 F 所在的位置可以看出，在任一横截面上，最大压应力发生在边缘 BC 上，在边缘 AD 上则根据 F_N 和 M 的不同大小，可能发生最小的压应力，也可能发生最大的拉应力或在该处的应力等于零。若将矩形截面的面积 $A=bh$，抗弯截面系数 $W=\dfrac{bh^2}{6}$ 和截面上的弯矩 $M=F_Ne$ 代入式(10-11)，即可将其改写为

$$\begin{cases}\sigma_{\max}=\dfrac{F_N}{bh}+\dfrac{6F_Ne}{bh^2}=\dfrac{F_N}{bh}\left(1+\dfrac{6e}{h}\right)\\ \sigma_{\min}=\dfrac{F_N}{bh}-\dfrac{6F_Ne}{bh^2}=\dfrac{F_N}{bh}\left(1-\dfrac{6e}{h}\right)\end{cases} \tag{10-12}$$

10.4.2 双向偏心受压

如上所述，当偏心压力 F 的作用点 E 不在横截面的任一形心主轴上时(图 10-9(b)和图 10-10)，力 F 可简化为作用在截面形心 O 处的轴向压力 F 和两个弯曲力偶 $M_{ey}=Fe_z$，$M_{ez}=Fe_y$。故在杆的任一横截面上的内力有轴力 $F_N=F$ 和弯矩 $M_z=Fe_y$、$M_y=Fe_z$。根据叠加原理，可得到杆横截面上任一点(y,z)处的正应力计算公式为

$$\sigma=\frac{F_N}{A}+\frac{M_yz}{I_y}+\frac{M_zy}{I_z}=\frac{F}{A}+\frac{Fe_zz}{I_y}+\frac{Fe_yy}{I_z} \tag{10-13}$$

式(10-13)中，I_y 和 I_z 为横截面分别对 y 轴和 z 轴的惯性矩。比较式(10-13)与式(10-2)可以看出，双向偏心受压实际上是轴向受压与斜弯曲的叠加。另外，当式(10-13)中的 e_z 或 e_y 为零时，它就成为在单向偏心受压情况下的式(10-10)。注意：式(10-13)是根据力 F 作用在坐标系的第一象限内，并规定压应力的符号为正而导出的。

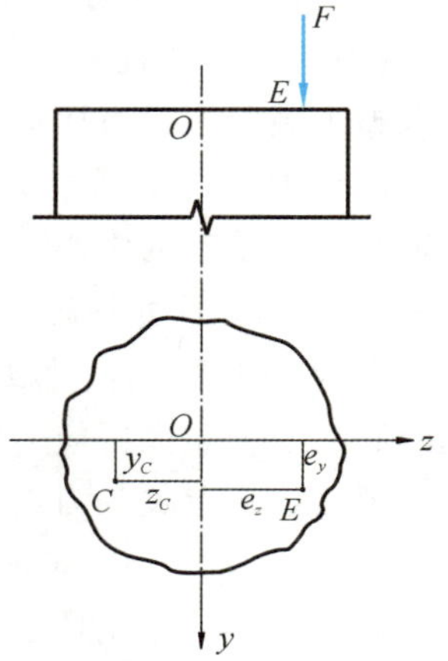

图 10-10 双向偏心受压

一般来说，每一种内力在截面上某一点处产生的应力的正、负号，也可从图上直观判断出来。例如由图 10-10 不难看出，轴心压力 F 会使截面上的 C 点处产生压应力，对 z 轴的弯矩 M_z 会使点 C 处产生压应力，对 y 轴的弯矩 M_y 会使点 C 处产生拉应力。故在应用式(10-13)时，就可将 F_N、M_y、M_z、y、z 等的绝对值代入，每一项前应有的正、负号，则可用上述直接判断的方法来确定。

为了进行强度计算，我们需要求出在截面上所产生的最大正应力和最小正应力，为此需先确定出中性轴的位置。同样，根据中性轴的概念可将 $\sigma=0$ 代入式(10-13)，求得中性轴的方程为

$$\frac{F}{A}+\frac{Fe_z z}{I_y}+\frac{Fe_y y}{I_z}=0$$

将 $I_y=Ai_y^2$，$I_z=Ai_z^2$ 代入上式，则可改写为

$$1+\frac{e_z z}{i_y^2}+\frac{e_y y}{i_z^2}=0 \tag{10-14}$$

这个方程是一直线方程，故中性轴为一直线，如图 10-11 中的直线 n—n 所示。由式(10-14)还可看出，坐标 y 和 z 不能同时为零，故中性轴不通过截面的形心。至于中性轴是在截面之内还是在截面之外，则与力 F 的作用点的位置坐标(e_y，e_z)有关。将 $z=0$ 和 $y=0$ 分别代入式(10-14)，即可求得中性轴与轴 y 和轴 z 的截距 a_y、a_z(图 10-11)：

$$\begin{cases} a_y=-\dfrac{i_z^2}{e_y} \\ a_z=-\dfrac{i_y^2}{e_z} \end{cases} \tag{10-15}$$

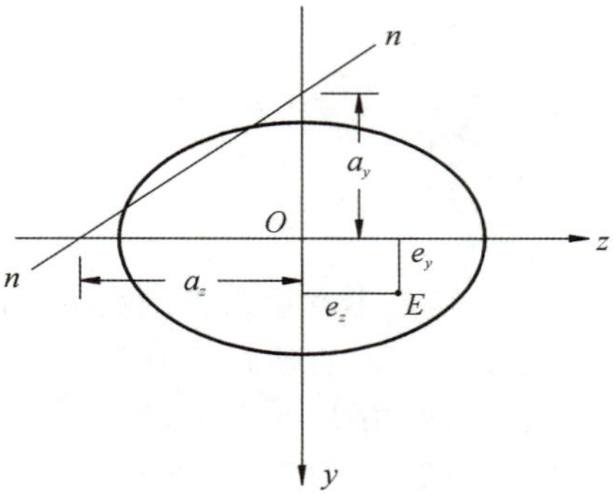

图 10-11　中性轴的位置

由式(10-15)可以看出，e_y、e_z 越小时，a_y、a_z 就越大，即力 F 的作用点越向截面形心靠近，截面的中性轴就离开截面形心越远，甚至会在截面以外。中性轴不在截面上面，则意味着在整个截面上只有压应力作用。

例题 10.3　起重能力为 80kN 的起重机，安装在混凝土基础上(图 10-12)。起重机支架的轴线通过基础的中心。已知起重机的自重为 180kN(载荷 F 及平衡锤 Q 的重量不包括在内)，其作用线通过基础底面的轴 Oz，且有偏心距 $e=0.6$m。若矩形截面基础的短边长为 3m，问：①其长边的尺寸 a 应为多少才能使基础上不产生拉应力？②在所选的 a 值情况下，基础底面上的最大压应力等于多少？(已知混凝土的密度 $\rho=2.243\times10^3\text{kg/m}^3$)

解：(1)将有关各力向基础的中心简化，得到轴向压力

$$F=50+80+180+2.4\times3\times a\times2.243\times9.81=(310+158.4a)\text{kN}$$

对主轴 Oy 的力矩为

$$M=-50\times4+180\times0.6+80\times8=548\text{kN}\cdot\text{m}$$

要使基础上不产生拉应力，必须使式(10-11)中的 $\sigma_{\min}=\dfrac{F_N}{A}-\dfrac{M}{W}=0$。将 $F_N=F$，$A=3a$，M 和 $W=\dfrac{3a^2}{6}$代入，可得

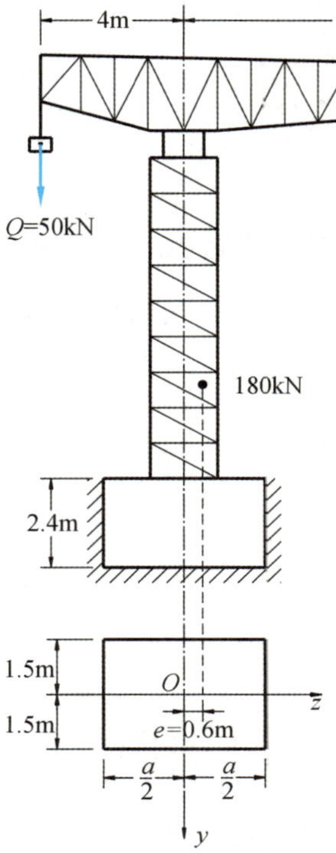

图 10-12 例题 10.3 图

$$\sigma_{\min}=\frac{310+158.4a}{3a}-\frac{548}{\frac{3a^2}{6}}=0$$

从而解得 $a=3.68\text{m}$，取 $a=3.7\text{m}$。

(2) 在基础底面上产生的最大压应力可由式(10-11)中的另一式求得

$$\sigma_{\max}=\frac{F_N}{A}+\frac{M}{W}=\frac{310+158.4\times3.7}{3\times3.7}+\frac{548}{(3\times3.7^2)/6}=161\text{kN/m}^2=0.161\text{MPa}$$

式(10-11)也可推广用于由其他形式载荷使构件同时产生压缩(或拉伸)和弯曲的组合变形的情况，下面举例说明。

例题 10.4 某水库溢洪道的浆砌块石挡土墙如图 10-13 所示(墙高与基宽的比例尺未画成一致)，通常是取单位长度(1m)的挡土墙来进行计算。已知：墙的自重 $G=G_1+G_2$，$G_1=72$ kN 的作用线到横截面 BC 的形心 O 的距离为 $x_1=0.8\text{m}$，$G_2=77\text{kN}$ 的作用线到点 O 的距离为 $x_2=0.03\text{m}$；在横截面 BC 以上的土体作用在墙面上的总土压力 $E=95\text{kN}$，其作用线与水平面的夹角 $\theta=42°$，其在墙面上的作用点 D 到点 O 的水平距离和竖直距离分别为 $x_0=0.43\text{m}$ 和 $y_0=1.67\text{m}$；砌体的许用压应力为 3.5MPa，许用拉应力为 0.14MPa。要求计算出作用在截面 BC 上点 B 和点 C 处的正应力并进行强度校核。

解：(1)作用在横截面 BC 上的内力。

轴力为

$$F_N = G_1 + G_2 + E\sin\theta = 72 + 77 + 95\sin 42° = 212.7\text{kN}$$

各力对横截面 BC 的形心主轴 Oy 的弯矩为

$$M = G_1x_1 - G_2x_2 + E\cos\theta \cdot y_0 - E\sin\theta \cdot x_0$$
$$= 72\times0.8 - 77\times0.03 + 95\times\cos42°\times1.67 - 95\times\sin42°\times0.43$$
$$= 145.8\text{kN}\cdot\text{m}$$

(2) 计算 B、C 两点的正应力并校核强度。横截面 BC 的面积(按 1m 长的挡土墙计算) $A=1\times2.2=2.2\text{m}^2$，抗弯截面系数为 $W=\dfrac{1\times2.2^2}{6}=0.807\text{m}^3$，由式(10-11)可求得点 C 处正应力

$$\sigma_C = \frac{F_N}{A} + \frac{M}{W} = \frac{212.7}{2.2} + \frac{145.8}{0.807} = 278\text{kN/m}^2 = 0.278\text{MPa} < [\sigma_c] = 3.5\text{MPa}$$

点 B 处的正应力

$$\sigma_B = \frac{F_N}{A} - \frac{M}{W} = \frac{212.7}{2.2} - \frac{145.8}{0.807} = -84\text{kN/m}^2 = -0.084\text{MPa} < [\sigma_t] = 0.14\text{MPa}$$

结果中的负号表示是拉应力。

故截面 BC 满足强度要求。

例题 10.5　如图 10-14(a)所示的钻床，当它工作时，钻孔进刀力 $F=2\text{kN}$。已知力 F 的作用线与立柱轴线间的距离为 $e=180\text{mm}$，立柱的横截面为外径 $D=40\text{mm}$，内径 $d=30\text{mm}$ 的空心圆，材料的许用应力 $[\sigma]=100\text{MPa}$。试校核此钻床立柱的强度。

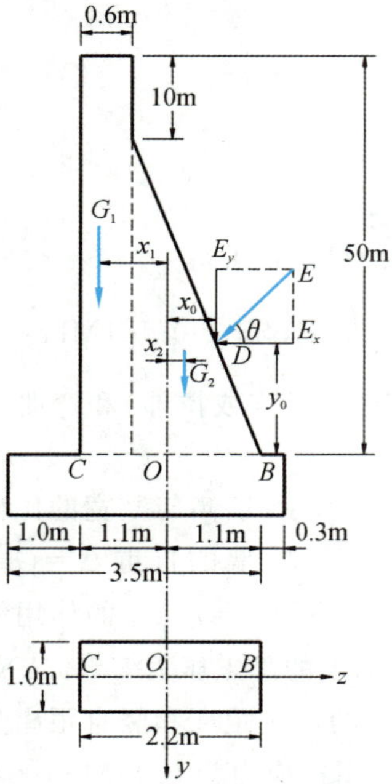

图 10-13　例题 10.4 图

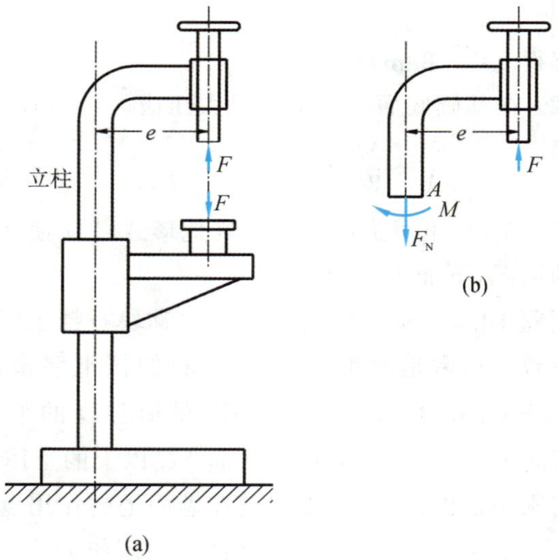

图 10-14　例题 10.5 图

解:对于钻床立柱来说，外力 F 是偏心的拉力。它将使立柱受到偏心拉伸，在立柱任一横截面上产生的内力为(图 10-14(b))

轴力：
$$F_N = F = 2\text{kN} = 2000\text{N}$$
弯矩：
$$M = Fe = 2000 \times 0.18 = 360\text{N}\cdot\text{m}$$

因轴向拉力 F_N 与弯矩 M 都会使横截面的内侧边缘的点 A 处产生拉应力，并且该处拉应力最大，应对其进行强度校核。

立柱的横截面面积：

$$A = \frac{\pi}{4}(40^2 - 30^2) \times 10^{-6} = 5.50 \times 10^{-4}\text{m}^2$$

抗弯截面系数：

$$W = \frac{\pi \times 40^3 \times 10^{-9}}{32} \times \left[1 - \left(\frac{30}{40}\right)^4\right] = 4.29 \times 10^{-6}\text{m}^3$$

A 点的最大拉应力：

$$\sigma_A = \sigma_{\max} = \left|\frac{F_N}{A} + \frac{M}{W}\right| = \frac{2000}{5.5 \times 10^{-4}} + \frac{360}{4.29 \times 10^{-6}} = 87.55\text{MPa}$$

$$\sigma_{\max} < [\sigma] = 100\text{MPa}$$

由此可见满足强度要求。

10.4.3 截面核心

前面曾经指出，采用使偏心压力 F 向截面形心靠近（即减小偏心距 e_y、e_z）的办法，可使杆横截面上的正应力全部为压应力而不出现拉应力。因此，当偏心压力作用在截面上环绕形心的某个封闭区域时，中性轴的位置将在截面以外或与截面周边相切，这样在整个截面上就只会产生压应力而不产生拉应力。通常把这个封闭区域称为截面核心。

在实际工程中，砖、石、混凝土一类的建筑材料的承压能力要比抗拉能力强得多，故在设计由这类材料制成的构件时，应充分发挥材料的抗压能力，在构件的横截面上应避免出现拉应力，或使拉应力控制在许可范围以内，以避免出现拉裂破坏。这就要用到截面核心的概念。

图 10-15 表示一任意形状的截面。求其截面核心时，首先应选择通过截面形心的主轴 Oy 与 Oz 为坐标轴，然后过截面周边上的任意一点 F' 作与周边相切的中性轴 $f—f$，并求出它在二坐标轴上的截距 a_y 和 a_z，将 a_y 和 a_z 代入式(10-15)求得 e_y 和 e_z，它们就是与中性轴 $f—f$ 相对应的偏心压力作用点的坐标。按照同样的方法，由与截面周边相切的一系列中性轴，可求得相对应的一系列偏心压力作用点，将这些点按顺序连接起来得出的闭合图形（如图 10-15 中阴影部分）即为我们要求的截面核心。

在确定多边形的截面核心时，会遇到中性轴必须绕一定点（如图 10-15 中的点 B）转动的情况，它与力作用点在一条直线上的移动相对应。现证明如下：

将定点 B 的坐标 y_B 和 z_B 代入中性轴方程(10-14)可以得到

$$e_y = -\frac{i_z^2}{y_B} - \frac{i_z^2 z_B}{i_y^2 y_B} e_z$$

因截面形状不变，其 A、I_y、I_z 均为定值，故上式中的 i_y、i_z 也都是常数，e_y、e_z 间的关系是线性关系。如图 10-15 所示，与过定点 B 的三条中性轴 1—1、2—2、3—3 分别对应的力的作

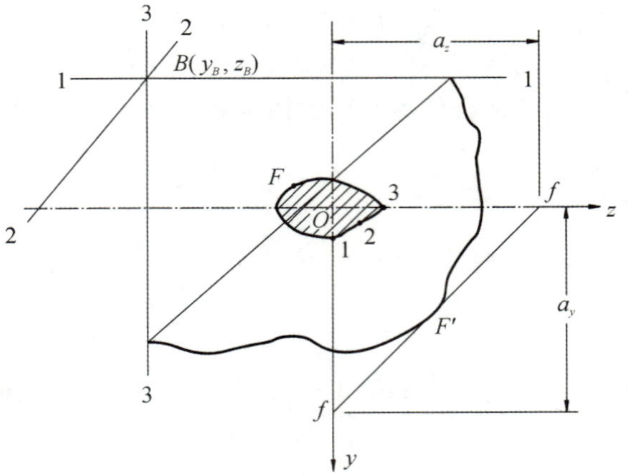

图 10-15　求截面核心

用点 1、2、3 必定在一条直线上。

对边长为 b 和 h 的矩形截面(图 10-16(a)),其截面核心可用如下的简单方法确定。

当中性轴与 AD 边恰好相切时,其在 y 轴和 z 轴上的截距分别为 $a_y=-\dfrac{h}{2}$ 和 $a_z=\infty$,由式(10-15)可求得 $e_y=\dfrac{h}{6}$ 和 $e_z=0$,即对应的偏心压力的作用点为形心主轴 y 上的点 1,如图 10-16(b)所示;当中性轴恰与 BC 边相切时,其在 y 轴、z 轴上的截距分别为 $a_y=\dfrac{h}{2}$ 和 $a_z=\infty$,由式(10-15)可求得 $e_y=-\dfrac{h}{6}$ 和 $e_z=0$,即对应的偏心压力的作用点为形心主轴上的点 3。同样,当中性轴与 CD 边或 AB 边相切时,可得到 $e_z=\pm\dfrac{b}{6}$ 和 $e_y=0$,即对应的偏心压力作用点分别为形心主轴 z 上的点 2 和点 4。用直线将点 1、2、3、4 顺序相连,所形成的菱形(图 10-16(b)中阴影部分)即为矩形截面的截面核心。从图 10-16(b)可以看出,偏心压力作用点 1、3 和点 2、4,正好是矩形截面宽度 h(或 b)的三分点处。由此可得到这样的结论:当偏心压力作用在矩形截面任一形心主轴的中间三分点以内时,在截面上即不会出现拉应力。这个三分点的概念,对于设计砖、石、混凝土等材料结构来说是非常重要的。

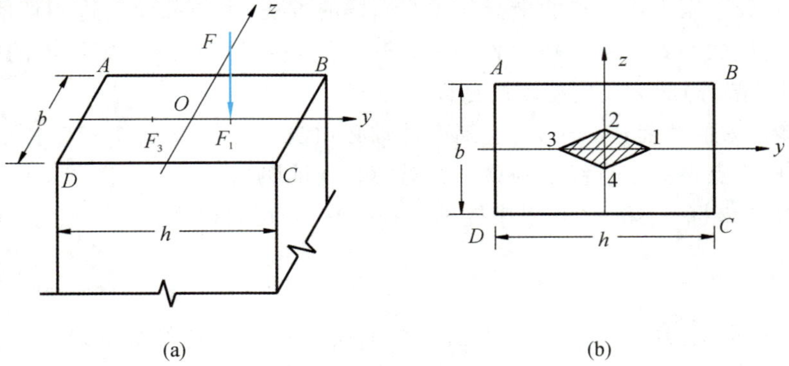

图 10-16　矩形截面的截面核心

在表 10-1 中列出了工字形、槽形、T 形和圆形截面及相应的截面核心计算公式。

表 10-1　几种常用截面的截面核心

截面形状	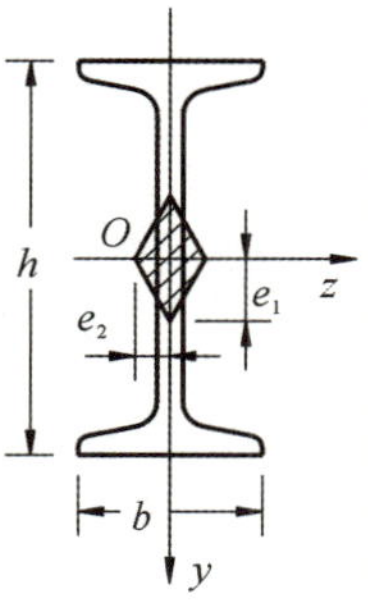	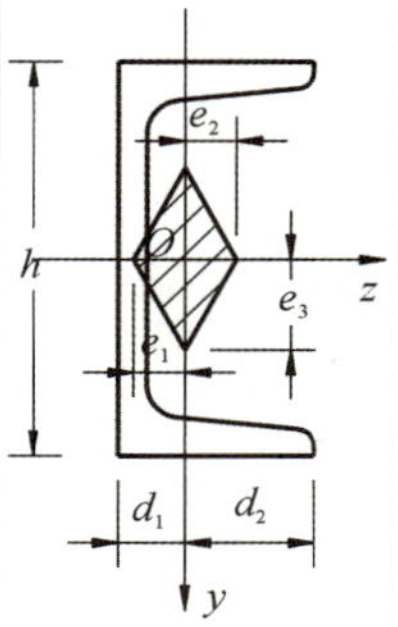	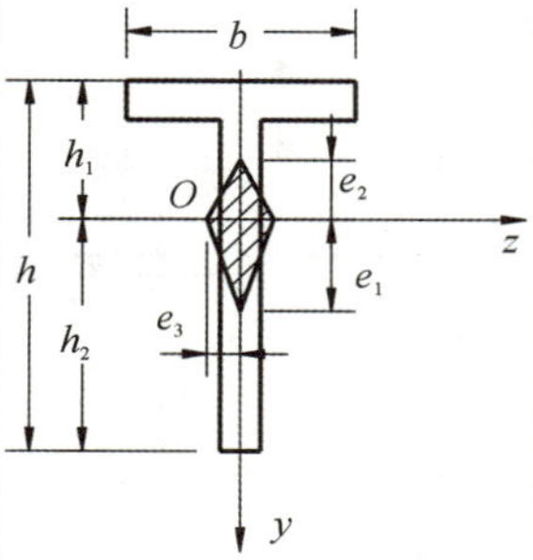	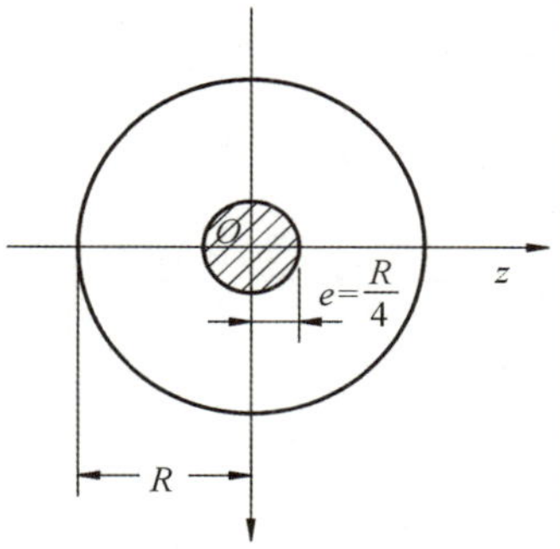
截面计算公式	$e_1=\pm\dfrac{2i_z^2}{h}$ $e_2=\pm\dfrac{2i_y^2}{b}$	$e_1=-\dfrac{i_y^2}{d_1}$ $e_2=\dfrac{i_y^2}{d_2}$ $e_3=\pm\dfrac{2i_z^2}{h}$	$e_1=\dfrac{i_z^2}{h_1}$ $e_2=-\dfrac{i_z^2}{h_2}$ $e_3=\pm\dfrac{2i_y^2}{b}$	$e=\dfrac{R}{4}$

10.5　弯曲与扭转的组合

第 3 章研究杆的扭转时只考虑了扭矩对杆的作用。实际上，工程中的许多受扭杆在发生扭转变形的同时，还常会发生弯曲变形，当这种弯曲变形不能忽略时，则应按弯曲与扭转的组合变形问题来处理。例如在图 10-3(e)所示的卷扬机轴，绳子的拉力除会使机轴发生扭转以外，还将使机轴发生弯曲。又如图 10-17 所示的传动轴，在两个轮子的边缘上作用有沿切线方向的力 F_1 和 F_2，这些力不但会使轴发生扭转，同时还会使它发生弯曲。本节将以圆截面杆为研究对象，介绍杆在扭转与弯曲组合变形情况下的强度计算问题。

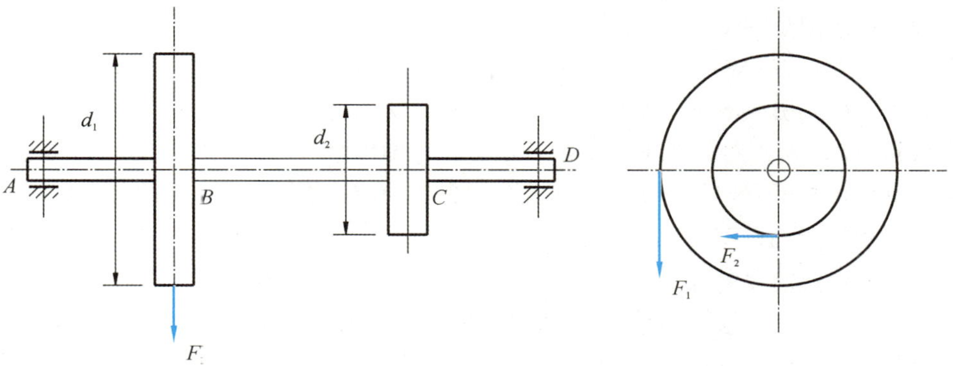

图 10-17　传动轴

图 10-18 为一机轴，其横截面为直径为 d 的圆形。在轴的左端有一重量为 W、半径为 R 的皮带轮，轴转动时皮带中的拉力为 F 和 $F'(F>F')$，轴的右端为一曲柄，曲柄把手上的力 F_1 总是垂直于曲柄轴线。为了求得在机轴各个截面上的扭矩 T 和弯矩 M，首先需将各个外力对轴心进行简化。

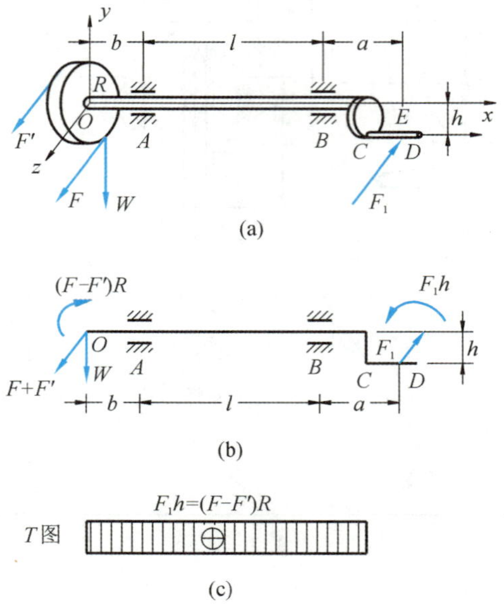

图 10-18　机轴受力分析

现在研究图 10-18(a)所示的 F_1、F、F'三力与水平轴 Oz 平行时的情形。为了计算机轴的内力，将左端作用在轮周的拉力 F 与 F'对点 O 进行简化，得到作用在杆轴上的水平力($F+F'$)和扭转外力偶矩($F-F'$)R。同样，将右端作用在手柄上的力 F_1 向机轴轴线的延长线上的点 E 进行简化，得到水平力 F_1 与扭转外力偶矩 F_1h(图 10-18(b))。容易看出，扭转外力偶矩将使机轴发生扭转，水平力和竖直力将使机轴发生弯曲。当机轴处在等速转动的状态时，机轴受到的扭矩为

$$T=(F-F')R=F_1h$$

机轴的扭矩图如图 10-18(c)所示。

当力($F+F'$)、F_1、W 使机轴弯曲时，支承 A 和 B 可以看成铰支座。这样，竖直力 W 使机轴在竖直平面内引起的 M_z 弯矩图如图 10-19(a)所示，水平力($F+F'$)和 F_1 使机轴在水平面内引起的 M_y 弯矩图如图 10-19(b)所示。在机轴每个横截面上的总弯矩应等于在竖直方向的弯矩和在水平方向的弯矩的几何叠加。例如，在机轴的截面 A 上的总弯矩为

$$M_A=\sqrt{M_y^2+M_z^2}=\sqrt{(Wb)^2+(F+F')^2b^2}=b\sqrt{W^2+(F+F')^2}$$

一般各个横截面在竖直方向和水平方向的弯矩互不相同，而对于圆形截面轴，横截面上的任一直径都是形心主轴，截面对任一直径的抗弯截面系数都相等，故可将各个截面上的总弯矩都画在同一平面内，得到如图 10-19(c)所示的总弯矩图。由总弯矩图可以看出，机轴中的最大弯矩发生在横截面 A 或 B 上。

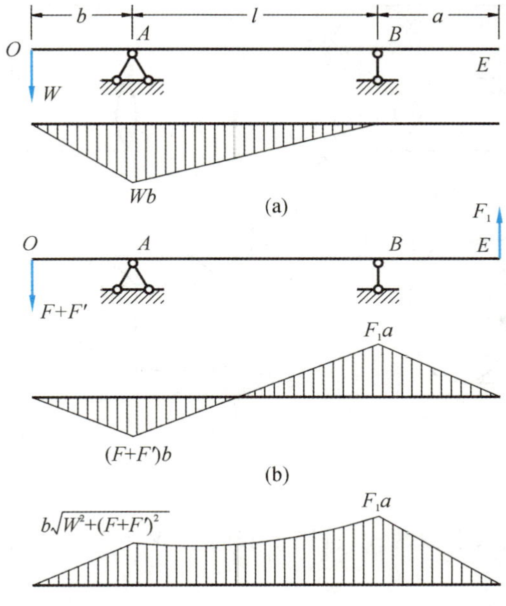

图 10-19　机轴的弯矩图

10.5.1　应力计算

与扭矩 T 对应的是横截面上的切应力 $\tau=\dfrac{T\rho}{I_P}$，它在圆截面的边缘 $\left(\rho=\dfrac{d}{2}\right)$ 达到最大值 $\tau_{\max}=\dfrac{T}{W_P}$，方向与圆截面的周边相切(图 10-20(a))。对于实心圆轴，其抗扭截面系数 $W_P=\dfrac{\pi d^3}{16}$。对轴类零构件的强度计算，一般不考虑剪力对应的切应力。

合弯矩 M 若作用在水平面上，使圆形截面水平直径的二端点 1、2 处产生最大正应力 $\sigma=\dfrac{M}{W}$(图 10-20(b))。对实心圆轴来说，其抗弯截面系数 $W=\dfrac{\pi d^3}{32}$。

由上面的分析可知，两种应力的最不利组合情况肯定会发生在最大弯矩和最大扭矩所作用的横截面的边缘处。故为了进行强度计算，必须分析如图 10-20(c)所示的危险点 1 和点 2 的应力状态。在图 10-20(d)中表示了分别由点 1 和点 2 取出的单元体。对于由塑性材料制成的圆轴，其抗拉强度和抗压强度相等，则两点的危险程度一样。因此，研究其中一点即可，如点 1。点 1 处于平面应力状态，其主应力为

$$\sigma_1=\frac{\sigma}{2}+\frac{1}{2}\sqrt{\sigma^2+4\tau^2},\quad \sigma_2=0,\quad \sigma_3=\frac{\sigma}{2}-\frac{1}{2}\sqrt{\sigma^2+4\tau^2}$$

故第三强度理论的相当应力

$$\sigma_{r3}=\sigma_1-\sigma_3=\sqrt{\sigma^2+4\tau^2}\tag{10-16}$$

第四强度理论的相当应力

$$\sigma_{r4}=\sqrt{\sigma^2+3\tau^2}\tag{10-17}$$

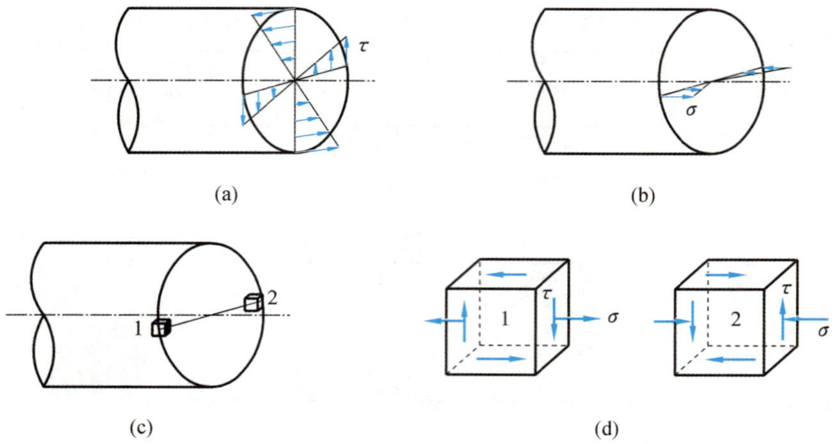

图 10-20　机轴的应力

将 $\sigma=\dfrac{M}{W}$ 与 $\tau=\dfrac{T}{W_P}$ 代入上面两式，且圆形截面有 $W_P=2W$ 的关系，则上述相当应力表达式可改写为

$$\sigma_{r3}=\sqrt{\left(\frac{M}{W}\right)^2+4\left(\frac{T}{W_P}\right)^2}=\frac{\sqrt{M^2+T^2}}{W} \tag{10-18}$$

$$\sigma_{r4}=\sqrt{\left(\frac{M}{W}\right)^2+3\left(\frac{T}{W_P}\right)^2}=\frac{\sqrt{M^2+0.75T^2}}{W} \tag{10-19}$$

若在机轴上同时还作用有轴向拉力 F_N，它会在截面上产生正应力 $\sigma_{F_N}=\dfrac{F_N}{A}$。在这种情况下，应用 F_N 产生的正应力与弯矩产生的正应力的代数和来代替式(10-16)和式(10-17)中的 σ。

10.5.2　强度计算

当构件处在扭转和弯曲组合变形的情况下，由其中取出的单元体一般处于复杂应力状态。故在对这类构件进行强度校核时，应根据强度理论列出强度条件进行校核。若轴由塑性材料制成，一般选用第三或第四强度理论进行校核。下面举例说明。

例题 10.6　试根据最大切应力理论（第三强度理论）确定图 10-21 所示的手摇卷扬机（辘轳）能起吊的最大许可载荷 F 的数值。已知：机轴的横截面为直径 $d=30\text{mm}$ 的圆形，机轴材料的许用应力 $[\sigma]=160\text{MPa}$。

解：在力 F 的作用下，机轴将同时发生扭转和弯曲变形，应按扭转和弯曲的组合变形问题进行计算。

(1) 跨中截面的内力。

扭矩：　　$T=F\times0.18=0.18F\ \text{N}\cdot\text{m}$

弯矩：　　$M=\dfrac{F\times0.8}{4}=0.2F\ \text{N}\cdot\text{m}$

(2) 截面的几何性质。

抗弯截面系数：　　$W=\dfrac{\pi d^3}{32}=\dfrac{\pi\times30^3}{32}=2650\text{mm}^3$

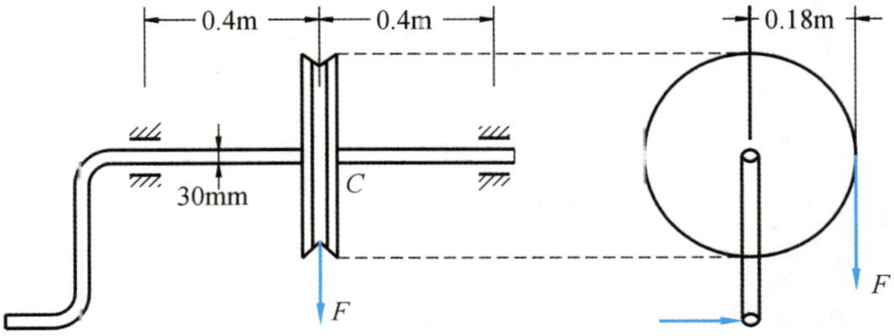

图 10-21　例题 10.6 图

根据最大切应力理论求许可载荷。

按式(10-18)建立强度条件

$$\sigma_{r3}=\frac{\sqrt{M^2+T^2}}{W}=\frac{\sqrt{(0.2F)^2+(0.18F)^2}}{2650\times10^{-9}}\leqslant[\sigma]=160\times10^6$$

解得
$$F\leqslant1575.8\text{N}$$

例题 10.7　图 10-22(a)所示的圆截面钢杆的直径 $d=20\text{mm}$，承受轴向力 $F=10\text{kN}$，弯曲力偶 $M_{e1}=80\text{N}\cdot\text{m}$，$[\sigma]=170\text{MPa}$。试用第四强度理论确定扭转力偶矩 M_{e2} 的许可值。

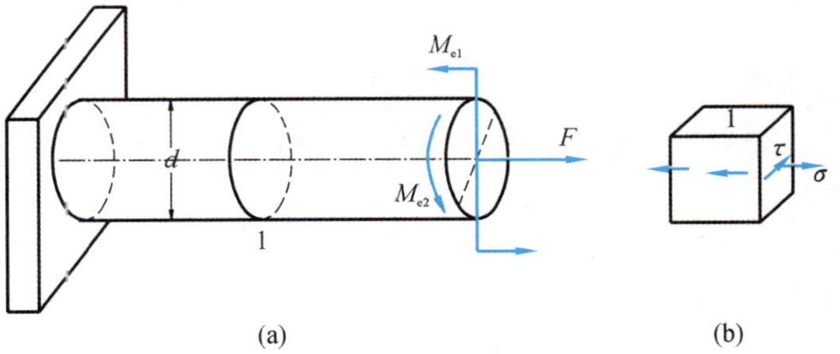

图 10-22　例题 10.7 图

解：在外力作用下，钢杆发生拉伸、弯曲和扭转的组合变形。

(1) 求任一横截面上的内力。

轴力：
$$F_N=F$$
弯矩：
$$M=M_{e1}$$
扭矩：
$$T=M_{e2}$$

(2) 危险点在任一横截面的下边缘点 1 处，单元体如图 10-22(b)所示。

$$\sigma=\frac{F_N}{A}+\frac{M}{W}=\frac{4F}{\pi d^2}+\frac{32M_{e1}}{\pi d^3}$$

$$\tau=\frac{T}{W_P}=\frac{16M_{e2}}{\pi d^3}$$

由第四强度理论：

$$\sigma_{r4}=\sqrt{\sigma^2+3\tau^2}\leqslant[\sigma]$$

得

$$[M_{e2}]=95.2\text{N}\cdot\text{m}$$

习　　题

题 10-1　图示一木悬臂梁，梁长 $l=2\text{m}$，矩形截面 $b\times h=0.15\text{m}\times0.3\text{m}$，集中载荷 $F=800\text{N}$，要求：

(1)计算 α 为 0°和 90°时的最大拉应力，并指出最大拉应力发生在什么地方。

(2)计算 α 为 45°时的最大拉应力，并指出最大拉应力发生在什么地方。

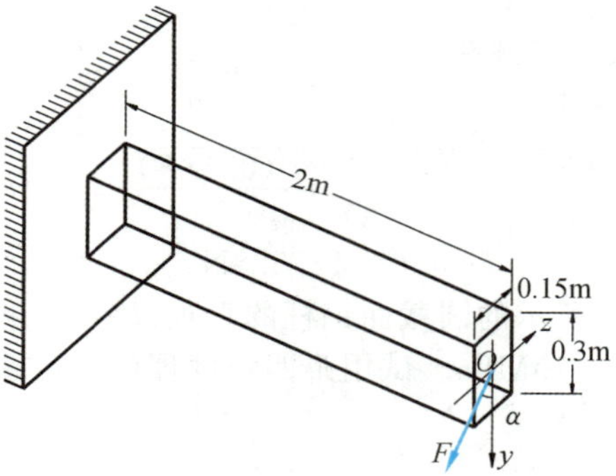

题 10-1 图

题 10-2　试证明对于矩形截面梁，当集中载荷 F 沿矩形截面的一对角线作用时，其中性轴将与另一对角线重合。

题 10-3　图示一搁置在屋架上的檩条的计算简图。已知：檩条的跨度 $l=5\text{m}$，均布载荷 $q=2\text{kN/m}$，矩形截面 $b\times h=0.15\text{m}\times0.20\text{m}$，所用松木的弹性模量 $E=10\text{GPa}$，许用应力 $[\sigma]=10\text{MPa}$，檩条的许可挠度为 $[f]=\dfrac{l}{250}$。试校核檩条强度和刚度。

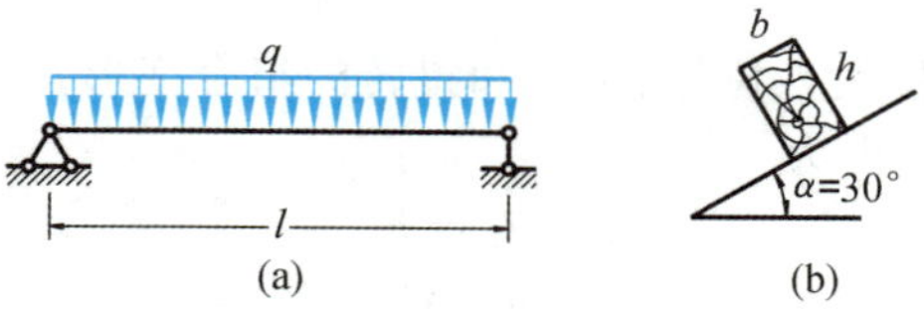

题 10-3 图

题 10-4　图示一简支梁，选用了 25a 号工字钢。已知：作用在跨中的集中载荷 $F=5\text{kN}$，载荷 F 的作用线与截面的竖直主轴间的夹角 $\alpha=30°$，钢材的弹性模量 $E=210\text{GPa}$，许用应力 $[\sigma]=160\text{MPa}$，梁的许可挠度 $[f]=\dfrac{l}{500}$。试对此梁进行强度校核和刚度校核。

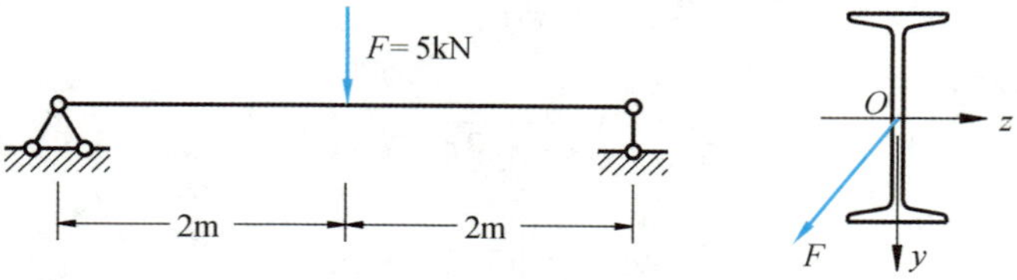

题 10-4 图

题 10-5 图示一渡槽的空心墩。已知：墩上承受的水重 $W_3=2400\text{kN}$，渡槽槽身重 $W_2=2143\text{kN}$，在截面 AB 以上部分墩身的自重 $W_1=5115\text{kN}$，风压力对截面 AB 上 y-y 轴产生力矩 $M_y=7514\text{kN}\cdot\text{m}$，截面 AB 的面积 $A=4.67\text{m}^2$，抗弯截面模量 $W_y=6.42\text{m}^3$。试求作用在截面 AB 上的最大正应力和最小正应力。

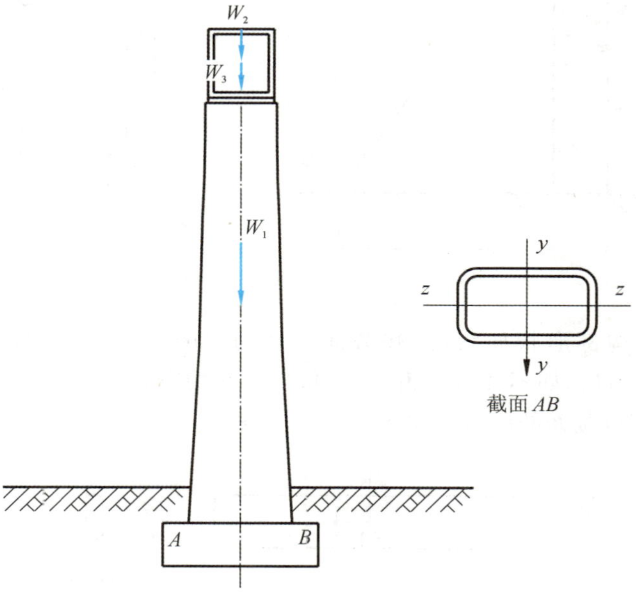

题 10-5 图

题 10-6 截面高度 $h=100\text{mm}$、跨度 $l=1\text{m}$ 的矩形截面梁（如图所示）。在梁的中间截面处受集中力 F，两端受轴向偏心拉力 $F_1=30\text{kN}$ 的作用。拉力 F_1 作用在横截面的纵向对称面内，至上表面的距离为 $a=40\text{mm}$。若横截面内最大正应力和最小正应力之比为 5/3。试求集中力 F 的数值。

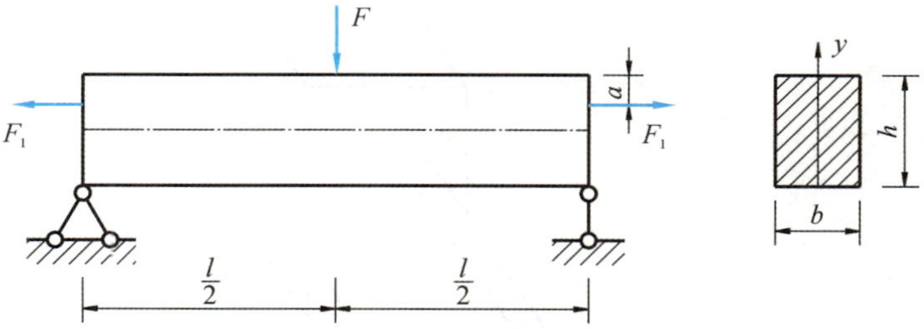

题 10-6 图

题 10-7 如图所示的混凝土重力坝，剖面为三角形，坝高 $h=30\text{m}$，混凝土的密度为 $2.396\times10^3\text{kg/m}^3$。若只考虑上游水压力和坝体自重的作用，在坝底截面上不允许出现拉应力，试求所需的坝底宽度 B 和在坝底上产生的最大压应力。

题 10-8 图示链条中的一环，受到拉力 $F=10\ \text{kN}$ 的作用。已知链环的横截面为直径 $d=50\text{mm}$ 的圆形，材料的许用应力 $[\sigma]=80\text{MPa}$。试校核链条的强度。

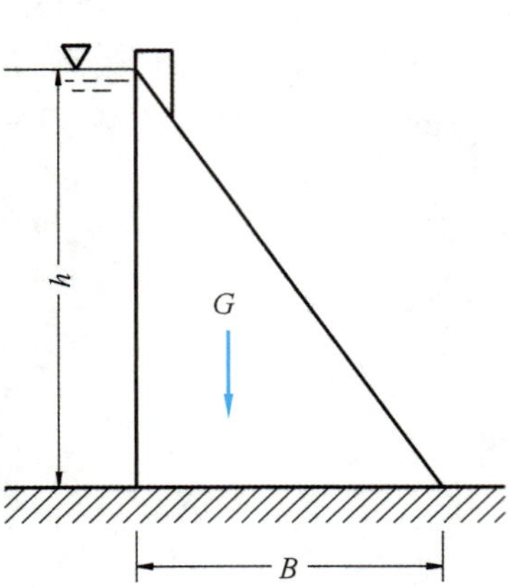

题 10-7 图

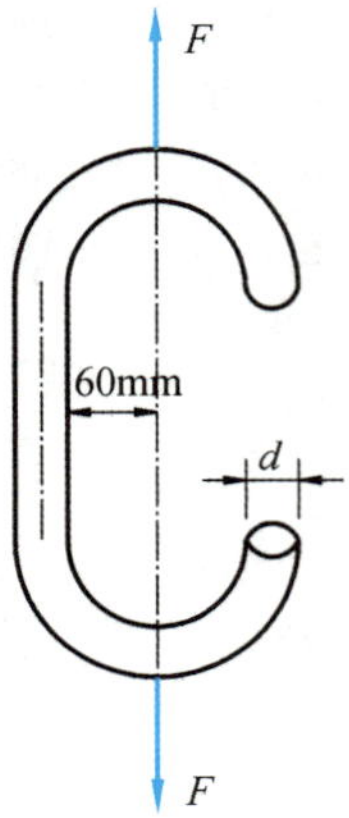

题 10-8 图

题 10-9　受拉构件形状如图，已知截面尺寸为 40mm×5mm，通过轴线的拉力 $F=12kN$。现拉杆开有切口，如不计应力集中影响，当材料的$[\sigma]=100MPa$，试确定切口的最大许可深度，并绘出切口截面的应力变化图。

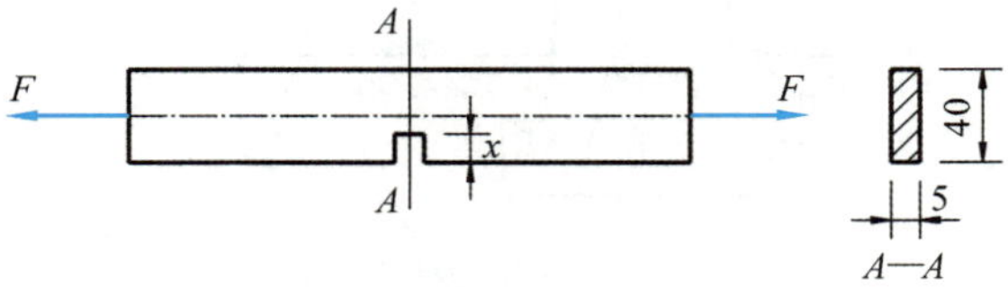

题 10-9 图

题 10-10　一圆截面直杆受偏心拉力作用，偏心距 $e=20mm$，杆的直径为 70mm，许用拉应力$[\sigma_t]$为 120MPa，试求此杆的许可偏心拉力值。

题 10-11　求图示杆内的最大正应力(拉力 F 与杆的轴线平行)。

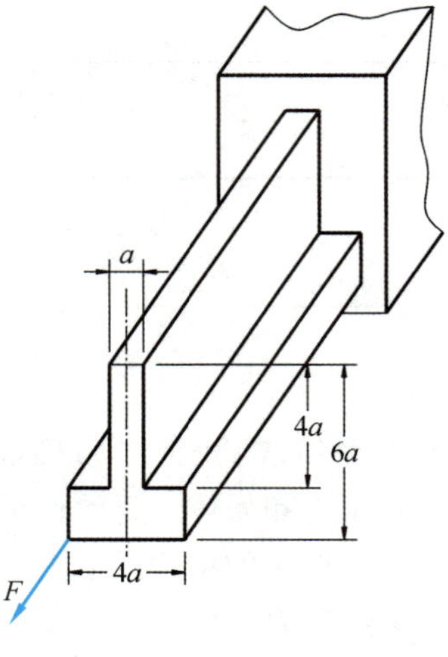

题 10-11 图

题 10-12　试画出图示截面的截面核心。

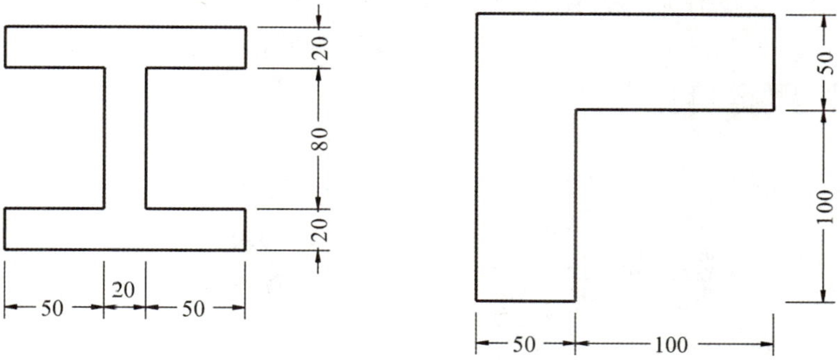

(单位：mm)

(a)　　(b)

题 10-12 图

题 10-13　图示一标志牌，支在外直径为 50mm、内直径为 40mm、高度为 3m 的圆管上。若标志牌的尺寸为 1m×1m，作用在标志牌上的风压力的压强为 400Pa，试求由于风压作用使管底截面在点 A 处产生的主应力和在点 B、C 处产生的切应力。

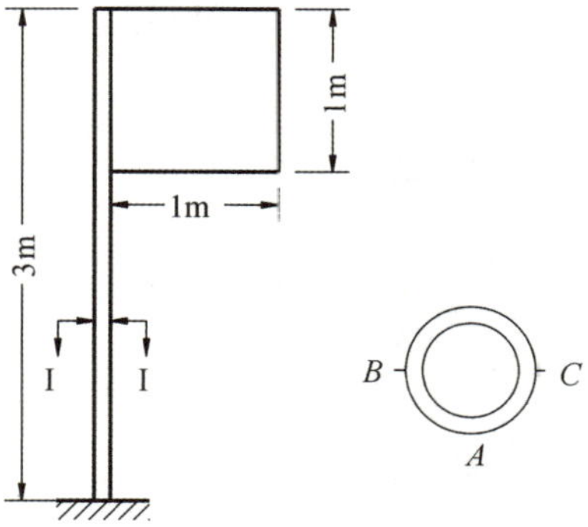

题 10-13 图

题 10-14　图示手摇车，轴的直径为 30mm，材料为 Q235 钢，$[\sigma]=80\text{MPa}$。试按第三强度理论求该车的最大起吊重量 W。

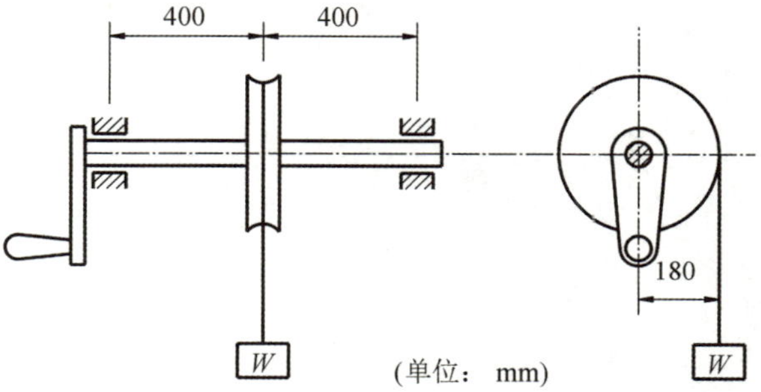

题 10-14 图

题 10-15　直径为 0.6m，重量为 2kN 的皮带轮，随着横截面直径为 50mm 的圆轴一同转动。已知皮带中的拉力为 8kN 和 1.5kN，轴承与皮带轮间的距离为 0.15m，试计算圆轴在轴承处的主拉应力和最大切应力。设圆轴材料的许用应力$[\sigma]=160$MPa，试按第三强度理论（最大切应力理论）进行强度校核。

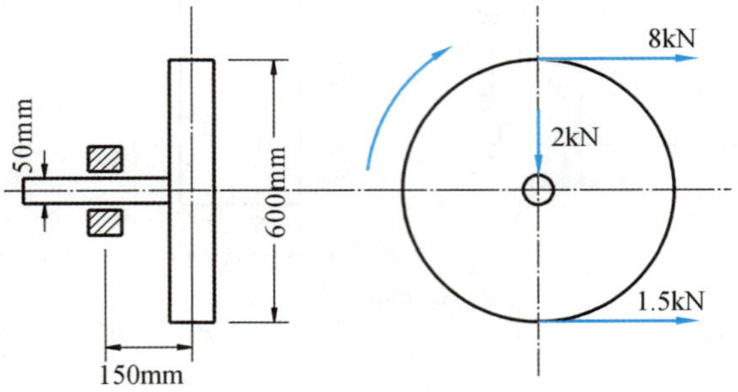

题 10-15 图

第 11 章

压杆稳定性

11.1 压杆稳定性的概念

杆长较小的短柱在轴向压缩下，当截面上的应力达到材料的屈服极限或强度极限时，将引起塑性屈服或脆性断裂，例如低碳钢短柱被压扁，铸铁短柱被压碎，这些破坏形式都可以归纳为杆件强度不足引起的失效。但是，具有细长几何特征的压杆，却表现出与强度失效完全不同的另一类失效。例如一根细长的钢尺或竹片受压时，开始轴线为直线，随着压力的增加它必然被压弯，且将发生较大的弯曲变形，直到最终被折断。而且由试验可以证明，引起这类细长压杆的压弯载荷要比同类杆件受压破坏的破坏载荷低得多。

如图 11-1 所示的轴心受压细长杆，设压杆顶端作用有一轴心压力 F 使压杆处于直线平衡状态，如图 11-1(a)所示，然后，假想地在杆上施加一干扰力(微小横向水平力 Q)。实验发现：

(1) 当 F 小于某个值时，在 F 和干扰力共同作用下，压杆发生微弯变形，去掉干扰力，压杆将恢复到原有的直线平衡形式，这时我们称原压杆的直线平衡为稳定平衡(图 11-1(a))。

(2) 当外力 F 大于某个值时，施加干扰力后，压杆会急剧弯曲，产生很大的弯曲变形，甚至折断，这时我们称原压杆的直线平衡为不稳定平衡(图 11-1(c))。

(3) 当外力 F 等于某个值时，施加干扰力后，压杆处于微弯状态下，若去掉干扰力，压杆不恢复到原来的直线平衡状态，而在新的微弯状态下保持平衡。这时我们称原压杆的直线平衡处于临界状态，即压杆由稳定平衡向不稳定平衡转化的临界状态(图 11-1(b))，而把压杆保持原有直线平衡状态的能力称为压杆的稳定性。细长压杆的承载能力并不取决于压杆轴向受压的强度条件，而是取决于它的稳定性条件。

定义使压杆处于临界状态下的最小轴向压力为压杆的临界载荷，或简称临界力，并用 F_{cr}表示。轴心受压细长直杆在临界载荷 F_{cr} 作用下，其直线状态的平衡将会由于轻微横向干扰力作用而开始丧失，形成微弯状态，这种现象一般称为压杆的失稳，也称为屈曲。

工程实践和工程历史事故均表明，某个受压构件的失稳会导致整个结构的破坏，而且一旦事故发生，其后果往往是灾难性的。因此，研究压杆的稳定问题具有很重要的意义。另外，除了上述细长压杆外，其他薄壁结构也会出现不同的失稳现象(图 11-2)。但对这些构件的稳定性研究，要比等直压杆的问题复杂得多，一般应参阅专门的教程。

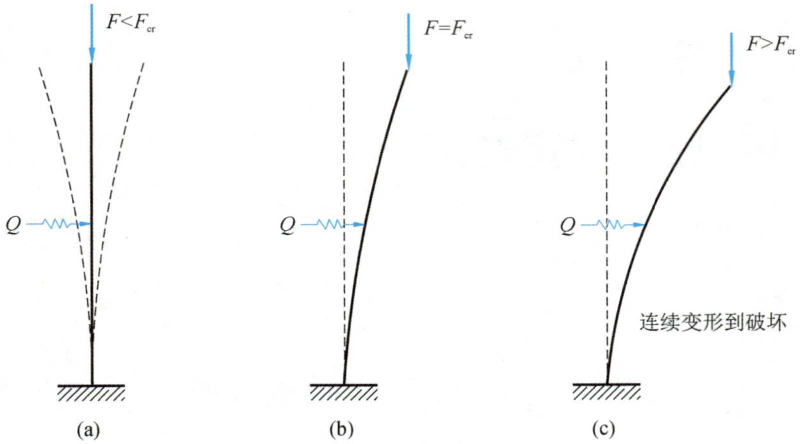

图 11-1　压杆的平衡状态

应当指出的是，通常所说的压杆的稳定性及压杆在临界载荷 F_{cr} 作用下的失稳问题，是针对轴心受压这一力学模型而言的。对于一个工程中的实际压杆，由于制造、安装或施工时不可避免地存在初始弯曲，作用在压杆上的外力或者外力的合力作用线不可能精确地同压杆的轴线重合，压杆的材料本身也达不到理想状态的均匀性。对这种压杆通常会采用偏心压杆的力学模型，它受压力作用一开始将伴随着弯曲变形，这一点与轴心受压杆的失稳在概念上是不同的。本章主要讨论轴心受压杆件的稳定问题。

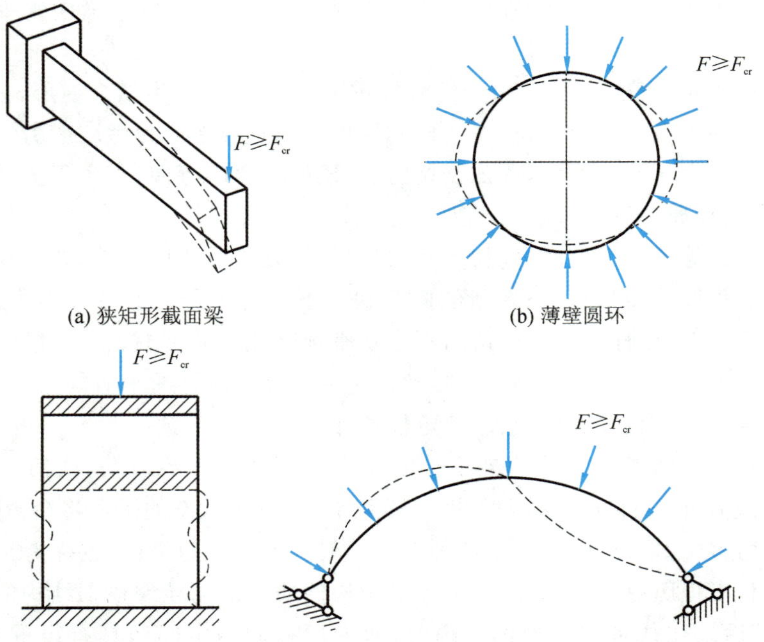

图 11-2　几种薄壁结构的失稳现象

11.2 细长压杆的临界载荷

细长轴心受压直杆在临界载荷作用下，处于不稳定的直线平衡状态，其材料仍处于理想的线弹性范围内。从力学概念上讲，这类稳定问题一般称为线弹性稳定问题，它是压杆稳定问题中最简单、也是最基本的情况。这里以两端为铰支座的等直细长压杆为例，推导其临界载荷 F_{cr}的计算公式。

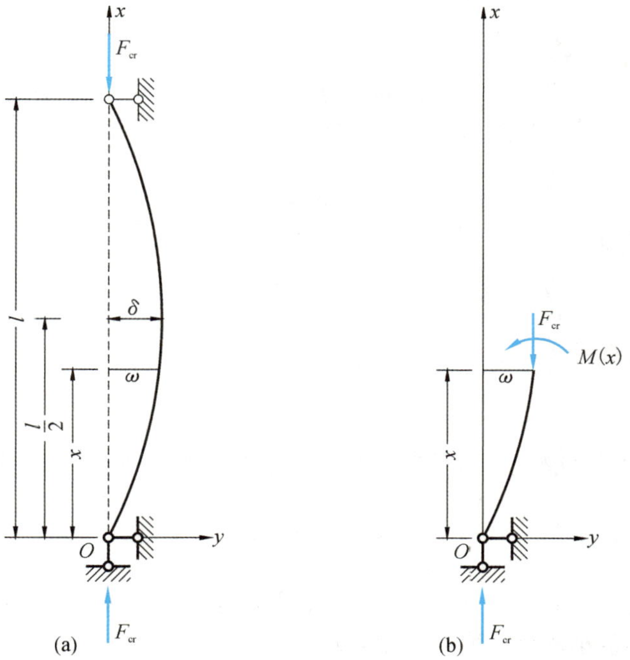

图 11-3 两端铰支的压杆

设两端为铰支座的细长杆上作用有轴向压力 F，当压力 F 的大小达到 F_{cr}时，压杆会保持微弯状态(图 11-3(a))。由于杆的弯曲变形很小，利用梁的挠曲线近似微分方程式(7-2)可得

$$\frac{d^2w}{dx^2}=-\frac{M(x)}{EI}\text{ 或 }w''=-\frac{M(x)}{EI}$$

在任意 x 截面上，弯矩方程式为 $M(x)=Fw$。

再令

$$k^2=\frac{F}{EI}\tag{1}$$

则压杆的微弯挠曲线微分方程可以化为

$$w''+k^2w=0\tag{2}$$

式(2)是一个二阶、常系数、线性、齐次微分方程，它的通解为

$$w=A\sin kx+B\cos kx\tag{3}$$

式(3)中的 A 和 B 为积分常数,可以由压杆杆端的位移边界条件求出:

(1) 当 $x=0$ 时,$w=0$;

(2) 当 $x=l$ 时,$w=0$。

将上述两个边界条件分别代入式(3),可得

$$\begin{cases} B = 0 \\ A\sin kl + B\cos kl = 0 \end{cases} \tag{4}$$

显然,$A=B=0$ 时,$w=0$,不是我们所要求的解,因为 $w=0$ 这个解答,说明压杆不可能处于微弯状态。若要求式(4)有非零解,这就要求由待定积分常数 A 和 B 的系数所组成的行列式等于零,即

$$\begin{vmatrix} 0 & 1 \\ \sin kl & \cos kl \end{vmatrix} = 0 \tag{5}$$

通常把式(5)表示的方程称为稳定问题的特征方程,由此式可以求得临界载荷。例如将式(5)展开可得

$$\sin kl = 0$$

要满足这一条件,必须有

$$kl = n\pi \quad 或 \quad k = \frac{n\pi}{l} \quad (n = 1,2,\cdots)$$

将其代入式(1)即可得到

$$F = n^2\,\frac{\pi^2 EI}{l^2}$$

由临界载荷的定义可知,应在上式中取 $n=1$,使 F 最小,这样得到两端铰支压杆的临界载荷为

$$F_{cr} = \frac{\pi^2 EI}{l^2} \tag{11-1}$$

式(11-1)是欧拉(L. Euler)在 1744 年首先计算得到的结果,故通常称为欧拉公式。注意,杆的弯曲将在其最小刚度平面内发生,故式(11-1)中 I 是杆截面的最小形心主惯性矩。

将 $k=\frac{\pi}{l}$ 代入式(3)中,可以得到在临界载荷 F_{cr} 作用下杆的挠曲线,即杆的失稳波形曲线(半个波长的正弦曲线):

$$w = A\sin\frac{\pi x}{l} \tag{6}$$

在压杆的中间截面处,有 $x=\frac{l}{2}$,则得

$$w_{max} = A$$

积分常数 A 即表示杆的跨中截面处所发生的最大挠度,若以 δ 代表它,则得到杆的挠曲线方程为

$$w = \delta\sin\frac{\pi x}{l} \tag{7}$$

在此处 δ 为一个不确定的微小数值。若以 δ 为横坐标,F 为纵坐标,画出 F-δ 曲线图,则当 $F<F_{cr}$ 时,杆保持直线形状,δ 为 0,F 与 δ 的关系是垂直的直线 OA(图 11-4);而当 $F=F_{cr}$ 时,直线平衡变为不稳定平衡杆,F 与 δ 的关系是水平直线 AB,这时 F 与 δ 没有确定的对

应关系。实际上，δ 的不确定性并不存在，上述不确定性的产生是由于在推导欧拉公式的过程中，使用了近似挠曲线微分方程；若使用精确的挠曲线微分方程，则得出的 F-δ 曲线应为图 11-4 中的 OAC，这时 F 与 δ 仍然有确定的对应关系。

实验时，由于受加载的偏心、材料不完全均匀及杆有微小的初始弯曲等条件限制，所得到的 F-δ 曲线如图 11-4 中的 OD 所示。当载荷远小于临界载荷的理论值时，压杆就已产生挠度，但增加很缓慢，而当压力接近于临界载荷的理论值时，则挠度增加很快。试验的技术越先进，仪器越精密，实验曲线 OD 就越接近理论曲线 OAC。

例题 11.1 由压杆挠曲线近似微分方程，试导出一端固定、另一端自由细长压杆的欧拉公式。

解：一端固定、另一端自由的压杆失稳后，计算简图如图 11-5 所示。最大挠度 δ 发生在自由端。由临界载荷所引起杆任意 x 横截面上的弯矩为

$$M(x) = -F_{cr}(\delta - w) \tag{1}$$

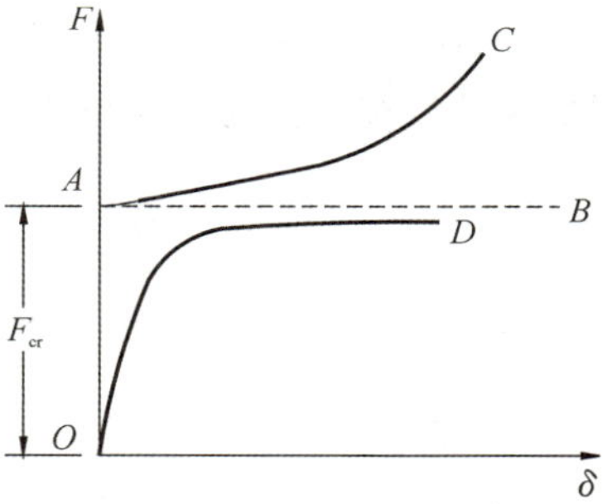

图 11-4 压杆的 F-δ 曲线图

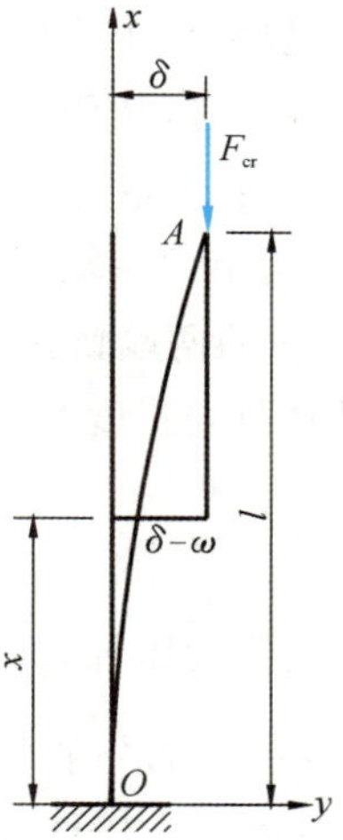

图 11-5 一端固定、一端自由的压杆

式中，w 为该横截面处杆的挠度。将式(1)中的 $M(x)$ 代入压杆的近似挠曲线微分方程，即得

$$EIw'' = -M(x) = F_{cr}(\delta - w) \tag{2}$$

令 $k^2 = \dfrac{F_{cr}}{EI}$，将上述微分方程化为标准形式

$$w'' + k^2 w = k^2 \delta \tag{3}$$

其通解为

$$w = A\sin kx + B\cos kx + \delta \tag{4}$$

式中，A、B、k 可由挠曲线的位移边界条件来确定，这些已知边界条件分别为 $x=0, w=0$；$x=0, w'=0$；$x=l, w=\delta$。

对式(4)求一阶导数

$$w' = Ak\cos kx - Bk\sin kx \tag{5}$$

将边界条件 $x=0, w'=0$ 代入式(5)，得 $A=0$。再将边界条件 $x=0, w=0$ 代入式(4)，得 $B=-\delta$。因此，由式(4)可得挠曲线方程

$$w = \delta(1 - \cos kx) \tag{6}$$

最后将边界条件 $x=l, w=\delta$ 代入式(6)，即得

$$\delta = \delta(1-\cos kl) \tag{7}$$

解出：

$$\cos kl = 0 \tag{8}$$

从而得到

$$kl = n\frac{\pi}{2}$$

$n=1$ 时，$kl=\frac{\pi}{2}$，使压杆达到临界载荷 F_{cr} 的欧拉公式为

$$F_{cr} = \frac{\pi^2 EI}{4l^2} = \frac{\pi^2 EI}{(2l)^2} \tag{9}$$

除了用以上方法导出临界载荷，也可通过类比的方法，将两种压杆的挠曲线形状进行对比的方法，即设想细长压杆挠曲线弯矩为零的拐点处有一铰，将压杆在挠曲线两拐点间的一段看作两端铰接压杆，从而由两端铰接压杆的临界力公式直接推出杆端在其他支承情况下的压杆的临界载荷公式。

如图 11-5 所示的一端固定、一端自由的压杆，在临界载荷 F_{cr} 的作用下，其挠曲轴线的形状与长度为 $2l$ 的两端铰接压杆挠曲轴线(图 11-3)的上半段完全一样，因此，有这种支承的压杆的临界载荷与长度为 $2l$、截面惯性矩和它相同的两端铰接压杆的临界载荷相等，即

$$F_{cr} = \frac{\pi^2 EI}{(2l)^2}$$

对于两端固定的压杆，其挠曲轴线的形状如图 11-6 所示。其长为 $\frac{l}{2}$ 的中间部分可看作两端铰支的压杆，该部分的临界载荷仍可用式(11-1)来计算，只是把式中的 l 改成现在的 $0.5l$。因该部分是整个压杆的一部分，所以它的临界载荷就是整个压杆的临界载荷，则两端固定压杆的临界载荷为

$$F_{cr} = \frac{\pi^2 EI}{(0.5l)^2}$$

同理，对于一端固定、一端铰支的压杆，其挠曲轴线的形状如图 11-7 所示，可近似地把大约长为 $0.7l$ 的部分看作两端铰支压杆，则一端固定、一端铰支压杆的临界载荷为

$$F_{cr} = \frac{\pi^2 EI}{(0.7l)^2}$$

对具有不同杆端约束条件的压杆，其临界载荷(即欧拉公式)可以归纳为如下的统一形式：

$$F_{cr} = \frac{\pi^2 EI}{(\mu l)^2} = \frac{\pi^2 EI}{l_0^2} \tag{11-2}$$

式中，$l_0=\mu l$ 称为压杆的计算杆长；μ 为压杆杆端约束影响系数；l 是压杆的实际杆长。四种典型约束的压杆的临界载荷和长度 l_0 的计算可参见表 11-1。需要指出的是，本节介绍的约束方式都是理想和典型的情况。在工程实际中，杆的实际约束条件通常较复杂，如何确定计

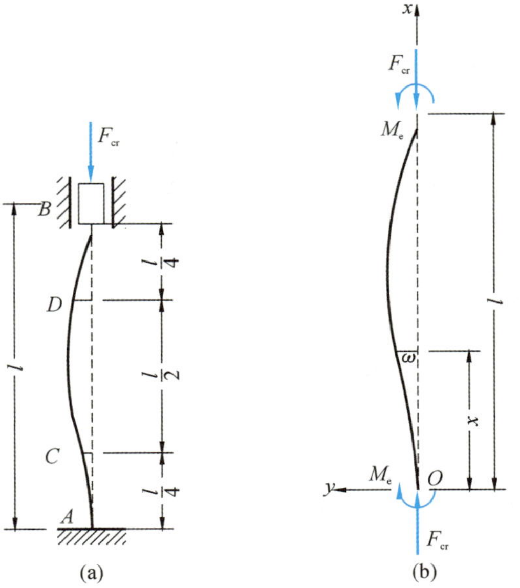

图 11-6 两端固定压杆

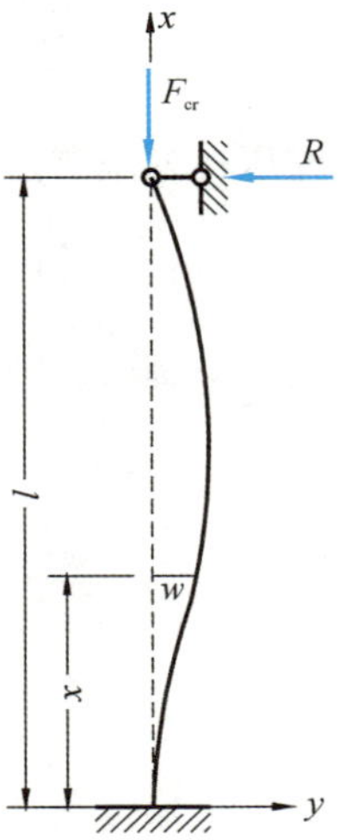

图 11-7 一端固定、一端铰支的压杆

算长度，可以参见设计规范中的具体规定。多数情况下可以根据实际约束情况，将其恰当地化为表 11-1 所述的各种情况，或者判别杆端约束影响系数处于哪两种情况之间。

表 11-1 杆端约束条件对临界载荷的影响

杆端支承情况	两端铰接	一端固定 一端自由	两端固定	一端固定 一端铰接
压杆图形	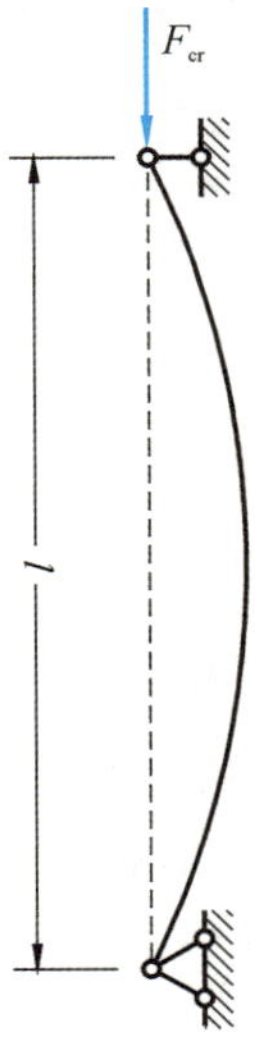	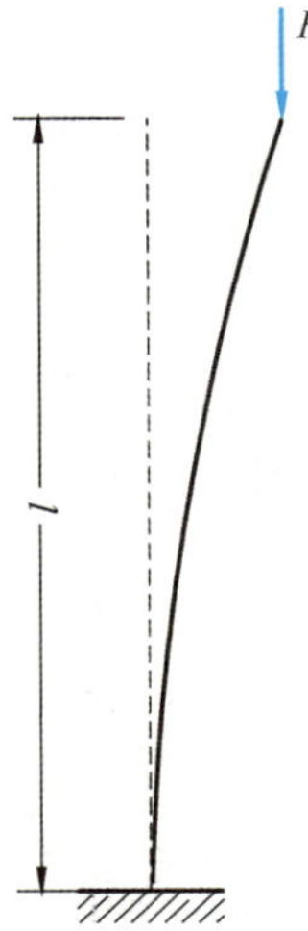	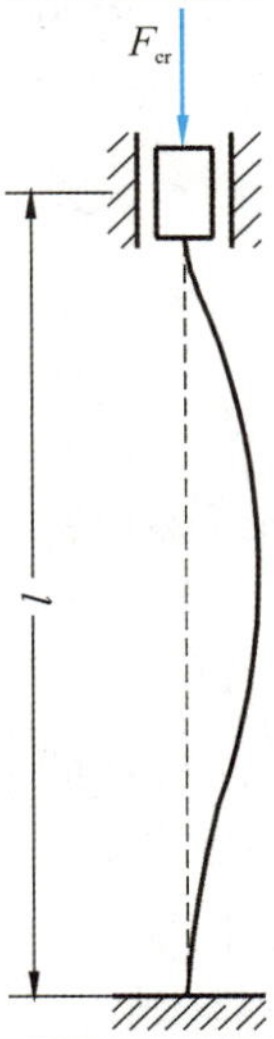	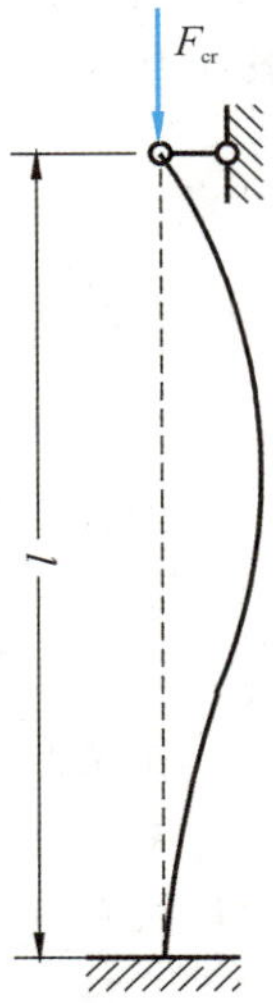
临界力	$F_{cr}=\frac{\pi^2 EI}{l^2}$	$F_{cr}=\frac{\pi^2 EI}{(2l)^2}$	$F_{cr}=\frac{\pi^2 EI}{(0.5l)^2}$	$F_{cr}=\frac{\pi^2 EI}{(0.7l)^2}$
计算长度	$l_0=l$	$l_0=2l$	$l_0=0.5l$	$l_0=0.7l$
约束影响系数	$\mu=1$	$\mu=2$	$\mu=0.5$	$\mu=0.7$

11.3 临界应力及临界应力总图

本节研究压杆的临界应力计算及压杆的分类，并讨论欧拉公式的适用条件问题。

11.3.1 细长压杆的临界应力

将临界载荷 F_{cr} 除以压杆的横截面面积 A，即可求得压杆的临界应力

$$\sigma_{cr}=\frac{F_{cr}}{A}$$

将式(11-2)代入上式，则对应的临界应力为

$$\sigma_{cr}=\frac{\pi^2 E}{\lambda^2} \tag{11-3}$$

式中，

$$\lambda=\frac{\mu l}{i} \tag{11-4}$$

λ 是一个无量纲的量，$i=\sqrt{I/A}$为压杆横截面的惯性半径。由于 λ 能综合反映压杆杆端约束条件、杆横截面尺寸及形状、压杆长度对临界应力的影响，一般将 λ 称为压杆的长细比或压杆的柔度。

从式(11-3)可知，欧拉临界应力随着 λ 值的增大而迅速地减小，当 λ 值较小时，临界应力 σ_{cr} 的数值可能远远地超过了材料的比例极限 σ_p。应当注意的是，在推导欧拉公式(式(11-2))时，利用了梁挠曲线的近似微分方程，而近似微分方程是从胡克定律出发而推导出来的，因此欧拉公式仅适用于线弹性和小变形的情况。这说明，当临界应力 σ_{cr} 不超过材料的比例极限 σ_p 时，欧拉公式才适用。因此，能用欧拉公式的条件为

$$\sigma_{cr}=\frac{\pi^2 E}{\lambda^2}\leqslant\sigma_p$$

若用压杆的长细比来判别，则由上式应有

$$\lambda^2\geqslant\frac{\pi^2 E}{\sigma_p}$$

由此可以知道，欧拉公式的适用范围可用压杆的下列最小长细比(或柔度)来表示

$$\lambda_p=\pi\sqrt{\frac{E}{\sigma_p}} \tag{11-5}$$

由此可知，前面所称的细长压杆(欧拉压杆)是指其柔度不小于 λ_p，即 $\lambda\geqslant\lambda_p$ 的压杆。

对于不同的材料，其 λ_p 值不同。例如对 Q235 钢材，若取材料的弹性模量 $E=210\text{GPa}$，比例极限 $\sigma_p=200\text{MPa}$，则该材料的最小柔度

$$\lambda_p=\pi\sqrt{\frac{210\times10^9}{200\times10^6}}\approx100$$

这说明，对于 Q235 钢制成的压杆，只有当压杆的柔度 $\lambda\geqslant100$ 时，我们才可以用欧拉公式计算其临界载荷及其相应的临界应力。表 11-2 给出了其他一些工程常用材料的 λ_p 值，

可供参考。

表 11-2 一些常用材料的 λ_p、λ_0、a、b 值

材料	σ_s(MPa)	σ_b(MPa)	a (MPa)	b (MPa)	λ_p	λ_0
Q235	240	372～380	304～310	1.12～1.14	100	61.4
35 号钢	306	470	460	2.57	100	60
45 号钢	312	480	469	2.62	100	60
硅钢	360	520	589	3.82	100	60
铬铝钢	380	560	980	5.29	55	0
硬铝			392	3.26	50	0
铸铁			338.7	1.48		
松木			28.7	0.199	59	0

例题 11.2 有一两端铰支的钢压杆，已知其矩形横截面的尺寸为 60mm×100mm，材料的弹性模量 $E=200\text{GPa}$，比例极限 $\sigma_p=250\text{MPa}$，试求能应用欧拉公式的杆的最小长度。

解：两端空间铰支压杆 $\mu=1$，失稳时，应考虑截面的最小形心主惯性矩

$$I_{\min}=\frac{1}{12}\times 0.1\times 0.06^3=1.8\times 10^{-6}\text{m}^4$$

最小的惯性半径

$$i=i_{\min}=\sqrt{\frac{1.8\times 10^{-6}}{0.1\times 0.06}}=\sqrt{3}\times 10^{-2}\text{m}$$

满足欧拉公式的条件是

$$\sigma_{cr}=\frac{\pi^2 E}{\lambda^2}=\frac{\pi^2 E}{\left(\frac{\mu l}{i}\right)^2}\leqslant\sigma_p$$

故最小杆长

$$l\geqslant\sqrt{\frac{\pi^2 E i^2}{\mu^2\sigma_p}}=\sqrt{\frac{\pi^2\times 200\times 10^9\times 3\times 10^{-4}}{1^2\times 250\times 10^6}}=1.54\text{m}$$

即当压杆的长度 $l>1.54\text{m}$ 时，其临界应力不超过材料的比例极限，可以用欧拉公式计算临界载荷和临界应力。

11.3.2 中长杆和短杆的临界应力

工程中的压杆，除了细长杆(大柔度杆)以外，还有临界应力超过比例极限的(即 $\lambda<\lambda_p$)情况，这种压杆包括中长杆和短杆两大类。

在实际工程中，中长杆或中柔度杆应用得最多，因而值得特别注意。从杆件破坏情况来看，这类压杆与细长杆(大柔度杆)类似，主要是因失稳而破坏，不同之处是中长杆的临界应力已超出比例极限，欧拉公式已不适用。但考虑到其临界应力应该不超出材料的屈服极限或强度极限(极限应力)，通常采用根据大量实验结果而建立的经验公式来计算其临界应力。

1. 直线型公式

直线型公式由实验整理得到

$$\sigma_{cr} = a - b\lambda \quad (\lambda_0 \leqslant \lambda \leqslant \lambda_p) \tag{11-6}$$

这里 a、b 是与材料有关的常数，由实验测出。在式(11-6)中，令 $\sigma_{cr}=\sigma_u$（极限应力），则相应的 λ 值即为 λ_0

$$\lambda_0 = \frac{a-\sigma_u}{b} \tag{11-7}$$

2. 抛物线型公式

抛物线型临界应力公式的一般形式为

$$\sigma_{cr} = a_1 - b_1\lambda^2 \quad (\lambda_0 < \lambda < \lambda_p) \tag{11-8}$$

式中，a_1 和 b_1 也是与材料有关的常数。

应该指出的是，上述经验公式也应该用压杆的柔度限制其适用范围。最小柔度 λ_0 应用相应的极限应力 σ_u 来确定。例如对用塑性材料制成的压杆，λ_0 值应用材料的屈服极限 σ_s 确定。

对于小柔度杆（或短杆），其在达到临界应力之前就会因强度不足而破坏，这种情况下的压杆不会因失稳而破坏，应属强度问题。

11.3.3　临界应力总图

轴心受压直杆的临界应力 σ_{cr} 计算与压杆的柔度 $\lambda=\frac{\mu l}{i}$ 有关，压杆的类型也可以根据其柔度分为三大类：①当 $\lambda \geqslant \lambda_p$ 时，为细长杆或大柔度杆，其临界应力 $\sigma_{cr} \leqslant \sigma_p$，可用欧拉公式计算；②当 $\lambda_0 \leqslant \lambda < \lambda_p$ 时，为中长杆或中柔度杆，其临界应力 $\sigma_p < \sigma_{cr} < \sigma_u$，$\sigma_{cr}$ 应用经验公式计算；③当 $\lambda < \lambda_0$ 时，为短粗杆或小柔度杆，其临界应力 $\sigma_{cr} = \sigma_u$，应按强度问题处理。

上述分析表明，临界应力 σ_{cr} 是关于压杆柔度 λ 的一个分段函数，在不同 λ 范围内，压杆的临界应力与柔度 λ 之间的变化关系曲线如图 11-8 所示，一般称之为压杆的临界应力总图。

若采用抛物线型公式求中长杆的临界应力，同样也可以绘出 σ_{cr}-λ 关系的临界应力总图。例如由钢材制成的压杆，其抛物线型经验公式为

$$\sigma_{cr} = 240 - 0.00682\lambda^2$$

相应地，临界应力总图如图 11-9 所示。图中 $ABCD$ 和 EC 分别代表欧拉公式和抛物线型经验公式的曲线，两段曲线平顺地相接于 C 点。点 C 的 $\lambda=\lambda_c=123$，相应地，$\sigma_{cr}=\sigma_c=136.8\text{MPa}$。曲线 EC 在点 E 处的切线为一水平线，点 E 的坐标为 $\lambda=0$，$\sigma_{cr}=\sigma_s=240\text{MPa}$。由于在工程实际中压杆不可能处于理想的轴心受压情况，而由实验求得的曲线 EC 可以较好地反映压杆的实际工作情况，故在实用上并不一定要求用 σ_p 来作为区分细长杆与中长杆的交界点，而是用交点 C 相应的 σ_c 来分界。

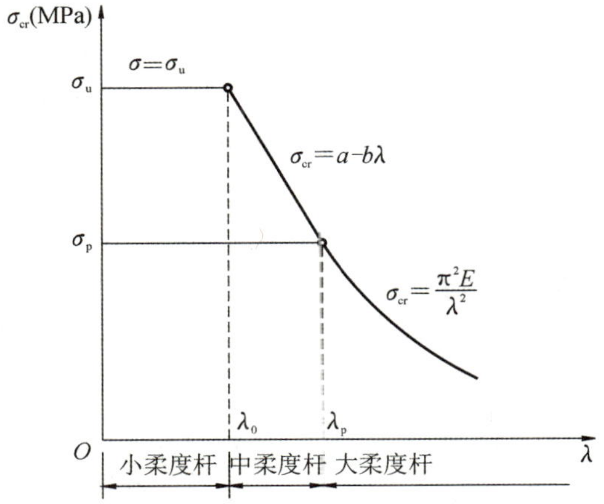

图 11-8　压杆临界应力总图(直线经验公式)

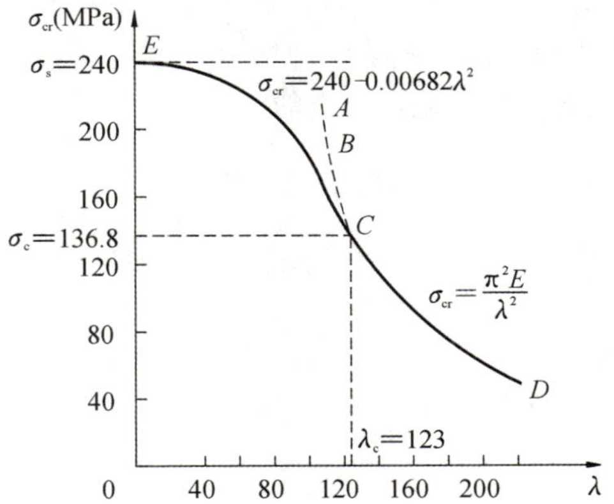

图 11-9　压杆临界应力总图(采用抛物线型公式)

11.4　压杆的稳定计算

11.4.1　压杆的稳定许用应力

为了保证受压杆件能安全地工作，不仅应考虑压杆的强度问题，更应该考虑压杆的稳定问题，要求工作应力不超出压杆的稳定许用应力。引入稳定安全系数 $n_w>1.0$，规定稳定许用应力为

$$[\sigma_{cr}]=\frac{\sigma_{cr}}{n_w} \tag{11-9}$$

通常稳定安全系数 n_w 与强度安全系数 n 是不同的，n_w 除应包含 n 所考虑的不利因素外，还应考虑载荷的偶然偏心等因素，故 n_w 要比 n 大些。例如对一般钢构件，其强度安全系数 n 规定为 1.4～1.7，而稳定安全系数 n_w 规定为 1.5～2.2，甚至更大。一般来说，n_w 是随着压杆长细比 λ 的增大而增大的。

另外，压杆的稳定许用应力 $[\sigma_{cr}]$ 也可由材料的强度许用应力 $[\sigma]$ 乘以一个与压杆柔度 λ 有关的稳定系数 $\varphi=\varphi(\lambda)$ 得到，即

$$[\sigma_{cr}]=\varphi(\lambda)[\sigma] \tag{11-10}$$

这时 $\varphi(\lambda)$ 可以理解为 $[\sigma_{cr}]$ 与 $[\sigma]$ 之比

$$\varphi(\lambda)=\frac{[\sigma_{cr}]}{[\sigma]}=\frac{\sigma_{cr}}{n_w}\cdot\frac{n}{\sigma_u} \tag{11-11}$$

由此可知，$\varphi(\lambda)<1.0$，并考虑了压杆的稳定安全系数 n_w 随压杆柔度而变化的因素。第二种确定 $[\sigma_{cr}]$ 的方法也可以理解为将 $[\sigma]$ 乘以系数 $\varphi(\lambda)<1.0$ 而得到，因此 $\varphi(\lambda)$ 也称为折减系数。$\varphi(\lambda)$ 一般可以从规范手册中查到。

应当指出的是，轴心受压直杆的力学模型与实际压杆受力后的变形情况是有区别的。实际压杆可能出现各种降低压杆临界载荷或临界应力的因素，如杆件的初始弯曲度、压力的偏心

度，由于材料轧制、切割、焊接所引起的残余应力大小及其分布都会影响压杆的承载能力。压杆所能承受的极限应力总是随着压杆柔度的增大而降低，因此，设计压杆时所采用的稳定许用应力也应该随压杆柔度的增大而减小。合理地确定压杆的稳定许用应力是一个较复杂的问题，随着对压杆稳定研究的深入和工程实践经验的积累，$\varphi(\lambda)$的修正工作将越来越接近实际。

11.4.2　压杆的稳定条件

压杆的工作应力按照轴心受压的正应力公式计算，压杆的稳定条件为

$$\sigma = \frac{F}{A} \leqslant [\sigma_{cr}] \tag{11-12}$$

$[\sigma_{cr}]$可以按照式(11-9)、式(11-10)来确定，压杆稳定条件的具体形式为

$$\frac{F}{A} \leqslant \frac{\sigma_{cr}}{n_w} \tag{11-13a}$$

或

$$\frac{F}{A} \leqslant \varphi[\sigma] \tag{11-13b}$$

式中，F 为压杆的轴向压力；φ 和 n_w 分别为压杆折减系数和稳定安全系数；A 为压杆的横截面面积，当压杆由于钉孔或其他原因使横截面有局部削弱时，由于压杆的临界载荷是根据整根杆的失稳状态来确定的，所以在稳定计算中不考虑局部截面削弱的影响，仍以毛面积计算 A（但在强度计算中，危险截面为局部削弱截面，故应按净面积计算 A）；σ_{cr} 为临界应力；$[\sigma]$为压杆材料的许用压应力，对于木材，$[\sigma]$应为顺纹抗压许用应力。

若压杆的横截面尺寸为已知或已根据经验而取值，则在进行稳定性校核时，采用以压杆轴心载荷 F 和临界载荷 F_{cr}所表示的稳定条件比较方便，若令 K_w 为压杆的工作安全系数，则这时压杆的稳定条件为

$$K_w = \frac{F_{cr}}{F} \geqslant n_w \tag{11-13c}$$

根据压杆的稳定条件，可以解决压杆的稳定校核、确定轴心载荷和设计压杆截面这三类基本问题。其中稳定校核及轴心载荷确定易于计算，但采用稳定系数 $\varphi(\lambda)$建立稳定条件时，必须事先知道压杆的柔度 λ 和材料类型，才能选择合适的 φ 值。因此，在压杆横截面的设计中，确定 A 的过程一般应采用试算法。采用试算法设计压杆截面的一般步骤如下：

(1) 先假定一个初值 φ（如 $\varphi=0.5$），可初选压杆截面

$$A \geqslant \frac{F}{\varphi[\sigma]}$$

(2) 根据 A 值，可以设计截面的尺寸和形状，利用已有的截面图表（表 11-3）或根据实践经验，选择型钢号码或计算截面的具体尺寸。

(3) 根据选定的截面尺寸，可以计算或直接查得截面的最小惯性半径 i，并计算出 $\lambda=\frac{\mu l}{i}$后，可以由其 λ 查表得出 φ'值。若 φ 与 φ'相差较大，则应在 φ 与 φ'之间再选一个 φ 值，重复步骤(1)～(3)进行新的截面计算，直到假设的 φ 值与计算出的 φ'值相等或比较接近为止。

根据最后选择的截面及 φ 值，进行稳定校核。若能满足要求，又不是过于安全，则所选择的截面就是设计截面；若不满足要求或过于安全，则应参考计算结果，对截面尺寸作适当

的调整，直到满足要求为止。

表 11-3 截面惯性半径的近似值

① 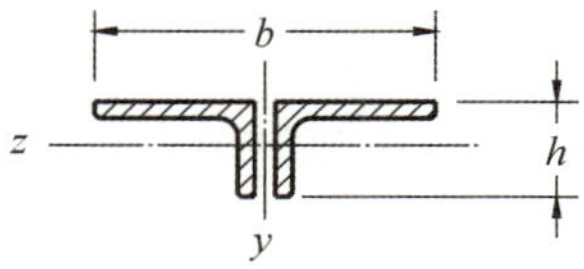 $r_z=0.30h$ $r_y=0.215b$	④ 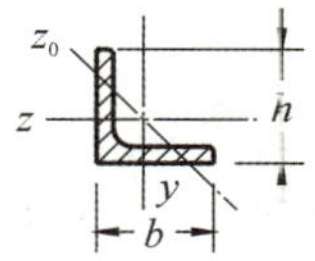 $r_z=0.30h$ $r_y=0.30b$ $r_{z0}=0.195b$	⑦ 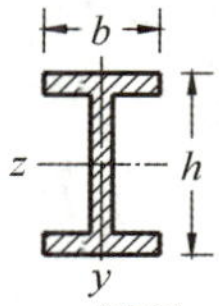 $r_z=0.39h$ $r_y=0.20b$	⑩ 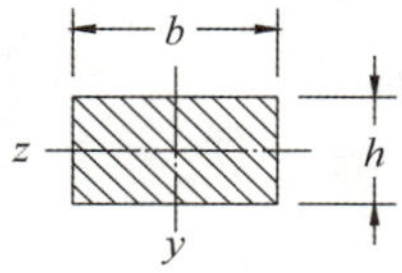 $r_z=0.29h$ $r_y=0.29b$
② 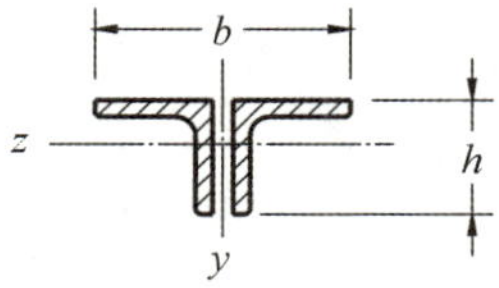 $r_z=0.32h$ $r_y=0.20b$	⑤ 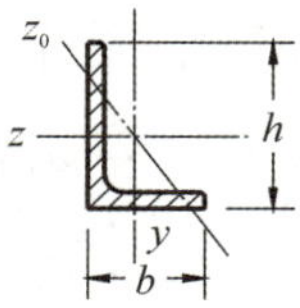 $r_z=0.32h$ $r_y=0.28b$ $r_{z0}=0.8\dfrac{b+h}{2}$	⑧ 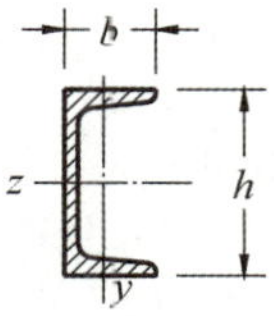 $r_z=0.39h$ $r_y=0.29b$	⑪ 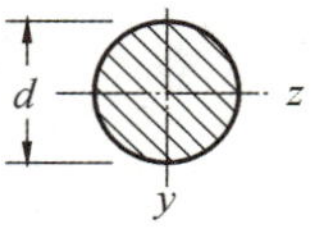 $r=0.25d$
③ 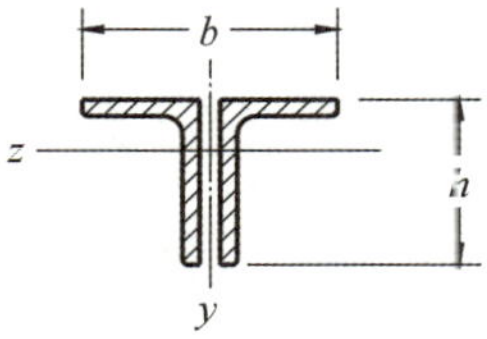 $r_z=0.23h$ $r_y=0.24b$	⑥ 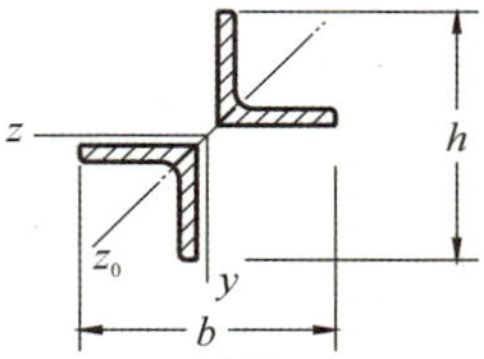 $r_z=0.21h$ $r_y=0.21b$ $r_{z0}=0.185h$	⑨ 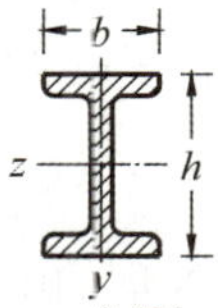 $r_z=0.43h$ $r_y=0.24b$	⑫ 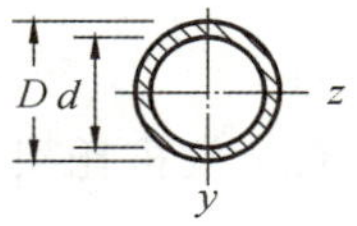 $r=0.25d$ $d_0=\dfrac{d+D}{2}$

注：表中 y 轴和 z 轴都是截面的形心轴。

例题 11.3 图 11-10 所示的托架中，杆 AB 的直径 $d=40\text{mm}$，长度 $l=800\text{mm}$，两端可视为球铰链的约束，材料为 Q235 钢，$a=304\text{MPa}$，$b=1.12\text{MPa}$。试求：①托架的临界载荷；②若已知工作载荷 $F_p=70\text{kN}$，并要求杆 AB 的稳定安全系数 $n_w=2.0$，校核托架是否安全。

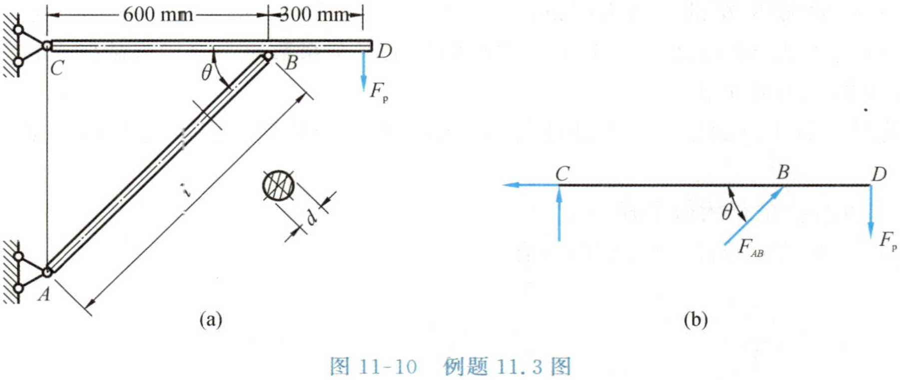

图 11-10 例题 11.3 图

解:(1) 求托架的临界载荷。

由图可知,$\sin\theta=\frac{\sqrt{7}}{4}$,应用平衡方程

$$\sum M_C = 0,\quad 900F_p = 600F_{AB}\sin\theta$$

求得

$$F_p = \frac{2}{3}F_{AB}\sin\theta = \frac{\sqrt{7}}{6}F_{AB}$$

计算压杆的临界载荷:

$$i = \frac{d}{4} = 10\text{mm}$$

$$\lambda = \frac{\mu l}{i} = \frac{1\times 800}{10} = 80 < \lambda_p \approx 100,\text{中长杆}$$

$$\sigma_{cr} = 304 - 1.12\lambda = 304 - 1.12\times 80 = 214.4\text{MPa}$$

$$F_{ABcr} = \sigma_{cr}\cdot A = \sigma_{cr}\cdot\frac{\pi d^2}{4}$$

$$= \left[214.4\times\frac{\pi}{4}\times(40\times 10^{-3})^2\right]\text{MN}$$

$$= 0.2694\text{MN} = 269.4\text{kN}$$

$$F_{pcr} = \frac{\sqrt{7}}{6}\times 269.4\text{kN} = 118\text{kN}$$

(2) 校核托架是否安全。

当已知工作载荷为 70kN 时,由 $F_p=\frac{\sqrt{7}}{6}F_{AB}$ 得

$$F_{AB} = \frac{6}{\sqrt{7}}F_p = 158.7\text{kN}$$

$$n_w = \frac{269.4}{158.7} = 1.698 < 2.0$$

故托架不安全。

例题 11.4　图 11-11 所示的水平梁 AB 在其跨中 C 处设有一立柱 CD 与之铰连,已知梁和柱的弹性模量 $E=210\text{GPa}$,比例极限 $\sigma_p=200\text{MPa}$。立柱的截面为内径 $d=60\text{mm}$ 和外径 $D=80\text{mm}$ 的圆环,梁的截面为矩形,尺寸为 $A=b\times h=200\text{mm}\times 300\text{mm}$,若立柱的长度与梁的跨度均为 $2l=3\text{m}$(图 11-11(a)),立柱的稳定安全系数 $n_w=3.07$,试按立柱的稳定条件设计梁上的许用分布载荷 q。

解:先按立柱 CD 的稳定条件计算其最大轴向压力,然后解超静定结构,求梁上的许用分布载荷。

(1) 求立柱内的最大轴心压力 $F_{N\max}$。

立柱的杆端约束条件为空间球铰,有 $\mu=1.0$,惯性半径为

$$i = \sqrt{\frac{I}{A}} = \sqrt{\frac{\frac{\pi}{64}(D^4-d^4)}{\frac{\pi}{4}(D^2-d^2)}} = \frac{\sqrt{D^2+d^2}}{4} = \frac{\sqrt{80^2+60^2}}{4} = 25\text{mm}$$

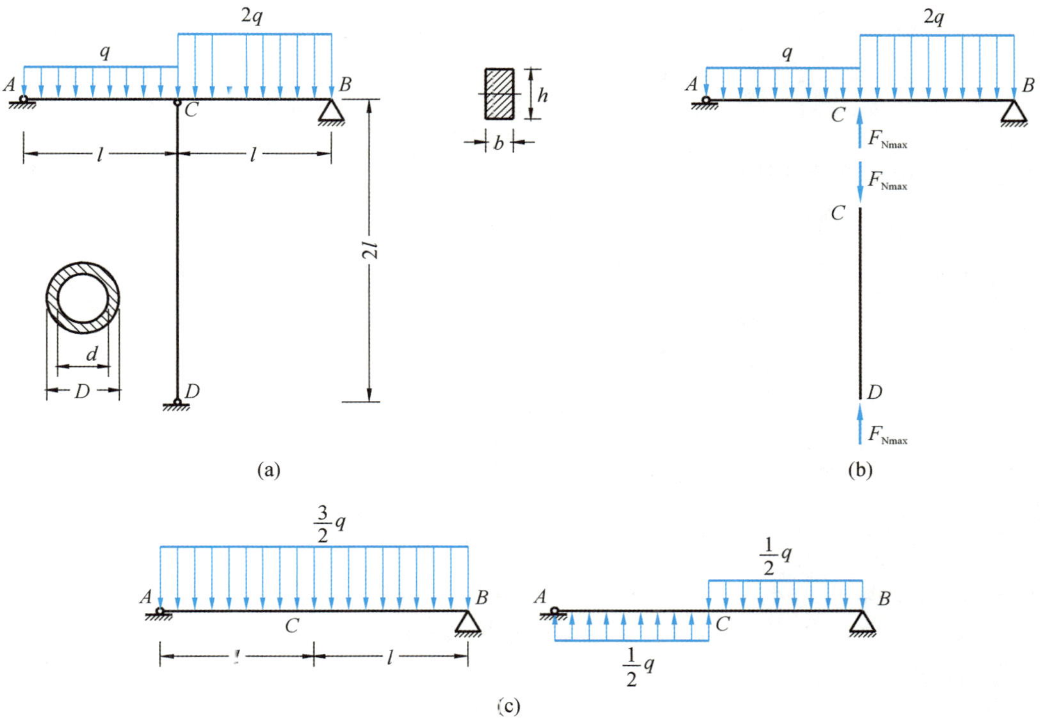

图 11-11 例题 11.4 图

立柱的柔度为

$$\lambda = \frac{\mu l}{i} = \frac{1 \times 3000}{25} = 120$$

而该立柱的

$$\lambda_p = \sqrt{\frac{\pi^2 E}{\sigma_p}} = \sqrt{\frac{\pi^2 \times 210 \times 10^3}{200}} = 99.1$$

因此，$\lambda > \lambda_p$，立柱 CD 可以按欧拉公式计算其临界载荷，因此立柱内的最大轴心压力 F_{Nmax} 应满足稳定条件

$$F_{Nmax} \leqslant \frac{F_{cr}}{n_w} = \frac{\pi^2 EI}{n_w (\mu l)^2} = \frac{\pi^2 \times 210 \times 10^9 \times \frac{80^4 - 60^4}{64} \times 10^{-12}}{3.07 \times (1 \times 3000)^2 \times 10^{-6}} = 103\text{kN}$$

故可以取 $F_{Nmax} = 103\text{kN}$ 为最大轴心压力。

(2) 解超静定问题并求分布载荷 q。

取基本结构如图 11-11(b)所示，梁跨中挠度与立柱之间的变形协调条件为

$$f_C = \Delta l_{CD}$$
$$f_C = f_C^q + f_C^N$$

如图 11-11(c)所示，将 q、$2q$ 分解为对称载荷 $\frac{3}{2}q$ 和反对称载荷 $\frac{1}{2}q$，在反对称载荷作用下，$f_C^q = 0$。

$\frac{3}{2}q$ 引起的挠度为

$$f_C^q = \frac{5\left(\frac{3}{2}q\right)(2l)^4}{384EI}$$

而 F_{Nmax} 对梁跨中产生的挠度为

$$f_C^{\text{N}} = \frac{F_{\text{Nmax}}(2l)^3}{48EI}$$

且立柱的轴向变形

$$\Delta l_{CD} = \frac{F_{\text{Nmax}}(2l)}{EA}$$

故

$$\frac{5\left(\frac{3}{2}q\right)(2l)^4}{384EI} - \frac{F_{\text{Nmax}}(2l)^3}{48EI} = \frac{F_{\text{Nmax}}(2l)}{EA}$$

再将 $I=\frac{b}{12}h^3=\frac{200}{12}\times300^3\text{mm}^4$，$A=\frac{\pi}{4}(80^2-60^2)\text{mm}^2$，$2l=3000\text{mm}$，$F_{\text{Nmax}}=103\text{kN}$ 分别代入其中，即得到

$$3.52\times10^3q-1.25\times103\times10^3=1.405\times10^3\times10^2$$

解出许用分布载荷为

$$q=76.5\text{kN/m}$$

11.5　提高压杆稳定性的工程措施

由临界载荷和临界应力的计算公式可知，影响压杆稳定性的主要因素是压杆的柔度或长细比，一般来说，压杆的柔度越大，其临界应力越低。因此，可以从压杆的截面形状、长度、杆端约束条件及压杆的材料性能等方面着手，在设计允许的条件下，采取一些工程措施，尽量提高压杆抗失稳的能力。

11.5.1　选择合理的截面形状

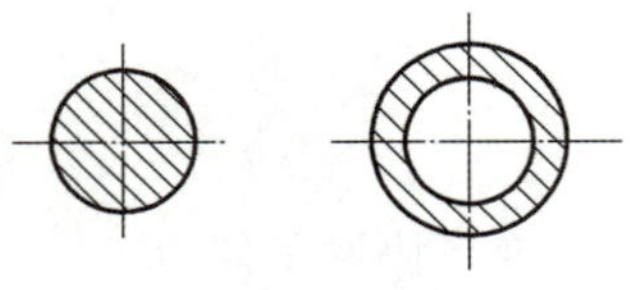

图 11-12　面积相同，抗稳定能力比较

从欧拉公式和经验公式均可看出，柔度 λ 增大，临界应力 σ_{cr} 将降低。由于柔度 $\lambda=\frac{\mu l}{i}$，所以在压杆截面积不变的前提下，若能有效地增大截面的惯性半径就能减小 λ 的数值。由此可见，如果不增加截面面积，尽可能地把材料放在离截面形心较远处，以得到较大的 I 和 i，将相当于提高了临界载荷。由此知道，若实心圆截面与空心环形截面面积相等，则后者的 I 和 i 要比前者大得多，空心环形截面就比实心圆截面合理(图 11-12)。同理，若用四根等边角钢组成起重机臂的组合截面(图 11-13)，应将四根角钢分散放置在组

合截面的四角上(图 11-13(b)),而不是集中地放置在截面形心附近(图 11-13(c))。由型钢组成的桥梁桁架中的压杆或厂房等建筑物中的立柱,也都是将型钢分开放置(图 11-14)。但应注意的是,用型钢组成的压杆,应用足够的缀条或缀板将若干分开放置的型钢连接成一个整体构件(图11-14),应保证(一般钢结构设计标准有具体规定)组合截面的整体稳定性为控制条件,否则,各独立型钢将可能因单独压杆局部失稳而破坏。类似地,若用环形截面,也不能因增大 I 和 i 而无限地增加环形截面的平均直径,使壁变得很薄,这种薄壁管柱也将可能引起局部失稳,发生局部屈曲,从而使整个压杆失去承载能力。

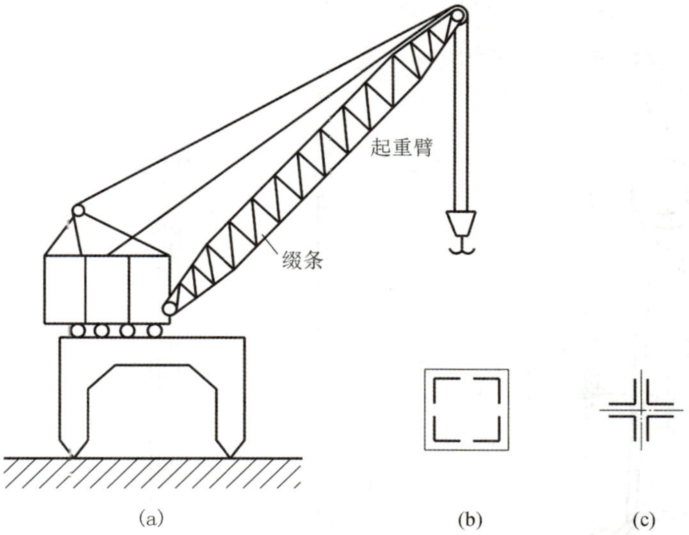

图 11-13　提高压杆稳定性的措施之一

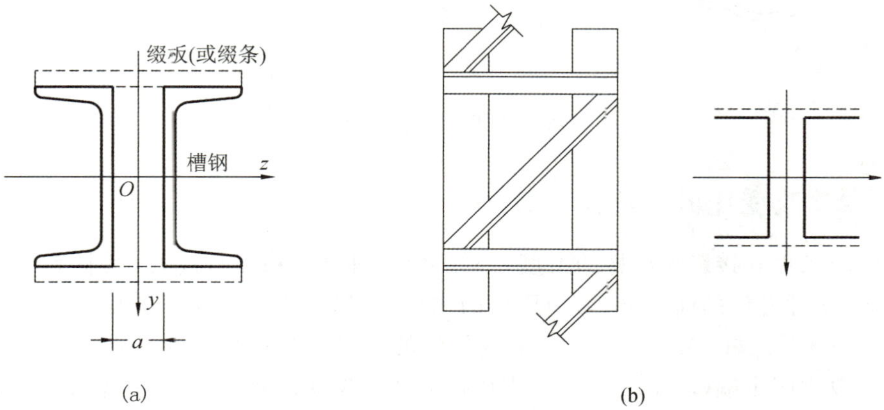

图 11-14　提高压杆稳定性的措施之二

由于压杆的失稳平面必然发生在某截面的最小惯性平面内,如果压杆的各平面内的计算杆长 μl 相等,应使截面对任一形心轴的 i 相等,或接近相等。这样在任一平面内压杆的柔

度 λ 都相等或接近相等，以保证压杆在各平面内有大致相同的稳定性，例如圆形、环形、正多边形及正多边形薄壁截面都可以满足这一要求。组合截面也应尽量使截面对其形心主轴的惯性矩 I_y 与 I_z 相等，这样也使 λ_z 与 λ_y 相等(图 11-13(b)和图 11-14(b))以保证组合截面在主惯性平面内有大致相同的稳定性。相反，某些压杆在不同的平面内，其计算长度 μl 难以保持相同，而不同平面内的约束条件也可能不相同。例如，发动机的连杆，在摆动平面内，两端可简化为铰支座(图 11-15(a))，$\mu_z=1.0$，而在垂直摆动的平面内，两端可简化为固定端(图 11-15(b))，$\mu_y=0.5$。这时可以使连杆截面对其形心主轴 y 和 z 有不同的 i_y 和 i_z，同时，两个平面杆长 $l_1=l_2$，这样仍然可以满足 $\lambda_y=\frac{\mu_y l_2}{i_y}$ 与 $\lambda_z=\frac{\mu_z l_1}{i_z}$ 接近相等，使连杆在两个主惯性平面内仍然具有接近相等的稳定性。

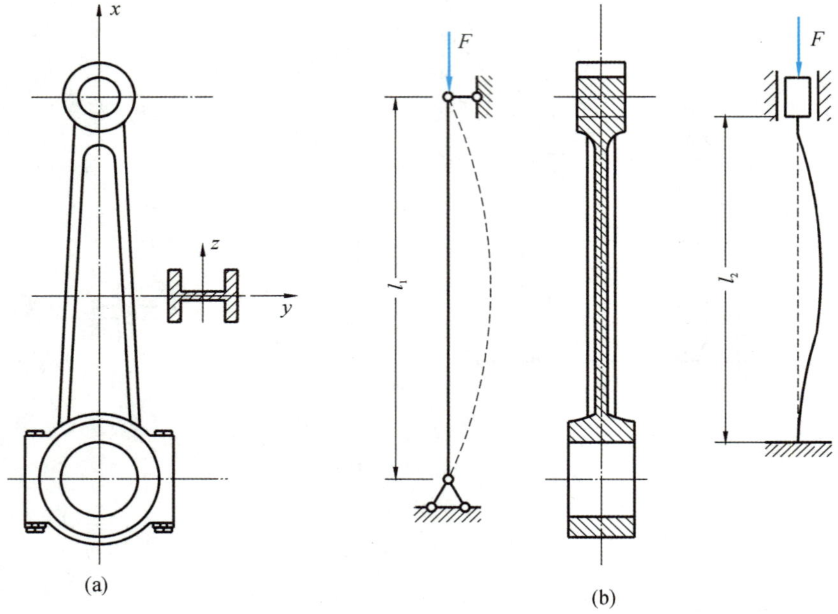

图 11-15　不同平面内的杆端约束

11.5.2　改变压杆的约束条件

杆端约束条件直接影响压杆的柔度，一般来说，杆端约束条件越好，其临界应力或临界载荷越大，在条件允许的前提下，增加压杆的约束，可以大大提高压杆的稳定性。例如长为 l，两端铰支的细长压杆(图 11-16(a))，若在压杆的中点增加一个中间铰支座(图11-16(b))，或者将两端改为固定端(图 11-16(c))，则压杆的计算长度将减小一半，临界载荷将变为原来的 4 倍。

11.5.3　合理选择材料

对于 $\lambda>\lambda_p$ 的细长压杆，临界载荷和临界应力由欧拉公式计算，材料的弹性模量对临界

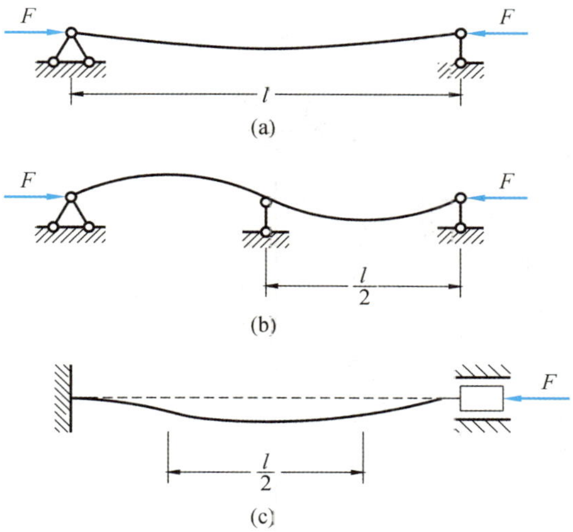

图 11-16　增加约束提高稳定性

载荷有影响，由于各种钢材的 E 大致相同，所以选用优质钢材或普通钢材对于提高细长压杆的临界载荷效果不明显。对于中长杆，无论是由经验公式或理论分析来计算，临界应力与材料的强度有关，优质钢对提高临界应力的数值有一定效果。至于柔度很小的短粗杆，稳定问题不突出，可按压杆的强度问题处理，选用高强度优质钢的效果自然明显。

习　　题

题 11-1　图示各组长杆材料和截面均相同，试问哪一根杆能承受的压力最大？哪一根的最小？

题 11-2　两端为球形铰支的细长压杆，如有下列形式的横截面，试画出截面的失稳轴线。

题 11-3　对图示三种情况下的压杆 AB，试取 AB 杆的稳定计算模型，并估计其大致临界载荷值的范围。

题 11-4　图示一平面铰结构 $ABCD$，各杆材料的弹性模量均为 E，横截面积均为 A，截面惯性矩均为 I。若在点 A 与 C 处作用一对向外的拉力 F，试求达到临界状态时的最小 F 值。若将 A 与 C 处作用力反向，则达到临界状态时的最小 F 值有何变化？

题 11-5　图示结构 $ABCD$ 由三根直径均为 d 的圆截面杆组成，在 B 点铰支，而在 A 点和 C 点固定，D 为铰接节点，$\frac{l}{d}=10\pi$。若此结构由于杆件在 $ABCD$ 平面内弹性失稳而丧失承载能力，试确定作用于结点 D 处的载荷 F 的临界值。

题 11-6　两根直径为 d 的立柱，上、下端分别与强劲的顶、底块刚性连接，如图所示。试根据杆端的约束条件，分析在总压力 F 作用下，立柱可能产生的几种失稳情况下的挠曲线

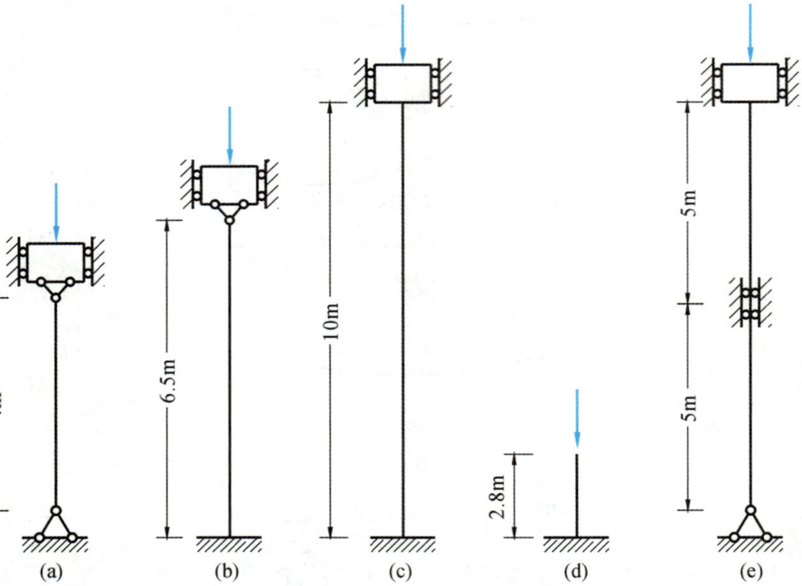

题 11-1 图

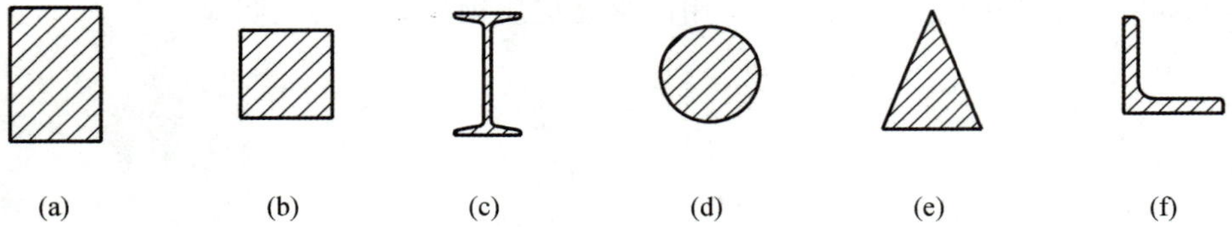

题 11-2 图

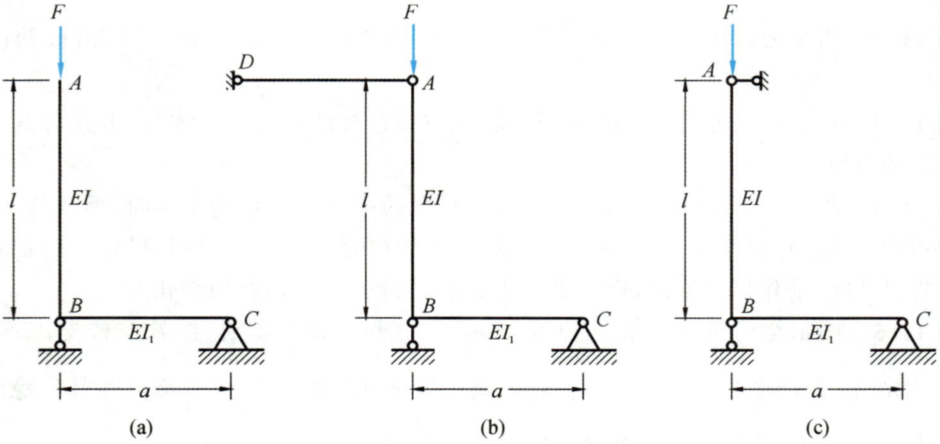

题 11-3 图

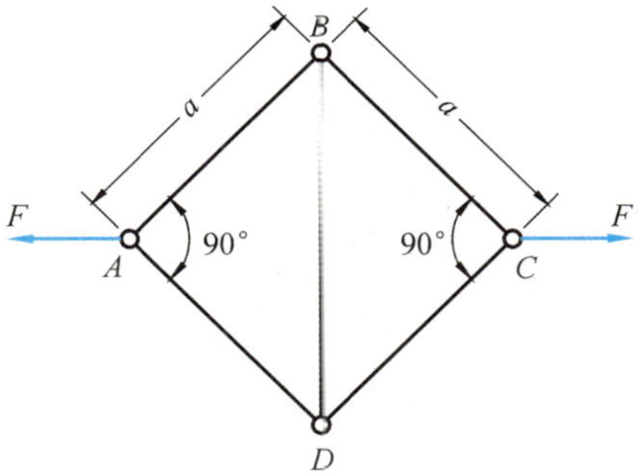

题 11-4 图

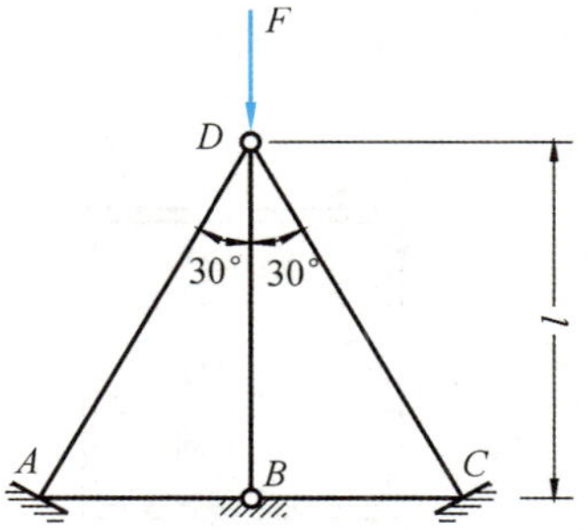

题 11-5 图

形状，分别写出对应的总压力 F 之临界值的计算式（按细长杆考虑），确定最小临界力 F_{cr} 的计算式。

题 11-7 压杆长 6m，由两根 10 号槽钢组成，顶端铰支，底端固定。已知：材料的弹性模量 $E=200$GPa，比例极限 $\sigma_p=200$MPa。若杆的横截面形状如题 11-7 图所示，问：

（1）距离 a 为多大时压杆的临界载荷 F_{cr} 最大？

（2）最大临界载荷 F_{cr} 为多少？

题 11-8 图示一简单托架，其撑杆 CD 为圆截面杆。若托架上受集度为 $q=25$kN/m 的均布载荷作用，CD 两端为柱形铰，材料的强度许用应力 $[\sigma]=11$MPa，试求撑杆所需的直径 d。

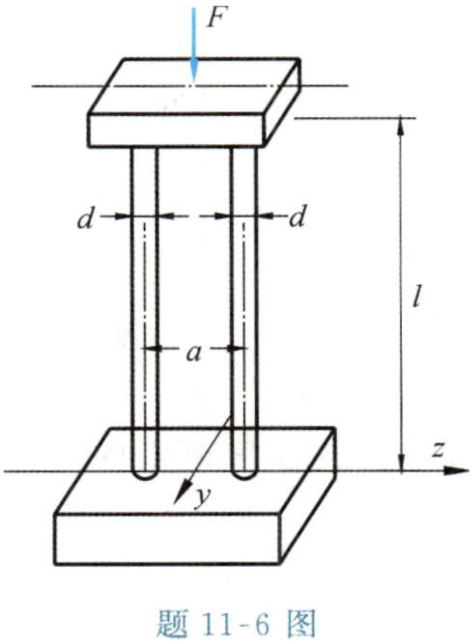

题 11-6 图

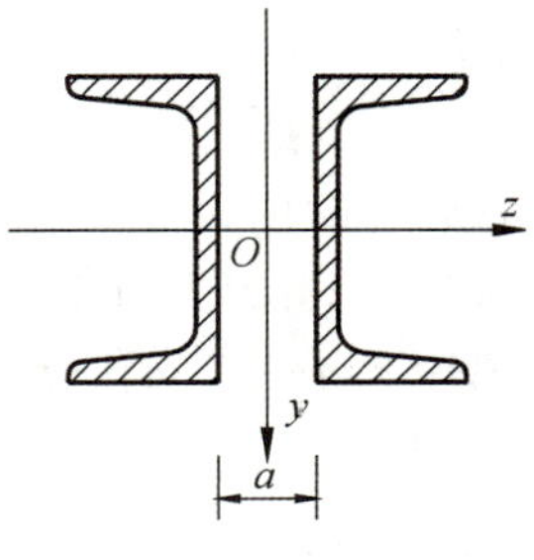

题 11-7 图

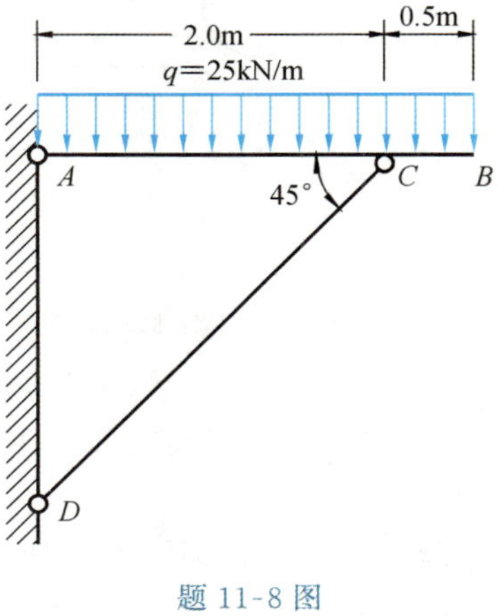

题 11-8 图

题 11-9 一支由 4 根 80mm×80mm×6mm 的等边角钢组成（见题 11-9 图），并符合结构设计规范《钢结构设计标准》（GB 50017—2017）中实腹式 b 类截面中心受压杆的要求。支柱的两端为铰支，柱长 $l=6$m，压力为 450kN。若材料为 3 号钢，强度许用应力 $[\sigma]=170$MPa，试求支柱横截面边长 a 的尺寸。

题 11-10 某塔架的横撑杆长 6m，截面形式如题 11-10 图所示，材料为 3 号钢，$E=210$GPa。稳定安全系数 $n_w=1.75$。若按一端固定，一端铰支细长压杆考虑，试求此杆所能承受的最大轴向安全压力。若将组合截面改为题 11-9 图所示方式,则最大轴向安全压力提高多少?(取 $a=2\times75\text{mm}$,中长杆 $\sigma_{cr}=240-0.0088\lambda^2$)

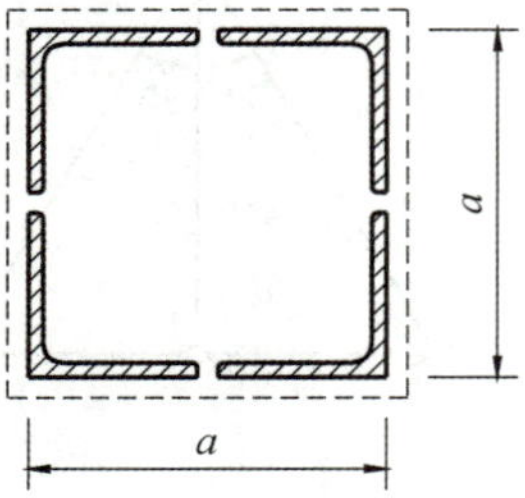

题 11-9 图

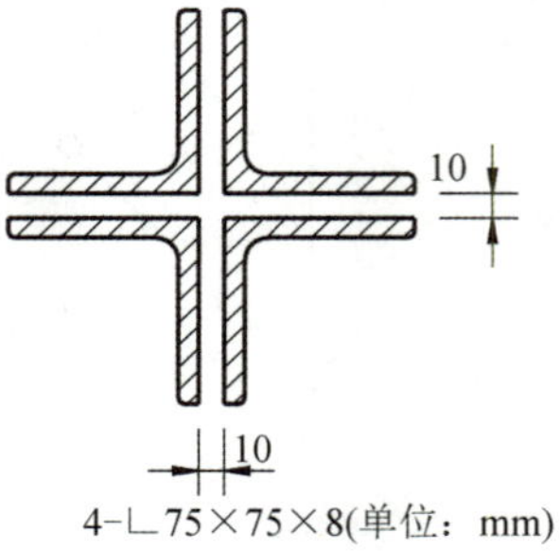

题 11-10 图

题 11-11 动力机车的连杆如图所示,截面为工字形,材料为 Q235 钢。连杆所受最大轴向压力为 425kN。连杆在摆动平面(xy 平面)内发生弯曲时,两端可认为铰支;而在与摆动平面垂直的 xz 平面内发生弯曲时,两端可认为是固定端支座。$\sigma_{cr}=(304-1.12\lambda)\text{MPa}$。试确定其工作安全系数。

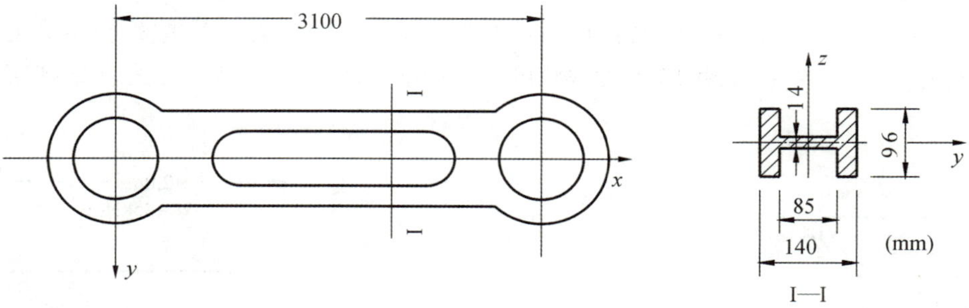

题 11-11 图

题 11-12 两端固定的管道长为 2m,管的内径 30mm,外径 $D=40\text{mm}$,材料为 3 号钢,已知 $E=210\text{GPa}$,$\sigma_p=200\text{MPa}$,$\sigma_s=240\text{MPa}$,热线膨胀系数 $\alpha=12.5\times10^{-6}/°\text{C}$。$\sigma_{cr}=(304-1.12\lambda)\text{MPa}$。若安装管道时的环境温度为 16℃,问该管道在什么样的温度范围内工作是安全的?

题 11-13 如图所示,已知该结构用 5 号钢制成,$E=205\text{GPa}$,$\sigma_s=275\text{MPa}$,$\sigma_{cr}=338-1.21\lambda$,$\lambda_p=90$,$\lambda_0=50$,安全系数 $n=2$,稳定安全系数 $n_w=3$。试求图示结构上载荷 F 的容许值。

题 11-14 L 型刚架在杆 BC 段简支,如图所示。

(1) 试导出压杆 AB 的临界力特征方程式;

(2) 证明在 $EI=E_1I_1$,$a=\dfrac{l}{2}$的条件下,压杆 AB 的约束影响系数 μ 的范围为$\dfrac{10}{14}\pi<\mu<\dfrac{10}{13}\pi$。

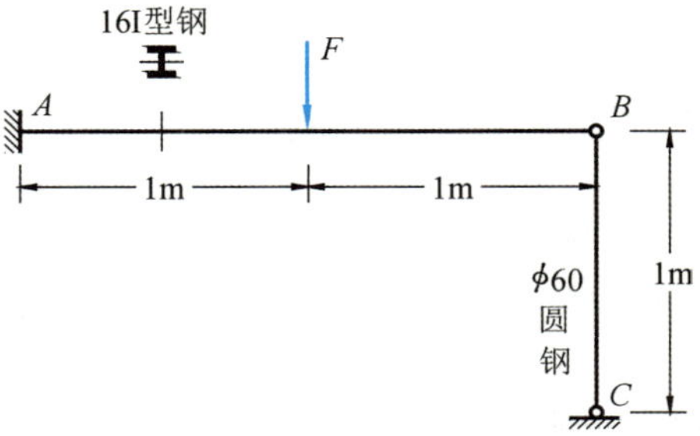

题 11-13 图

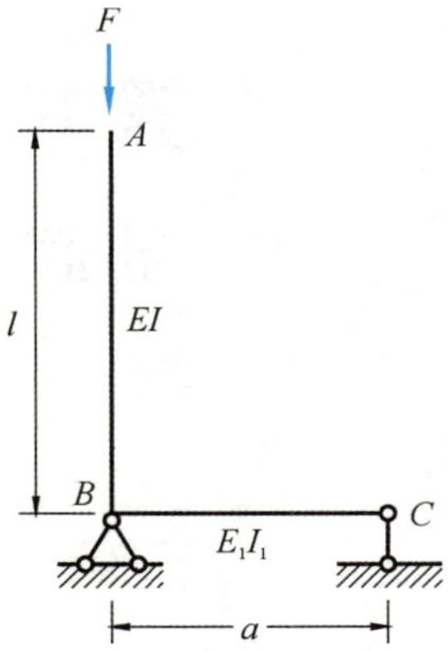

题 11-14 图

第 12 章

动载荷

12.1 动载荷概述

前面各章主要研究了杆件在静载荷作用下的强度、刚度和稳定性的问题。所谓静载荷，是指从零缓慢增加到一定值后不再随时间而改变的载荷。在静载荷作用下，可忽略构件上各点的加速度及由其引起的惯性力或动能的影响。在实际问题中，常会遇到动载荷问题。所谓动载荷，是指随时间做急剧变化的载荷，以及做加速运动或转动的系统中构件的惯性力。

在工程实际中，通常遇到的动载荷有如下 4 种。

(1) 做加速运动或等速转动的系统中构件的惯性力。例如，起重机加速起吊重物时吊索受到的惯性力、飞轮作等速转动时其轮缘上的惯性力等 。

(2) 冲击载荷或突加载荷。这种载荷的特点是能在一瞬间内就把载荷加在被冲击物上面。例如锤对桩的冲击力、波浪对堤岸的冲击力、炸药对物体的爆破力等。

(3) 交变载荷或交变应力。作用在杆件上的载荷大小是随时间作交替变化的，使杆件上某一点产生的应力也随时间做交替变化，或载荷的大小、方向不变，而杆件在旋转时，杆件上某点产生的应力随时间做交替变化，这种应力均称为交变应力。例如，在可变载荷作用下桥梁构件内的应力、旋转的火车轮轴横截面上任一点(轴心除外)处的应力。

(4) 振动载荷。这种载荷的特点是其大小和方向都随时间做周期性的变化。例如地震对房屋的作用、厂房内机器在运转时对厂房建筑的周期性作用力。

构件在动载荷作用下所产生的应力称为动应力。在很多情况下，动载荷使构件产生的应力要大大超过数值相同的静载荷所产生的应力，对构件的破坏性更大，所以需要进一步研究受动载荷作用的构件。本章将简单介绍上述前两类动载荷问题的基本原理和动应力的计算方法。

12.2 动静法的应用

我们知道，惯性力的大小等于运动物体的质量及其加速度的乘积，其方向与加速度的方向相反。按照达朗贝尔原理，对做加速运动的质点系，可假想地在每一质点加上惯性力，则质点系上的原力系与惯性力系组成平衡力系。这样就可以把动力学问题当作静力学问题来处理，以前在静载下的应力和变形的计算方法都可直接应用，这就是动静法。下面介绍动静法在两类构件问题中的应用：匀加速直线运动和等速转动。

如图 12-1 所示的起重机，其吊索吊着重物以等加速度 a 向上运动。若吊索的截面面积为 A，单位体积重量为 $\gamma(\mathrm{kN/m^3})$，物体的重量为 Q。当要求吊索在距下端为 x 的截面上的轴力时，可取如图 12-1 所示的脱离体。

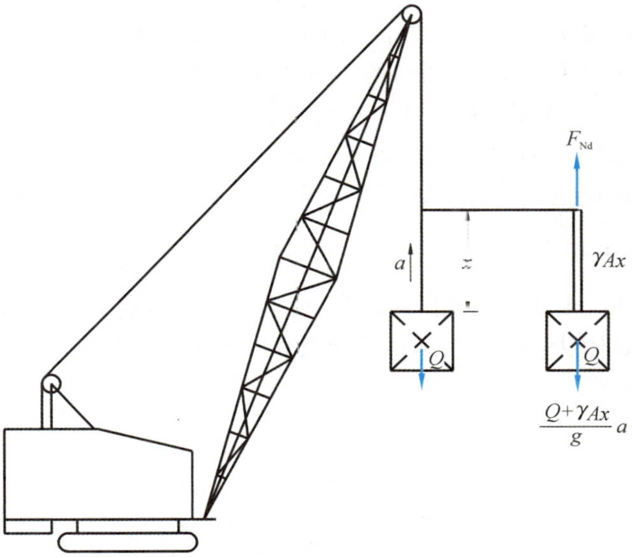

图 12-1　起重机的吊索以等加速度 a 向上运动

由图 12-1 可见，作用在脱离体上的力有向上的轴力 F_{Nd}，向下的构体重力 Q，吊索的自重 γAx 及假想地加上的惯性力 $\left(\dfrac{Q+\gamma Ax}{g}\right)a$，其中 $g=9.8\mathrm{m/s^2}$，为重力加速度。

由平衡条件 $\sum F_x=0$ 可得

$$F_{\mathrm{Nd}}=Q+\gamma Ax+\left(\frac{Q+\gamma Ax}{g}\right)a=(Q+\gamma Ax)\left(1+\frac{a}{g}\right) \tag{1}$$

式中，$(Q+\gamma Ax)$ 为静载荷在吊索距下端 x 处截面上引起的内力，若用 F_{Nj} 来代表，则上式改写为

$$F_{\mathrm{Nd}}=F_{\mathrm{Nj}}\left(1+\frac{a}{g}\right) \tag{2}$$

即动荷内力 F_{Nd} 等于静荷内力 F_{Nj} 乘以系数 $\left(1+\dfrac{a}{g}\right)$，该系数叫作动力系数，用 μ 表示，于是有

$$F_{\mathrm{Nd}}=\mu F_{\mathrm{Nj}} \tag{3}$$

且

$$\mu = 1 + \frac{a}{g} \tag{12-1}$$

因而,可得动载荷作用下的强度条件

$$\sigma_{dmax} = \mu\sigma_{jmax} \leqslant [\sigma] \tag{12-2}$$

式中,$[\sigma]$为静载荷作用下的许用应力;σ_{jmax}为静载荷作用下的最大应力。

动力系数的概念在结构的动力计算中是非常有用的。由于通过它即可将动力计算问题转化为静力计算问题,故只需把由静力计算所得的结果乘上动力系数就得到所求的结果。但应注意的是,对不同类型的动力问题,其动力系数 μ 是不相同的。

下面再以做等速转动的圆环说明动静法的应用。已知圆环(图 12-2(a))的平均直径为 D,壁厚为 t,径向横截面面积为 A,材料的单位体积重量为 γ。推导当圆环以等角速度 ω 在水平面上转动时,在其横截面面积 A 上产生的动应力的计算公式。

由于圆环以等速转动,在圆环内的各质点只有向心的加速度。且因圆环的平均直径 D 远大于其厚度 t,可近似地认为圆环内各质点的向心加速度 a_n 的大小都相等,即 a_n 都等于 $\frac{D\omega^2}{2}$。于是,沿圆环中心线均匀分布的惯性力的集度为 $q_d=\frac{A\gamma}{g}a_n=\frac{A\gamma D}{2g}\omega^2$,且其方向与 a_n 的方向相反,如图 12-2(b)所示。用一过圆心的假想水平面将圆环切开为上、下两部分,并以其上半部分为脱离体(图 12-2(c)),由平衡条件$\sum F_y=0$ 可得

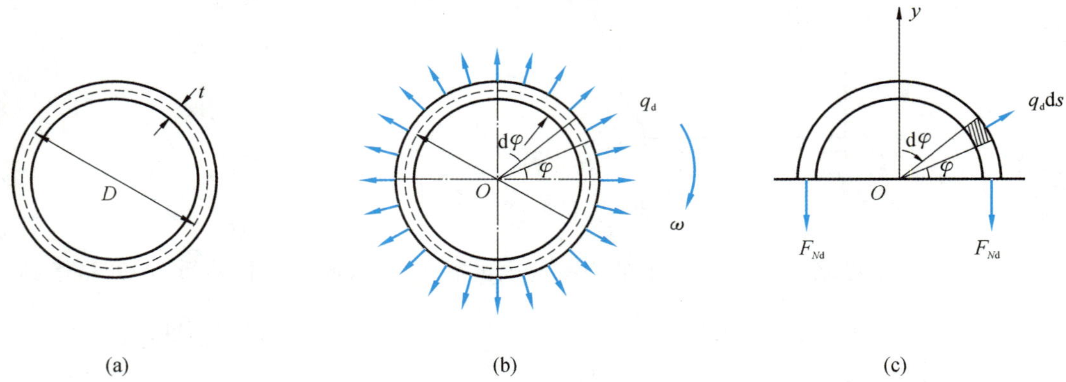

图 12-2　做等速转动的圆环

$$2F_{Nd} = \int_s q_d ds\sin\varphi$$

将 $q_d=\frac{A\gamma D}{2g}\omega^2$,$ds=\frac{D}{2}d\varphi$ 代入并进行积分(从 0 积到 π),则有

$$F_{Nd} = \frac{1}{2}\int_0^{\pi} \frac{A\gamma D}{2g}\omega^2 \frac{D}{2}\sin\varphi d\varphi = \frac{A\gamma D^2}{4g}\omega^2$$

从而圆环横截面上的动应力为

$$\sigma_d = \frac{F_{Nd}}{A} = \frac{\gamma D^2}{4g}\omega^2 = \frac{\gamma}{g}v^2 \tag{12-3}$$

式中,$v=\omega\cdot\frac{D}{2}$为圆环中心线上各点的线速度。

圆环在等速转动时的强度条件为

$$\sigma_d = \frac{\gamma}{g} v^2 \leqslant [\sigma] \tag{12-4}$$

由以上各式可知，在等速转动圆环横截面上的应力仅与其材料的 γ 和圆环中心线上各点的线速度 v 的平方的乘积成正比，而与圆环的横截面尺寸无关。故为了保证圆环转动时不致因强度不足而破裂，关键是要限制圆环的转速。增大横截面面积 A 并不能改善圆环的强度。

例题 12.1 图 12-3 为一铸铁制成的圆环形飞轮。已知：飞轮的平均直径 $D=2.5\text{m}$，圆环的厚度远小于平均直径 D，铸铁的单位体积重量 $\gamma=73\text{kN/m}^3$，许用拉应力 $[\sigma_t]=40\text{MPa}$，试求：①当飞轮以转速 $n=360\text{r/min}$ 做等速转动时轮缘内产生的最大正应力；②此飞轮的许可最大转速。在计算时可忽略轮辐的影响。

解：(1) 计算轮缘内的最大正应力。

因

$$\omega = \frac{2\pi \times 360}{60} = 37.699/\text{s}$$

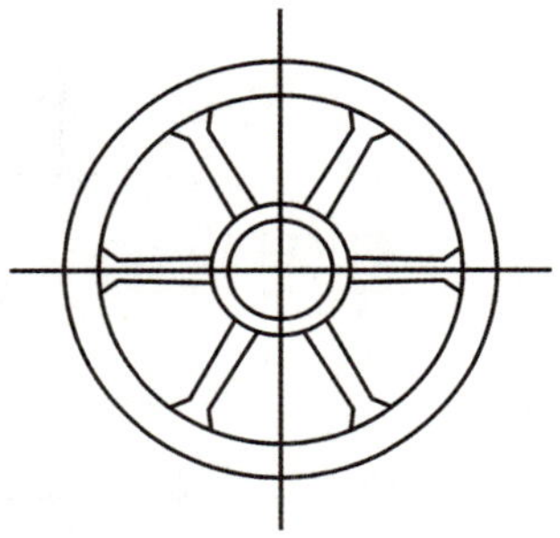

图 12-3 例题 12.1 图

由式(12-3)可得

$$\begin{aligned}\sigma_d &= \frac{\gamma D^2}{4g}\omega^2 = \frac{73 \times 10^3 \times 2.5^2}{4 \times 9.8} \times 37.699^2 \\ &= 16541.6 \times 10^3 \text{N/m}^2 = 16.54 \times 10^6 \text{N/m}^2 \\ &= 16.54\text{MPa}\end{aligned}$$

(2) 计算飞轮的许可最大转速。

根据式(12-4)有 $\sigma_d \leqslant [\sigma_t]$，即

$$\sigma_d = \frac{\gamma D^2}{4h}\omega^2 \leqslant [\sigma_t]$$

可得

$$\omega \leqslant \sqrt{\frac{4g[\sigma_t]}{\gamma D^2}} = \sqrt{\frac{4 \times 9.8 \times 40 \times 10^3}{73 \times 10^3 \times 2.5^2}} = 58.62/\text{s}$$

故许可转速

$$n = 559.8\text{r/min}$$

12.3 简单冲击问题

如图 12-4(a)所示，当冲击物以一定的速度作用到被冲击物(例如杆顶)上时，在极短的时间内，被冲击物将使冲击物的速度发生极大的改变，这种现象就是冲击作用。

因冲击时冲击物速度的改变时间极为短促，其负加速度 a 很难测出，故已不便于由惯性力来计算被冲击物中的动应力和动变形。同时，在工程实际中所需知道的只是被冲击物的最大动应力和最大动变形(即被冲击物到达最低位置的变形)，故可改用能量法来近似地计算出它们的数值。为了简化计算，还需采用如下几个假设：

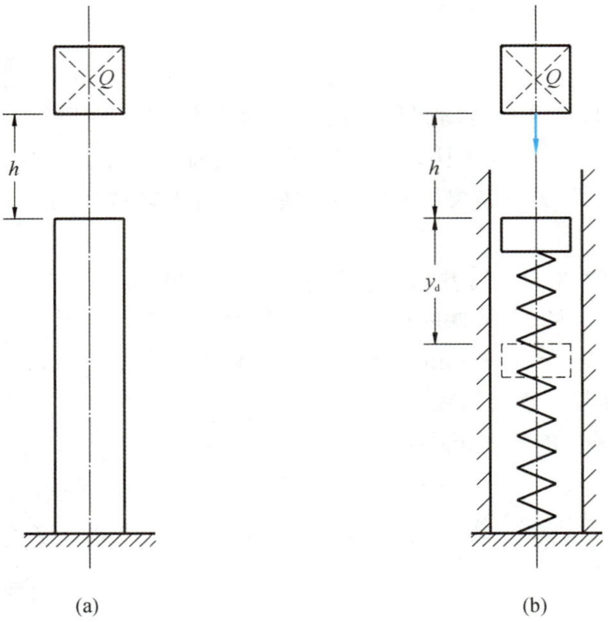

图 12-4　自由落体的冲击

（1）冲击物为刚体，即其变形（或变形能）可忽略不计；

（2）被冲击物的质量远小于冲击物的质量，可忽略不计；

（3）冲击时只有动能和势能的转化，可不考虑其他能量（如热能、光能、电能、摩擦等）的损失。

在材料力学中，一般认为被冲击的构件是弹性构件。故对图 12-4(a)所示的杆，也可将其看作如图12-4(b)所示的弹簧，只是在不同的情况下有不同的弹簧常数而已。如图12-4(b)所示，有一重物 Q 从高度 h 处落下，冲击在底下的弹性系统上，并已知：弹簧的弹性常数为 a，受冲击的瞬间弹性系统产生的动变形为y_d，弹性系统所受的动载荷为 F_d。根据机械能守恒定律，冲击物的全部能量 W_{max}将完全转变为被冲击物的弹性变形能 U_{max}，即有

$$W_{max} = U_{max} \tag{1}$$

当自由落体造成冲击时，则冲击物的能量 W_{max}等于动能和势能之和，即

$$W_{max} = T_{max} + V \tag{2}$$

式中，T_{max}为冲击物的动能，由于冲击物初速度为零，冲击物末速度也为零，则动能 $T_{max}=0$；V 为冲击物的势能，$V=Q(h+y_d)$。

下面计算弹性系统的弹性变形能 U_{max}。实验表明，构件在动载荷作用下，若应力在比例极限以内，胡克定律仍有效，且弹性常数 a 也保持在静载荷作用下的相同数值（即可利用 $Q=ay_j$得出 $a=\dfrac{Q}{y_j}$）。在冲击时，动载荷 F_d 及动变形 y_d 在极短时间内由零增加到最终值，故

$$F_d = ay_d = \frac{Q}{y_j}y_d \tag{3}$$

式中，y_j 为弹性系统在静载荷作用下产生的静变形。

在静载荷作用下，弹性系统的弹性变形能在数值上等于作用力与相应变形的乘积的一半。在动载荷作用下，只要应力与应变保持线性关系，这种关系仍旧存在，即

$$U_{max} = \frac{1}{2}F_d y_d = \frac{Q}{2y_j}y_d^2 \tag{4}$$

将式(2)和式(4)代入式(1)，即得

$$Q(h + y_d) = \frac{1}{2}\frac{Q}{y_j}y_d^2$$

或

$$y_d^2 - 2y_d y_j - 2hy_j = 0$$

于是可解出

$$y_d = y_j \pm \sqrt{y_j^2 + 2hy_j}$$

因为通常所需要的是冲击时的最大变形，故应取正号，即

$$y_d = y_j + \sqrt{y_j^2 + 2hy_j} = y_j\left(1 + \sqrt{1 + \frac{2h}{y_j}}\right) = \mu y_j \tag{12-5}$$

式中，

$$\mu = 1 + \sqrt{1 + \frac{2h}{y_j}} \tag{12-6}$$

它就是在冲击载荷作用下的动力系数。应注意的是，此动力系数只适用于冲击物自由下落时所造成的冲击情况。

由式(3)可知，动载荷为

$$F_d = \mu Q \tag{12-7}$$

同样，可求得构件内的动应力为

$$\sigma_d = \mu\sigma_j \tag{12-8}$$

若在冲击开始时，冲击物的速度为 v，重力加速度为 g，则式(12-6)中冲击物下落前的高度 h 可用$\frac{v^2}{2g}$来代替，即

$$\mu = 1 + \sqrt{1 + \frac{v^2}{gy_j}} \tag{12-9}$$

在实际计算中，可采用如下的近似处理：当$\frac{2h}{y_j}>10$或$\frac{v^2}{gy_j}>10$时，略去动力系数 μ 公式(式(12-9))中根号内的“1”，使$\mu=1+\sqrt{\frac{2h}{y_j}}$或$\mu=1+\sqrt{\frac{v^2}{gy_j}}=1+\frac{v}{\sqrt{gy_j}}$；当$\frac{2h}{y_j}>100$或$\frac{v^2}{gy_j}>100$时，同时略去公式根号外与根号内的“1”，使$\mu=\sqrt{\frac{2h}{y_j}}$或$\mu=\frac{v}{\sqrt{gy_j}}$。

应该指出的是，上面所介绍的计算方法假设全部动能都变为变形能。其实，在冲击的过程中，能量不可能没有损失。例如，很少的一部分能量将转化为热能，支持该体系的基础可能产生非弹性的变形能；同时在高速冲击下，变形来不及扩展到被冲击物的全部体积上，因而在冲击的地方就会产生相当的局部应力，造成材料的局部破坏。譬如在打桩时采用轻锤

高落的方式很容易使桩顶“开花”。因此，上述方法只在 $2h/y_j$ 不超过一定的数值时，才可应用。研究结果显示，当 $2h/y_j \leqslant 100$ 时，其误差不会超过 10%。

当式(12-6)中的 $h=0$ 时，即冲击物到被冲击物表面的距离为零时，$\mu=2$，即为突加载荷时的动力系数。

当研究的冲击物不是自由落体，而是以等速度 v 从水平方向冲击构件时，仍可用式(1)来计算。但这时冲击物的动能变为

$$T_{\max} = \frac{1}{2}mv^2 = \frac{Q}{2g}v^2$$

式中，m 为冲击物的质量。被冲击物的弹性变形能仍可用式(4)计算，即

$$U_{\max} = \frac{1}{2}F_d y_d = \frac{Q}{2y_j}y_d^2$$

根据能量守恒原理，由 $T_{\max}=U_{\max}$，可得到

$$\frac{Qv^2}{2g} = \frac{Q}{2y_j}y_d^2 \text{ 或 } y_d^2 = y_j^2\left(\frac{v^2}{gy_j}\right)$$

故

$$y_d = y_j\frac{v}{\sqrt{gy_j}} = \mu y_j$$

注意其中的

$$\mu = \frac{v}{\sqrt{gy_j}} \tag{12-10}$$

它就是重物以等速度从水平方向冲击构件时的动力系数。

从式(12-9)和式(12-10)可以看出，增大被冲击物与冲击物接触处的静变形，可减小动力系数，从而降低动载荷、动变形和动应力。因为受冲击体系的静变形大，表示结构刚度较小、较柔软，能吸收更多冲击物的能量。例如，房屋基础与上部结构之间设置的隔震层，汽车大梁与轮轴之间安装的叠板弹簧，都可以提高静变形，降低冲击应力，起到缓冲作用。

例题 12.2　如图 12-5(a)所示，重物 $Q=2.5\text{kN}$ 从高度 $h=40\text{mm}$ 处落于一钢梁 AC 的 C 端。已知：梁由 18 号工字钢制成，截面惯性矩 $I=16.60\times10^{-6}\text{m}^4$，钢的弹性模量 $E=210\text{GPa}$，试求梁在最大变形时的最大正应力 $\sigma_{d\max}$。

解：(1) 确定 y_j。利用计算梁的挠度的积分法或其他方法，可求得静载荷 $Q=2.5\text{kN}$ 作用在梁 C 端时所产生的竖直位移 $y_j=0.32\text{mm}$。

(2) 确定动力系数 μ。将 $h=40\times10^{-3}\text{m}$ 及 $y_j=0.32\times10^{-3}\text{m}$ 代入式(12-6)可得

$$\mu = 1+\sqrt{1+\frac{2h}{y_j}} = 1+\sqrt{1+\frac{2\times4\times10^{-2}}{0.32\times10^{-3}}} = 16.9$$

(3) 确定动载荷 F_d。把动力系数 $\mu=16.9$ 代入式(12-7)，可得

$$F_d = \mu Q = 16.9\times2.5 = 42.4\text{kN}$$

(4) 梁横截面上的最大动应力 $\sigma_{d\max}$。最大弯矩发生在截面 B 上，即

$$M_{d\max} = 42.4\times0.7 = 29.6\text{kN}\cdot\text{m}$$

最大正应力发生在截面 B 内距中性轴最远的点上(图 12-5(b))，即

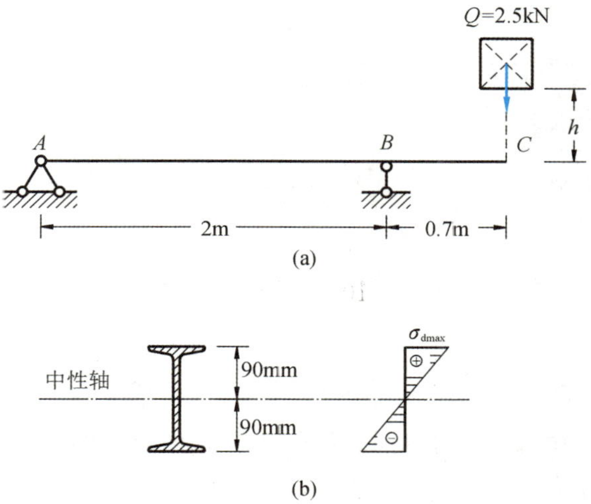

图 12-5 例题 12.2 图

$$\sigma_{\text{dmax}} = \frac{29.6 \times 0.09 \times 10^3}{16.6 \times 10^{-6}} = 160.5 \times 10^6 \text{N/m}^2 = 160.5\text{MPa}$$

例题 12.3 一根直径 $d=400\text{mm}$ 的木桩，底部打入河底。若木桩在距河底 2m 处受到一重量 $Q=18\text{kN}$ 的冰块的冲击(如图 12-6)，冰块的流速 $v=0.5\text{m/s}$，木桩横截面的惯性矩 $I=12.56\times10^8\text{mm}^4$，木材的弹性模量 $E=12\text{GPa}$，许用应力为 $[\sigma]=10\text{MPa}$。河底的土壤坚实，可认为桩在河底端为固定端，试求桩内的最大冲击应力(计算时可不计木桩的自重)。

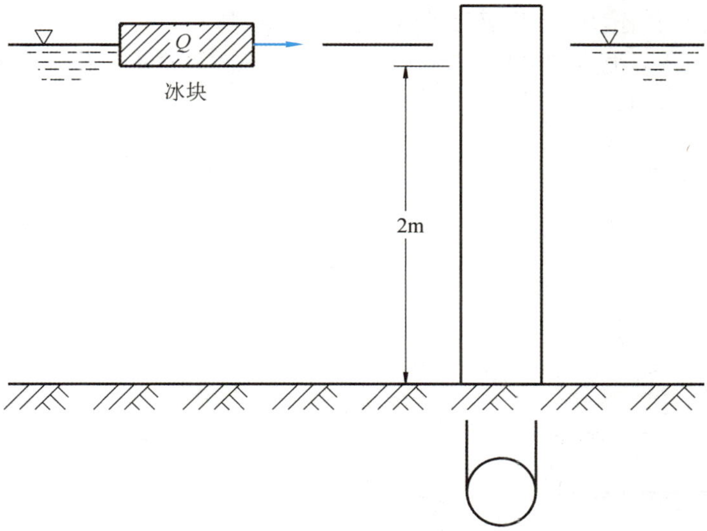

图 12-6 例题 12.3 图

解:这是一个水平冲击问题。

首先，计算由一数值等于冲击物重量 Q 的水平静载荷作用在桩的被冲击点处时所产生

的挠度

$$y_j = \frac{QL^3}{3EI} = \frac{18 \times 10^3 \times 2^3}{3 \times 1.2 \times 10^{10} \times 12.56 \times 10^{-4}} = 3.18 \times 10^{-3}\text{m} = 3.18\text{mm}$$

其次,由式(12-10)求动力系数

$$\mu = \frac{v}{\sqrt{gy_j}} = \frac{0.5}{\sqrt{9.8 \times 3.18 \times 10^{-3}}} = 2.83$$

最大的动荷弯矩:

$$M_{\text{dmax}} = \mu M_{\text{jmax}} = 2.83 \times 18 \times 10^3 \times 2 = 101880\text{N} \cdot \text{m} = 101.88\text{kN} \cdot \text{m}$$

最大的冲击正应力:

$$\sigma_{\text{dmax}} = \frac{M_{\text{dmax}}}{W} = \frac{101880}{6.28 \times 10^{-3}} = 16.22 \times 10^6\text{Pa} = 16.22\text{MPa} > [\sigma] = 10\text{MPa}$$

注意:在设计承受冲击载荷的构件时,不仅要计算可能在构件内产生的应力,同时也要注意掌握材料受冲击时的力学性质。在冲击载荷作用下,材料的力学性质与在静载荷作用下的性质是不同的。例如,材料的屈服极限 σ_s 会随着变形速度的增大而增高;塑性材料在冲击载荷作用下会变脆,这种现象在低温下冲击时表现得更显著,称为冷脆;等等。

习 题

题 12-1 钢索 AB 以向上匀加速度 $a=8\text{m/s}^2$ 吊起一根 22a 工字钢。钢索的横截面面积 $A=60\text{mm}^2$,若不计钢索自重,只考虑工字钢的重量,试求工字钢和钢索的最大动应力。

题 12-2 试确定绳索的横截面面积 A。已知绳索提升的物体重量 $Q=40\text{kN}$,上升时的最大加速度 $a=5\text{m/s}^2$,绳索的许用拉应力 $[\sigma_t]=80\text{MPa}$。绳索本身的质量相对于物体的质量来说很小,可忽略不计。

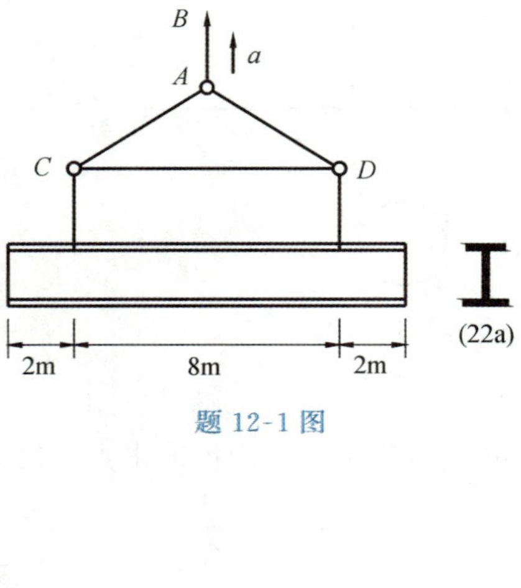

题 12-1 图

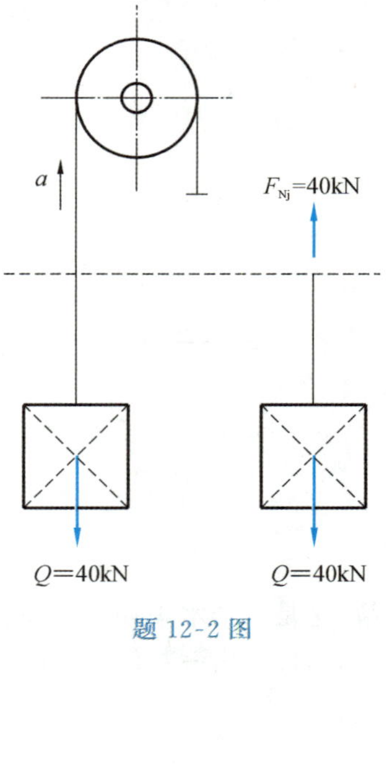

题 12-2 图

题 12-3 图示圆盘以 $\omega=40\text{rad/s}$ 的等角速度旋转，盘上有一个圆孔，试求由于该圆孔引起的轴的最大弯曲应力（图中单位：mm）。钢的单位体积重量 $\gamma=78\text{kN/m}^3$。

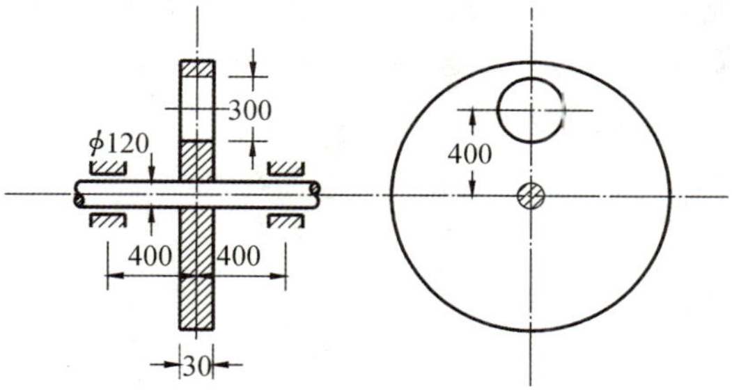

题 12-3 图

题 12-4 圆轴 AD 以等角速度 ω 转动，在轴的纵向对称平面内，于轴线的两侧装有两个重量均为 P 的偏心球。求图示位置时，轴内的最大弯矩。

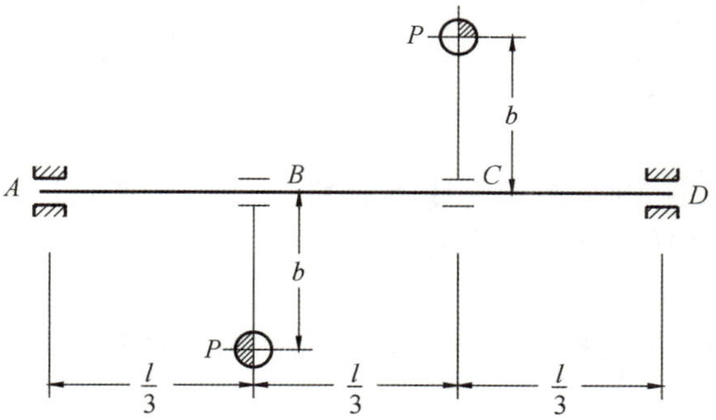

题 12-4 图

题 12-5 一杆以角速度 ω 绕铅垂轴在水平面内转动。已知杆长为 l，杆的横截面面积为 A，重量为 W_1。另有一重量为 W 的重物连接在杆的端点，如图所示。试求杆的伸长量。

题 12-6 如刚性重物 P 在距梁的支座 B 为 $\frac{l}{3}$ 处的 D 点，自高为 H 处自由落下，梁的 EI 及弹簧刚度 C 均为已知，求梁受冲击时最大的动应力和动变形。

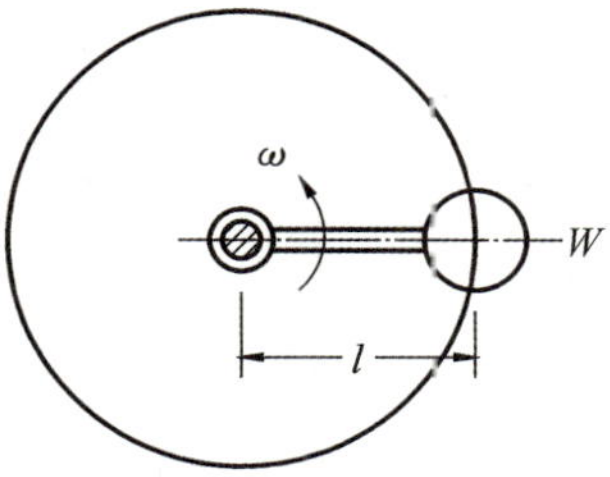

题 12-5 图

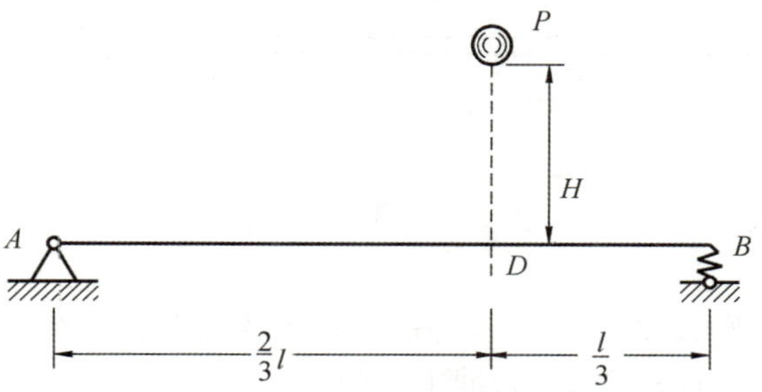

题 12-6 图

题 12-7　图示钢杆的下端有一圆盘，其上放置一弹簧。弹簧在 1kN 的静荷作用下缩短 0.625mm。钢杆直径 $d=40\text{mm}$，$l=4\text{m}$，许用应力 $[\sigma]=120\text{MPa}$，$E=200\text{GPa}$。今有重量为 $P=15\text{kN}$ 的重物自由下落，试求其许可高度 H。若无弹簧，则许可高度等于多大？

题 12-8　有一个体重 700N 的跳水运动员，从 300mm 高处落到跳板上，设跳板尺寸如图示，$E=10\text{GPa}$。试求跳板中的最大弯曲应力。

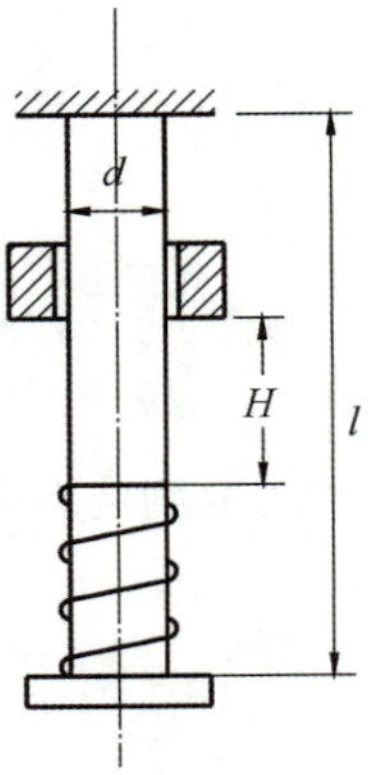

题 12-7 图

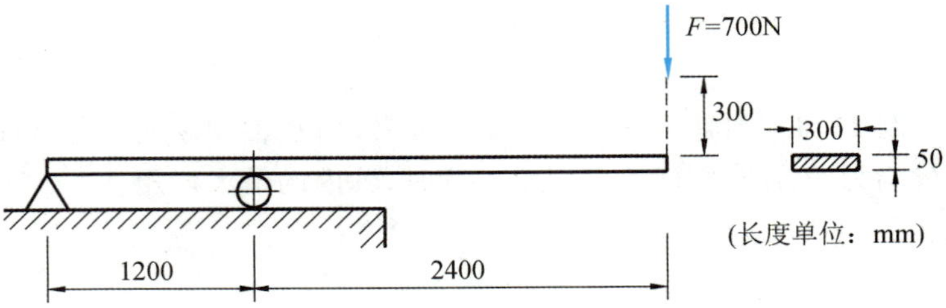

题 12-8 图

题 12-9　有一铸铁件，当如图安置时，未能将其冲断，若能将其冲断，试述可能的措施有哪些？为什么？l_0 增大些好还是减小些好？

题 12-10　图示弹簧拉杆结构有(a)、(b)和(c)三种装置。其弹簧刚度 C，拉杆的 l、E 和 A 均相同，在高为 H 处有相同重物 P 自由落下，试问哪一种装置杆的动伸长较大？

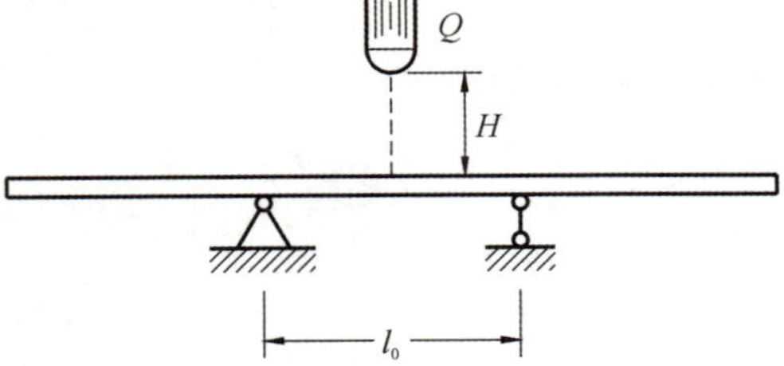

题 12-9 图

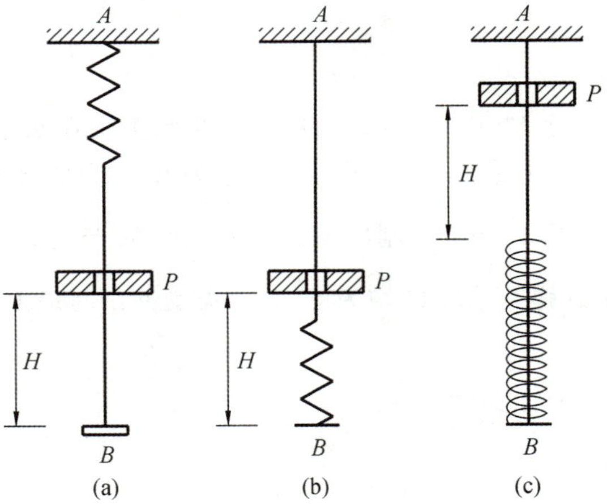

题 12-10 图

题 12-11　设 AB 杆的 l、E、I 及抗弯截面模量 W 均为已知。在 D 点受沿水平方向运动的物体冲击(图(a))，冲击物的重量为 P。当它与杆接触时的速度为 v。如在杆上冲击点处安装一个弹簧(图(b))，其弹簧刚度为 $C(\text{N/m})$。试求在这两种情况下 AB 杆内各自受到的最大冲击应力。

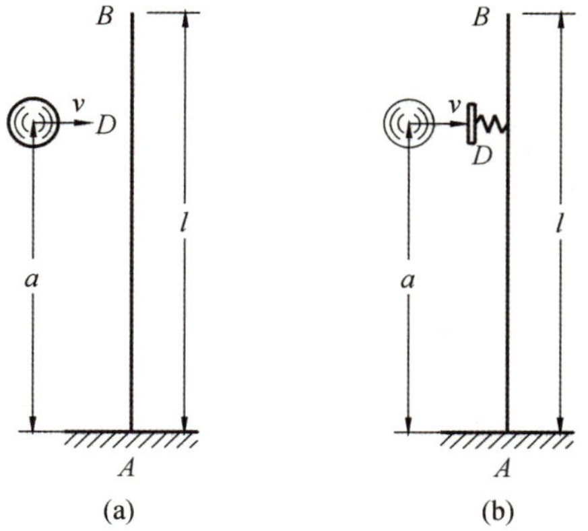

题 12-11 图

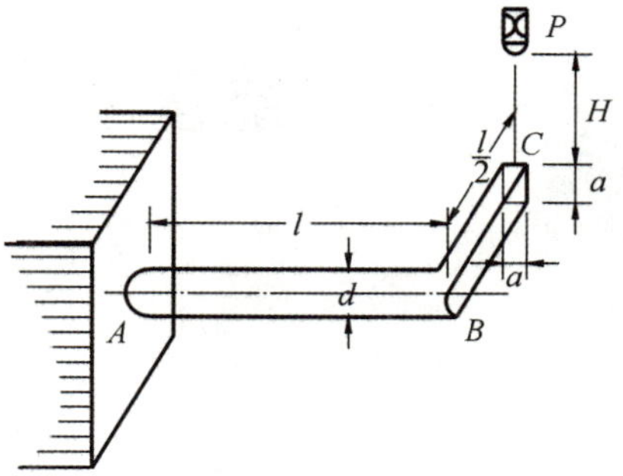

题 12-12 图

题 12-12 图示一直角 L 形折杆，A、B、C 三点在同一水平面内，其自重不计，AB 段为直径为 d 的圆截面，BC 段为边长为 a 的方截面，设有一重 P 的物体在高度 H 处自由落到 C 点，试求危险点的位置及该点的应力。材料的 E、G 为已知。

题 12-13 设重 P 的球在高度 H 处自由落到 C 点。若球架的 AB 段和 BD 段的刚度相同，均等于 EI_1，且抗弯截面模量为 W_1，DC 段的抗弯刚度为 EI_2。试求球架受到的最大冲击应力。

题 12-14 重量为 $P=40\text{kN}$ 的重物，自高度 $h=60\text{mm}$ 处自由下落，冲击到钢梁中点 E 处，如图所示。该梁一端吊在弹簧 AB 上，另一端支承在弹簧 DF 上，冲击前梁 AF 处于水平位置。已知两端弹簧的刚度均为 $C=25.32\text{N/mm}$，钢的弹性模量 $E=210\text{GPa}$，梁的截面为宽 40mm、高 8mm 的矩形，其自重不计。试求梁内最大冲击正应力。

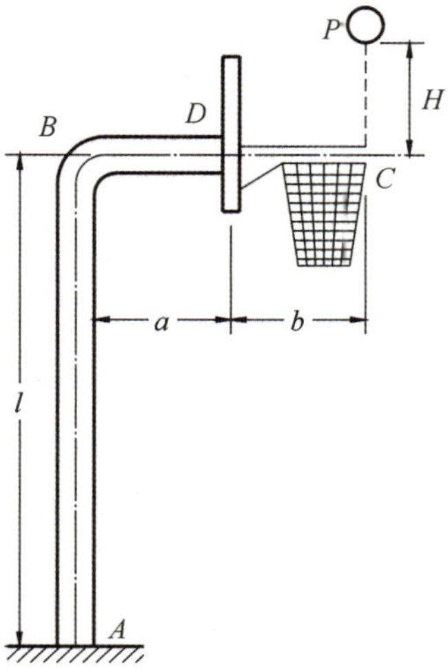

题 12-13 图

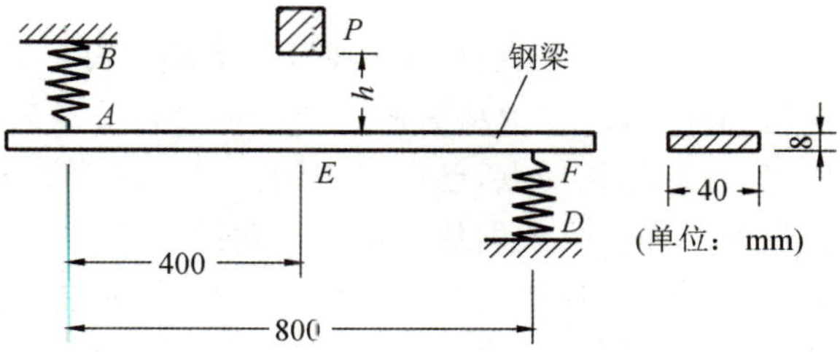

题 12-14 图

第 13 章

能量法

13.1 概　　述

可变形固体受外力作用而变形时，外力和内力均做功。对于弹性体，假定在受力作用的过程中动能和非机械能忽略不计，则外力在相应的位移上所做的功（称为外力功 W）将以弹性变形能 U（也称为应变能）的形式储存在物体内。利用功和能的概念求解可变形固体的位移、变形和内力等问题的方法称为能量法。能量法的应用很广，在构件分析中具有重要作用。

本章首先介绍应变能和余能的概念。然后在此基础上介绍应变能原理、余能原理，及其在计算杆件位移、解超静定问题等方面的应用。能量方法不仅适用于线性弹性体，而且还可适用于非线性弹性体，也可应用于弹塑性问题。

13.2 应变能与余能

13.2.1 应变能

下面分别介绍杆在几种基本变形情况下应变能的计算方法。

1. 受拉（压）杆的应变能

图 13-1 为一等直杆，上端固定，下端挂有一砝码盘，每一个砝码重均为 ΔF。利用砝码对杆施加外力，缓慢地将砝码一个接一个地放在砝码盘上。可以看出，在每增加一个这样的砝码时，杆即伸长一点，已在盘中的砝码也随着下沉，即砝码的位能在逐渐减少，而杆的应变能在逐渐增加。当我们从盘中逐渐拿掉一些（或全部）砝码时，杆的变形减少，其应变能又会部分（或全部）地释放出来。因砝码是缓慢地加上去的，杆的动能、热能、电磁能等皆可忽略不计。这样根据能量原理可知，砝码下沉时所失去的位能将全部转化为杆的应变能。而砝码下沉时所失去的位能，在数值上即等于砝码下沉时所做的功，因此应变能的大小即可由计算外力功的大小得到。

图 13-1(a)所示的受拉杆，当其材料在线弹性范围内工作时，载荷 F 与变形 Δl 将成直

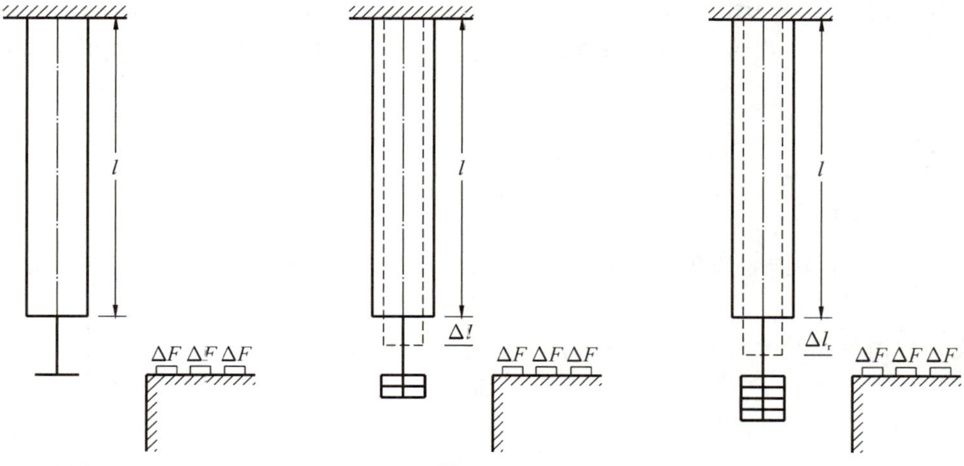

图 13-1 受拉杆的应变能

线关系，如图 13-2(a)所示，故在载荷由零到 F 的全部加载过程中，载荷 F 所做总功的大小可用三角形 OAB 的面积大小来表示，即

$$W = \frac{1}{2}F\Delta l$$

根据能量守恒原理可知，若所加的载荷为静载荷，则储存在弹性体内的变形能，在数值上应等于外力所做的功，则受拉杆应变能的大小为

$$U = W = \frac{1}{2}F\Delta l$$

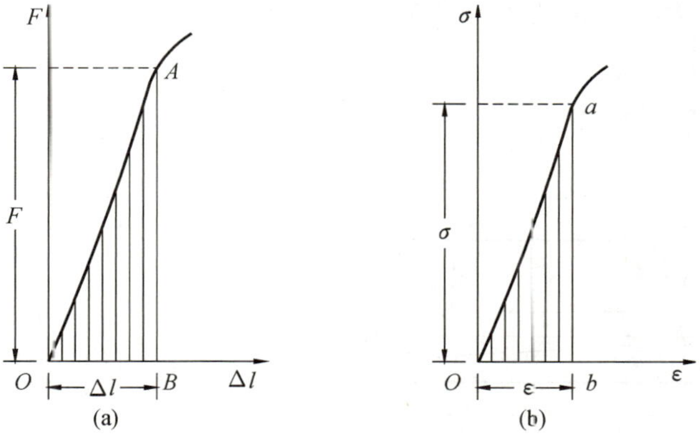

图 13-2 由 F-Δl 图或 σ-ε 图度量应变能

因 $\Delta l = \dfrac{Fl}{EA}$，上式也可写成

$$U = \frac{F^2 l}{2EA} = \frac{EA\Delta l^2}{2l} \tag{13-1}$$

在求得整个杆的应变能 U 以后，还可进一步求得组成杆的材料所能储存的应变能，并用

其单位体积内所储存的能量，即应变能密度 u 来表示。对于上述受轴向力作用的杆，因其各点处的受力情况完全相同，故可直接将总应变能 U 除以杆的体积 Al 求得应变能密度，即

$$u=\frac{U}{Al}=\frac{1}{2}\sigma\varepsilon$$

也可写成

$$u=\frac{\sigma^2}{2E}=\frac{E\varepsilon^2}{2} \tag{13-2}$$

显然，应变能密度 u 的数值也可用图 13-2(b)所示 σ-ε 图中三角形 Oab 的面积大小来表示。

当杆件内各点受力和变形不相同时，应变能密度表示为

$$\begin{aligned} u&=\frac{\mathrm{d}U}{\mathrm{d}V}\\ U&=\int_V u\,\mathrm{d}V \end{aligned} \tag{13-3}$$

需要指出的是，若图 13-1(a)中受拉杆的材料是非线性弹性体时，载荷 F 与变形 Δl 将成非线性关系，则受拉杆应变能的大小为

$$U=W=\int_0^{\Delta l}F\mathrm{d}\Delta l$$

2. 受扭圆轴的应变能

图 13-3(a)所示的受扭圆轴，当其材料在线弹性范围内工作时，随着其扭转外力偶从零增大至 M_e，其扭转角也从零增大至 φ。显然，扭矩 M_e 所做功的大小也可由图 13-3(b)所示三角形 OAB 面积的大小求得，即 $W=\frac{1}{2}M_e\varphi$。

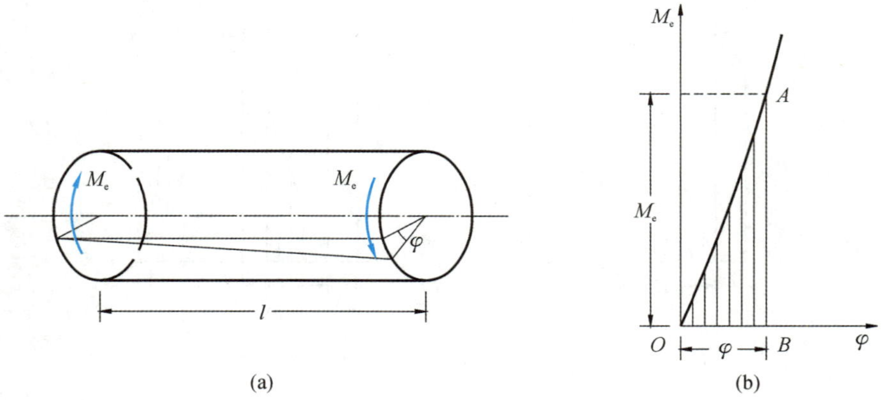

图 13-3　受扭圆轴的应变能

则受扭圆轴应变能的大小

$$U=W=\frac{1}{2}M_e\varphi$$

因 $\varphi=\dfrac{M_e l}{GI_P}$，上式也可写成

$$U=\frac{M_e^2 l}{2GI_P}=\frac{GI_P\varphi^2}{2l} \tag{13-4}$$

3. 杆在纯弯曲情况下的应变能

图 13-4 所示的等直杆，在其两端受到集中力偶 M 作用时将发生纯弯曲。因集中力偶的大小也是由零逐渐加大到最终值 M，故它们所做的外力功 $W=\dfrac{1}{2}M\theta$。

则杆应变能的大小为

$$U=W=\frac{1}{2}M\theta$$

又因转角 θ 与杆曲率半径 ρ 满足

$$\theta\approx\frac{l}{\rho}$$

由 $\dfrac{1}{\rho}=\dfrac{\theta}{l}=\dfrac{M}{EI}$ 可解得 $\theta=\dfrac{Ml}{EI}$，故有

$$U=\frac{M^2 l}{2EI}=\frac{EI\theta^2}{2l} \tag{13-5}$$

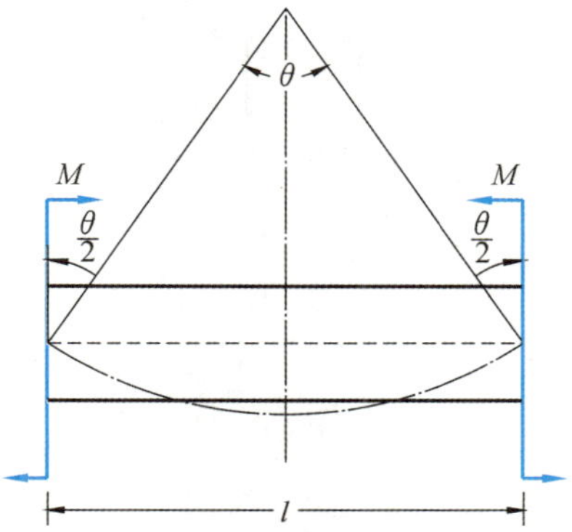

图 13-4 杆在纯弯曲情况下的应变能

4. 杆在横力弯曲情况下的应变能

图 13-5(a)所示的悬臂梁，自由端受集中力 F 作用，发生横力弯曲，即在任何横截面上，同时存在弯矩和剪力，且它们都是坐标 x 的函数。故要计算这种在横力弯曲情况下的梁的应变能时，必须从其长为 $\mathrm{d}x$ 的微段开始研究(图 13-5(b))。

取长为 $\mathrm{d}x$ 的微段作为研究对象，微段两端截面受弯矩和剪力。如图 13-5(c)所示，在弯矩的作用下，微段的两个端截面都将发生转动，形成的夹角为 $\mathrm{d}\theta$。剪力则使微段发生剪切变形(图 13-5(d))。在小变形情况下，由弯矩所产生的位移与由剪力所产生的位移是各自独立的，故我们可分别计算由弯矩和剪力所引起的应变能。但在一般细长梁中，剪力所引起的应变能远小于弯矩所引起的应变能，故可忽略不计(例如当图 13-5(a)所示的悬臂梁为 $\dfrac{h}{l}=\dfrac{1}{5}$ 的矩形截面钢梁时，由剪力引起的弹性应变能仅为由弯矩引起的弹性应变能的 3%)。下面仅计算由弯矩引起的应变能。

弯矩 M 在弯曲变形 $\mathrm{d}\theta$ 上所做的功

$$\mathrm{d}W=\frac{1}{2}M(x)\left(\frac{1}{2}\mathrm{d}\theta\right)+\frac{1}{2}[M(x)+\mathrm{d}M(x)]\left(\frac{1}{2}\mathrm{d}\theta\right)$$

忽略二次项微量，则

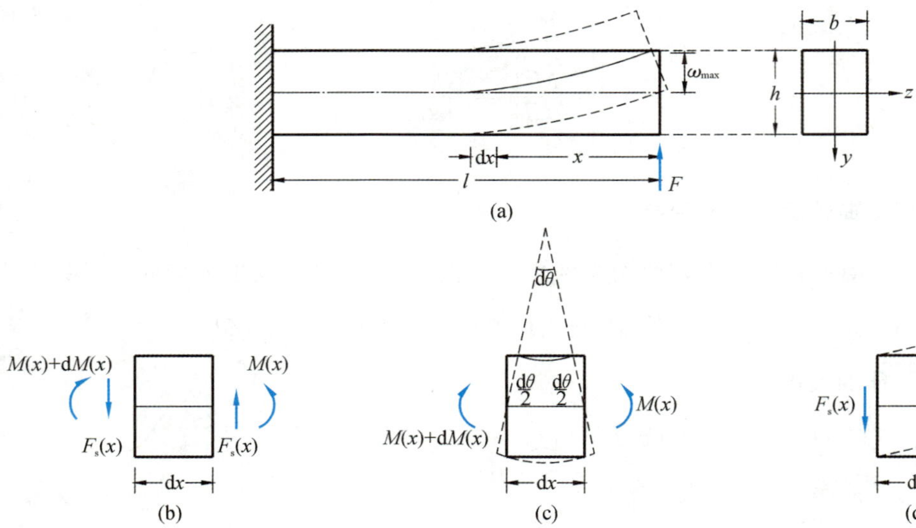

图 13-5　受弯杆的应变能

$$dW = \frac{1}{2}M(x)d\theta = \frac{M^2(x)dx}{2EI}$$

故

$$dU = dW = \frac{M^2(x)dx}{2EI}$$

从而

$$U = \int_l \frac{M^2(x)dx}{2EI} = \frac{1}{2}\int_l EI\left(\frac{d\theta}{dx}\right)^2 dx = \frac{1}{2}\int_l EI\left(\frac{d^2w}{dx^2}\right)^2 dx \tag{13-6}$$

5. 应变能的一般公式、广义力和广义位移

从上面导出的公式可以看出，在任何一种基本变形情况下的杆，其应变能的大小等于力(或力偶)与该力(或力偶)的作用点(或截面)沿该力(或力偶)方向所产生的位移的乘积之半。

在材料力学中，规定以广义力来概括任何一种能引起某种形式位移的外力，例如集中力 F、集中力偶 M 等；而以广义位移来概括与广义力相应的位移，例如与集中力相应的位移为线位移，与集中力偶相应的位移为角位移等。

有了广义力和广义位移这两个概念，可将前面导得的公式综合地叙述为"应变能的大小等于广义力与相应广义位移的乘积之半"，并用统一的公式表示为

$$U = \frac{1}{2}F\delta \tag{13-7}$$

式中，F 为广义力；δ 为广义位移。此式通常称为克拉佩龙(B. P. E. Clapeyron)原理的表达式。

若运用胡克定律，还可将上式写成

$$U=\frac{F^2 l}{2C}=\frac{C\delta^2}{2l} \tag{13-8}$$

式中，C 是杆的刚度。可以看出，应变能是广义力或广义位移的二次函数。

当杆件发生组合变形时，在线弹性、小变形条件下，每一基本变形的内力对其他的基本变形并不做功，故组合变形杆的应变能等于各基本变形应变能的总和。如组合变形杆横截面上的内力包括轴力、扭矩和弯矩，且三者均可表达为截面位置 x 的函数，不计剪力影响，则组合变形等直圆杆的应变能可表达为

$$U=\int_l \frac{F_N^2(x)\mathrm{d}x}{2EA}+\int_l \frac{T^2(x)\mathrm{d}x}{2GI_P}+\int_l \frac{M^2(x)\mathrm{d}x}{2EI}$$

式中，积分应遍及全杆。

例题 13.1 试求图 13-6 所示的悬臂梁的应变能。

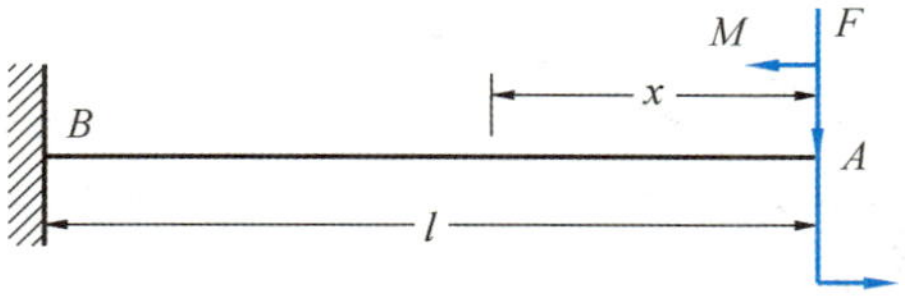

图 13-6 例题 13.1 图

解：首先求出弯矩，以 M_F、M_M 分别代表由力 F 与力偶 M 所引起的弯矩，$M(x)$ 为总弯矩，则

$$M_F=-Fx$$
$$M_M=M$$
$$M(x)=M_F+M_M=-Fx+M$$

代入式(13-6)，并从 0 积分到 l，即得

$$\begin{aligned}U&=\frac{1}{2}\int_0^l \frac{M^2(x)}{EI}\mathrm{d}x=\frac{1}{2EI}\int_0^l(-Fx+M)^2\mathrm{d}x\\&=\frac{1}{2EI}\int_0^l(F^2x^2-2FMx+M^2)\mathrm{d}x\\&=\frac{1}{EI}\left(\frac{F^2l^3}{6}-\frac{FMl^2}{2}+\frac{M^2l}{2}\right)\end{aligned}$$

从上例的计算中，可以看出：

(1) 求弯矩时可应用叠加原理，即 $M(x)=M_F+M_M$。

(2) 求应变能时，则不能应用叠加原理，因 $M^2(x)$ 不等于 $M_F^2+M_M^2$，而是等于 $M_F^2+2M_FM_M+M_M^2$。

(3) 在求得的结果中，第一项 $\frac{F^2l^3}{6EI}$ 为力 F 单独作用时所做的功，第三项 $\frac{M^2l}{2EI}$ 为力偶 M 单独作用时所做的功，而第二项 $\left(-\frac{FMl^2}{2EI}\right)$ 则为力 F 和力偶 M 一同作用时在相互影响下所做的功。

13.2.2 余能

另一个能量参数称为余能。下面结合图 13-7(a)所示的用非线性弹性材料所制成的拉

杆，来介绍余能的概念。

当外力从 0 增加到 F_1 时，由于材料为非线性弹性，则拉杆的 F-Δ 曲线如图 13-7(b)所示。于是，可仿照外力功的表达式计算另一个积分

$$\int_0^{F_1} \Delta \mathrm{d}F$$

这个积分从量纲上来看，它和外力功是相同的，所以也可把它当作一种功。从图 13-7(b)可以看出，此积分是 F-Δ 曲线与纵坐标轴间的面积，它与 $F=F_1$ 时的外力功 $\int_0^{\Delta_1} F\mathrm{d}\Delta$ 之和正好等于矩形面积 $F_1\Delta_1$，所以，习惯上将此积分称为余功，用 W_c 表示，即

$$W_c = \int_0^{F_1} \Delta \mathrm{d}F \tag{13-9}$$

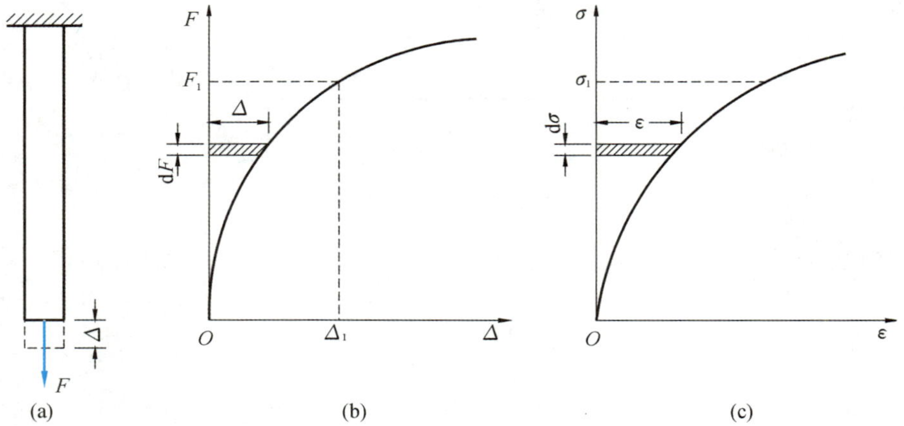

图 13-7　受拉杆的余能

由于材料是弹性的，所以，仿照功与应变能相等的关系，也可将余功相应的能称为余能，并用 U_c 表示。余功 W_c 和余能 U_c 在数值上是相等的，即

$$U_c = W_c = \int_0^{F_1} \Delta \mathrm{d}F \tag{13-10}$$

这是以外力余功来计算余能的表达式。

在几何线性问题中，同样也可仿照前面由单位体积应变能来计算应变能的方法，得到由单位体积余能 u_c 来计算余能的表达式

$$U_c = \int_V u_c \mathrm{d}V \tag{13-11}$$

其中，u_c 可按下式求得

$$u_c = \int_0^{\sigma_1} \varepsilon \mathrm{d}\sigma \tag{13-12}$$

在图 13-7(c)的应力-应变曲线中，积分 $\int_0^{\sigma_1} \varepsilon \mathrm{d}\sigma$ 就代表 σ-ε 曲线与纵坐标轴间的面积。应该指出的是，余功、余能、单位体积余能都没有具体的物理概念，它们只是具有功和能的量纲而已。

在线弹性材料的几何线性问题中，虽然应力与应变之间及载荷与位移之间都是线性关系，因而余能和应变能在数值上也都相等。但仍应注意的是，余能和应变能在概念和计算方法上截然不同，应该加以区分。下面结合例题来说明余能的计算。

例题 13.2 试计算图 13-8(a)所示的结构在载荷 F 作用下的余能 u_c。结构中两杆的长度均为 l，横截面面积均为 A。材料在单向伸时的应力-应变曲线如图 13-8(b)所示。

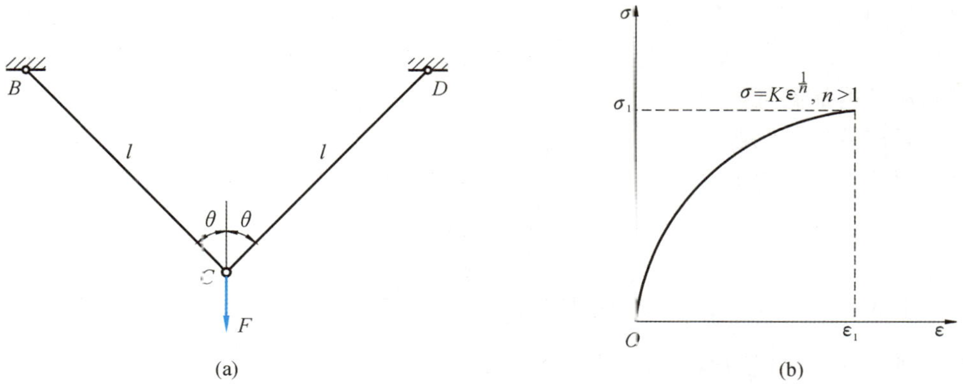

图 13-8 例题 13.2 图

解：由结点 C 的平衡方程，可得两杆内力为

$$F_N = \frac{F}{2\cos\theta} \tag{1}$$

于是，两杆横截面上的应力为

$$\sigma_1 = \frac{F_N}{A} = \frac{F}{2A\cos\theta} \tag{2}$$

根据两杆非线性弹性材料的应力-应变关系 $\sigma = K\varepsilon^{\frac{1}{n}}$，且 $n>1$，可得

$$\varepsilon = \left(\frac{\sigma}{K}\right)^n \tag{3}$$

将式(2)和式(3)代入式(13-12)，便可算得结构中每根杆的单位体积余能为

$$u_c = \int_0^{\sigma_1} \varepsilon \mathrm{d}\sigma = \int_0^{\sigma_1} \left(\frac{\sigma}{K}\right)^n \mathrm{d}\sigma = \frac{1}{K^n(n+1)} \left(\frac{F}{2A\cos\theta}\right)^{n+1}$$

由于轴向拉伸杆内各点的应变状态均相同，因此，将 u_c 乘以两杆体积 $V=2lA$，便得结构在载荷 F 作用下的余能为

$$U_c = u_c(2lA) = \frac{2lA}{K^n(n+1)} \left(\frac{F}{2A\cos\theta}\right)^{n+1} = \frac{l}{(2A)^n K^n(n+1)} \left(\frac{F}{\cos\theta}\right)^{n+1} \tag{4}$$

13.3 卡氏定理

上节介绍了弹性杆件中的应变能和余能的概念，并指出，它们可以通过外力功或外力余

功来计算，其表达式分别为式(13-7)、式(13-8)和式(13-10)。这些表达式适用于线性或非线性的弹性杆件。利用这两个公式，卡斯蒂利亚诺(A. Castigliano)导出了计算弹性杆件的力和位移的两个定理，通常称之为卡氏第一定理和卡氏第二定理。下面先介绍卡氏第一定理。

13.3.1　卡氏第一定理

现结合图 13-9 所示的梁来说明。设梁上有 n 个集中载荷作用，与这些集中载荷相应的最后位移分别为 $\delta_1, \delta_2, \cdots, \delta_n$。为了计算方便，假定这些载荷都是同时作用在梁上，并按同一比例逐渐从零增加到其最后值 $F_1, F_2, \cdots, F_n$(通常称之为简单加载。应该注意的是，并非必须按此方式加载)①，于是，外力所做总功就等于每个集中载荷在加载过程中所做功的总和。由于梁内应变能 U 在数值上等于外力功，所以，U 的表达式可表示为

$$U = W = \sum_{i=1}^{n} \int_0^{\delta_i} F_i \mathrm{d}\delta_i \tag{13-13}$$

由于上式右端每个积分 $\int_0^{\delta_i} F_i \mathrm{d}\delta_i$ 都是位移 δ_i 的函数，所以式(13-13)表示梁内的应变能 U 是其上所有载荷相应的最后位移 δ_i 的函数。

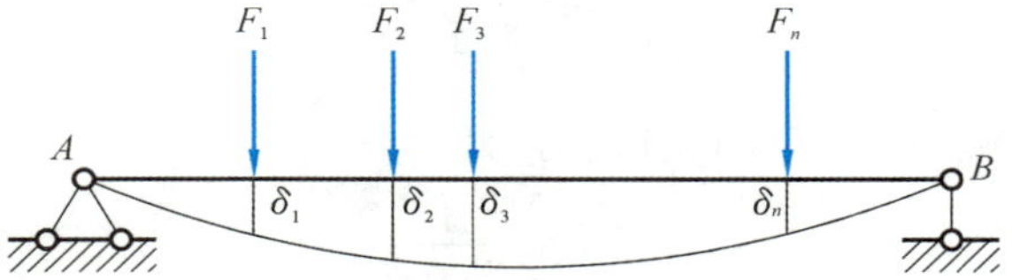

图 13-9　卡氏定理的证明

假设与第 i 个载荷相应的位移有一微小增量 $\mathrm{d}\delta_i$，则梁内应变能的变化 $\mathrm{d}U$ 应写作

$$\mathrm{d}U = \frac{\partial U}{\partial \delta_i} \cdot \mathrm{d}\delta_i \tag{a}$$

式中，$\frac{\partial U}{\partial \delta_i}$为应变能对于位移 δ_i 的变化率。又因只有与第 i 个载荷相应的位移有一微小增量，而与其余各载荷相应的位移保持不变，因此，对于此位移的微小增量 $\mathrm{d}\delta_i$，只有 F_i 做了外力功。于是，外力功的变化为

$$\mathrm{d}W = F_i \mathrm{d}\delta_i \tag{b}$$

由于外力功在数值上等于应变能，所以两者的变化量也相等，故有

$$\mathrm{d}U = \mathrm{d}W \tag{c}$$

将式(a)、式(b)两式代入式(c)，并消去两边的共同项 $\mathrm{d}\delta_i$，即得

$$F_i = \frac{\partial U}{\partial \delta_i} \tag{13-14}$$

---

① 对于线性或非线性弹性体，U 和 W 只与最后载荷(或最后位移、应力、应变)有关，而与加载顺序无关，这可以用能量守恒定律来证明。因为若与加载顺序有关，则按不同加载和卸载顺序将可在弹性体内不断累积应变能，这显然是违反能量守恒定律的，至于这里按简单加载分析，只是为了方便而已。

上式表明，弹性杆件的应变能 U 对于杆件上与某一载荷相应的位移之变化率，就等于该载荷的数值，通常称为卡氏第一定理。应该指出的是，卡氏第一定理适用于一切受力状态下的弹性杆件，F_i 代表作用在杆件上的广义力，可以代表一个力、一个力偶、一对力或一对力偶；而 δ_i 则为与之相对应的广义位移，可以是一个线位移、一个角位移、相对线位移或相对角位移。

例题 13.3 抗弯刚度为 EI 的悬臂梁，如图 13-10 所示，试按卡氏第一定理，根据其自由端的已知转角 θ 来确定施加于该处的力偶 M（梁的材料是在线弹性范围内工作的）。

解：悬臂梁自由端施加一矩为 M 的外力偶时，梁处于纯弯曲状态。梁内任一点处的线应变为

$$\varepsilon = \frac{y}{\rho} \tag{1}$$

式中，ρ 为挠曲线的曲率半径。此梁处于纯弯曲状态，挠曲线为圆弧，由图 13-10 可见

$$\rho\theta = l \tag{2}$$

于是，式(1)可改写为

$$\varepsilon = \frac{y\theta}{l} \tag{3}$$

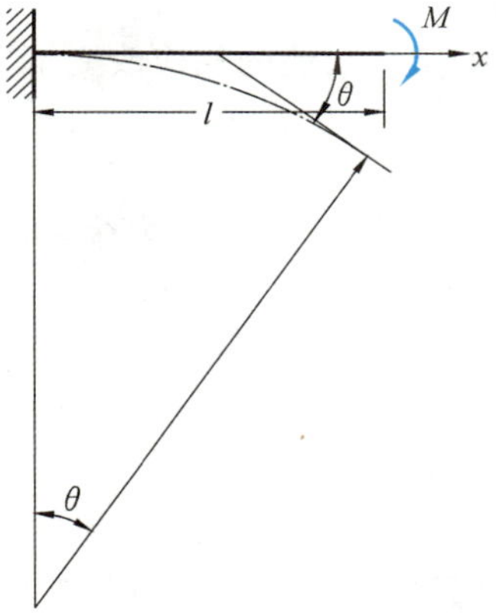

图 13-10 例题 13.3 图

按式(13-2)可得到此梁内任一点的应变能密度 u 的表达式

$$u = \frac{1}{2}E\varepsilon^2 = \frac{1}{2}\frac{E\theta^2}{l^2}y^2 \tag{4}$$

将 u 的表达式代入式(13-3)，并在积分时取 $\mathrm{d}A$ 为梁横截面的微面积，则得到用转角 θ 表示的应变能 U 的表达式为

$$U = \int_V u\,\mathrm{d}V = \int_l\left(\int_A u\,\mathrm{d}A\right)\mathrm{d}x = \int_l\left(\frac{1}{2}\frac{E\theta^2}{l^2}\int_A y^2\,\mathrm{d}A\right)\mathrm{d}x = \frac{1}{2}\frac{EI}{l}\theta^2 \tag{5}$$

按卡氏第一定理，即式(13-14)，可得

$$M = \frac{\partial U}{\partial \theta} = \frac{1}{2}\frac{EI}{l}(2\theta) = \frac{EI\theta}{l} \tag{6}$$

由式(6)即可根据已知的转角 θ 求得外力偶矩 M 的值。

通过此例可以看到，在运用卡氏第一定理时，必须将应变能 U 的表达式写成所给定的位移（在此例中是自由端处的转角 θ）的函数形式，因为只有按这种形式的 U 的表达式，才可能求出它对给定位移的变化率。

13.3.2 卡氏第二定理

下面再介绍卡氏第二定理。仍以图 13-9 所示受 n 个集中载荷 $F_1, F_2, \cdots, F_n$ 作用的梁为例来说明，材料为非线性弹性，与各载荷相应的最后位移分别为 $\delta_1, \delta_2, \cdots, \delta_n$。为了计算方便，仍将这些集中载荷按简单加载的方式施加在梁上。此时，外力的总余功就等于每个集中载荷的余功之总和。于是，梁内的余能可仿照式(13-10)写为

$$U_c = W_c = \sum_{i=1}^{n} \int_0^{F_i} \delta_i \mathrm{d}F_i \tag{13-15}$$

上式表明，梁内的余能是作用在梁上一系列载荷 F_i 的函数。

假设第 i 个载荷 F_i 有一微小增量 $\mathrm{d}F_i$，而其余载荷均维持为常量不变。由于 F_i 改变了 $\mathrm{d}F_i$，因此外力总余功的相应改变量应为

$$\mathrm{d}W_c = \delta_i \mathrm{d}F_i \tag{d}$$

梁内余能的相应改变量则为

$$\mathrm{d}U_c = \frac{\partial U_c}{\partial F_i}\mathrm{d}F_i \tag{e}$$

如前节所述，外力余功在数值上应等于弹性杆件的余能，因此，两者的改变量也应相等，即

$$\mathrm{d}U_c = \mathrm{d}W_c \tag{f}$$

将式(d)、式(e)代入式(f)，消去两端的 $\mathrm{d}F_i$ 后，即得

$$\delta_i = \frac{\partial U_c}{\partial F_i} \tag{13-16}$$

上式表明，弹性杆件的余能 U_c 对于杆件上某一载荷之变化率，等于与该载荷相应的位移，称为余能定理。余能定理可用来计算非线性弹性杆件或杆系与某一载荷 F_i 相应的位移 δ_i。

在线弹性杆件或杆系中，由于力与位移成正比，杆内的应变能 U 在数量上等于余能 U_c。因此，对于线弹性杆件或杆系，可用应变能 U 代替式(13-16)中的余能 U_c，从而得到

$$\delta_i = \frac{\partial U}{\partial F_i} \tag{13-17}$$

上式表明，线弹性杆件或杆系的应变能 U 对于作用在该杆或杆系上的某一载荷之变化率，等于与该载荷相应的位移，称为卡氏第二定理。显然，卡氏第二定理是余能定理在线弹性情况下的特例。按卡氏第二定理计算线弹性杆件或杆系的位移是很方便的。

关于卡氏定理的推导与应用，还要作以下几点补充说明：

(1) 虽然上面只是以在集中力作用下的简支梁为例证明了卡氏定理，但对在其他形式载荷(例如集中力偶、分布载荷等)作用下的其他弹性结构，卡氏定理也是有效的，证明的方法也完全相同。

(2) 在上面的推导过程中，我们曾证明 $F_1, F_2, \cdots, F_n$ 是彼此独立的外力，当在，F_1 上增加微力 $\mathrm{d}F_1$ 时，不会使其他的力 F 发生改变，故导出的卡氏第二定理表达式(式(13-17))适用于所有的 $F_1, F_2, \cdots, F_n$ 等力。至于弹性结构的支座反力，因其大小和方向都是由载荷 $F_1, F_2, \cdots, F_n$ 所决定的，当任意力 F 有所改变时，它们就会有相应的改变，故支座反力不能看作独立的外力，式(13-17)在这种情况下不适用(参见例题 13.4)。

(3) 利用卡氏定理求梁的位移时，因用弯矩表示的应变能为

$$U = \int_l \frac{M^2(x)}{2EI}\mathrm{d}x$$

故与任一外力 F 相应的位移

$$\delta = \frac{\partial U}{\partial F} = \frac{\partial}{\partial F}\left[\int_l \frac{M^2(x)}{2EI}\mathrm{d}x\right]$$

但上式中的导数与积分号无关，可将其放入积分号内，故上式又可写为

$$\delta = \frac{1}{EI}\int_l M(x)\,\frac{\partial M(x)}{\partial F}\mathrm{d}x \tag{13-18}$$

(4) 在上面的推导中，虽然所求得的是在有集中力 F 作用处的位移，但式(13-17)也可以推广用来求没有集中力作用的任一点处的位移。因在式(13-17)中的 F_i 只代表一作用点和方向均为已知的力，而其大小也可为零(参见例题 13.5)。故在计算无集中力作用的某点处的位移时，可先设想在该点处沿着要求的位移 δ_0 的方向作用一零值力 F_0(即 $F_0\equiv 0$)，然后照样进行计算，在求得 U 对 F_0 的偏导数以后，再以 $F_0\equiv 0$ 代入，即有

$$\delta_0(y_0) = \left(\frac{\partial U}{\partial F_0}\right)_{F_0\equiv 0} \tag{13-19}$$

同样，可用卡氏定理求得在没有集中力偶作用的任一横截面处的角位移。

$$\delta_0(\theta_0) = \left(\frac{\partial U}{\partial M_0}\right)_{M_0\equiv 0}$$

式中，M_0 是设想在要求角位移 θ_0 处作用的零值力偶。

例题 13.4 图 13-11 为一简支梁，在其 B 端作用有一集中力偶 M，试求此梁的转角 θ_B。

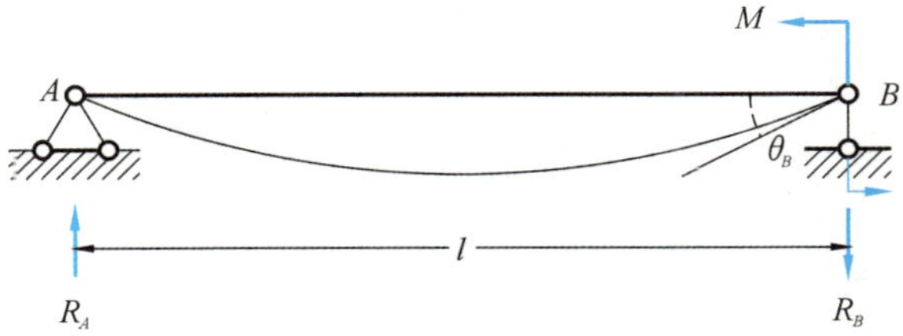

图 13-11 例题 13.4 图

解：因支座反力 R_A 和 R_B 的大小都为$\dfrac{M}{l}$，且其指向如图 13-11 所示，故

$$M(x) = R_A x = \frac{M}{l}x$$

$$U = \frac{1}{2EI}\int_0^l M^2(x)\mathrm{d}x = \frac{1}{2EI}\int_0^l \left(\frac{M}{l}x\right)^2\mathrm{d}x = \frac{M^2 l}{6EI}$$

由卡氏定理

$$\theta_B = \frac{\partial U}{\partial M} = \frac{\partial}{\partial M}\left(\frac{M^2 l}{6EI}\right) = \frac{Ml}{3EI}$$

也可用式(13-18)计算. 在这里$\dfrac{\partial M(x)}{\partial M} = \dfrac{\partial}{\partial M}\left(\dfrac{M}{l}x\right) = \dfrac{x}{l}$，故有

$$\theta_B = \frac{1}{EI}\int_l M(x)\,\frac{\partial M(x)}{\partial M}\mathrm{d}x = \frac{1}{EI}\int_l \left(\frac{M}{l}x\right)\left(\frac{x}{l}\right)\mathrm{d}x$$

$$= \frac{1}{EI}\int_l \frac{M}{l^2}x^2\,\mathrm{d}x = \frac{Ml}{3EI}$$

求得的结果为正值，表示 θ_B 的转向与力偶 M 的转向是一致的。

注意：由于支座反力 R_A、R_B 都不是独立的外力，决不可用式(13-17)来求与它们相应的位移 w_A、w_B，例如用 R_A 表示的

$$U=\frac{1}{2EI}\int_0^l M^2(x)\mathrm{d}x=\frac{1}{2EI}\int_0^l (R_A x)^2\mathrm{d}x=\frac{R_A^2 l^3}{6EI}$$

代入式(13-17)，则有

$$w_A=\frac{\partial U}{\partial R_A}=\frac{\partial}{\partial R_A}\left(\frac{R_A^2 l^3}{6EI}\right)=\frac{R_A l^3}{3EI}=\frac{Ml^2}{3EI}$$

而实际的 w_A 恒等于零，故结果是错误的。

例题 13.5　试求例题 13.4 中简支梁在 B 端作用有集中力偶 M 时，其跨中点 C 处的挠度 w_C。

解：因在梁跨中点 C 处没有与位移相一致的力的作用，为了便于用卡氏定理求解，首先在该处加一零值力 F_0(图 13-12)，并求出支座反力、弯矩方程应变能。

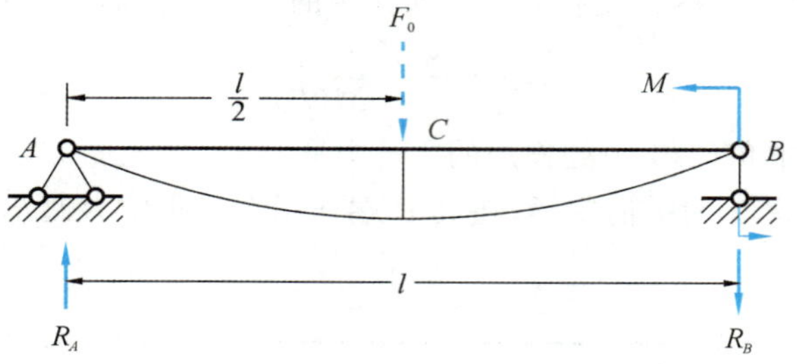

图 13-12　例题 13.5 图

支座反力：

$$R_A=\frac{F_0}{2}+\frac{M}{l},\quad R_B=\frac{F_0}{2}-\frac{M}{l}$$

弯矩方程：

$$\begin{cases}M(x)=\left(\dfrac{F_0}{2}+\dfrac{M}{l}\right)x & \left(0\leqslant x\leqslant\dfrac{l}{2}\right)\\ M(x)=\left(\dfrac{F_0}{2}+\dfrac{M}{l}\right)x-F_0\left(x-\dfrac{l}{2}\right)=\left(\dfrac{M}{l}-\dfrac{F_0}{2}\right)x+\dfrac{F_0 l}{2} & \left(\dfrac{l}{2}\leqslant x\leqslant l\right)\end{cases}$$

应变能：

$$U=\frac{1}{2EI}\left\{\int_0^{\frac{l}{2}}\left(\frac{F_0}{2}+\frac{M}{l}\right)^2 x^2\mathrm{d}x+\int_{\frac{l}{2}}^{l}\left[\left(\frac{M}{l}-\frac{F_0}{2}\right)x+\frac{F_0 l}{2}\right]^2\mathrm{d}x\right\}$$

然后根据卡氏定理求得梁跨中点 C 处的挠度

$$w_C=\left(\frac{\partial U}{\partial F_0}\right)_{F_0=0}=\frac{Ml^2}{16EI}$$

求得的结果为正，表示 w_C 的方向与所加零值力 F_0 的方向是一致的。

13.4　用能量法解超静定问题

在前面的有关章节中，曾用变形比较法求解过拉压、扭转与弯曲的超静定问题。如前所述，求解超静定问题的基本方法，是综合考虑静力、几何和物理三方面的方法，即除静力平衡方程外，根据变形协调条件列出变形协调方程，并与静力平衡方程联立，求解所有的未知约束力（或未知内力）。由于在基本变形下所得到的物理关系仅是等直杆在线弹性范围内的力-变形（或力-位移）间的关系，因此，当杆件的外形比较复杂（如杆系、刚架、曲杆）或载荷比较复杂（如引起组合变形），以及力-位移间的关系为非线性弹性时，就难以求解。在本节中，我们将用能量法（包括卡氏第二定理、余能定理、卡氏第一定理）来计算在任意载荷作用下线性或非线性弹性超静定结构的位移。下面举例说明应用能量法求解超静定系统的方法。

例题 13.6 试用卡氏第二定理求解图 13-13(a)所示的超静定梁的所有支座反力，已知梁由线弹性材料制成。

解：由图 13-13(a)可见，这是一个一次外力超静定问题，故只需建立一个变形协调条件。若以支座 B 作为多余约束，将其解除后即可得到如图 13-13(b)所示的基本静定梁。将均布载荷 q 与未知的多余反力 R_B 一同作用在基本静定梁上，如图 13-13(c)所示，则应用卡氏第二定理写出的变形协调条件为

$$w_B = \frac{\partial U}{\partial R_B} = \int_0^l \frac{M(x)}{EI}\frac{\partial M(x)}{\partial R_B}\mathrm{d}x = 0$$

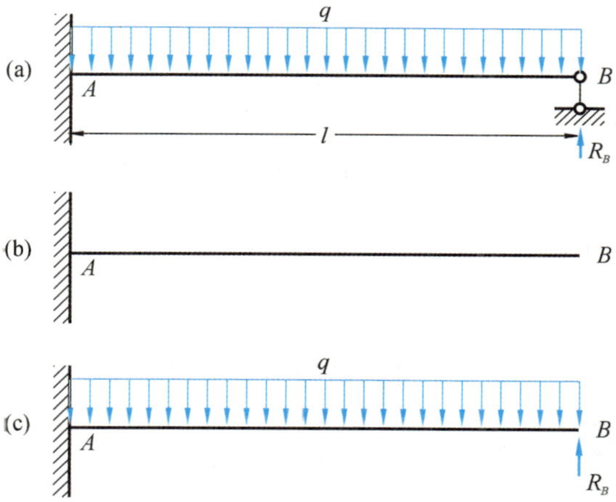

图 13-13 例题 13.6 图

将 $M(x)=R_Bx-\frac{1}{2}qx^2$ 及 $\frac{\partial M(x)}{\partial R_B}=x$ 代入上式，得到

$$w_B = \int_0^l \frac{\left(R_Bx-\frac{1}{2}qx^2\right)}{EI}x\,\mathrm{d}x = \frac{1}{EI}\left(\frac{R_Bl^3}{3}-\frac{ql^4}{8}\right) = 0$$

并可解出

$$R_B = \frac{3}{8}ql$$

应用静力平衡条件，即可解出其他两个支座反力 R_A 和 M_A。

例题 13.7 由同一非线性弹性材料制成的杆 1、2、3 用铰连接，如图 13-14(a)所示。与例题 13.2 相同，三杆的横截面面积均为 A，材料的 σ-ε 关系为 $\sigma=K\varepsilon^{1/n}$，且 $n>1$，杆 1、2 的长

度为 l。试用余能定理计算各杆的内力。

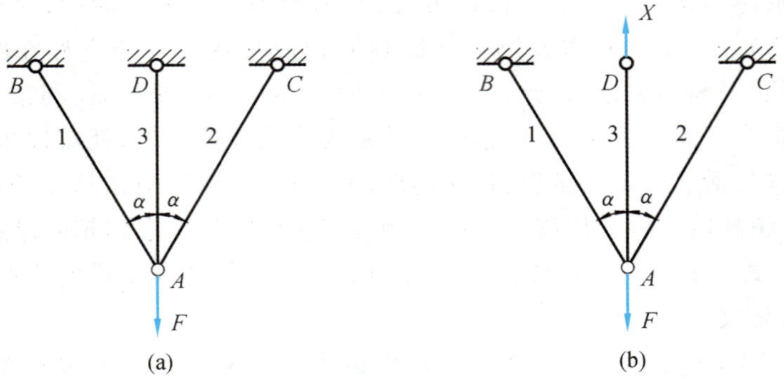

图 13-14 例题 13.7 图

解:结构为一次超静定。首先取基本静定结构,即在节点 A 处将杆 3 与 1、2 两杆分开,取铰链 D 的支座约束力 X 为多余约束力,基本静定系如图 13-14(b)所示。由平衡条件可得基本静定系中各杆的轴力分别为

$$F_{N1}=F_{N2}=\frac{F-X}{2\cos\alpha}\qquad(1)$$
$$F_{N3}=X$$

各杆相应的应力为

$$\sigma_1=\sigma_2=\frac{F-X}{2A\cos\alpha},\quad \sigma_3=\frac{X}{A}\qquad(2)$$

由材料的 σ-ε 关系为 $\sigma=K\varepsilon^{1/n}$,得

$$\varepsilon=\left(\frac{\sigma}{K}\right)^n\qquad(3)$$

将式(2)和式(3)代入式(13-12),便可算得结构中每根杆的单位体积余能为

$$u_{c1}=u_{c2}=\int_0^{\sigma_1}\varepsilon\mathrm{d}\sigma=\int_0^{\sigma_1}\left(\frac{\sigma}{K}\right)^n\mathrm{d}\sigma=\frac{1}{K^n(n+1)}\left(\frac{F-X}{2A\cos\alpha}\right)^{n+1}$$

$$u_{c3}=\int_0^{\sigma_3}\varepsilon\mathrm{d}\sigma=\frac{1}{K^n(n+1)}\left(\frac{X}{A}\right)^{n+1}$$

则可得基本静定系的总余能为

$$U_c=u_{c1}V_1+u_{c2}V_2+u_{c3}V_3=\frac{lA}{K^n(n+1)}\left[2\left(\frac{F-X}{2A\cos\alpha}\right)^{n+1}+\cos\alpha\left(\frac{X}{A}\right)^{n+1}\right]$$

基本静定系应满足在铰链 D 处数值位移为零的变形协调条件,即 $\delta_D=0$。于是,由余能定理得补充方程为

$$\delta_D=\frac{\partial U_c}{\partial X}=\frac{lA}{K^n}\left[2\left(\frac{F-X}{2A\cos\alpha}\right)^n\left(-\frac{1}{2A\cos\alpha}\right)+\cos\alpha\left(\frac{X}{A}\right)^n\left(\frac{1}{A}\right)\right]=0$$

由上式解得

$$X=F_{N3}=\frac{F}{1+2\cos\alpha\,(\cos^2\alpha)^{1/n}}$$

将 X 值代入式(1),可得杆 1、2 的内力为

$$F_{N1} = F_{N2} = \frac{F}{2\cos\alpha + (\cos^2\alpha)^{-1/n}}$$

例题 13.8 如图 13-15 中四根杆均由弹性模量相同的线弹性材料构成，每根杆长为 L，横截面面积为 A，相邻杆之间的夹角为 30°。载荷 F_1 和 F_2 作用在节点 E 处。试利用卡氏第一定理计算 E 点的位移。

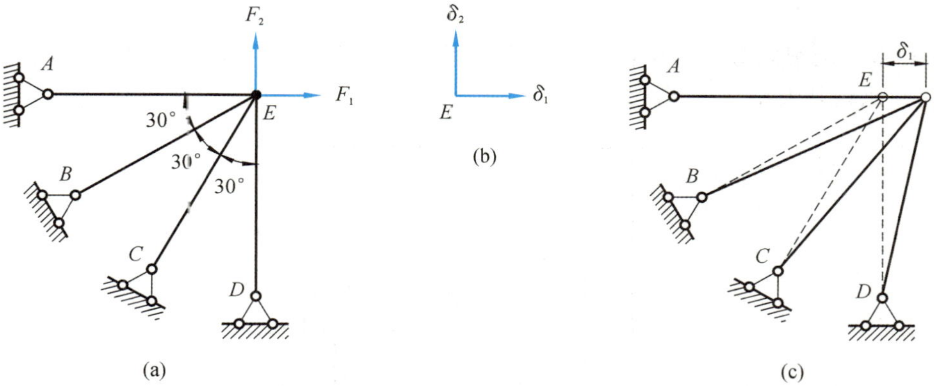

图 13-15 例题 13.8 图

解：节点 E 处的水平和竖直位移分别为 δ_1 和 δ_2。下面将总应变能 U 表示为 δ_1 和 δ_2 的函数。

首先，若假设 δ_1 单独发生。在此条件下，由于是小变形，各杆的伸长量可表示为

$$V_{AE} = \delta_1, \quad V_{BE} = \frac{\sqrt{3}\delta_1}{2}, \quad V_{CE} = \frac{\delta_1}{2}, \quad V_{DE} = 0$$

若假设 δ_2 单独发生，各杆件的伸长量可表示为

$$V_{AE} = 0, \quad V_{BE} = \frac{\delta_2}{2}, \quad V_{CE} = \frac{\sqrt{3}\delta_2}{2}, \quad V_{DE} = \delta_2$$

所以，当 δ_1 和 δ_2 同时发生时，各杆件的伸长量为

$$V_{AE} = \delta_1, \quad V_{BE} = \frac{\sqrt{3}\delta_1 + \delta_2}{2}, \quad V_{CE} = \frac{\delta_1 + \sqrt{3}\delta_2}{2}, \quad V_{DE} = \delta_2$$

则根据式(13-1)可计算出每根杆的应变能，从而得该杆的总应变能 U

$$U = \frac{EA}{2L}\delta_1^2 + \frac{EA}{2L}\left(\frac{\sqrt{3}\delta_1 + \delta_2}{2}\right)^2 + \frac{EA}{2L}\left(\frac{\delta_1 + \sqrt{3}\delta_2}{2}\right)^2 + \frac{EA}{2L}\delta_2^2$$

$$= \frac{EA}{2L}(2\delta_1^2 + \sqrt{3}\delta_1\delta_2 + 2\delta_2^2)$$

应用卡氏第一定理，可得到下列平衡方程：

$$F_1 = \frac{2EA}{L}\delta_1 + \frac{\sqrt{3}EA}{2L}\delta_2$$

$$F_2 = \frac{\sqrt{3}EA}{2L}\delta_1 + \frac{2EA}{L}\delta_2$$

根据上式，可方便地求出 E 节点位移：

$$\delta_1 = \frac{2L}{13EA}(4F_1 - \sqrt{3}F_2),\quad \delta_2 = \frac{2L}{13EA}(-\sqrt{3}F_1 + 4F_2)$$

习　　题

题 13-1　两根圆截面杆材料相同（弹性模量为 E），尺寸如图所示，试求二杆内所积蓄的应变能，并比较其大小。

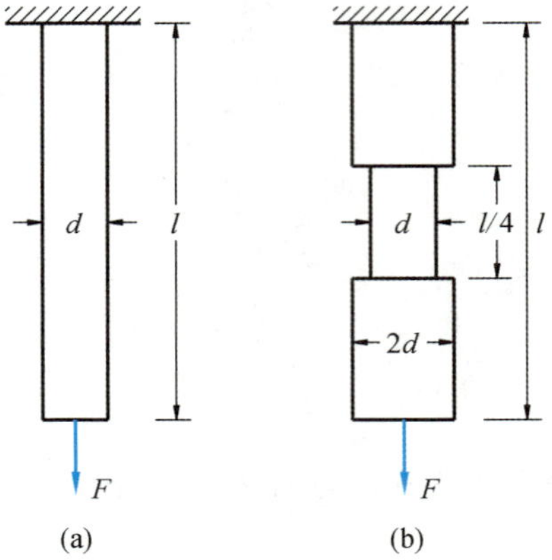

题 13-1 图

题 13-2　如图(a)所示的等直杆，已知其长度为 l，横截面面积为 A，材料的弹性模量为 E。试求：

(1) 在自重 $p=\dfrac{Q}{l}$ 作用下，杆中所积蓄的应变能（图(a)）；

(2) 在杆下端还作用有集中载荷 $F=Q$ 时（图(b)），杆中所积蓄的应变能。

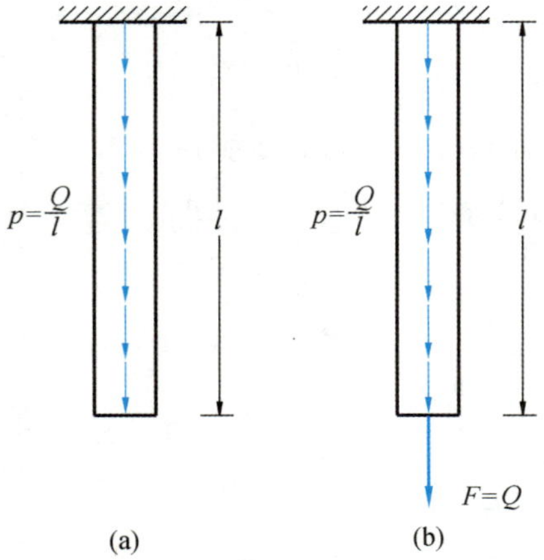

题 13-2 图

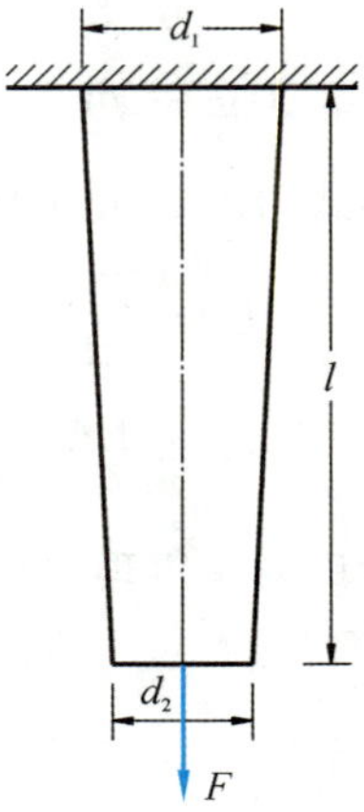

题 13-3 图

题 13-3 图示一圆形变截面杆，上端固定，下端受集中载荷 F 的作用。试求在杆中积蓄的应变能 U。

题 13-4 试求图示结构在载荷作用下所积蓄的应变能，剪力的影响可忽略不计，EI 为已知。

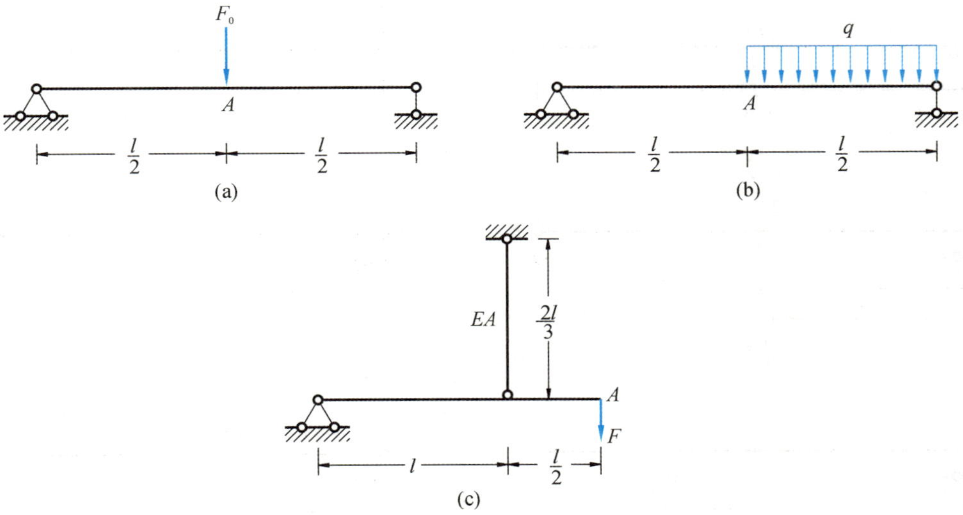

题 13-4 图

题 13-5 试用卡氏定理求图示杆系的指定位移，EI 为已知。

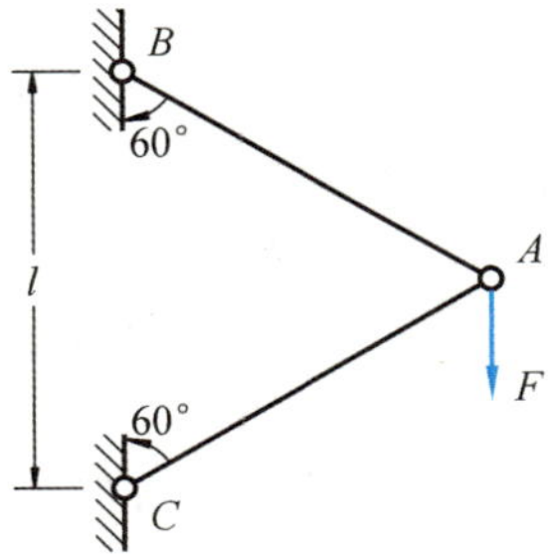

A点的垂直位移 y_A=?

题 13-5 图

题 13-6 试用卡氏第二定理求图示杆或杆系的指定位移。

题 13-7 利用卡氏第二定理求图示各圆截面曲杆在载荷作用下 A 截面的水平位移、铅垂位移及转角。EI、GI_{P} 为已知。

题 13-8 已知图示杆系中，三杆的长度均为 l，竖直杆 BD 的横截面面积为 A，斜杆 AB 和 BC 的横截面面积均为 A_1。

(1) 试求在竖直载荷 F 作用下各杆中的内力；

(2) 若要使各杆中的内力相等，问杆的横截面面积比$\dfrac{A_1}{A}$应为多少？

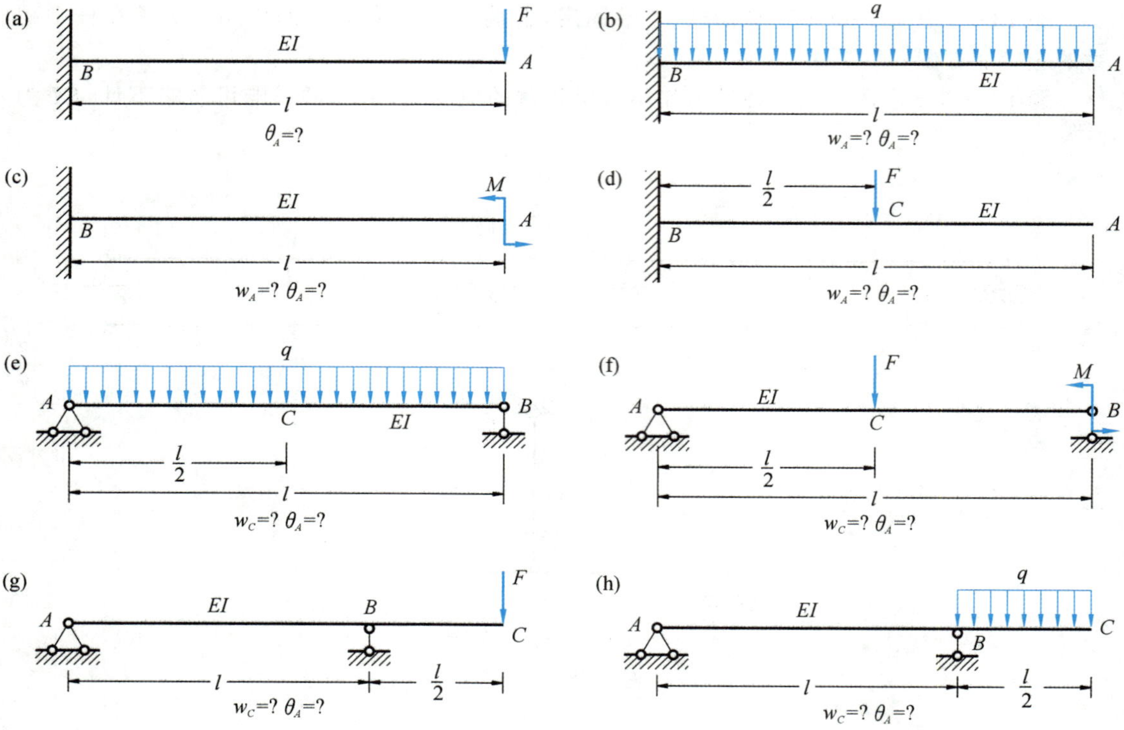
(a)
F
EI
B
A
l
θA=?
(b)
q
B
A
EI
l
wA=? θA=?
(c)
M
EI
B
A
l
wA=? θA=?
(d)
l/2
F
C
EI
B
A
l
wA=? θA=?
(e)
q
A
C
EI
B
l/2
l
wC=? θA=?
(f)
F
M
EI
A
C
B
l/2
l
wC=? θA=?
(g)
F
EI
A
B
C
l
l/2
wC=? θA=?
(h)
q
EI
A
B
C
l
l/2
wC=? θA=?

题 13-6 图

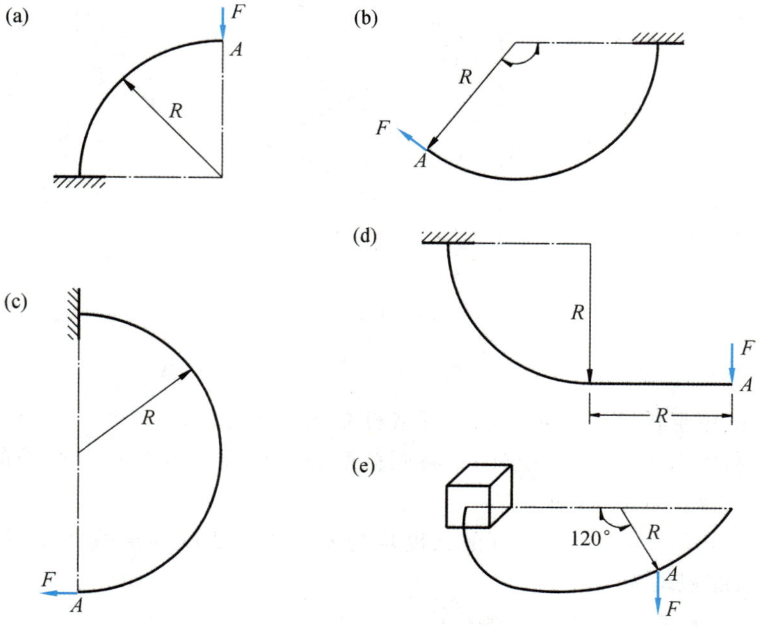
(a)
F
A
R
(b)
R
F
A
(c)
R
F
A
(d)
R
F
A
R
(e)
120°
R
A
F

题 13-7 图

题 13-9 已知图示杆系中各杆的尺寸和材料均相同，试求在外力 F 作用时各杆中的内力。

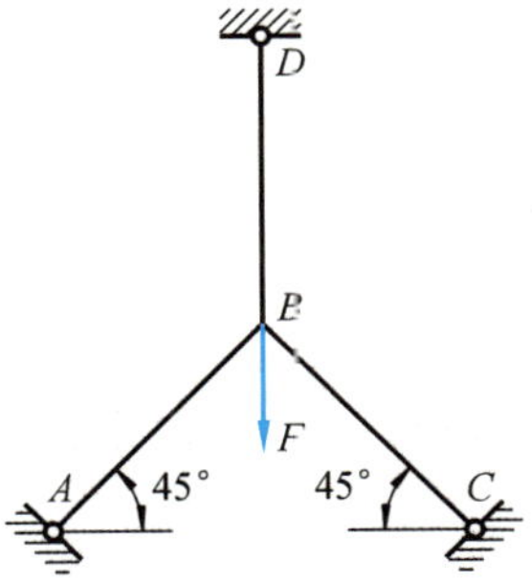

题 13-8 图

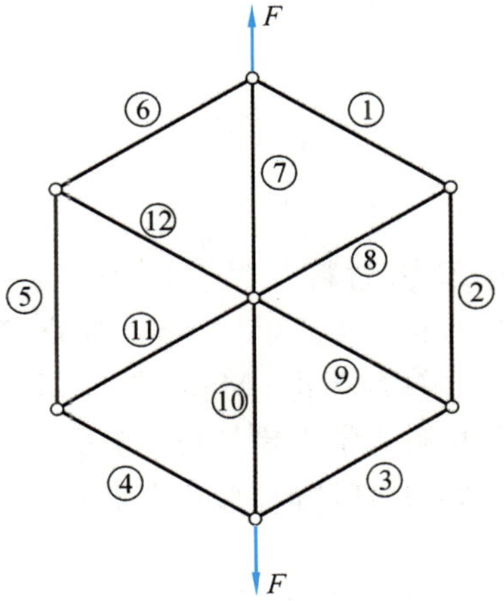

题 13-9 图

参考文献

邓训，徐远杰.材料力学［M］.武汉：武汉大学出版社，2002.

单辉祖.材料力学Ⅰ［M］.4版.北京：高等教育出版社，2016.

单辉祖.材料力学Ⅱ［M］.4版.北京：高等教育出版社，2016.

郭应征.材料力学提要与例题解析［M］.北京：清华大学出版社，2008.

胡增强，郭力，江晓禹.材料力学Ⅱ［M］.胡增强，郭力，江晓禹，修订.6版.北京：高等教育出版社，2019.

韩立朝，彭华.工程力学［M］.武汉：武汉大学出版社，2006.

粟一凡.材料力学：上册［M］.2版.北京：高等教育出版社，1983.

粟一凡.材料力学：下册［M］.2版.北京：高等教育出版社，1984.

刘鸿文.材料力学Ⅰ［M］.6版.北京：高等教育出版社，2017.

刘鸿文.材料力学Ⅱ［M］.6版.北京：高等教育出版社，2017.

刘鸿文.简明材料力学［M］.3版.北京：高等教育出版社，2016.

全国钢标准化技术委员会.金属材料 拉伸试验 第1部分：室温试验方法：GB/T 228.1—2021［S］.北京：中国标准出版社，2021.

全国钢标准化技术委员会.热轧型钢：GB/T 706—2016［S］.北京：中国标准出版社，2016.

孙训方，方孝淑，关来泰.材料力学Ⅰ［M］.胡增强，郭力，江晓禹，修订.6版.北京：高等教育出版社，2019.

S.铁摩辛柯.材料力学［M］.汪一麟，译.4版.北京：科学出版社，1964.

附　录

附录 A　习题的参考答案

附录 B　型钢规格表